U0378471

华为智能计算技术丛书

HUAWEI

深入浅出系统虚拟化
原理与实践

戚正伟　管海兵◎编著

清华大学出版社

北京

内 容 简 介

本书是一本论述系统虚拟化原理与实践的专业图书。全书分为 6 章,第 1 章概述系统虚拟化的基本概念、发展历史、趋势展望、主要功能和分类,以及目前典型的虚拟化系统,并介绍 openEuler 操作系统的虚拟化技术。第 2~4 章分别介绍系统虚拟化的三大组成部分：CPU 虚拟化、内存虚拟化和 I/O 虚拟化的相关原理,并配备相应实验便于读者理解。第 5 章介绍基于 ARMv8 的鲲鹏虚拟化架构,并概述其 CPU、中断、内存、I/O 和时钟虚拟化的基本原理。第 6 章结合代码讲解轻量级虚拟化平台 StratoVirt 的基本原理和技术特点,读者可以跟随本书从零开始打造一个具备基本功能的轻量级虚拟化平台。

为便于读者高效学习、深入掌握系统虚拟化的基本原理,本书的源代码及安装运行说明均保存于 GiantVM 和 StratoVirt 开源社区。后续将通过开源社区进行代码更新和线上交流。

本书可作为相关领域工程技术人员的参考书,也可作为高年级本科生和研究生的学习用书,还可作为对虚拟化技术感兴趣的爱好者的自学用书。

图书在版编目(CIP)数据

深入浅出系统虚拟化：原理与实践/戚正伟,管海兵编著.—北京：清华大学出版社,2021.9(2022.8重印)
(华为智能计算技术丛书)
ISBN 978-7-302-58941-9

Ⅰ.①深…　Ⅱ.①戚…②管…　Ⅲ.①虚拟处理机　Ⅳ.①TP317

中国版本图书馆 CIP 数据核字(2021)第 173708 号

责任编辑：盛东亮　钟志芳
封面设计：李召霞
责任校对：时翠兰
责任印制：宋　林

出版发行：清华大学出版社
　　　　网　　　址：http://www.tup.com.cn,http://www.wqbook.com
　　　　地　　　址：北京清华大学学研大厦 A 座　　邮　　编：100084
　　　　社　总　机：010-83470000　　　　　　　　邮　　购：010-62786544
　　　　投稿与读者服务：010-62776969,c-service@tup.tsinghua.edu.cn
　　　　质量反馈：010-62772015,zhiliang@tup.tsinghua.edu.cn
　　　　课件下载：http://www.tup.com.cn,010-83470236
印　装　者：三河市铭诚印务有限公司
经　　　销：全国新华书店
开　　　本：186mm×240mm　　印　张：22　　　　　字　　数：495 千字
版　　　次：2021 年 10 月第 1 版　　　　　　　　印　　次：2022 年 8 月第 3 次印刷
印　　　数：3001~4200
定　　　价：99.00 元

产品编号：090869-01

FOREWORD

序　一

　　面对新一轮全球科技产业竞争,更高效能的新一代系统的软硬件已成为各国政府高度重视并优先布局的方向。新应用、新技术、新计算架构、百亿级连接、爆炸式数据增长将重塑 ICT(信息和通信技术)产业新格局,催生新的计算产业链条。如同在物理世界中电力是生产力一般,在数字经济时代,算力是生产力,驱动数字经济高质量发展。2019 年,华为公司首次发布计算产业战略,以鲲鹏和昇腾为根基,围绕五大根技术 CPU、NPU、OS、DB 和 AI框架,持续构建开放生态,联合产业伙伴共同推进计算产业发展。

　　由《鲲鹏计算产业发展白皮书》可知,"到 2023 年,全球基础软件市场空间将达 1524.7 亿美元,5 年复合增长率为 5.3%,中国基础软件市场拥有更大的活力和增长潜力。在操作系统、虚拟化等软件市场,新计算平台的出现,为厂商带来了更大的发展空间"。因此,虚拟化是计算全栈的重要技术之一,是基础软件生态的重要组成部分。

　　虚拟化技术当前主要应用于从云数据中心到边缘智能设备等"云-网-边-端"全场景。历史上,虚拟化技术和计算机的发展密切相关,相辅相成。从 1959 年开始,虚拟化技术就一直备受重视,在主机、服务器和云计算时代,虚拟化技术一直是计算的底层推动力之一。在早期的主机虚拟化和 x86 虚拟化阶段,我们的虚拟化技术整体受制于人。但随着新型硬件和新型计算架构的出现,我们在系统虚拟化方面取得了部分突破,并建立了基于多样化算力的虚拟化基础软件生态。我相信随着计算产业的持续战略投入,必将迎来一个以系统虚拟化等技术为代表的基础软件黄金时代。

　　计算产业的繁荣离不开生态的支持,华为公司将通过"硬件开放、软件开源、使能伙伴、发展人才"的方式构建计算产业生态,并为此建立了 openEuler 等一系列开源社区,持续投入开源社区建设,同时推出"华为智能计算技术丛书"。作为该丛书的重要组成部分,本书基于主流虚拟化架构,结合鲲鹏和 openEuler 操作系统的虚拟化技术,系统介绍了 CPU、内存和 I/O 虚拟化的基本原理,通过重要的虚拟化相关文献和静态源码解读深入理解原理,设计实验进行动态技术验证。通过"理论 + 实践"的有机结合,动手构建一个基于开源StratoVirt 的轻量级虚拟化平台,希望帮助读者更好地理解系统虚拟化技术的来龙去脉。希望读者通过本书,将虚拟化技术更深入地应用到计算产业中,共同构建繁荣的可持续发展的基础软件新生态,共创数字经济新未来!

华为技术有限公司副总裁/计算产品线总裁

2021 年 9 月

FOREWORD
序 二

　　互联网、物联网、5G移动通信、大数据、云计算、人工智能、虚拟现实、区块链等新一代信息技术将加速创新和应用步伐。随着算法、算力和数据的进一步发展，众多的新兴计算模式正在创造万物互联的新时代，数字化、网络化、智能化的基础设施将发挥更大的作用。云计算作为信息社会的重要基础设施，承载了物联网、大数据、人工智能等各种各样的应用，我国"十三五"规划将云计算列为国家的重大战略性新兴产业予以大力扶持和发展。在数字化基建的推动下，新技术、新模式不断发展，我国云计算迎来快速发展期，延伸出创新的应用场景和市场需求。我国拥有数量较多的网民和IT从业者，拥有较好的移动通信基础设施，拥有较多的超级应用需求，云计算基础设施具有超级应用驱动、系统深度集成和优化、平台高度可扩展的特点。因此，我国主要的云服务提供商倾向于构建自己的基础设施，并为其超级应用量身定制了大量优化，并且正朝着软硬件共同设计的方向发展，以提高效率和灵活性。由此可见，云计算规模的增长使效率成为首要的优化目标，基于深度集成和优化才能提供具有竞争力的云计算产品和服务。

　　系统虚拟化技术是云计算的核心支撑技术之一，我国在这方面长期落后。近年来，随着国内学术界和工业界的不断努力，系统虚拟化技术与国外的差距正在缩小，但国内这方面的人才比较缺乏。只有解决了人才问题，我们才能在国际竞争中不落下风。目前，鲲鹏计算产业生态正在蓬勃发展，从产业生态和人才培养的角度来看，《深入浅出系统虚拟化：原理与实践》的出版有助于推广虚拟化技术，有利于构建软硬件协同、深度集成和优化的可扩展的自主云计算基础设施。本书系统地介绍了当前系统虚拟化技术的发展历史、基本原理和应用实践，包括CPU、内存和I/O等主要硬件资源的虚拟化方法和技术，以及华为公司的鲲鹏虚拟化架构和基于Rust的轻量级虚拟化平台。同时结合虚拟化技术领域的前沿研究，本书还介绍了通用"多虚一"架构的关键技术路线。通过本书的源码分析，读者能较为深入地了解系统虚拟化的基本原理，并通过相应的实验动手实践。本书适合用作高年级本科生或研究生学习虚拟化和云计算的教材，对于希望在虚拟化和云计算领域进行深入探索的研发人员，本书也是一部很好的参考书。

金　海

华中科技大学教授/IEEE Fellow

2021年9月

PREFACE
前　　言

　　虚拟化技术是一门"古老"的新技术。早在 1959 年,牛津大学 Christopher Strachey 就提出了具有虚拟化概念的高效分时复用方案,意在解决当时大型机器使用效率低下的问题。到 20 世纪 60 至 70 年代,虚拟化研究进入了第一个高速发展时期,出现了以 IBM CP-67/CMS 为代表的大型机虚拟化技术,并提出了硬件架构可虚拟化的理论和准则(如敏感指令应属于特权指令)。但到了 20 世纪 80 年代,随着操作系统的成熟,资源管理不再以虚拟化为中心,MIPS 和 x86 等 CPU 厂商出于成本和商业考虑,设计的硬件架构不再满足可虚拟化准则,形成了所谓的"虚拟化漏洞"(例如,x86 有 5 类共 17 条敏感指令,但不属于特权指令)。随着个人计算机的普及,研究者提出了一系列弥补 x86 架构"虚拟化漏洞"的方法,代表性的技术有斯坦福大学 Mendel Rosenblum 等在 SOSP 1997 国际学术会议发表的 DISCO 系统,虚拟化技术重新兴起。随后,Intel 和 AMD 等硬件厂商提出了硬件辅助虚拟化,使得 x86 硬件平台满足可虚拟化准则。从 2006 年亚马逊以虚拟机形式向企业提供 IaaS (Infrastructure as a Service,基础设施即服务)平台开始,虚拟化技术成为当前支撑云计算、大数据、移动互联网和工业互联网等新型计算和应用模型的关键"根技术"。

　　回顾虚拟化的发展历史,可得出一些重要启示。一是基础研究对于计算机系统非常重要,不少关键技术的突破首先来自学术界和工业界的前沿研究;二是最新的技术未必用于产品,成本和市场也是重要考量(ARM 和 RISC-V 初期也不是可虚拟化硬件架构,如 ARMv6 有 4 大类 24 条敏感非特权指令)。因此,深入理解虚拟化技术,把握其内在的发展规律,对于虚拟化的创新发展有重要作用。

　　系统虚拟化作为物理硬件层的虚拟化,在计算机硬件和操作系统之间引入一个系统软件抽象层,向下管理硬件资源,向上对操作系统提供虚拟机接口,其目标可概括为"功能不缺失、性能不损失"。因此,系统虚拟化涉及操作系统和硬件接口,技术体系比较复杂,对初学者来说是一个很大的挑战。读者如果不了解虚拟化技术的基本原理而去直接翻阅源代码,例如开源的 QEMU/KVM,很容易抓不住主线,迷失在庞大的代码中(QEMU 源代码已超过 150 万行)。然而要把源代码涉及的方方面面都讲清楚需要极大的篇幅。因此,本书借鉴学习操作系统(Linux 内核源代码已超过 2700 万行)的方法,借助实验把重要概念涉及的主干技术路径叙述清楚,读者可以通过调试和打印直观理解虚拟化场景的"现场",使静态的代码变得鲜活生动。其次,类似于代码量约 1 万行的 Linux 0.11,"麻雀虽小、五脏俱全",本书第 6 章从零开始构建一个用户态轻量级虚拟化平台,逐步展现虚拟机的构建过程,掌握系统虚拟化技术的关键"基因图谱"。

　　基于在虚拟化领域的长期研究和实践积累,以及和华为虚拟化团队在 openEuler 开源操作系统上的合作研究，本书试图从庞大的虚拟化技术中厘清关键路径，并配以相关实验，帮助读者了解系统虚拟化技术的来龙去脉，理解基本原理，掌握核心方法，为进一步的研究打下基础。

本书定位为计算机系统虚拟化领域的专业图书，面向工程科技类普通读者。读者除了需要具备基本的硬件体系结构和操作系统知识外，无须其他先修课程。此外，本书受众还包括有志于计算机系统软件领域深耕的研发人员以及对虚拟化感兴趣的技术爱好者。

全书分 6 章，内容涵盖系统虚拟化的基本概念和实现方法，将系统虚拟化技术分为目前主流的"一虚多"（把单物理机器抽象成若干虚拟机器）和新型的"多虚一"（把多物理机抽象成单一虚拟机）。对于传统"一虚多"技术，本书基于开源 QEMU/KVM 和 x86 平台深入介绍了 CPU、内存和 I/O 虚拟化的基本原理，并配备了相关实验。针对新型"多虚一"技术，本书介绍了开源项目 GiantVM 的 CPU、内存和 I/O"多虚一"的基本实现方法。此外，针对 ARM 虚拟化，本书专门介绍基于 ARMv8 的鲲鹏虚拟化架构。最后，本书基于内存安全的 Rust 语言从零开始打造一个具备基本功能的轻量级虚拟化平台 StratoVirt，逐步提供 CPU、内存和 I/O 的虚拟化能力。从开始运行一段汇编代码到最终能够运行 Linux 客户机操作系统，读者可以完整经历虚拟化从设计到实现的全部流程。同时，读者可以参考华为产品级 StratoVirt 的源代码，领略基于 Rust 语言实现的前沿轻量级虚拟化技术。

感谢实验室同学和华为公司对本书撰写工作做出的重要贡献，其中第 1 章主要由戚正伟撰写，第 2 章主要由余博识撰写，第 3 章主要由贾兴国撰写，第 4 章主要由张正君撰写，第 5 章主要由余博识、贾兴国、张正君和杨铭合作撰写，第 6 章由徐飞、张亮、杨晓鹤、高炜、杨铭、吴斌、王志钢撰写，全书由戚正伟、管海兵修改和审阅。写作过程中参考了实验室 GiantVM 项目的代码和文档（主要来自陈育彬、丁卓成、张晋）。项羽心、张晋、邓天迈等同学仔细阅读了本书，并提供了宝贵的修改意见。特别感谢贾兴国等对本书插图的精心绘制，使得比较复杂的概念更为直观清晰。虚拟化团队技术专家胡欣蔚、范良、章晓峰、吴斌、王志钢在本书写作过程中提供了大量的资源和支持。本书最后一章的动手实践思路主要来自王志钢。感谢清华大学出版社盛东亮老师和钟志芳老师等的大力支持，经过多轮修改，使本书质量大为提高。

由于虚拟化技术发展很快，已经深入计算机系统的方方面面，加之作者水平有限，书中难免有疏漏和不足之处，恳请读者批评指正！

作　者

2021 年 5 月

CONTENTS
目　　录

## 第 1 章

系统虚拟化概述

系统虚拟化(System Virtualization)已成为当前支撑云计算、大数据、移动互联网和工业互联网等新型计算和应用模型的关键技术,应用于从云数据中心到边缘智能终端等不同硬件尺度的"云-网-边-端"全场景中。本章 1.1 节简要介绍系统虚拟化的基本概念,1.2 节回顾系统虚拟化的发展历史并展望其发展趋势,1.3 节介绍系统虚拟化的主要功能和分类,1.4 节介绍目前主流的系统虚拟化开源项目。

1.1 系统虚拟化基本概念

虚拟化(Virtualization)泛指将物理资源抽象成虚拟资源,并在功能和性能等方面接近物理资源的技术,即"**功能不缺失、性能不损失**"。虚拟化技术广泛应用于从硬件到软件的不同计算机系统层次,例如物理内存抽象成虚拟内存,设备抽象成文件,物理显示器抽象成窗口(Window),Java 应用运行于 JVM(Java Virtual Machine,Java 虚拟机)。一般而言,计算机系统自下而上被划分为多个层次(见图 1-1)。

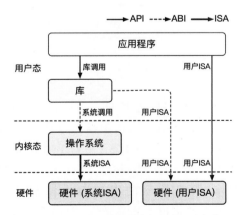

图 1-1　计算机系统的抽象层次和对应接口

(1) 硬件向上对软件提供的指令集抽象 ISA(Instruction Set Architecture,指令集架构)通常分为系统 ISA(System ISA)和用户 ISA(User ISA)。系统 ISA 提供特权操作(如切换进程页表),一般在操作系统内核态运行;用户 ISA 提供给普通应用程序使用(如进行加法操作),一般在用户态运行。例如,RISC-V 的指令集手册提供第一卷——用户态 ISA(User-Level ISA)和第二卷——特权(系统)架构(Privileged Architecture),分别对应于用户 ISA 和系统 ISA。因此，两者合起来构成完整的硬件编程接口，即 **ISA＝System ISA＋User ISA**。

（2）OS(Operating System，操作系统)运行于硬件之上，向下管理硬件资源、向上提供系统调用(System Calls)接口。操作系统提供的系统调用(上层应用可以通过系统调用请求操作系统执行特权操作，即执行系统 ISA)[①]以及用户 ISA 共同组成了应用程序的 ABI (Application Binary Interface，应用程序二进制接口)。如果两个系统的 ABI 相同，意味着提供了一个可移植的基础运行环境[②]，即 **ABI＝System Calls＋User ISA**。

（3）库程序调用(Library Calls)提供系统运行时(Runtime)、系统公共服务(Services)和功能丰富的第三方程序(如数学库、图形库等)，运行于用户态，以函数库的形式供应用程序调用。同时，应用程序一般通过库函数调用操作系统的系统调用接口。因此，对于应用程序而言，底层的系统 ISA 和操作系统的系统调用是透明的，它主要关心运行环境(包括运行时、服务和库等)提供的 API(Application Program Interface，应用程序编程接口)[③]。也就是说，确定了应用程序所使用的用户 ISA 和所调用的库函数(包括动态库和静态库)，也就确定了应用程序的用户态编程接口，即 **API＝Library Calls＋User ISA**。

因此，如图 1-2 所示，硬件和软件资源在不同层次的抽象对应不同的虚拟化方法。

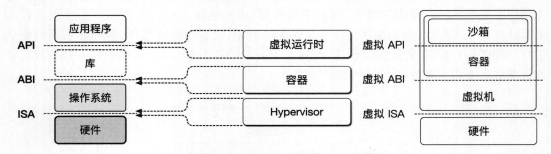

图 1-2   不同层次的虚拟化抽象

（1）物理硬件层的虚拟化：虚拟机监控器 Hypervisor 通过直接对硬件资源进行抽象和模拟，提供了虚拟硬件 ISA(Virtual ISA)接口，包括虚拟系统 ISA(Virtual System ISA)和虚拟用户 ISA(Virtual User ISA)，即 **Virtual ISA＝Virtual System ISA＋Virtual User ISA**。Hypervisor 有时也称为 VMM(Virtual Machine Monitor，虚拟机监控器)，除非专门列出(例如 Rust-VMM 是用 Rust 语言编写的用户态虚拟机监控程序)，本书统一采用 Hypervisor 表述 VMM。由于虚拟化技术的多样性，操作系统还可以进一步细分为宿主机操作系统(Host OS)和客户机操作系统(Guest OS)，这将在 1.3 节详细介绍。虚拟硬件

---

① 通过系统调用接口进行特权操作时也包括用户 ISA，简化起见，图 1-1 中内核态仅画出系统 ISA。

② Android NDK 定义的 ABI 以 Linux 系统调用和用户指令集(包括扩展指令集)为基础，还包括内存字节顺序、可执行二进制文件格式、应用和系统之间传递数据的规范等。

③ Windows 提供了丰富的用户态 API 接口，但其内核部分提供的系统调用接口数量比较少而且稳定，例如 Windows 10 20H2 版本的内核系统调用为 471 个、Windows 2000 为 248 个。

ISA 提供了完整的硬件资源抽象,从而使多个操作系统能够运行其上并共享硬件资源,例如 VMware 虚拟化产品 VMware Workstation 可以在 Windows 系统上运行一个 Linux 操作系统。

(2) 操作系统层的虚拟化:操作系统本身就是虚拟化技术的一种体现,它将 CPU、内存和 I/O 等资源进行了抽象,最终以进程为单位使用这些资源,并进一步由命名空间(Namespace)和控制组(Cgroups)等容器(**Container**)技术实现对资源的隔离和限制。因此这一层次的虚拟化也称为轻量级虚拟化、进程虚拟化。有些文献把基于二进制翻译的方法运行相同或不同 ISA 的二进制程序称为进程虚拟化,例如在基于 x86 的 Windows 系统上运行 ARM 架构的程序。本书采用的术语容器虚拟化主要指基于同构指令集的轻量级虚拟化方法,它提供了虚拟 ABI(Virtual ABI)接口,即 **Virtual ABI ＝ 虚拟系统调用**(**Virtual System Calls**)**＋ Virtual User ISA**。近年比较流行的 Docker 技术便属于容器虚拟化方法。

(3) 应用层程序运行环境的虚拟化:应用程序本身作为虚拟机(也称为沙箱,Sandbox),提供用户态虚拟运行时(**Virtual Runtime**)支撑应用程序的运行,即**虚拟 API 接口＝虚拟库程序调用**(**Virtual Library Calls**)**＋ Virtual User ISA**。比较常见的是高级编程语言的虚拟运行环境,例如 Java 虚拟机和 Python 虚拟机。注意,这里的用户态 ISA 有时采用高级编程语言自定义的字节码(Bytecode)抽象,用于屏蔽各个硬件指令集的差异,能够跨平台运行(最终会将字节码编译到某个具体硬件架构的用户态 ISA)。

以上是三种基本的虚拟化抽象方法,根据指令集、操作系统是否同构等不同存在多种变体。例如库函数虚拟化:通过拦截用户态程序的系统调用,随后对调用进行仿真和模拟,能够在同一个硬件指令集上运行不同操作系统的程序。例如,Wine[1] 基于 Linux 等操作系统运行 Windows 的应用软件(通过提供兼容层将 Windows 的系统调用转换成与 Linux 对应的系统调用)。从 ABI 角度分析 Wine,用户 ISA 同构(均为 x86 指令集),但系统调用异构(分别为 Windows 与 Linux)。

近年日益流行的轻量级 Unikernel[2] 是一种定制的库操作系统(Library OS)。Unikernel 和应用程序一起编译打包,构成单地址空间的可执行二进制镜像,不再严格区分用户态和内核态。因此,Unikernel 可以直接运行在硬件或 Hypervisor 上,就硬件接口而言,Unikernel 的 CPU 和内存部分仍为(高度简化的)虚拟硬件 ISA,而 I/O 部分则基本使用 virtio 或其他半虚拟化方案,降低了传统虚拟化方法由于逐层软件抽象而引入的性能开销,提供了轻量、高效的虚拟化抽象。

本书主要介绍系统虚拟化,也就是上述物理硬件层的虚拟化,特指在计算机硬件和操作系统之间引入一个系统软件抽象层,由其实际控制硬件,并向操作系统提供虚拟硬件 ISA 接口,从而可以同时运行多个"虚拟机"(Virtual Machine)。目前指令集同构的系统虚拟化是主流方法,因此本书着重介绍同构虚拟化方法[3]。此外,容器虚拟化与操作系统和硬件密

---

[1]　Wine 官方网址:https://www.winehq.org/。

[2]　详见 http://unikernel.org/。

[3]　苹果公司 2020 年发布了基于 ARM 架构的芯片 M1,自带的 macOS 操作系统采用 Rosetta 2 模拟器运行 x86 架构的应用软件,但性能和兼容性与同构虚拟化相比还有差距。

切相关，也是目前大规模使用的云计算的核心技术，本书将在后续章节简要介绍容器虚拟化方面的内容。应用层程序运行环境的虚拟化涉及与硬件平台无关的字节码和沙箱等技术，限于篇幅，不在本书讨论范围之内。

综上所述，系统虚拟化将物理机器抽象成虚拟机器，其抽象粒度包括 CPU、内存和 I/O 在内的完整机器。从本质上来说，系统虚拟化抽象了硬件指令集架构，向上对操作系统提供了硬件特性的等效抽象。对操作系统而言，运行于虚拟机上与运行于物理机上没有区别，即虚拟机可视为真实物理机的高效并且隔离的复制品（A virtual machine is taken to be an efficient, isolated duplicate of the real machine[1]）。因此，系统虚拟化的目标是使虚拟机的功能和性能等与物理机接近，即"功能不缺失、性能不损失"。

此外，根据抽象类型的不同，系统虚拟化可以分为"一虚多"（见图 1-3（a））和"多虚一"（见图 1-3（b））。早期的系统虚拟化主要研究"一虚多"，即把单物理机抽象成若干虚拟机（如一个物理机可以抽象成 10 个虚拟机）。之后，跨越数量级的硬件性能提升为"多虚一"架构开辟了道路，即把多物理机抽象成单一虚拟机。

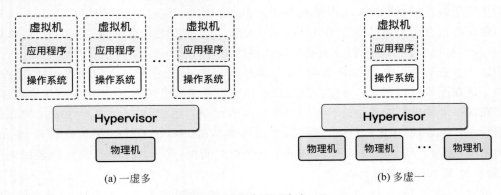

图 1-3 "一虚多"和"多虚一"

虚拟化技术通过对物理硬件在数量、功能和效果上进行逻辑化虚拟，能够提供高层次的硬件抽象、硬件仿真、服务器整合（Server Consolidation）、资源按需调配、资源聚合、柔性管理、在线迁移、系统高可用、安全隔离等功能，因此虚拟机也成为当前各类硬件平台上的主要载体。虚拟化能大幅提升资源利用率，因为信息系统是按照最大使用峰值设计的，利用率一般不到 20%。采用虚拟化技术可以整合资源、削峰填谷和节能降耗，例如电信业信息系统虚拟化后，利用率能够提升到 70% 以上。根据 VMware 的报告，VMware vSphere 可实现 10∶1（10 台虚拟机运行于 1 台物理机之上）或更高的整合率，将硬件利用率从 5%～15% 提高到 80% 以上。另外一个典型案例是，2007 年《纽约时报》想把从 1851 年创刊开始到 1922 年的文章上传到网络，以供免费阅读和搜索，原预计费时数月及花费上百万美元，但租用亚马逊虚拟机，在 24 小时内将 1851—1922 年 1100 万篇文章的报纸扫描件整理成 PDF，仅花费 240 美元。

综上所述，系统虚拟化是把物理硬件资源通过"一虚多/多虚一"抽象成虚拟资源，并使得性能尽可能接近物理资源。同时,与物理资源类似,虚拟资源的四大特性(可靠性、可用性、可维护性和安全性)也是系统虚拟化的重要技术指标,本书在后面的章节中将会逐步对此展开详细介绍。自 2009 年起,全球新增的虚拟机数量已超过新增的物理机。因此,系统虚拟化技术成为当前支撑云计算、大数据、互联网和机器学习等新型计算和应用模型的核心技术之一。

1.2　系统虚拟化的发展历史和趋势展望

系统虚拟化与计算机硬件的发展息息相关,并且随着计算机软硬件技术的发展而不断完善。至今,虚拟化技术已经成为系统软件的核心技术。为了更好理解虚拟化的基本概念和技术演变,本节将简要叙述虚拟化技术的发展历史,并展望未来的发展趋势。

1.2.1　发展历史

1. 早期虚拟化探索

虚拟化技术的发展历史与计算机技术一脉相承。早在 1959 年,牛津大学的计算机教授 Christopher Strachey 在信息处理国际大会(International Conference on Information Processing)发表了论文 *Time sharing in large fast computers*[2],针对当时大型机器使用效率低下的问题(资源利用率低到现在也没有得到很好的解决,如何提升资源利用率贯穿整个计算机的发展历史),提出了具有虚拟化概念的高效分时复用方案,原文为"各种程序和外设竞争获得控制权(分时共享),并竞争获得存储的使用权(空间共享)"(There would be various programs and pieces of peripheral equipment competing both for the use of control (time sharing) and also for the use of the store (space sharing)),这被认为是虚拟化技术的最早表述。

论文中提出的 Director 监控程序被放置在一个可快速访问并且不可删除的存储介质上(保证了自身运行的高效性和完整性)。Director 提供了一个隔离的运行环境,控制各个程序的分时运行,并确保各个程序无法相互干扰。这里的 Director 可以看作"一虚多" Hypervisor 的雏形。同时,论文提出了虚拟机的概念(包括 CPU 和存储的完整状态),原文为"多个操作(程序)同时在物理机上运行,似乎跑在单独的机器上(虚拟机),但每个虚拟机比实际的物理机小一些、慢一些"(In this way, during the normal running of the machine several operators are using the machine during the same time. To each of these operators the machine appears to behave as a separate machine (**smaller, of course, and slower than the real machine**))。由此可见,虚拟化技术提供的"弹性"和"隔离"概念已经孕育于早期的系统设计中。

因此早期的资源虚拟化主要研究"一虚多",即把单物理资源抽象成若干虚拟资源(如 1 个物理 CPU 可抽象成 512 个虚拟 CPU)。在计算机技术发展的早期阶段,尚在探索对于计算资源的时分复用,以便多人能通过终端同时使用一台计算机,分享昂贵的计算资源,提高计算机的资源利用率。

1965 年 IBM M44/M44X 实验项目实现了在同一台主机 M44 上模拟多个 7044 系统，突破了部分硬件共享（Partial Hardware Sharing）、分时共享（Time Sharing）和内存分页（Memory Paging）等关键技术，并首次使用术语"虚拟机"。这里模拟的虚拟机 M44X 并非完全与主机相同，与现在 Xen 采用的半虚拟化技术（1.3 节将详细介绍该技术）异曲同工。在此基础上，IBM 研发了一系列虚拟化技术，如 CP-40/CMS、CP-67/CMS 和 CP370/CMS 等，构成了完整的 CP/CMS 大型机虚拟化系统软件，一直延续到后来的 IBM 虚拟化软件 z/VM。

20 世纪 60 年代中期，IBM 的 CSC（Cambridge Scientific Center，剑桥科学中心）开发了 CP-40/CMS，CP-40 是虚拟机控制程序（Virtual Machine Control Program），其开发目标主要有 4 个：①研究资源的分时共享；②评估硬件对分时共享的需求；③开发内部使用的分时共享系统；④评估操作系统与硬件的交互行为。CP-40 提供的虚拟机数量最多为 14 个，是第一个支持全硬件虚拟化（Full Hardware Virtualization）的系统。CP-40 的后继系统 CP-67[3] 于 1967 年开发，其大小为 80KB，可以运行于 IBM 的 System/360-67 大型机，提供多个虚拟的 System/360 机器实例，并可以通过 CPREMOTE 服务访问远程硬件资源，支持 OS/360、DOS 和 RAX 等客户机操作系统。此外，CP-67 还有配套开发的专用客户机操作系统 CMS（Cambridge Monitor System，剑桥监控系统），是一个不支持并发的单用户系统，以减小开销，其思想可以与今日的 Unikernel 类似。CP-67/CMS 这套系统组合甚至比大家熟知的 Multics 和 UNIX 系统出现更早，但以虚拟内存和抢占式调度为首要特点的多用户操作系统很快占据了学术界和工业界的主流，而在很长一段时间内，虚拟化技术都没有引起人们足够的重视。因此早期虚拟化技术主要用于大型机，以至于后来设计 x86 指令集时就没有考虑虚拟化的需求［面向嵌入式和 PC（Personal Computer，个人计算机）市场，虚拟化的性能开销也是其重要限制因素］。

2. 虚拟化技术的普及

20 世纪 60 至 80 年代，虚拟化技术主要用于大型主机。随着 x86 平台日益流行，特别是微软与英特尔的 Wintel 联盟主导全球 PC 市场，基于 Linux 的 x86 服务器也逐步侵蚀大型主机和小型机的市场份额，由此产生了对 x86 平台虚拟化的迫切需求，也推动了虚拟化技术的广泛普及。

20 世纪 80 年代中期，Rod MacGregor 创建的 Insignia Solutions 公司开发了 x86 平台的软件模拟器 SoftPC，能在 UNIX 工作站上运行 MS-DOS 操作系统，1987 年 SoftPC 被移植到苹果的 Macintosh 平台，并可以运行 Windows 操作系统。此后，一系列以软件模拟为主的 PC 虚拟化系统陆续发布，例如苹果开发的 Virtual PC 和开源的 Bochs。

1997 年，斯坦福大学 Mendel Rosenblum 教授等在计算机系统领域的重要国际会议 SOSP（Symposium on Operating Systems Principles，操作系统原理研讨会）上发表了 DISCO[4]。DISCO 运行在具有共享内存的可扩展多处理器系统上，可以同时运行多个客户机操作系统。不同于 SoftPC 这样的软件模拟器，DISCO 基于全虚拟化（Full

Virtualization)技术(1.3.2 节详细介绍),大部分用户态指令是直接运行在物理 CPU 上,使得虚拟化的开销大为降低。基于该原型系统,1998 年 Mendel Rosenblum 教授等成立了著名的 VMware 公司,该公司也是目前 x86 虚拟化软件的主流厂商之一。1999 年,VMware 推出了广受欢迎的桌面虚拟化产品 VMware 工作站(VMware Workstation),也间接推动了 x86 虚拟化技术的普及。

2003 年,剑桥大学 Ian Pratt 等学者在 SOSP 上发表了基于 PV(Para-Virtualization①,半虚拟化)技术(1.3.2 节详细介绍)的代表性开源系统 Xen[5]。与全虚拟化技术不同,半虚拟化技术需要修改客户机操作系统。通过客户机操作系统主动调用超调用(HyperCall)的虚拟化管理接口,能够进一步降低虚拟化的开销,并且由于 Xen 是开源系统,与 Linux 内核密切配合(半虚拟化技术需要修改操作系统,开源内核修改比较方便),Xen 得到了广泛的应用,例如早期的亚马逊云计算平台 EC2(Elastic Compute Cloud,弹性计算云)就是基于 Xen 构建的(EC2 第一个采用半虚拟化的实例类型是 m1. small)。

同年,法国天才程序员 Fabrice Bellard 发布了至今仍然使用的开源虚拟化软件 QEMU(Quick EMUlator,快速仿真器),采用动态二进制翻译(Binary Translation)技术,能够支持多源多目标的跨平台仿真执行异构指令集,例如可以在 x86 平台上仿真运行 ARM 进程。QEMU 是运行在用户态的仿真器,它不仅可以仿真异构指令集,还可以仿真整个机器,通过开源社区的不断改进,QEMU 已成为目前使用最为广泛的开源软件仿真器②。

自 2005 年,x86 硬件厂商开始从体系结构层面解决早期 x86 架构不符合虚拟化准则的问题(也称为"虚拟化漏洞",2.1.1 节详细介绍),避免纯软件全虚拟化方式(如二进制翻译)带来的性能、安全和可靠性的缺陷。Intel 和 AMD 相继发布了基于硬件辅助的全虚拟化技术(Hardware-assisted Full Virtualization,1.3.2 节详细介绍)。Intel 的硬件辅助 VT(Virtualization Technology,虚拟化技术)和 AMD 的类似技术 SVM(Secure Virtual Machine,安全虚拟机)扩展了传统的 x86 处理器架构,客户机操作系统不用修改源码就可以直接运行在支持虚拟化技术的 x86 平台上,原来由软件模拟的大量特权操作直接由硬件执行,基本达到了物理 CPU 和内存的性能,虚拟化开销大为减少。

2006 年,AWS(Amazon Web Services,亚马逊云服务)发布了 S3(Simple Storage Service,简单存储服务)和 EC2,开始以虚拟机形式向企业提供 IT(Information Technology,信息技术)基础设施服务(基于开源 Xen 搭建),开启了以 IaaS(Infrastructure as a Service,基础设施即服务)为代表性技术的云计算时代。

2007 年 2 月,Linux Kernel 2.6.20 中加入了以色列公司 Qumranet 开发的基于硬件辅助虚拟化的内核模块 KVM(Kernel-based Virtual Machine,基于内核的虚拟机)。KVM 由

---

① Para-Virtualization 有时翻译为准虚拟化、类虚拟化,现在一般通称为半虚拟化,本书也采用半虚拟化术语,意思是只虚拟化抽象一部分硬件,与全虚拟化相对。

② 一般而言,模拟(Simulation)和仿真(Emulation)有区别,QEMU 并非精确仿真每条指令的硬件执行效果(但体系结构模拟器 gem5 可以得到指令的精确执行效果)。模拟和仿真两词经常误用,QEMU 也被称作模拟器,但本书称 QEMU 为软件仿真器。

虚拟化领域另外一个天才程序员 Avi Kivity 带领开发,并于 2006 年 10 月 19 日首次在 Linux 内核社区发布,发布不到半年时间,Linux 就将其正式纳入内核官方版本,由此也可以看出 KVM 对 Linux 开源社区的重要性和迫切性。Avi Kivity 等提出的 KVM 充分遵循 UNIX 系统的设计原则,仅实现 Linux 内核态的虚拟化模块,用户态部分由上述的开源 QEMU 实现。由此,QEMU/KVM 的虚拟化技术组合日益流行,成为目前主流的开源系统虚拟化方案,被各大虚拟化和云计算厂商采用。

基于 KVM/QEMU 的系列年度技术论坛(例如 KVM Forum[①])也成为虚拟化技术的重要权威论坛,从 2007 年开始,KVM/QEMU 的重要技术进展和年度汇报均发布于 KVM Forum,是 Linux 虚拟化技术发展的一个窗口。近年来,国内华为、阿里和腾讯等虚拟化技术方面的专家也积极参加 KVM Forum,凸显国内对虚拟化技术的贡献日益增加。

3．虚拟化技术蓬勃发展

从 2010 年开始,虚拟化技术不断扩宽应用场景,在移动终端、嵌入式和车载设备等资源受限的平台也开始被引入。同时,新型硬件虚拟化、"多虚一"虚拟化和轻量级容器虚拟化也取得了长足的进展,下面分别展开介绍。

1) 新型硬件虚拟化

近年来大量新型硬件得到迅速普及,例如拥有数千个核的 GPU(Graphics Processing Unit,图形处理单元)、具有 RDMA(Remote Direct Memory Access,远程内存直接访问)功能的高速网络、支持硬件事务内存和 FPGA(Field Programmable Gate Array,现场可编程门阵列)加速的 CPU 处理器等。以计算能力为例,CPU/GPU/FPGA 不断延续摩尔定律。自 2005 年 Intel 首次提供了针对 CPU 的硬件辅助 VT-x(Virtualization Technology for x86,x86 虚拟化技术)后,硬件辅助虚拟化成为主流的"一虚多"虚拟化方法。目前,基于硬件辅助的虚拟化方法在 CPU、内存和网络等传统的硬件资源上获得了成功,特别是 CPU 和内存虚拟化性能已经接近物理性能。新型异构设备(如 FPGA、GPU)逐步成为大数据和人工智能等专用计算系统的核心要素,是算力输出的重要甚至主要部分。但这些新型设备要么没有虚拟化,要么处于虚拟化的早期水平,导致云无法享受"新硬件红利"。直到 2014 年,各大厂商才提出了以 Intel gVirt、GPUvm 为代表的硬件辅助虚拟化方案,但该方案远未成熟。

下面以 GPU 为典型代表介绍新型硬件虚拟化的发展历史。

现代 GPU 的功能已经从原来的图形图像计算扩展到了视频编解码、高性能计算,甚至是 GPGPU(General-Purpose Graphics Processing Unit,通用图形处理单元)。但 GPU 这类重要资源虚拟化的高性能、可扩展性和可用性相对于 CPU 仍处于滞后的阶段,例如 2014 年 Intel 的 GPU 虚拟化解决方案 gVirt 中,单个物理 GPU 仅支持 3 个 vGPU(Virtual GPU,虚拟 GPU),而同年发布的 Xen 4.4 已支持 512 个 vCPU(Virtual CPU,虚拟 CPU)。直到 2016 年,亚马逊等各大云服务提供商才陆续推出了商业化的 GPU 实例。

---

① KVM Forum 官方地址: https://www.linux-kvm.org/page/KVM_Forum。

传统 GPU 虚拟化通过 API 转发（API Forwarding）的方式将 GPU 操作由虚拟机发送到 Hypervisor 代理执行，该方法被大量主流虚拟化产品所采用来支持图形处理，但并非真正意义上的完整硬件虚拟化技术，其性能和可扩展性均无法满足 GPGPU 等应用（如机器学习）的需要。

GPU 虚拟化的软件模拟采用类似于 CPU 虚拟化中二进制转换方法。但相对于 CPU，GPU 的特性复杂，不同的设备提供商之间的 GPU 规格区别很大，GPU 的资源很难被拆分，模拟的效率低。因此，典型的 QEMU 软件仅模拟了 VGA 设备的基本功能，它通过一个半虚拟化的图像缓冲区加速特定的 2D 图像访问，不符合高效、共享的虚拟化要求。

GPU 虚拟化的设备直通（Passthrough）方法将物理 GPU 指定给虚拟机独占访问。设备直通有时也称为设备透传技术，直接将物理设备，通常是 PCI（Peripheral Component Interconnect，外设组件互连）设备，配置给虚拟机独占使用（其他虚拟机无法访问该物理设备，4.2.4 节详细介绍）。与 API 转发提供的良好 GPU 共享能力相比，设备直通方法通过独占使用提供了优异的性能。例如，基于 Intel 的 VT-d/GVT-d 技术，通过翻译 DMA（Direct Memory Access，直接内存访问）所访问内存地址的方法将 GPU 分配给一个虚拟机使用，能够达到与原生物理 GPU 相近的性能，但牺牲了共享特性。NVIDIA 的 Tesla GPU 也提供了类似的虚拟化方案 Grid，虚拟机可以通过硬件直通的方式直接访问物理 GPU。

在 GPU 虚拟化方面，由于架构复杂，既要支持常规显卡，又要支持 GPGPU，直到 2014 年才发表了硬件支持的 GPU 全虚拟化方案（Intel 早在 2005 年已增加对 CPU 虚拟化的硬件支持），即 Intel 提出的产品级开源方案 gVirt 和学术界提出的方案 GPUvm（均发表于 USENIX ATC 2014）。gVirt 是第一个针对 Intel 平台的 GPU 全虚拟化开源方案，为每个虚拟机都提供了一个虚拟的 GPU，并且不需要更改虚拟机的原生驱动。此后，在高性能、可扩展和可用性三个重要方面提出了一系列改进（如 gHyvi、gScale 和 gMig 等），为 GPU 虚拟化的广泛应用打下了良好基础。

2）"多虚一"虚拟化

单台物理主机已经能够拥有超过数百个 CPU 核、数千个 GPU 核、TB 级内存以及超过 100Gbps 的网络带宽的硬件环境，由此产生了在单机上构建巨大规模/巨型虚拟机的迫切需求。资源扩展主要有资源横向扩展（Scale out）和资源纵向扩展（Scale up）两种方式。虚拟化资源横向扩展的好处是弹性分配、资源灵活使用且利用率高，但编程模型复杂；纵向扩展的好处是编程模型简单，避免了由于分布式系统和数据分区产生的软件复杂性，但硬件昂贵、灵活性差。针对内存计算等大规模计算需求，是否可以综合利用资源横向和纵向扩展的优势？通过虚拟化技术，可以在虚拟化层面聚合资源，使底层资源对上层客户机操作系统透明。

不同于传统的"一虚多"方法，这种"多虚一"的跨物理节点虚拟化架构可以将计算资源、存储资源和 I/O 资源虚拟化，构建跨节点的虚拟化资源池，向上对客户机操作系统提供统一的硬件资源视图，并且无须修改客户机操作系统。目前典型的跨节点虚拟化产品有以色列公司的 ScaleMP 和美国公司的 TidalScale。其中 TidalScale 提出了一种软件定义服务器，通过超内核构建虚拟资源池，将主板上所有的 DRAM（Dynamic Random Access

Memory，动态随机存取存储器）内存抽象为虚拟化的 L4 缓存，并且引入了虚拟主板提供跨节点的虚拟设备连接，通过虚拟通用处理器、虚拟内存和虚拟网络构建虚拟资源池，并且资源可以迁移，用户可以灵活使用资源。通过复杂的缓存一致性算法和缓存管理算法，有效提升了性能。在一个包含 1 亿行、100 列的数据库和 128GB 内存的服务器上，由于所需内存容量大于单个服务器硬件的内存容量，导致分页（Paging）频繁发生，以至于一个应用程序需要花费 7 小时才能完成 MySQL 的三次查询作业。这个现象称为"内存悬崖（Memory Cliff）"，即由于应用所需内存超过服务器内存导致性能急剧下降。而该查询运行在采用两个 96GB 内存节点组成 TidalScale 服务器上只需要 7 分钟，性能提升 60 倍[6]。

但 ScaleMP 和 TidalScale 都基于特定硬件和定制化闭源 Type Ⅰ虚拟化平台（Type Ⅰ和 Type Ⅱ虚拟化的区别详见 1.3 节）。Type Ⅰ虚拟化在裸机上运行 Hypervisor，然后加载客户机操作系统，技术生态和应用范围受限制，无法和主流的 Type Ⅱ开源虚拟化系统 KVM/QEMU 兼容。不同于 Type Ⅰ虚拟化，Type Ⅱ虚拟化是在宿主机操作系统上运行 Hypervisor，然后加载客户机操作系统，是目前主流的虚拟化方法，如 KVM/QEMU 被全球最大的亚马逊云服务和国内最大的阿里云等采用。

基于 KVM/QEMU，GiantVM 架构围绕高速网络 RDMA 技术实现虚拟化层面的硬件聚合和抽象，是目前首个开源的 Type Ⅱ"多虚一"架构[7]。GiantVM 以 Libvirt 为客户虚拟机上层接口，分布式 QEMU 提供跨节点虚拟机抽象，KVM 为下层物理机提供管理接口，基于 RDMA 提供低延迟 DSM（Distributed Shared Memory，分布式共享内存）。目前 GiantVM 可以将八台服务器虚拟成一台虚拟机，支持的客户机操作系统有 Linux 和瑞士的苏黎世联邦理工学院（ETH）Timothy Roscoe 教授等提出的多内核操作系统 Barrelfish[8]。关于 GiantVM 的相关实现技术，将在后续相关章节进行介绍。

由于跨节点通信一般为亚微秒级，与常规内存访问有数量级差距（纳秒级），虚拟化聚合"多虚一"的技术挑战是由于分布式共享内存同步需要跨节点通信，协议同步开销是性能损失的主要来源。传统方法在 DSM 同步中引入了普林斯顿大学李凯教授等提出的基于顺序一致性（Sequential Consistency）的 IVY[9] 协议，该协议的编程模型简单，但严格同步性能开销大。如何进一步降低 DSM 引入的"多虚一"性能开销是目前"多虚一"技术面临的重要技术挑战。

3）轻量级容器虚拟化

容器虚拟化技术最早可以追溯到 1979 年 UNIX V7 引入的 chroot（change root）系统调用，通过将一个进程及其子进程的根目录（root 目录）改变到原文件系统中的不同位置（虚拟根目录），使得这些进程只能访问该虚拟根目录下的文件和子目录。因此 chroot 为每个进程提供了相互隔离的虚拟文件系统（称为 chroot Jail），被认为是轻量级进程隔离方法的雏形，标志着容器虚拟化的开始。

2000 年发布的 FreeBSD Jails 比 chroot 提供了更完善的进程级容器（称为 Jail）运行环境。每个 Jail 容器拥有各自的文件系统（基于 chroot，并修正了传统 chroot 的安全漏洞）和独立的 IP（Internet Protocol，网际协议）地址，对进程间通信也加以限制。因此，Jail 容器中进程无法访问 Jail 之外的文件、进程和网络。此后,还发布了与 FreeBSD Jails 类似的进程隔离技术,如 2001 年的 Linux VServer、2004 年的 Solaris Containers 和 2005 年的 Open VZ。

2006 年谷歌公司发布了进程容器(Process Containers),提供了一系列进程级资源(包括 CPU、内存和 I/O 资源)隔离技术,后来改名为控制组(Cgroups),并被合入 Linux 内核 2.6.24。Cgroups 技术沿用至今,也是目前的核心容器技术之一。

2008 年 Linux 社区整合 Cgroups 和命名空间(Namespace),提出了完整的容器隔离方案 LXC(Linux Containers,Linux 容器)。LXC 通过 Cgroups 隔离各类进程且同时控制进程的资源占用,并通过 Namespace 使每个进程组有独立的进程标识 PID、用户标识、进程间通信 IPC 和网络空间,两者构成了完整的进程级隔离环境。容器之所以被称为轻量级虚拟化技术,是因为 LXC 基于同一个宿主机操作系统,仅在操作系统层次通过软件隔离出类似虚拟机的效果("欺骗"进程,使其认为自身运行在不同机器上),不需要虚拟整个 ISA("欺骗"操作系统,使其认为自身运行在物理机上)。因此容器虚拟化的缺点是只支持相同宿主机操作系统上的隔离,而系统虚拟化提供异构客户机操作系统的隔离,两者提供了不同层次的隔离,互为补充。

2013 年 dotCloud 公司(后更名为 Docker)发布了基于 LXC 的开源容器引擎 Docker,引入了分层镜像(Image)的概念,基于只读的文件系统提供容器运行时所需的程序、库和环境配置等,容器则作为一个轻量级应用沙箱,提供应用所需的 Linux 动态运行环境(包括进程空间、用户空间和网络空间等)。Docker 引擎基于容器运行和管理各个用户态应用实例。Docker 通过组合只读的静态镜像和可写的动态容器,部署方便且动态隔离,提供一整套容器的创建、注册、部署和管理的完整工具集。因此 Docker 问世后便迅速普及,成为容器技术的代名词。

2014 年 6 月谷歌公司开源了基于容器的集群管理平台 Kubernetes①(简称 K8S,名字来源于希腊语"舵手")。Kubernetes 是基于谷歌内部使用的大规模集群管理系统 Borg[10] 实现的,其核心功能是自动化管理容器,解决大规模容器的编排、管理和调度问题。Kubernetes 现已成为容器编排领域的事实标准,得到了广泛的应用。

此外,随着云原生(Cloud Native)和无服务器(Serverless)架构的日益成熟,更细粒度的 FaaS(Function as a Service,函数即服务)将迎来更大的发展。虚拟机、容器和云函数作为资源抽象的不同层次,也会互为补充、相得益彰。

1.2.2　趋势展望

自 2005 年 Intel 首次提供了针对 CPU 的硬件辅助虚拟化技术 VT-x 后,硬件辅助虚拟化已经成为主流的虚拟化方法,在 CPU、内存和网络等资源配置上获得了成功。自 2014 年人们开始研究新型异构设备,新型硬件设备虚拟化抽象效率进一步得到提升。目前新型的

---

① 2014 年 6 月,Docker 1.0 正式发布。

虚拟化架构（如亚马逊的 Nitro 架构、阿里云的神龙服务器和华为的 ZERO 架构）都基于单节点弹性资源（"一虚多"）横向扩展架构，然而随着新型计算、存储和网络硬件的不断出现（例如，Optical Fabric 网络带宽为 400Gbps 且延迟仅为 100ns，与内存总线的带宽差距缩小到一个数量级以内），虚拟化架构也在不断演进。Intel 首席架构师 Raja Koduri 提出："晶体管尺寸每缩小 1/10，就会衍生出一种全新的计算模式"。跨越数量级的硬件性能提升使得当初设计虚拟化系统的两大基本假设发生变化，孕育出虚拟化新架构，具体体现如下。

基本假设一：单节点资源以 CPU 为中心。新型异构硬件作为 CPU 的附属设备，由 CPU 集中化控制，造成频繁上下文切换，不仅增加了虚拟化开销（例如 GPU 与 CPU 的虚拟化页表同步占据了 24.43%～79.45% 不等的开销），同时设备与 CPU 紧耦合也限制了新型异构硬件的可扩展性。当前硬件平台趋向于异构化和去 CPU 中心化，GPU、FPGA 等新型硬件成为算力输出的重要甚至主要部分，例如单个 Nvidia V100 GPU 的性能可能是 CPU 性能的 100 倍。单台服务器可能同时配置 CPU 与 GPU/FPGA 处理器、具有 RDMA 特性的 InfiniBand 网卡、普通内存和 NVM 内存以及 SSD 等外存，同时，Gen-Z、CCIX 等新的缓存一致互联协议可以让新型去中心化分散硬件资源（Disaggregated Hardware Resource）（例如 GPU、FPGA 以及其他异构加速硬件）相互通信，并独立发起资源访问请求与 CPU 解耦。因此，各个分散硬件资源通过高速总线和网络相互通信，并具备一定的自主性，能够独立访问其他硬件资源，导致了分散硬件资源的去 CPU 中心化。

基本假设二：跨节点资源以横向扩展为主。早期由于硬件性能的限制，倾向于将各个节点虚拟化后在客户机操作系统上构建分布式系统，将计算和数据进行分区，虚拟化架构以多节点横向扩展为主。近年来，随着硬件性能跨数量级提升，出现了纵向扩展的硬件资源聚合趋势，例如内存聚合有 Infiniswap [NSDI 2017（学术会议论文）]、Remote Regions [ATC 2018]、Leap [ATC 2020]、Fastswap [EuroSys 2020]、Semeru [OSDI 2020] 和 AIFM [OSDI 2020] 等，I/O 资源聚合有 ReFlex [ASPLOS 2017]、PolarFS [PVLDB 2018] 等。因此，利用新型硬件实现多硬件多特性的虚拟化聚合与抽象，提升硬件性能甚至突破单一硬件的物理极限，也是目前学术界和工业界的重要探索方向。

这两个基本假设的改变对虚拟化和系统软件的发展产生了深远影响。目前云业务对算力的需求越来越高，单个服务器往往已经无法满足算力需求，形成了机架规模（Rack-Scale）的分散式可组合基础设施。目前内存遭遇 12nm 的工艺瓶颈，工艺设计成本约占整体的 2/3，新型持久性内存（如 Intel 傲腾）填补了内存纵向扩展的空白，高速网络互连使得远程内存访问不再是障碍，以内存为中心的系统虚拟化新架构正在兴起（如 MemVerge 分级大内存可以将深度学习性能提升 20 倍）。2017 年惠普公司基于 Gen-Z 总线，推出了 The Machine 原型系统，以内存语义访问远程 NVM 存储池，构建了 160TB 的共享内存池，并支持多种异构加速硬件共享该大内存资源。IBM 公司在 2020 年 8 月发布的 IBM POWER 10 处理器借助 Memory Inception 突破性新技术，允许集群中任何基于 IBM POWER10 处理器的服务器跨节点访问和共享彼此的内存，从而创建 PB 级聚合内存资源，最多支持 2PB 内存，并且节点之间的延迟为纳秒级。OSDI 2018 最佳论文中提出了 LegoOS 分布式操作系统,将单一内核分解成独立的去中心化 CPU、内存和 I/O 组件,并通过高速网络连接进行消息通信,在操作系统层面进行了前沿性探索。加州大学洛杉矶分校(UCLA)、麻省理工学院(MIT)等大学的学者在 OSDI 2020 论文中提出了基于分散内存(Disaggregated Memory)的 Java 运行时管理方法 Semeru,能够通过统一的虚拟地址空间跨节点透明访问多个服务器的内存。而在虚拟化软件层面,高性能计算领域的先驱戈登·贝尔(Gordon Bell)等提出了硬件资源虚拟化聚合的方法,试图同时实现横向扩展的硬件成本优势和灵活性,以及纵向扩展固有的简单性。

因此,通过虚拟化构建弹性资源池(计算、存储和 I/O 相结合),实现纵向/横向灵活扩展,资源按需聚合/分散,面向领域垂直整合巨型虚拟机/微型虚拟机,能够便捷共享集约化硬件资源,高效抽象具有多样性的硬件设备,通过虚拟化提供更为轻量化、细粒度的资源和接口抽象,现有的硬件、操作系统、应用程序生态可以继续演化,实现软件和硬件的松耦合及协同优化是虚拟化技术不断发展的方向。

1.3　系统虚拟化的主要功能和分类

系统虚拟化向下管理硬件资源,向上提供硬件抽象。本节主要介绍系统虚拟化的基本功能(包括 CPU、内存和 I/O 虚拟化),并根据 Hypervisor 与物理资源和操作系统交互方式的不同,介绍了两种基本的虚拟化分类。然后简要介绍三种虚拟化的实现方式,从而帮助读者在整体上了解虚拟化不同实现方式对功能和性能的影响。

1.3.1　虚拟化基本功能

系统虚拟化架构如图 1-4 所示(以经典的"一虚多"架构为例),底层是物理硬件资源,包括三大主要硬件:CPU、内存和 I/O 设备。Hypervisor 运行在硬件资源层上,并为虚拟机提供虚拟的硬件资源。客户机操作系统(Guest OS)运行在虚拟硬件资源上,这与传统的操作系统功能一致,管理硬件资源并为上层应用提供统一的软件接口。总览整个架构,Hypervisor 应当具有两种功能:①管理虚拟环境;②管理物理资源。

(1) **虚拟环境的管理**:如上所述,Hypervisor 需要为虚拟机提供虚拟的硬件资源,因此至少应当包括三个模块:①CPU 虚拟化模块;②内存虚拟化模块;③I/O 设备虚拟化模块。除此之外,既然 Hypervisor 能够允许多个虚拟机同时执行,那么应当具有一套完备的调度机制来调度各虚拟机执行。考虑到一个虚拟机可能具有多个 vCPU,每个 vCPU 独立运行,那么 Hypervisor 调度的基本单位应当是 vCPU 而非虚拟机。在云环境下,用户有时需要查询虚拟机的状态或者暂停虚拟机的执行,这也通过 Hypervisor 实现。为了便于用户管理自己的虚拟机,云厂商往往会提供一套完整的管理接口(例如 Libvirt)支持虚拟机的创建、删除、暂停和迁移等。

(2) **物理资源的管理**:除了管理虚拟环境,在某种程度上,Hypervisor 还担负着操作系统的职责,即管理底层物理资源、提供安全隔离机制,以及保证某个虚拟机中的恶意代码不会破坏整个系统的稳定性。

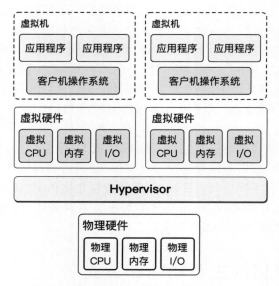

图 1-4　系统虚拟化架构

此外，一些 Hypervisor 还提供了调试手段和性能采集分析工具（例如 KVM 单元测试工具 KVM-Unit-Tests[①]），便于开发者进行测试与评估，例如可以利用 Linux 提供的 Perf 工具查看由各种原因触发的 VM-Exit（虚拟机退出）次数。

CPU、内存和 I/O 设备是现代计算机所必需的三大功能部件。如果系统虚拟化要构建出可运行的虚拟机，CPU 虚拟化、内存虚拟化和 I/O 虚拟化是必要的，它们各自需要实现的功能与解决的问题简要概括如下（本书将在后续章节详细介绍）。

（1）**CPU 虚拟化**。在物理环境下，操作系统具有最高权限级别，可以直接访问寄存器、内存和 I/O 设备等关键的物理资源。但是，在虚拟环境下，物理资源由 Hypervisor 接管，并且 Hypervisor 处于最高特权级。这也就意味着客户机操作系统处于非最高特权级，无法直接访问物理资源。因此虚拟机对物理资源的访问应当触发异常，陷入 Hypervisor 中进行监控和模拟。这些访问物理资源的指令称为敏感指令，上述处理方式称为陷入-模拟（Trap and Emulate）。在 Intel VT-x 等硬件辅助虚拟化技术出现之前，软件虚拟化技术只能利用计算机体系中现有的特权级进行处理。这就要求所有的敏感指令都是特权指令，才能让 Hypervisor 截获所有的敏感指令。但系统中通常存在一些敏感非特权指令，它们称为"虚拟化漏洞"，CPU 虚拟化的关键就是消除虚拟化漏洞。此外，中断和异常的模拟及注入也是 CPU 虚拟化应当考虑的问题。虚拟设备产生的中断无法像物理中断一样直接传送到物理 CPU 上，而需要在虚拟机陷入 Hypervisor 中时，将虚拟中断注入虚拟机中。虚拟机在恢复执行后发现自己有未处理的中断，从而陷入相应的中断处理程序中。

---

① KVM-Unit-Tests 源码地址：https://gitlab.com/kvm-unit-tests/kvm-unit-tests。

（2）**内存虚拟化**。操作系统对于物理内存的使用基于两个假设：①内存都是从物理地址 0 开始的；②物理内存都是连续的。对于一台物理机上的多个虚拟机而言，它们共享物理内存资源，因此无法满足假设①。对于假设②，可以采用将物理内存分区的方式保证每个虚拟机看到的内存是连续的，但这样牺牲了内存使用的灵活性。因此内存虚拟化引入了 GPA（Guest Physical Address，客户机物理地址）供虚拟机使用。但是，当虚拟机需要访问内存时，是无法通过 GPA 找到对应的数据的，需要将 GPA 转换为 HPA（Host Physical Address，宿主机物理地址）。因此 Hypervisor 需要提供两个功能：①维护 GPA 到 HPA 的映射关系，即 GPA→HPA；②截获虚拟机对 GPA 的访问，并根据上述映射关系将 GPA 转换为 HPA。

（3）**I/O 虚拟化**。在物理环境下，操作系统通过 I/O 端口访问特定的 I/O 设备，称为 PIO（Port I/O，端口 I/O），或者将 I/O 设备上的寄存器映射到预留的内存地址空间进行读写，称为 MMIO（Memory-Mapped I/O，内存映射 I/O）。因此 Hypervisor 需要截获所有的 PIO 和 MMIO 操作并对其进行模拟，再将结果告知虚拟机。设备中断也类似，Hypervisor 需要将中断分发到不同的虚拟机中。此外，当多个虚拟机运行在同一个物理机上时，由于 I/O 设备只有一份（如网卡）不可能同时供多个虚拟机使用。Hypervisor 需要为每个虚拟机提供一个软件模拟的网卡（也可以采用硬件直通或者硬件辅助虚拟化的方式），这个网卡应当与现实设备具有完全相同的接口，从而允许用户无须修改客户机操作系统中原有的驱动程序就能使用这个虚拟设备。但软件模拟的方式性能较差，目前一般采用软硬件协同优化的 I/O 虚拟化提升性能。

1.3.2　虚拟化分类

1974 年，Gerald J. Popek 和 Robert P. Goldberg 在虚拟化方面的著名论文 *Formal Requirements for Virtualizable Third Generation Architectures* 中提出了一组称为虚拟化准则的充分条件，也称为波佩克与戈德堡虚拟化需求（Popek and Goldberg Virtualization Requirements），即虚拟化系统必须满足以下三个条件。

（1）**资源控制**（**Resource Control**）。虚拟机对于物理资源的访问都应该在 Hypervisor 的监控下进行，虚拟机不能越过 Hypervisor 直接访问物理机资源，否则某些恶意虚拟机可能会侵占物理机资源导致系统崩溃。

（2）**等价**（**Equivalence**）。在控制程序管理下运行的程序（包括操作系统），除时序和资源可用性之外的行为应该与没有控制程序时完全一致，且预先编写的特权指令可以自由地执行，即物理机与虚拟机的运行环境在本质上应该是相同的。对于上层应用来说，在虚拟机和物理机中运行应该是没有差别的。

（3）**高效**（**Efficiency**）。绝大多数的客户虚拟机指令应该由主机硬件直接执行，而无须控制程序参与。

该论文为设计可虚拟化计算机架构给出了指导原则，遗憾的是，早期 Intel x86 架构并不全部符合这三个原则，也就是说，早期 x86 架构对虚拟化的支持是缺失的，因为其架构包含敏感非特权指令[11]（详见 2.1.1 节）。Robert P. Goldberg 还在其博士论文 *Architectural Principles for Virtual Computer Systems* 中介绍了两种 Hypervisor 类型，分别是 Type Ⅰ 和 Type Ⅱ 虚拟化，也就是沿用至今的虚拟化分类方法，如图 1-5 所示。

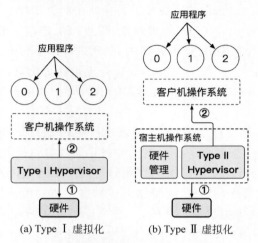

注：①管理物理硬件；②实现虚拟化功能。

图 1-5　Type Ⅰ 和 Type Ⅱ 虚拟化

根据 Hypervisor 与物理资源和操作系统交互方式的不同，可以将 Hypervisor 分为两类。Type Ⅰ Hypervisor 直接运行在物理硬件资源上，需要承担系统初始化、物理资源管理等操作系统职能。从某种程度上来说，Type Ⅰ Hypervisor 可以视为一个为虚拟化而优化裁剪过的内核，可以直接在 Hypervisor 上加载客户机操作系统。它相当于在硬件和客户机操作系统之间添加了一个虚拟化层，避免了宿主机操作系统对 Hypervisor 的干预。Type Ⅰ Hypervisor 包括 Xen、ACRN 等。

与 Type Ⅰ Hypervisor 不同，Type Ⅱ Hypervisor 运行在宿主机操作系统中，只负责实现虚拟化相关功能，物理资源的管理等则复用宿主机操作系统中的相关代码。这种类型的 Hypervisor 更像是对操作系统的一种拓展。KVM 就属于 Type Ⅱ Hypervisor，它以模块的形式被动态地加载到 Linux 内核中。Type Ⅱ Hypervisor 又名寄宿虚拟机监控系统，它将虚拟化层直接安装到操作系统之上，每台虚拟机就像在宿主机操作系统上运行的一个进程。一般而言，相对于 Type Ⅱ Hypervisor，Type Ⅰ Hypervisor 系统效率更高，具有更好的可扩展性、健壮性和性能。然而由于 Type Ⅱ Hypervisor 使用方便，与宿主机操作系统生态兼容，目前大多数桌面用户使用的都是该类型的虚拟机，目前常见的 Type Ⅱ Hypervisor 有 KVM、VMware Fusion、VirtualBox 和 Parallels Desktop 等。

1.3.3　系统虚拟化实现方式

系统虚拟化技术按照实现方式可以分为基于软件的全虚拟化技术、硬件辅助虚拟化技术和半虚拟化技术。一般来说，虚拟机上的客户机操作系统"认为"自己运行在真实的物理硬件资源上，但为了提升虚拟化性能，会修改客户机操作系统使之与 Hypervisor 相互协作共同完成某些操作。这种虚拟化方案称为 PV(Para-Virtualization，半虚拟化)，与之对应的是全虚拟化(Full Virtualization)，无须修改客户机操作系统就可以正常运行虚拟机。下面分别从基于软件的全虚拟化、硬件辅助虚拟化和半虚拟化三个方面对上述虚拟化实现技术进行分析。

1. 基于软件的全虚拟化

基于软件的全虚拟化技术采用解释执行、扫描与修补、二进制翻译(Binary Translation，BT)等模拟技术弥补虚拟化漏洞。解释执行采用软件模拟虚拟机中每条指令的执行效果，相当于每条指令都需要"陷入"，这无疑违背了虚拟化的高效原则。扫描与修补为每条敏感指令在 Hypervisor 中生成对应的补丁代码，然后扫描虚拟机中的代码段，将所有的敏感指令替换为跳转指令，跳转到 Hypervisor 中执行对应的补丁代码。二进制翻译则以基本块为单位进行翻译，翻译是指将基本块中的特权指令与敏感指令转换为一系列非敏感指令，它们具有相同的执行效果。对于某些复杂的指令，无法用普通指令模拟出其执行效果，二进制翻译采用和类似扫描与修补的方案，将其替换为函数调用，跳转到 Hypervisor 进行深度模拟。以如下 x86 指令集中 cpuid 指令的执行代码为例。cpuid 指令是 x86 架构中用于获取 CPU 信息的敏感指令。经过二进制翻译后，将其替换为对 helper_cpuid 的函数调用，即获取虚拟 CPU 的配置信息并返回，模拟出真实 cpuid 指令的执行效果。翻译前后代码如下。

待翻译的 cpuid 指令
```
1. mov % eax, $ 0x1
2. cpuid
```

翻译后的目标指令序列
```
1. mov % ebx, $ 0x1
2. mov 0x0( % ebp), % ebx
3. call helper_cpuid
```

对于内存虚拟化，前面提到虚拟化需要引入一层新的地址空间，即 GPA。客户虚拟机中的应用使用的是 GVA(Guest Virtual Address，客户机虚拟地址)，而要访问内存中的数据，必须通过 HVA(Host Virtual Address，宿主机虚拟地址)访问 HPA。一种可能的解决方案是，将地址转换分为两部分，分别加载 GPT(Guest Page Table，客户机页表)和 HPT(Host Page Table，宿主机页表)，完成 GVA 到 GPA 再到 HPA 的转换，其中转换 GVA→GPA 由 GPT 完成，而转换 HVA→HPA 由 HPT 完成，而中间转换 GPA→HVA 通常由 Hypervisor 维护，这样通过复杂的 GVA→GPA→HVA→HPA 多级转换，完成了客户虚拟机的内存访问，开销比较大。因此基于软件的虚拟化技术引入了 SPT(Shadow Page Table，影子页表)，记录了从 GVA 到 HPA 的直接映射，只需要将 SPT 基地址加载到页表基地址寄存器(例如 CR3)中即可完成从 GVA 到 HPA 的转换。由于每个进程有自己的虚拟地址空间，因此 SPT 的数目与虚拟机中进程数目相同。为了维护 SPT 与 GPT 的一致性，

Hypervisor 需要截获虚拟机对 GPT 的修改，并在处理函数中对 SPT 进行相应的修改。

物理机访问 I/O 设备一般是通过 PIO 或 MMIO 的方式，因此 I/O 虚拟化需要 Hypervisor 截获这些操作。在 x86 场景下，PIO 截获十分简单，因为设备发起 PIO 一般需要执行 IN、OUT、INS 和 OUTS 指令，这四条指令都是敏感指令，可以利用 CPU 虚拟化中提到的方式进行截获。而对于 MMIO 而言，CPU 是通过访问内存的方式发起的。因此 Hypervisor 采用一种巧妙的方式解决这一问题：在建立 SPT 时，Hypervisor 不会为虚拟机 MMIO 所属的物理地址区域建立页表项，这样虚拟机 MMIO 操作就会触发缺页异常从而陷入 Hypervisor 中进行处理。

因此，全虚拟化区分普通用户态指令和系统特权指令。前者直接执行即可，而对后者使用陷入和模拟技术返回到虚拟机监视器系统来模拟执行。问题的关键在于对敏感指令的处理：全虚拟化实现了一个二进制系统翻译模块，该模块负责在二进制代码层面对代码进行转换，从而将敏感代码转换为可以安全执行的代码，避免了敏感指令的副作用。二进制翻译系统往往还带有缓存功能，显著提高了代码转换的性能。该翻译技术的主要使用者有 VMware 公司早期版本的系统虚拟化产品。虽然全虚拟化无须对客户机操作系统进行任何修改，但却带来了二进制翻译的开销，导致了性能瓶颈。

2. 硬件辅助虚拟化

为了解决软件在虚拟化引入的性能开销，Intel 和 AMD 等 CPU 制造厂商都在硬件上加入了对虚拟化的支持，称为硬件辅助虚拟化（Hardware Assisted Virtualization）。基于硬件辅助虚拟化，也可以实现全虚拟化，不用修改客户机代码。这里以典型的 Intel VT 技术为例进行简要说明。

前面提到，原本的 x86 架构存在虚拟化漏洞，并非所有敏感指令都是特权指令。最直接的解决方案就是让所有敏感指令都能触发异常，但是这将改变指令的语义，导致现有的软件无法正常运行。于是 Intel VT-x 引入了 VMX（Virtual-Machine Extensions，虚拟机扩展）操作模式，包括根模式（root mode）和非根模式（non-root mode），其中 Hypervisor 运行在根模式而虚拟机运行在非根模式。在非根模式下，所有敏感指令都会触发 VM-Exit 陷入 Hypervisor 中，而其他指令则可以在 CPU 上正常运行。VMX 的引入使得 Hypervisor 无须大费周章地去识别所有的敏感指令，极大地提升了虚拟化的性能。

而对于内存虚拟化，前面提到可能需要两次地址转换，这就需要不断地切换页表寄存器 CR3 的值。因此软件全虚拟化技术引入了 SPT，直接将 GVA 转换为 HPA，而 Intel VT-x 引入了 EPT（Extended Page Table，扩展页表）。原本的 CR3 装载客户页表将 GVA 转换为 GPA，而 EPT 负责将 GPA 转换为 HPA，直接在硬件上完成了两次地址转换。两次地址转换即 GVA→GPA→HPA，其中转换 GVA→GPA 仍由客户机操作系统的 GPT 转换，不用修改；而第二次 GPA→HPA 由硬件 EPT 自动转换，对客户虚拟机透明。虽然 SPT 是直接将 GVA 转换为 HPA（GVA→HPA），只有一次硬件转换。在没有页表修改的条件下，SPT 更高效；然而客户机页表的修改需要通过 VM-Exit 陷出到 Hypervisor 进行模拟以保证页表同步，导致了 SPT 的性能问题。采用 EPT 后，客户机页表的修改不会导致

EPT 的同步(没有 VM-Exit),因此 EPT 更为高效。此外,前面提到 SPT 的数量与虚拟机中进程数目相对应,而由于 EPT 是将 GPA 转换为 HPA,所以理论上只需要为每个虚拟机维护一个页表即可,减少了内存占用。

在 I/O 虚拟化方面,Intel 引入了 Intel VT-d(Virtualization Technology for Direct I/O,直接 I/O 虚拟化技术)等硬件优化技术。相较于软件全虚拟化技术需要对设备进行模拟,Intel VT-d 支持直接将某个物理设备直通给某个虚拟机使用,这样虚拟机可以直接通过 I/O 地址空间操作物理设备。但也引入了新问题,原本物理设备发起直接内存访问需要的是宿主机物理地址,但将它分配给某个虚拟机后,该虚拟机只能为其提供客户机物理地址。因此 Intel VT-d 硬件上必须有一个单元(DMA 重映射硬件)负责将 GPA 转换为 HPA。这种设备直通分配有一个明显缺陷,即一个物理设备只能供一个虚拟机独占使用,这就需要更多的物理硬件资源。

SR-IOV(Single Root I/O Virtualization,单根 I/O 虚拟化)设备可以缓解这一问题。每个 SR-IOV 设备拥有一个 PF(Physical Function,物理功能)和多个 VF(Virtual Function,虚拟功能),每个 VF 都可以指定给某个虚拟机使用,这样从单个物理设备上提供了多个虚拟设备分配给不同的虚拟机使用。但 SR-IOV 的 VF 数量受硬件限制,限定了虚拟设备的可扩展性。

3. 半虚拟化

半虚拟化打破了虚拟机与 Hypervisor 之间的界限,在某种程度上,虚拟机不再对自己的物理运行环境一无所知,它会与 Hypervisor 相互配合以期获得更好的性能。在半虚拟化环境中,虚拟机将所有的敏感指令替换为主动发起的超调用(Hypercall)。Hypercall 类似于系统调用,是由客户机操作系统在需要 Hypervisor 服务时主动发起的。通过 Hypercall,客户机操作系统主动配合敏感指令的执行(这些指令受 Hypervisor 监控),大大减少了虚拟化开销。

相较于全虚拟化的暴力替换,半虚拟化则另辟蹊径。它对客户机操作系统中的敏感指令都进行了替换,取而代之的是 Hypervisor 新增的 Hypercall。这些 Hypercall 实现了敏感指令本身的功能,同时在每次执行时都确保能够退回到 Hypervisor。此外,不仅仅是敏感指令的处理,如果客户机操作系统能够意识到自身运行于虚拟机环境下,并与 Hypervisor 进行配合,修改代码进行针对性优化,就能提升性能。Xen 早期采用半虚拟化作为性能提升的主要手段,并大获成功。因此相较于 CPU 虚拟化,由于 I/O 半虚拟化性能提升明显,更受开发者的关注,如 virtio、Vhost、Vhost-user 和 vDPA 等一系列优化技术被提出来,并且不断演进。因此,相较于全虚拟化,半虚拟化能够提供更好的性能,但代价却是对客户机操作系统代码的修改。为了支持各种操作系统的各种版本,半虚拟化虚拟机监视器的实现者必须付出大量代价做适配工作(virtio 提供了标准化的半虚拟化硬件接口,减少了适配难度),并且由于半虚拟化需要修改源代码,对不开源的系统(如 Windows)适配比较困难(目前 Windows 设备驱动程序也广泛支持 virtio 接口)。

4. 虚拟化实现方式小结

表 1-1 总结了三种虚拟化实现方式对 CPU、内存和 I/O 虚拟化等方面的影响。目前主流硬件架构（包括 x86、ARM 等）都对硬件辅助虚拟化提供了支持，RISC-V 的虚拟化硬件扩展作为重要的架构规范也正在完善中[①]。同时，半虚拟化驱动规范 virtio 接口标准正在普及，目前主流的操作系统都提供了 virtio 的支持。因此，目前主流的虚拟化实现方式是硬件辅助虚拟化和半虚拟化，大幅降低了虚拟化性能的开销。

表 1-1　虚拟化实现技术比较

类　　别	基于软件的全虚拟化	半 虚 拟 化	硬件辅助虚拟化
客户机操作系统是否修改	无须修改	要修改	无须修改
兼容性	好	差	好
性能	差	好	好
CPU 虚拟化	二进制代码翻译	超级调用	增加新指令和新操作模式
内存虚拟化	影子页表	内存管理半虚拟化	嵌套页表（硬件扩展）
I/O 虚拟化	设备模拟	半虚拟化驱动	设备模型（直通访问）

在 CPU、内存和 I/O 三类虚拟资源中，前两类都已经得到较好的解决。由于 I/O 设备抽象困难、切换频繁、非常态事件高发等原因，开销往往高达 25%～66%（万兆网卡中断达 70 万次/秒，虚拟化场景下占用高达 5 个 CPU 核），因此 I/O 成为需要攻克的主要效能瓶颈。此外，虚拟化可以嵌套（Nested Virtualization），即在虚拟机（L1，第一层）中创建和运行虚拟机（L2，第二层），以此类推（物理机看作第零层，L0）。如果 CPU 支持嵌套的硬件辅助虚拟化（如 Intel x86），则可以降低嵌套的虚拟机性能损失。限于篇幅，本书不深入讨论嵌套虚拟化。

1.4　典型虚拟化系统

针对上述三种主要的虚拟化实现方式，本节主要介绍在虚拟化历史上起重要作用、并且目前仍在广泛使用的虚拟化系统。通过介绍典型虚拟化系统，加深对虚拟化方法的理解。

1.4.1　典型虚拟化系统简介

1. VMware

斯坦福大学 Mendel Rosenblum 教授带领课题组研发了分布式操作系统 Hive、机器模拟器 SimOS 和虚拟机监控器 DISCO[4]。基于这些技术积累，Mendel Rosenblum 作为共同

---

① RISC-V 的虚拟化规范在 2020 年 2 月的版本号为 0.6，还未正式发布，目前 QEMU/KVM 已经支持 RISC-V 虚拟化扩展。

创始人在 1998 年创建了 VMware 公司,也是硅谷产学研结合的典型代表。由于当时 x86 架构在硬件上还不支持虚拟化,因此 VMware 公司采用动态二进制翻译技术与直接执行相结合的全虚拟化技术来优化性能,其虚拟机性能达到物理机的 80% 以上,CPU 密集型的应用性能损失仅为 3%～5%。具体而言,虚拟机用户态代码可直接运行(包括虚拟 8086 模式),虚拟机内核态代码基于动态二进制翻译执行。虽然动态二进制翻译增加了开销,但保证了敏感指令在 Hypervisor 监控下执行,符合 1.3.2 节描述的波佩克与戈德堡虚拟化需求中第一条准则(资源控制),弥补了 x86 架构的虚拟化漏洞。同时,由于用户态代码直接运行,性能比采用纯二进制翻译的系统大为提高,取得了 x86 架构中虚拟化技术的突破,也被视为第一个成功商业化的虚拟化 x86 架构。

VMware 公司在 1999 年发布了桌面虚拟化产品 Workstation 1.0(见图 1-6(a)),可以在一台 PC 上以虚拟机的形式运行多个操作系统,属于 Type Ⅱ 全虚拟化技术,Windows 客户机操作系统不加修改就可以运行。2002 年 VMware 公司发布了其第一代 Type Ⅰ 虚拟化产品 ESX Server 1.5(见图 1-6(b)),采用服务器整合(Server Consolidation)的方式,支持将多个服务器整合到较少的物理设备中。通常可以将 10 台虚拟机整合到 1 台物理机中(10∶1),这种"一虚多"的虚拟化方式大幅提升了服务器资源利用率,降低了数据中心的硬件成本,因此得到了广泛应用。

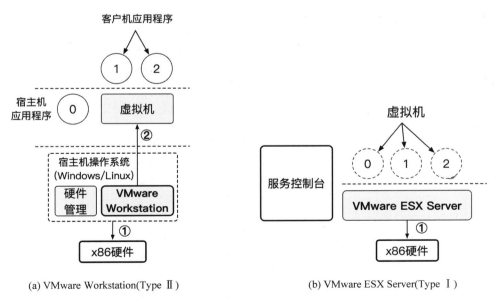

(a) VMware Workstation(Type Ⅱ)　　　　(b) VMware ESX Server(Type Ⅰ)

注:①管理物理硬件;②实现虚拟化功能。

图 1-6　VMware 典型虚拟化系统

2. Xen

2003 年,剑桥大学 Ian Pratt 教授等发表了虚拟化领域的著名论文 *Xen and the art of*

virtualization[5]，提出了以半虚拟化技术为基础的代表性开源项目 Xen。由于当时 x86 硬件还没有支持虚拟化，如果不修改客户机操作系统，采用二进制翻译或软件模拟的全虚拟化技术，则内存和 I/O 的虚拟化开销比较大。以内存虚拟化为例，VMware 采用影子页表技术，系统同时存在影子页表和客户机操作系统的原有页表，两套页表通过缺页异常（Page Fault）保持同步，引入了大量的同步开销。而 Xen 通过修改客户机操作系统，不再保留两套页表（消除同步开销），同时通过超调用主动更新页表。这样既保证了客户机操作系统可以快速访问页表，并自由于每次更新都需要经过 Xen 的监控，又保证了 Hypervisor 对内存资源的资源控制。

Xen 属于 Type I Hypervisor（见图 1-7），Hypervisor 直接运行于物理硬件上，为了提供功能丰富的设备模型，提出了基于 Dom0 和 DomU 的资源管理架构。Dom0 是修改后的特权 Linux 内核，专门提供访问物理设备的特权操作。并行存在多个 DomU，但均没有访问物理设备的权限（设备直通除外），在客户机操作系统中提供了各种设备的前端驱动（Frontend Driver），取代了原有的设备驱动（需要修改客户机操作系统）。前端驱动通过 I/O 环（I/O Ring）和后端驱动（Backend Driver）共享数据（基于共享内存避免数据复制），前端驱动和后端驱动的控制面通过事件通道（Event Channel）进行通信，并通过授权表（Grant Table）控制各个虚拟机的访问权限（事件通道和授权表在图 1-7 中均未画出），后端驱动通过传统的设备驱动访问真实物理设备。

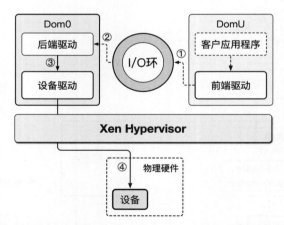

注：①DomU 前端驱动将数据写入 I/O 环；②Dom0 后端驱动读取 I/O 环数据；③后端驱动调用设备驱动；④设备驱动操作物理设备。

图 1-7　Xen 虚拟化架构

Xen 在内存虚拟化和 I/O 虚拟化的性能提升方面取得了突破，不足之处是需要修改客户机操作系统内核。但随着 Xen 的广泛采用，基于前、后端驱动的架构也逐渐稳定，并形成了 virtio 标准化接口（如磁盘驱动 virtio-blk、网络驱动 virtio-net 和 GPU 驱动 virtio-GPU 等），并被各主流操作系统（如 Windows、Linux 等）支持。因此，目前客户机操作系统已经原生支持 virtio 驱动接口，大部分情况下不再需要修改内核（但有时仍需要配置内核或安装驱动）。

3．KVM/QEMU

VMware 和 Xen 均是在 x86 硬件不支持虚拟化的情况下，采用软件的手段弥补虚拟化漏洞，随着 Intel 和 AMD 等厂商相继提出了硬件支持的虚拟化扩展，基于硬件辅助的虚拟化技术应运而生，并由于其性能优势，逐渐占据主流地位。KVM 是 Linux 内核提供的开源 Hypervisor，也是目前主流的虚拟化技术，拥有活跃的社区和论坛（KVM Forum）。KVM 自内核 2.6.20 起被合并进 Linux，作为 Linux 的一个内核模块，在 Linux 启动时被动态加载。KVM 利用了硬件辅助虚拟化的特性，能够高效地实现 CPU 和内存的虚拟化。

事实上，KVM 无法单独使用，因为它既不提供 I/O 设备的模拟，也不支持对整体虚拟机的状态进行管理。它向用户态程序（如 QEMU）暴露特殊的设备文件/dev/kvm 作为接口，允许用户态程序利用它来实现最为关键的 CPU 和内存虚拟化，但还缺少 I/O 虚拟化需要的设备模型（Device Model），而 QEMU 正好可以弥补这块功能。QEMU 是开源的软件仿真器，它能够通过动态二进制翻译技术来实现 CPU 虚拟化，同时提供多种 I/O 设备的模拟，因此可以作为低速的 Type Ⅱ 虚拟机监视器系统进行工作。然而，二进制翻译这种模拟方法带来了巨大的性能开销，导致虚拟机运行缓慢。为此 QEMU 利用 KVM 暴露的/dev/kvm 接口，以 KVM 作为"加速器"，从而极大地改善虚拟机的性能。

由于 QEMU 通常和 KVM 配合使用，因此整体称为 QEMU/KVM，其架构如图 1-8 所示：QEMU 通过打开设备文件/dev/kvm 实现和 KVM 内核模块（kvm.ko）的交互。在创建虚拟机时，QEMU 会根据用户配置完成创建 vCPU 线程、分配虚拟机内存、创建虚拟设备（包括磁盘、网卡等）等工作。在 QEMU 中，虚拟机的每个 vCPU 对应 QEMU 的一个线程，当 QEMU 完成了所有初始化工作后，会通过 ioctl 指令进入内核态的 KVM 模块中，由 KVM 模块通过虚拟机启动或恢复指令（如 x86 的 VMLAUNCH 或 VMRESUME 指令）切换到虚拟机运行，执行虚拟机代码。因此从宿主机操作系统的角度来看，虚拟机的每个 CPU 对应于系统中的一个线程，并且该线程受到 QEMU 的控制和管理。当 CPU 执行了特权指令或发生特定行为时，会触发虚拟机陷出事件退出到 KVM，由 KVM 判断能否进行处理（比如对一个 QEMU 中模拟的 I/O 设备进行操作）。如果不能，则进一步返回到 QEMU，由 QEMU 负责处理。

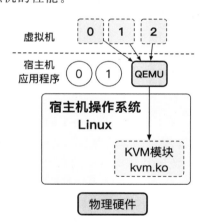

图 1-8　KVM/QEMU 架构

4．ACRN

随着万物互联时代的到来，虚拟化技术进一步扩展到移动终端、嵌入式和车载设备等资源受限的平台，一系列嵌入式、轻量级虚拟化被提出来，例如 QNX Hypervisor、Jailhouse、Xvisor、PikeOS 和 OKL4 等。Linux 基金会于 2018 年 3 月发布了开源的轻量级虚拟化平台 ACRN[①]。ACRN 针对实时性和安全性(针对车载场景)进行了适配优化,并为关键业务提供了安全性隔离。ACRN 通过 GVT-g 支持 GPU 虚拟化,可以在车载场景下共享 GPU。

　　ACRN 是 Type Ⅰ 虚拟化架构(见图 1-9),类似于 Xen 的 Dom0,采用特权级的服务操作系统(Service OS)来管理物理 I/O 设备的使用;类似于 Xen 的 DomU,用户操作系统(User OS)由 ACRN Hypervisor 进行创建和管理。设备分为前、后端驱动,两者之间的数据共享(环/队列)通过标准的 virtio 接口进行访问。

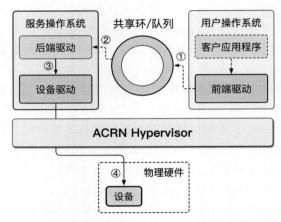

　　注:①前端驱动将数据写入 I/O 环;②后端驱动读取 I/O 环数据;③后端驱动调用设备驱动;④设备驱动操作物理设备。

图 1-9　ACRN 虚拟化架构

　　表 1-2 总结了上述 4 种典型虚拟化系统的特点,它们是 2000 年之后有代表性的虚拟化系统,至今仍广泛使用。IBM、微软等主流操作系统厂商的虚拟化产品、亚马逊和阿里巴巴等主流云计算提供商的新型虚拟化技术(如亚马逊 Nitro Hypervisor、阿里神龙服务器)和 VirtualBox、Xvisor 等开源系统也在市场中占据重要地位,限于篇幅,本书不做介绍[②]。

表 1-2　典型虚拟化系统

名　　　称	发布年份	类　　型	技 术 特 点
VMware	1999	Type Ⅰ、Type Ⅱ	虚拟化商业产品,支持 Type Ⅰ 和 Type Ⅱ 两种虚拟化技术,提供了完整的虚拟化产品(包括桌面和应用虚拟化、服务器虚拟化等),是 x86 平台虚拟化技术的开拓者
Xen	2003	Type Ⅰ	早期以半虚拟化技术为主的开源系统,由英国剑桥大学 Ian Pratt 领导开发,自 Linux 3.0 开始稳定支持 Dom0 和 DomU,广泛部署于各硬件架构(包括车载等场景)

---

①　ACRN 官方地址: https://projectacrn.org/。

②　关于 Windows 的硬件辅助虚拟化技术介绍,可以参考清华大学出版社 2011 年出版的《NewBluePill: 深入理解硬件虚拟机》。

续表

名　　称	发布年份	类　　型	技 术 特 点
KVM/QEMU	2006/2003	Type Ⅱ	基于 Linux 的通用开源系统,以硬件辅助虚拟化为主(如硬件不支持,则退回到用 QEMU 软件模拟),是目前广泛部署的虚拟化系统
ACRN	2018	Type Ⅰ	嵌入式轻量级开源系统,发布时大约只有 25K 行代码,以实时性和关键安全性为设计出发点,满足车载、物联网等场景的虚拟化需求

1.4.2　openEuler 的虚拟化技术

　　openEuler 是一款开源操作系统[①]。当前 openEuler 内核源于 Linux,支持鲲鹏及其他多种处理器,是由全球开源贡献者构建的高效、稳定且安全的开源操作系统,适用于数据库、大数据、云计算和人工智能等应用场景。同时,openEuler 是一个面向全球的操作系统开源社区,通过社区合作打造创新平台,构建支持多处理器架构、统一和开放的操作系统。openEuler 社区还孵化了 A-Tune 和 iSula 两个开源子项目。A-Tune 是智能性能优化系统软件,即通过机器学习引擎对业务应用建立精准模型,再根据业务负载智能匹配最佳操作系统配置参数组合,实现系统整体运行效率的提升;iSula 是一种云原生轻量级容器解决方案,可以通过统一、灵活的架构满足 ICT(Information Communications Technology,信息和通信技术)领域端、边与云场景的多种需求。在全场景虚拟化方面,提出了基于 Rust 语言的下一代虚拟化平台 StratoVirt,构建面向云数据中心的企业级虚拟化平台,实现了一套架构统一支持虚拟机、容器和 Serverless 三种场景。

　　openEuler 社区版本分为 LTS(Long-Term Storage,长期支持版本)和创新版本,版本号按照交付年份和月份进行命名。

　　(1)长期支持版本。发布间隔定为 2 年,提供 4 年社区支持。社区 LTS 版本 openEuler 20.03 于 2020 年 3 月正式发布。

　　(2)社区创新版本。每隔 6 个月 openEuler 会发布一个社区创新版本,提供 6 个月社区支持。

　　openEuler 20.09 于 2020 年 9 月发布。openEuler 目前提供了支持 AArch64 和 x86_64 处理器架构的 KVM 虚拟化组件,支持鲲鹏处理器和容器虚拟化技术,与开源 QEMU、StratoVirt 和 Libvirt 等共同构成了完整的系统虚拟化运行环境。有关 openEuler 及虚拟化组件的安装、配置和管理请参考 openEuler 开源网站。本书后续章节将以 openEuler 为例详细描述系统虚拟化的原理和特性,本书第 6 章将从零开始动手构建一个精简版的 StratoVirt,用于加深对虚拟化技术的理解。

　　表 1-3 列出了 openEuler 软件包提供的虚拟化相关组件。

---

①　openEuler 源码地址:https://openeuler.org/。

表 1-3   openEuler 虚拟化相关组件

组 件 名 称	描 述
KVM	提供核心的虚拟化基础设施，使 Linux 系统成为一个 Hypervisor，支持多个虚拟机同时在该主机上运行
QEMU	模拟处理器并提供一组设备模型，配合 KVM 实现基于硬件的虚拟化模拟加速
Libvirt	为管理虚拟机提供工具集，主要包含统一、稳定和开放的应用程序接口（API）、守护进程（Libvirtd）和一个默认命令行管理工具（virsh）
StratoVirt	采用内存安全语言 Rust 编写的轻量级用户态虚拟机监控程序（功能类似于 QEMU），基于硬件辅助虚拟化 KVM 模块，与容器 Kubernetes 生态无缝集成
Open vSwitch	为虚拟机提供虚拟网络的工具集，支持编程扩展、标准的管理接口和协议（如 NetFlow、sFlow、IPFIX、RSPAN、CLI、LACP 和 802.1ag）
iSula	云原生轻量级容器解决方案，可通过统一、灵活的架构满足 ICT 领域端、边与云场景的多种需求

本章小结

　　本章简要介绍了系统虚拟化的基本概念，回顾系统虚拟化的发展历史并展望其发展趋势，还介绍了系统虚拟化的主要功能、分类和目前使用广泛的典型系统虚拟化项目，以及 openEuler 操作系统及其虚拟化技术。通过本章，希望读者对虚拟化技术的来龙去脉有较为宏观的理解，为后续章节的学习打下基础。

## 第 2 章

CPU 虚拟化

第 1 章已经简要描述了系统虚拟化的三个重要组成部分：CPU 虚拟化、内存虚拟化和 I/O 虚拟化，本章将深入介绍 CPU 虚拟化部分。早期由于缺乏相应硬件的支持，只能采用陷入-模拟、扫描与修补、二进制翻译等软件模拟的方式解决"虚拟化漏洞"问题，效率较低。而随着 Intel VT-x 等虚拟化硬件技术的出现，硬件辅助 CPU 虚拟化技术逐渐成为主流。本章 2.1 节简要概述 CPU 虚拟化，2.2 节介绍 Intel VT-x 提供的 CPU 虚拟化硬件支持，2.3 节和 2.4 节分别介绍 x86 架构下 QEMU/KVM CPU 虚拟化实现和中断虚拟化实现，2.5 节主要介绍新型"多虚一"开源项目 GiantVM 中 CPU 虚拟化和中断虚拟化的实现。

2.1 CPU 虚拟化概述

首先回顾物理环境中 CPU 的主要功能。作为运算单元，CPU 从主存中取出指令并执行，在此过程中 CPU 需要从寄存器或主存中获取操作数，并将结果写回寄存器或主存。此外，CPU 还需要响应一些发生的系统事件，这些系统事件可能是由指令执行触发，如除零错误、段错误等；也有可能是由外部事件触发，如网卡收到了一个网络包、磁盘数据传输完成等。在这些事件中，最受关注的就是中断和异常事件。简而言之，CPU 应当能高效正确地执行所有指令并响应一些发生的系统事件，这也是虚拟环境中 vCPU 应当完成的工作。但在虚拟环境中，要实现上述功能却面临一些挑战。

2.1.1 敏感非特权指令的处理

1. 敏感指令、特权指令与敏感非特权指令

在现代计算机架构中，CPU 通常拥有两个或两个以上的特权级，其中操作系统运行在最高特权级，其余程序则运行在较低的特权级。而一些指令必须运行在最高特权级中，若在非最高特权级中执行这些指令将会触发特权级切换，陷入最高特权级中，这类指令称为**特权指令**。在虚拟化环境中，还有另一类指令称为**敏感指令**，即操作敏感物理资源的指令，如 I/O 指令、页表基地址切换指令等。第 1 章提到虚拟化系统的三个基本要求：资源控制、等价与高效。资源控制要求 Hypervisor 能够控制所有的物理资源，虚拟机对敏感物理资源（部分寄存器、I/O 设备等）的访问都应在 Hypervisor 的监控下进行。这意味着在虚拟化环境中，Hypervisor 应当替代操作系统运行在最高特权级，管理物理资源并向上提供服务，当虚拟机执行敏感指令时必须陷入 Hypervisor（通常称为虚拟机下陷）中进行模拟，这种敏感指令的处理方式称为"陷入-模拟"方式。"陷入-模拟"方式要求所有的敏感指令都能触发特

权级切换，从而能够陷入 Hypervisor 中处理，通常将所有敏感指令都是特权指令的架构称为**可虚拟化架构**，反之存在敏感非特权指令的架构称为**不可虚拟化架构**。遗憾的是，大多数计算机架构在设计之初并未将虚拟化技术考虑在内，以早期的 x86 架构为例，其 SGDT（Store Global Descriptor Table，存储全局描述符表）指令将 GDTR（Global Descriptor Table Register，全局描述符表寄存器）的值存储到某个内存区域中，其中全局描述符表用于寻址，属于敏感物理资源，但是在 x86 架构中，SGDT 指令并非特权指令，无法触发特权级切换。在 x86 架构中类似 SGDT 的敏感非特权指令多达 17 条，Intel 将这些指令称为"**虚拟化漏洞**"。在不可虚拟化架构下，为了使 Hypervisor 截获并模拟上述敏感非特权指令，一系列软件方案应运而生，下面介绍这些软件解决方案。

2．敏感非特权指令的软件解决方案

敏感非特权指令的软件解决方案主要包括解释执行、二进制翻译、扫描与修补以及半虚拟化技术。

（1）解释执行技术。解释执行技术采用软件模拟的方式逐条模拟虚拟机指令的执行。解释器将程序二进制解码后调用指令相应的模拟函数，对寄存器的更改则变为修改保存在内存中的虚拟寄存器的值。

（2）二进制翻译技术。区别于解释执行技术不加区分地翻译所有指令，二进制翻译技术则以基本块为单位，将虚拟机指令批量翻译后保存在代码缓存中，基本块中的敏感指令会被替换为一系列其他指令。

（3）扫描与修补技术。扫描与修补技术是在执行每段代码前对其进行扫描，找到其中的敏感指令，将其替换为特权指令，当 CPU 执行翻译后的代码时，遇到替换后的特权指令便会陷入 Hypervisor 中进行模拟，执行对应的补丁代码。

（4）半虚拟化技术。上述三种方式都是通过扫描二进制代码找到其中敏感指令，半虚拟化则允许虚拟机在执行敏感指令时通过超调用主动陷入 Hypervisor 中，避免了扫描程序二进制代码引入的开销。

上述解决方案的优缺点如表 2-1 所示。

表 2-1　"虚拟化漏洞"解决方案优缺点比较

软件解决方案	优　　点	缺　　点
解释执行技术	允许虚拟机 ISA 不同于物理机 ISA	不加区分地模拟每条指令，效率低下
二进制翻译技术	批量翻译与缓存虚拟机指令，代码局部性较高	指令数目通常会增加，占用内存较多，对于寻址指令与跳转指令需要进一步处理
扫描与修补技术	非敏感指令直接运行，无须模拟	要求虚拟机 ISA 与物理机 ISA 相同，需要特权级切换，代码局部性较差
半虚拟化技术	无须扫描程序二进制代码，虚拟机主动陷入，性能较好	需要修改客户机操作系统，打破虚拟机与 Hypervisor 间的界限

这几种方案通过软件模拟解决了敏感非特权指令问题，但却产生了巨大的软件开销。敏感非特权指令究其本质是硬件架构缺乏对于敏感指令下陷的支持，近年来各主流架构都

从架构层面弥补了"虚拟化漏洞",解决了敏感非特权指令的陷入-模拟问题,下面简要介绍这些硬件解决方案。

3. 敏感非特权指令的硬件解决方案

前面提到,敏感非特权指令存在的根本原因是硬件架构缺乏对敏感指令下陷的支持。因此最简单的一种办法是更改现有的硬件架构,将所有的敏感指令都变为特权指令,使之能触发特权级切换,但是这将改变现有指令的语义,现有系统也必须更改来适配上述改动。另一种办法是引入虚拟化模式。未开启虚拟化模式时,操作系统与应用程序运行在原有的特权级,一切行为如常,兼容原有系统;开启虚拟化模式后,Hypervisor 运行在最高特权级,虚拟机操作系统与应用程序运行在较低特权级,虚拟机执行敏感指令将会触发特权级切换陷入 Hypervisor 中进行模拟。虚拟化模式与非虚拟化模式架构如图 2-1 所示。非虚拟化模式通常只需要两个特权级,而虚拟化模式需要至少三个特权级用于区分虚拟机应用程序、虚拟机操作系统与 Hypervisor 的控制权限,此外还需要引入相应的指令开启和关闭虚拟化模式。虚拟化模式对现有软件影响较小,Hypervisor 能够作为独立的抽象层运行于系统中,因此当下大多数虚拟化硬件都采用该方式,如 Intel VT-x 为 CPU 引入了根模式与非根模式,分别供 Hypervisor 和虚拟机运行;ARM v8 在原有 EL0 与 EL1 的基础上引入了新的异常级 EL2 供 Hypervisor 运行;RISC-V Hypervisor Extension 则添加了两个额外的特权级,即 Virtualized Supervisor 和 Virtualized User 供虚拟机操作系统和虚拟机应用程序运行,原本的 Supervisor 特权级变为 Hypervisor-Extended Supervisor,Hypervisor 运行在该特权级下。

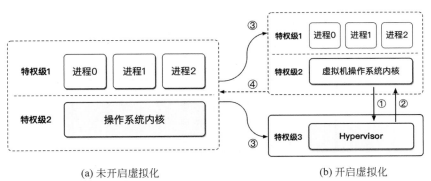

(a) 未开启虚拟化　　　　　　　　　(b) 开启虚拟化

注:①陷入;②恢复;③开启虚拟化模式;④关闭虚拟化模式。

图 2-1　虚拟化模式与非虚拟化模式架构

虚拟化模式的引入解决了敏感非特权指令的陷入以及系统兼容性问题,但是特权级的增加也带来了上下文切换问题。下面介绍虚拟化环境中的上下文切换。

2.1.2　虚拟机上下文切换

在操作系统的进程上下文切换中,操作系统与用户态程序运行在不同的特权级中,当用户态程序发起系统调用时,需要将部分程序状态保存在内存中,待系统调用完成后再

从内存中恢复程序状态。而在虚拟化环境下，当虚拟机执行敏感指令时，需要陷入
Hypervisor 进行处理，Hypervisor 与虚拟机同样运行在不同的特权级中，因此硬件应当提
供一种机制在发生虚拟机下陷时保存虚拟机的上下文。等到敏感指令模拟完成后，当虚拟
机恢复运行时重新加载虚拟机上下文。此处，"虚拟机上下文"表述可能有些不准确，更准
确的说法应当是"vCPU 上下文"[①]。一个虚拟机中可能包含多个 vCPU，虚拟机中指令执行
单元是 vCPU，Hypervisor 调度虚拟机运行的基本单位也是 vCPU。当 vCPU A 执行敏感
指令陷入 Hypervisor 时，vCPU B 将会继续运行。在大部分 Hypervisor 中，vCPU 对应一
个线程，通过分时复用的方式共享物理 CPU。以 vCPU 切换为例说明上下文切换的流程，
vCPU 切换流程如图 2-2 所示，其中实线表示控制流，虚线表示数据流。当 vCPU 1 时间片用
尽时，Hypervisor 将会中断 vCPU 1 执行，vCPU 1 陷入 Hypervisor 中（见图 2-2 中标号 I）。在
此过程中，硬件将 vCPU 1 的寄存器状态保存至固定区域（见图 2-2 中标号①），并从中加载
Hypervisor 的寄存器状态（见图 2-2 中标号②）。Hypervisor 进行 vCPU 调度，选择下一个
运行的 vCPU，保存 Hypervisor 的寄存器状态（见图 2-2 中标号③），并加载选定的 vCPU 2
的寄存器状态（见图 2-2 中标号④），而后恢复 vCPU 2 运行（见图 2-2 中标号 II）。上述固定
区域与系统架构实现密切相关。如在 Intel VT-x 中，虚拟机与 Hypervisor 寄存器状态保存

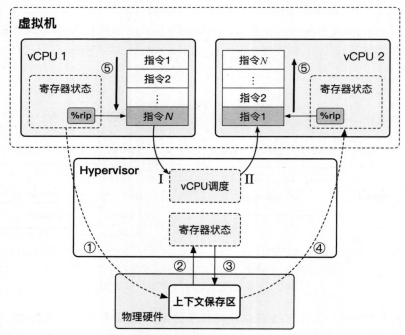

注：①保存 vCPU 寄存器；②加载 Hypervisor 寄存器；③保存 Hypervisor 寄存器；④加载 vCPU 寄存器；
⑤指令执行顺序。

图 2-2　vCPU 切换流程

---

①　上下文是一个广泛使用的概念，如进程上下文等，此处 vCPU 上下文指的是 vCPU 寄存器状态。

在 VMCS(Virtual Machine Control Structure,虚拟机控制结构)中,VMCS 是内存中的一块固定区域,通过 VMREAD/VMWRITE 指令进行读写。而 ARM v8 则为 EL1 和 EL2 提供了两套系统寄存器,因此单纯发生虚拟机下陷时,无须保存寄存器状态;但是虚拟机下陷后,若要运行其他 vCPU,则需要将上一个 vCPU 状态保存至内存中。后续章节将以 Intel VT-x 为例介绍上下文切换过程中 VMCS 的具体用法。

2.1.3　中断虚拟化

前面提到,vCPU 不仅要能高效地执行所有指令,还要能正确处理系统中出现的中断和异常事件。大部分异常(如除零错误、非法指令等)无须虚拟化,直接交给虚拟机操作系统处理即可。而对于部分需要虚拟化的异常,则需要陷入 Hypervisor 中进行相应的处理,没有固定的解决方案,第 3 章内存虚拟化将会介绍 Hypervisor 如何处理虚拟机缺页异常。本节主要关注中断虚拟化的相关内容。

中断是外部设备请求操作系统服务的一种方式,通常由外部设备发起,经由中断控制器发送给 CPU。以磁盘为例,在物理环境下,操作系统发起一个读磁盘请求,磁盘将操作系统请求的数据放置在指定位置后给中断控制器发送一个中断请求,中断控制器接收后设置好内部相应寄存器,CPU 每次执行指令前都会检查中断控制器中是否存在未处理的中断,若有则调用相应的 ISR(Interrupt Service Routine,中断服务例程)进行处理。而在虚拟环境下,可能存在多个虚拟机同时运行的情况,它们通过虚拟设备共用物理磁盘(详见第 4 章 I/O 虚拟化),此时若磁盘产生一个物理中断,该中断应该交给哪一个虚拟机的操作系统处理呢? 即如何将该中断注入发起读磁盘操作的虚拟机中,使该虚拟机操作系统执行相应的 ISR。

在虚拟化环境下,设备与中断控制器均由 Hypervisor 模拟,相应寄存器的状态对应于内存中某些数据结构的值。当虚拟机执行 I/O 指令时,会陷入 Hypervisor 中进行处理,Hypervisor 调用相应的设备驱动完成 I/O 操作。在上述过程中,Hypervisor 不仅知道发起 I/O 操作的虚拟机的详细信息,还能通过设置虚拟设备和虚拟中断控制器的寄存器状态从而完成中断注入。因此一个理想的方案是将该物理中断交给 Hypervisor 处理,再由 Hypervisor 设置虚拟中断控制器,注入一个虚拟中断到虚拟机中。仍以读磁盘为例,虚拟机发起一个读磁盘请求(见图 2-3 中标号①)触发虚拟机下陷进入 Hypervisor 进行处理(见图 2-3 中标号②),Hypervisor 向物理磁盘发起读磁盘请求(见图 2-3 中标号③),物理磁盘完成数据读请求后产生一个中断并递交给物理中断控制器(见图 2-3 中标号④),Hypervisor 执行相应的中断服务例程完成数据读取(见图 2-3 中标号⑤),并设置虚拟磁盘和虚拟中断控制器相应寄存器的状态(见图 2-3 中标号⑥),而后 Hypervisor 恢复虚拟机运行(见图 2-3 中标号⑦),虚拟机发现有待处理的中断,调用相应的中断服务例程(见图 2-3 中标号⑧)。上述流程对硬件有如下要求:①物理中断将会触发虚拟机下陷进入 Hypervisor 中处理;②虚拟机恢复运行时要先检查虚拟中断控制器是否有待处理中断。后续章节将以 Intel VT-x 为例说明虚拟化硬件如何完成这两点要求。

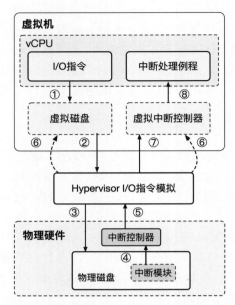

注：①向虚拟磁盘发起读请求；②虚拟机下陷；③Hypervisor 向物理磁盘发起读请求；
④向中断控制器提交中断；⑤执行中断服务例程；⑥Hypervisor 设置虚拟磁盘与虚拟
中断控制器；⑦恢复虚拟机执行；⑧虚拟机执行中断服务例程。

图 2-3　虚拟中断注入流程

通过虚拟机下陷将物理中断转换为虚拟中断解决了多虚拟机系统中物理中断的路由问题，但是对于直通设备却很不友好。直通设备（详见第 4 章 I/O 虚拟化）是指通过硬件支持将一个物理设备直通给某个虚拟机使用，该设备由这个虚拟机独占，故该设备产生的中断也应当由这个虚拟机处理，无须经过 Hypervisor 路由。为了解决这个问题，ELI（Exitless Interrupt，不退出中断）[12] 引入了 Shadow IDT（Shadow Interrupt Descriptor Table，影子中断描述符表），区分直通设备产生的中断与其他物理中断，直通设备产生的中断直接递交给虚拟机处理，无须 Hypervisor 介入。DID（Direct Interrupt Delivery，直接中断交付）[13] 则进一步通过将虚拟设备产生的中断转换为物理 IPI（Inter-Processor Interrupt，处理器间中断）直接递交给虚拟机进行处理。相较于上述软件方案，硬件厂商提供了新的硬件机制，直接将中断注入正在运行的虚拟机且不会引发虚拟机下陷，如 Intel 公司的发布-中断（Posted-Interrupt）机制和 ARM 公司的 ITS（Interrupt Translation Service，中断翻译服务）机制。Directvisor[14] 便使用 Posted-Interrupt 机制将直通设备产生的中断注入虚拟机中。

"多虚一"环境下的中断虚拟化则更为复杂，节点 A 上 I/O 设备产生的中断可能需要注入节点 B 上运行的 vCPU 中。为了解决上述问题，GiantVM 在每一个物理节点上都创建一个虚拟中断控制器，并选定一个节点作为主节点，其他节点上的虚拟中断控制器接收到中断信号时，会将该信号转发给主节点上的虚拟中断控制器，设置相应寄存器的值，而后由主节点虚拟中断控制器决定将该中断注入哪个 vCPU 中。

2.2　Intel VT-x 硬件辅助虚拟化概述

2.1 节介绍了 CPU 虚拟化面临的一些挑战和可能的软硬件解决方案。本节将以 Intel VT-x 为例介绍上述问题在 x86 架构下是如何解决的。自 2005 年首次公布硬件辅助虚拟化技术以来，Intel 公司陆续推出了针对处理器虚拟化的 Intel VT-x 技术、针对 I/O 虚拟化的 Intel VT-d 技术和针对网络虚拟化的 Intel VT-c 技术，它们统称为 Intel VT（Intel Virtualization Technology，英特尔虚拟化技术）。本节将着眼于 Intel VT-x 中与 CPU 虚拟化相关的部分，Intel EPT（Extended Page Table，扩展页表）内存虚拟化技术将在第 3 章介绍，Intel VT-d I/O 虚拟化技术将在第 4 章介绍。

2.2.1　VMX 操作模式

为了弥补“虚拟化漏洞”，Intel VT-x 引入了 VMX（Virtual Machine eXtension，虚拟机扩展）操作模式，CPU 可以通过 VMXON/VMXOFF 指令打开或关闭 VMX 操作模式。VMX 操作模式类似于前述虚拟化模式，包含根模式与非根模式，其中 Hypervisor 运行在根模式，虚拟机则运行在非根模式，VMX 模式下敏感指令处理示意图如图 2-4 所示。

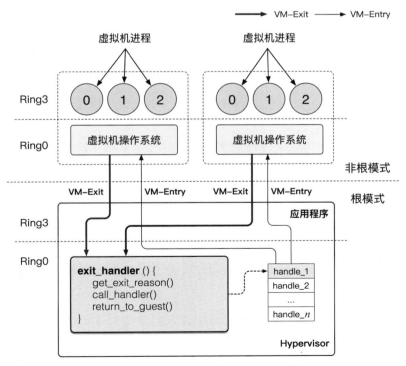

图 2-4　VMX 模式下敏感指令处理示意图

　　CPU 从根模式切换为非根模式称为 VM-Entry，从非根模式切换为根模式则称为 VM-Exit。值得注意的是，根模式与非根模式都有各自的特权级（Ring0～Ring3），虚拟机操作系统和应用程序分别运行在非根模式的 Ring0 和 Ring3 特权级中，而 Hypervisor 通常运行在根模式的 Ring0 特权级，解决了三者的特权级的划分问题。Intel VT-x 改变了非根模式下敏感非特权指令的语义，使它们能够触发 VM-Exit，而根模式指令的语义保持不变。处于非根模式的虚拟机执行敏感指令将会触发 VM-Exit，陷入 Hypervisor 进行处理。Hypervisor 读取 VM-Exit 相关信息，造成 VM-Exit 的原因（如 I/O 指令触发、外部中断触发等）并进行相应处理。处理完成后，Hypervisor 调用 VMLAUNCH/VMRESUME 指令从根模式切换到非根模式，恢复虚拟机运行。

2.2.2　VMCS

　　为了解决 2.1.2 节提到的上下文切换问题，Intel VT-x 引入了 VMCS。VMCS 是内存中的一块区域，用于在 VM-Entry 和 VM-Exit 过程中保存和加载 Hypervisor 和虚拟机的寄存器状态。此外，VMCS 还包含一些控制域，用于控制 CPU 的行为。本节将简要介绍 VMCS 的组成与使用方式。

1. VMCS 操作指令

　　在多处理器虚拟机中，VMCS 与 vCPU 一一对应，每个 vCPU 都拥有一个 VMCS。当 vCPU 被调度到物理 CPU 上运行时，首先要将其 VMCS 与物理 CPU 绑定，物理 CPU 才能在 VM-Entry/VM-Exit 过程中将 vCPU 的寄存器状态保存到 VMCS 中。Intel VT-x 提供了两条指令，分别用于绑定 VMCS 和解除 VMCS 绑定：

　　（1）VMPTRLD<VMCS 地址>：将指定 VMCS 与当前 CPU 绑定。

　　（2）VMCLEAR<VMCS 地址>：同样以 VMCS 地址为操作数，将 VMCS 与当前 CPU 解除绑定，该指令确保 CPU 缓存中的 VMCS 数据被写入内存中。

　　在发生 vCPU 迁移时，需要先在原物理 CPU 上执行 VMCLEAR 指令，而后在目的物理 CPU 上执行 VMPTRLD 指令。此外，VMCS 虽然是内存区域，但是英特尔软件开发手册[①]指出通过读写内存的方式读写 VMCS 数据是不可靠的，因为 VMCS 数据域格式与架构实现是相关的，而且部分 VMCS 数据可能位于 CPU 缓存中，尚未同步到内存中。Intel VT-x 提供 VMREAD 与 VMWRITE 指令用于读写 VMCS 数据域，格式如下：

　　（1）VMREAD<索引>：读取索引指定的 VMCS 数据域。

　　（2）VMWRITE<索引><数据>：将数据写入索引指定的 VMCS 数据域。

2. VMCS 结构

　　VMCS 区域大小不固定，最多占用 4KB，VMCS 的具体大小可以通过查询 MSR（Model

---

　　① 　VMCS 中每部分的详细内容可参考 Intel SDM（Intel® 64 and IA-32 Architectures Software Developer Manuals，英特尔软件开发手册）中第 24 章虚拟机控制结构（Chapter 24 Virtual Machine Control Structure）。

Specific Register,特殊模块寄存器）IA32_VMX_BASIC［32：44］得知。VMCS 结构如图 2-5 所示。

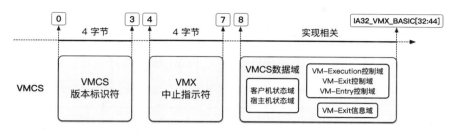

图 2-5　VMCS 结构

VMCS 版本标识符（VMCS revision identifier）指明了 VMCS 数据域（VMCS data）的格式，VMX 中止指示符（VMX-abort indicator）则记录了 VMX 的中止原因。VMCS 数据域则包括以下六部分：

（1）**客户机状态域**（Guest-state area）。保存虚拟机寄存器状态的区域，主要包括 CR0 和 CR3 等控制寄存器、栈指针寄存器 RSP、PC 寄存器 RIP 等重要寄存器的状态。

（2）**宿主机状态域**（Host-state area）。与客户机状态域类似，是保存 Hypervisor 寄存器状态的区域，它包含的寄存器与客户机状态域大致相同。

（3）**VM-Execution 控制域**（VM-Execution control fields）。控制客户机在非根模式下运行时的行为，如哪些指令会触发 VM-Exit、外部中断是否引发 VM-Exit 等。在 2.1.3 节提到，将物理中断转化为虚拟中断注入虚拟机要求物理中断能够触发虚拟机下陷，这一特性由 VM-Execution 控制域中的外部中断退出（External-Interrupt Exiting）字段控制，当该位置为 1 时，外部中断将会触发 VM-Exit，若为 0 则不会触发 VM-Exit，直接由 Guest 处理。ELI 和 DID 都利用了该特性直接递交中断。

（4）**VM-Exit 控制域**（VM-Exit control fields）。控制 VM-Exit 过程中的某些行为，如 VM-Exit 过程中需要加载哪些 MSR。

（5）**VM-Entry 控制域**（VM-Entry control fields）。控制 VM-Entry 过程中的某些行为，如 VM-Entry 后 CPU 的运行模式。

（6）**VM-Exit 信息域**（VM-Exit information fields）。用以保存 VM-Exit 的基本原因及其他详细信息。

从以上描述不难发现，VMCS 对硬件辅助虚拟化具有极其重要的意义，几乎影响了虚拟化的方方面面。图 2-6 主要展示了 VMCS 在 VM-Entry 和 VM-Exit 过程中的作用，后续章节还会涉及部分 VMCS 域的具体功能。

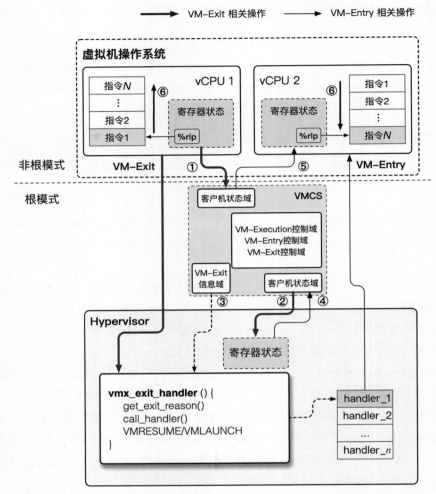

注：①保存客户机状态；②加载宿主机状态；③Hypervisor 获取退出原因；④保存宿主机状态；⑤加载客户机状态；⑥指令执行顺序。

图 2-6　VM-Entry/VM-Exit 过程中 VMCS 的作用

2.2.3　PIC & APIC

2.1.3 节提到在多虚拟机环境下，可以通过虚拟机下陷将物理中断转换为虚拟中断，解决物理中断的路由问题。在此过程中，Hypervisor 通过虚拟中断控制器模拟真实环境下中断的分发和传送，完成虚拟中断的注入，因此在介绍中断虚拟化之前有必要先了解物理中断控制器及其工作方式。本节将简要介绍 Intel x86 架构下的两种中断控制器——PIC（Programmable Interrupt Controller，可编程中断控制器）和 APIC（Advanced Programmable Interrupt Controller，高级可编程中断控制器）及它们各自的中断处理流程。

1. PIC

PIC，即 Intel 8259A 芯片，是单处理器（Uni-processor）时代广泛使用的中断控制器。它主要包含 8 个中断引脚 IR0～IR7，用于连接外部设备以及三个内部寄存器：IMR（Interrupt Mask Register，中断屏蔽寄存器）、IRR（Interrupt Request Register，中断请求寄存器）和 ISR（Interrupt Service Register，中断服务寄存器）。

（1）IMR：共 8 位，对应于 IR0～IR7，置 1 表示相应引脚中断被屏蔽。

（2）IRR：共 8 位，对应于 IR0～IR7，置 1 表示收到相应引脚的中断信号。

（3）ISR：共 8 位，对应于 IR0～IR7，置 1 表示收到相应引脚的中断信号正在被 CPU 处理。

其中 IR0～IR7 用于连接外部设备，连接到不同的中断引脚对应的中断优先级不同，其中 IR0 优先级最高，IR7 优先级最低。每当外设需要发送中断时，便会拉高相连中断引脚的电平；若相关中断未被屏蔽，就设置 IRR 中相应位并拉高 INT 引脚电平通知 CPU 有中断到达；CPU 给 INTA 引脚发送一个脉冲确认收到中断，8259A 芯片收到上述 INTA 脉冲信号后，将 IRR 最高优先级位清零并将 ISR 对应位置 1；而后 CPU 发送第二次脉冲，8259A 芯片收到后将最高优先级的中断向量号发送给到数据线上，CPU 接收中断向量号并执行相应的中断服务例程；处理完成后，CPU 向 8259A 的命令寄存器写入指定值并发送一个 EOI（End of Interrupt，中断结束）信号；8259A 芯片收到 EOI 后，将 ISR 中的最高优先级位清零。根据上述描述，8259A 芯片最多支持 8 个中断源，而为了支持更多的外设，通常将若干个 8259A 芯片级联，最多可以支持 64 个中断。

2. APIC

APIC 是 20 世纪 90 年代 Intel 公司为了应对多处理器（Multi-Processor）架构提出的一整套中断处理方案，用于取代老旧的 8259A PIC。APIC 适用于多处理器机器，每个 CPU 拥有一个 LAPIC（Local APIC，本地 APIC），整个机器拥有一个或多个 IOAPIC（I/O APIC，输入/输出 APIC），设备的中断信号先经由 IOAPIC 汇总，再分发给一个或多个 CPU 的 LAPIC。LAPIC 中也存在 IRR 和 ISR 以及 EOI 寄存器，IRR 和 ISR 的功能与 PIC 中相应寄存器类似，大小为 256 位，对应 x86 平台下的 256 个中断向量号。在 APIC 中断架构下，LAPIC 的中断来源可分为以下 3 类：

（1）本地中断。本地中断包括 LINT0 和 LINT1 引脚接收的中断、APIC Timer 产生的中断、性能计数器产生的中断、温度传感器产生的中断以及 APIC 内部错误引发的中断。

（2）通过 IOAPIC 接收的外部中断。当 I/O 设备通过 IOAPIC 中断引脚产生中断信号时，IOAPIC 从内部的 PRT（Programmable Redirection Table，可编程重定向表）中找到相应的 RTE（Redirection Table Entry，重定向表项）。PRT 共有 24 条 PTE，与 IOAPIC 的 24 个中断引脚对应，每条 PTE 长度为 64 位。IOAPIC 根据 PTE 中存储的信息（如触发方式、中断向量号、目的处理器等）格式化出一条中断消息发送到系统总线上。在 PIC 中，中断优先级由所连接的 8259A 芯片引脚决定，而在 APIC 中，中断优先级由中断向量号（也称为 vector）决定，范围为 0～255，ISR 和 IRR 每位对应一个中断向量号，置 1 表示收到该中断向量号的中断。中断向量号越大,中断优先级越高。IRR 和 ISR 的最大中断向量号记为 IRRV 和 ISRV。

(3) 处理器间中断(IPI)。CPU 可以通过写入 APIC 的 ICR(Interrupt Control Register,中断控制寄存器)发送一条 IPI 消息到系统总线上,从而发送给 CPU。

LAPIC 收到中断消息后,确认自己是否是中断消息的目标,如果是,则对该中断消息进一步处理,这一步称为**中断路由**(Interrupt Routing)。LAPIC 接收中断消息后,处理过程如下:

(1) 如果收到的中断是 NMI、SMI、INIT、ExtINT 或 SIPI,则直接交给 CPU 处理,否则设置 IRR 寄存器中适当的位,将中断加入等待队列,这一步称为**中断接受**(Interrupt Acceptance)。

(2) 对于在 IRR 中阻塞的中断,APIC 取出其中优先级最高的中断(要求 IRRV[7:4]> PPR[1][7:4])交给 CPU 处理,并根据中断向量号设置 ISR 寄存器中相应的位。这一步称为**中断确认**(Interrupt Acknowledgement)。

(3) CPU 通过中断向量号索引 IDT(Interrupt Descriptor Table,中断描述符表)执行相应的中断处理例程,这一步称为**中断交付**(Interrupt Delivery)。

(4) 中断处理例程执行完毕时,应写入 EOI 寄存器,使得 APIC 从 ISR 队列中删除中断对应的项,结束该中断的处理(NMI、SMI、INIT、ExtINT 及 SIPI 不需要写入 EOI)。

3. MSI

MSI(Message Signaled Interrupt,消息告知中断)是 PCI 总线发展出的新型中断传送方式,它允许设备直接发送中断到 LAPIC 而无须经过 IOAPIC。MSI 本质上就是在中断发生时,不通过带外(out-band)的中断信号线,而是通过带内(in-band)的 PCI 写入事务来通知 LAPIC 中断的发生。从原理上来说,MSI 产生的事务与一般的 DMA 事务并无本质区别,需要依赖特定平台的特殊机制从总线事务中区分出 MSI 并赋予其中断的语义。在 x86 平台上,是由 Host Bridge/Root Complex 负责这一职责,将 MSI 事务翻译成系统上的中断消息,但凡目标地址落在[0xfee00000,0xfeeffffff]的写入事务都会被视为 MSI 中断请求并翻译成中断消息。一个 MSI 事务由地址和数据构成,每个设备可以配置其发生中断时产生 MSI 事务的地址和数据,并且可以在不同事件发生时产生不同的 MSI 事务(即不同的地址-数据对)。MSI 中断消息到达 LAPIC 后的处理流程与上述过程一致。

4. IRQ & GSI & Vector & Pin

在正式介绍中断虚拟化之前,还需要介绍几个重要的概念:IRQ(Interrupt Request,中断请求)、GSI(Global System Interrupt,全局系统中断号)、Vector(中断向量号)和 Pin(中断引脚号)[2]。这几个概念在后续章节将会反复提及,故在此进行区分。

---

① PPR(Processor Priority Register,处理器优先级寄存器)的值取决于 ISRV 和 TPR(Task Priority Register,任务优先级寄存器),PPR[7:4]＝max(TPR[7:4],ISRV[7:4])。

② 相关概念参考链接:http://docs.linuxtone.org/ebooks/Optimize/Interrupt%20in%20Linux.pdf。

（1）**IRQ**：IRQ 是 PIC 时代的产物，但是如今可能还会见到 IRQ 线或者 IRQ 号等各种说法。在 PIC 中断架构下，通常将两块 8259A 芯片级联，支持 16 个中断，由于 ISA 设备通常连接到固定的 8259A 中断引脚，因此设备的 IRQ 号通常是指它所连接的 8259A 引脚号。如前所述，8259A 有 8 个中断引脚（IR0～IR7），那么连接到这些主 8259A 芯片 IR0～IR7 引脚的设备中断号分别对应 IRQ0～IRQ7，连接到从 8259A 芯片 IR0～IR7 引脚的设备对应的中断号为 IRQ8～IRQ15。而 IRQ 线可以理解为设备与这些引脚的连线，命名方式通常也为 IRQx，它们通常与中断控制器引脚一一对应，故使用 IRQ 时应当注意相应的情境。

（2）**GSI**：GSI 是 ACPI（Advanced Configuration and Power Interface，高级配置和电源管理接口）引入的概念，它为系统中每个中断控制器的输入引脚指定了一个全局统一的编号。例如系统中有多个 IOAPIC，每个 IOAPIC 都会被 BIOS 分配一个基础 GSI（GSI Base），每个 IOAPIC 中断引脚对应的 GSI 为基础 GSI＋Pin。比如 IOAPIC 0 的基础 GSI 为 0，有 24 个引脚，则它们分别对应 GSI0～GSI23。在 APIC 系统中，IRQ 和 GSI 通常会被混用，15 号以上的 IRQ 号与 GSI 相等；而 15 号以下的 IRQ 号与 ISA 设备高度耦合，只有当相应的 ISA 设备按照对应的 IRQ 号连接到 IOAPIC 0 的 1～15 引脚时，IRQ 才和 GSI 相等，这种情况称为一致性映射。而若 IRQ 与 GSI 引脚不一一对应，ACPI 将会维护一个 ISO（Interrupt Source Override，中断源覆盖）结构描述 IRQ 与 GSI 的映射。如 PIT（Programmable Interrupt Timer，可编程中断时钟）接 PIC 的 IR0 引脚，因此其 IRQ 为 0；但当接 IOAPIC 时，它通常接在 2 号中断引脚，所以其 GSI 为 2。而在 QEMU/KVM 中，GSI 和 IRQ 完全等价，但是不符合前述基础 GSI＋Pin 的映射关系。

（3）**Vector**：中断向量号是操作系统中的概念，是中断在 IDT 中的索引。每个 GSI 都对应一个 Vector，它们的映射关系由操作系统决定。x86 中通常包含 256 个中断向量号，0～31 号中断向量号是 x86 预定义的，32～255 号则由软件定义。

（4）**Pin**：中断控制器的中断引脚号，对于 8259A 而言，其 Pin 取值为 0～7；对于 IOAPIC，其 Pin 取值为 0～23。

根据以上描述，IRQ、GSI 和 Vector 都可以唯一标识系统中的中断来源，IRQ 和 GSI 的映射关系以及 GSI 和 Pin 的映射关系由 ACPI 设置，IRQ 和 Vector 的映射关系由操作系统设置。

2.2.4　Intel VT-x 中断虚拟化

2.1.3 节介绍了中断虚拟化的一般思路，其中最为关键的两点便是中断设备的模拟（外部设备和中断控制器的模拟）以及中断处理流程的模拟，这也是早期 Intel VT-x 中断虚拟化采用的方法，后来 Intel 公司推出了 APICv（APIC Virtualization，APIC 虚拟化）技术对上述两个功能进行了优化。本节将分别介绍传统中断虚拟化和 APICv 支持的中断虚拟化。

1. 传统中断虚拟化

在传统中断虚拟化中，Hypervisor 会创建虚拟 IOAPIC 和虚拟 LAPIC，以下统称为虚拟 APIC。它们通常表现为存储在内存中的数据结构，而其中的寄存器则作为结构体中的若干域（fields）。默认情况下[1]，虚拟机通过 MMIO[2]（Memory-Mapped I/O，内存映射 I/O）的方式访问虚拟 APIC，但是由于底层并没有相应的物理硬件供其访问，故 Hypervisor 需要截获这些 MMIO 请求进而访问存储在内存中的虚拟寄存器的值。Hypervisor 通常会将虚拟机中 APIC 内存映射区域相应的 EPT 项状态设为不存在，这样虚拟机访问这一段地址空间时，便会触发缺页错误从而触发 VM-Exit 陷入 Hypervisor 中进行模拟。此外，虚拟 APIC 仍需要接收和传递中断。在物理环境下，外部设备产生的中断会通过连接线传输至 APIC 进而发送到 CPU，在此过程中，硬件会设置相应寄存器的值。而在虚拟环境中，这些连接线则会被替换为一系列的函数调用，并在调用过程中设置内存中相应虚拟寄存器的值。2.2.3 节提到了 APIC 中断处理的流程，即**中断产生**、**中断路由**、**中断接受**、**中断确认和中断交付**。其中中断产生到中断确认部分都是通过设置特定 APIC 寄存器完成，对于虚拟 APIC 而言，可以通过设置内存中相应的虚拟寄存器实现同样的功能。而对于中断交付而言，2.1.3 节提到需要硬件提供某种机制，使得虚拟机恢复运行时发现待处理的虚拟中断从而执行相应的 ISR。在 Intel VT-x 中，这是通过 VMCS VM-Entry 控制域中的 VM-Entry 中断信息字段（32 位）实现的，该字段保存了待注入事件的类型（中断或异常等）和向量号等信息，其格式如图 2-7 所示。每次触发 VM-Entry 时，CPU 会检查该域，发现是否有待处理的事件并用向量号索引执行相应的处理函数。

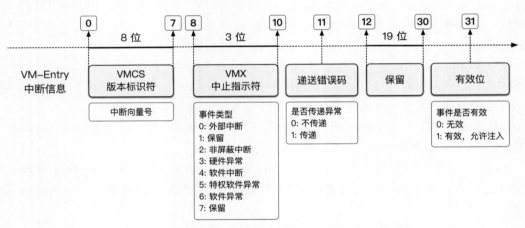

图 2-7　VM-Entry 中断信息字段格式

当 Hypervisor 需要向正在运行的 vCPU 注入中断时，需要给 vCPU 发送一个信号，使其触发 VM-Exit，从而在 VM-Entry 时注入中断。如果 vCPU 正处于屏蔽外部中断的状

---

① 目前 Intel CPU 支持两种 APIC 访问模式：xAPIC 和 x2APIC。在 xAPIC 模式下 CPU 通过 MMIO 访问 APIC，在 x2APIC 模式下则通过 MSR 访问，两种模式下的寄存器基本可以一一对应。在没有特殊说明的情况下，本章一般默认采用 xAPIC 模式。

② MMIO 是一种通过内存访问的形式访问设备寄存器或 RAM 的方式，操作系统会将设备寄存器或 RAM 通过内存映射的方式映射到物理地址空间中，详见第 4 章 I/O 虚拟化。

态,如 vCPU 的 RFLAGS. IF＝0,将不允许在 VM-Entry 时进行中断注入。此时可以将 VM-Execution 控制域中的中断窗口退出(Interrupt-Window Exiting)字段置为 1,这样一旦 vCPU 进入能够接收中断的状态,便会产生一个 VM-Exit,Hypervisor 就可以注入刚才无法注入的中断,并将中断窗口退出字段置为 0。

2. APICv 支持的中断虚拟化

APICv 是 Intel 公司针对 APIC 虚拟化提出的优化技术,它主要包括两方面内容:虚拟 APIC 访问优化和虚拟中断递交。前面提到,当虚拟机通过 MMIO 的方式访问 APIC 寄存器时,需要 VM-Exit 陷入 Hypervisor 中设置内存中相应虚拟寄存器的值,这将会触发大量的 VM-Exit,严重影响虚拟机的性能。于是 APICv 引入虚拟 APIC 页(Virtual APIC Page)的概念,它相当于一个影子 APIC,虚拟机对 APIC 的部分甚至全部访问都可以被硬件重定向为对虚拟 APIC 页的访问,这样就不必频繁触发 VM-Exit 了。要启用虚拟 APIC 页,需要使能如下三个 VM-Execution 控制域字段。

(1) 影子 TPR(Use TPR Shadow)字段。该字段置 1 后,虚拟机访问 CR8 时将会自动访问虚拟 APIC 页中的 TPR 寄存器。否则,虚拟机访问 CR8 时将会触发 VM-Exit[①]。

(2) 虚拟 APIC 访问(Virtualize APIC Accesses)字段。该字段置 1 后,虚拟机对于 APIC 访问页(APIC Access Page)的访问将会触发 APIC 访问(APIC Access)异常类型的 VM-Exit。单独设置该域时,与以前通过设置 EPT 页表项触发 VM-Exit 相比,仅仅只是将 VM-Exit 类型从 EPT 违例(EPT Violation)变为了 APIC 访问。需要进一步设置 APIC 寄存器虚拟化(APIC-Register Virtualization)字段消除 VM-Exit。

(3) APIC 寄存器虚拟化字段。该字段置 1 后,通常虚拟机对于 APIC 访问页的访问将被重定向到虚拟 APIC 页而不会触发 VM-Exit,部分情况下仍需要 VM-Exit 到 Hypervisor 中处理。

使用 APICv 前后,虚拟 APIC 访问方式如图 2-8 所示。

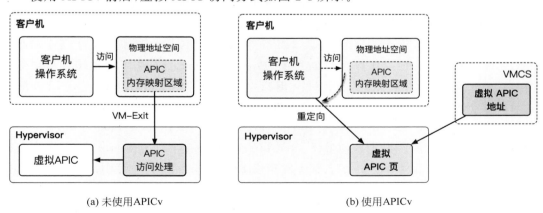

(a) 未使用APICv　　　　　　(b) 使用APICv

图 2-8　使用 APICv 前后虚拟 APIC 访问方式

---

① 在 IA32-e 模式下,存在 CR8 寄存器,其第 0～3 位就是 TPR 的第 4～7 位,即 CR8[3:0]＝TPR[7:4]恒成立,而 PPR[7:4]＝max(TPR[7:4],ISRV[7:4])。故可以通过设置 CR8 寄存器改变 PPR 寄存器,进而快速屏蔽低优先级中断。

而虚拟中断递交(Virtual-Interrupt Delivery)通过 VM-Execution 控制域中的虚拟中断递交字段开启。在引入该机制前,Hypervisor 需要设置 VIRR 和 VISR 相应位(虚拟 APIC 中的 IRR 和 ISR),然后通过上文提到的事件注入机制在下一次 VM-Entry 时注入一个虚拟中断,调用客户机中相应的中断处理例程。开启虚拟中断递交后,虚拟中断注入通过 VMCS 客户机状态域中的客户机中断状态(Guest Interrupt Status)字段完成,其低 8 位为 RVI(Requesting Virtual Interrupt,待处理虚拟中断),表示虚拟机待处理中断中优先级最高的中断向量号,相当于 IRRV;而高 8 位为 SVI(Servicing Virtual Interrupt,处理中虚拟中断),表示虚拟机正在处理中断中优先级最高的中断向量号,相当于 ISRV。开启虚拟中断传送后,Hypervisor 只需要设置 RVI 的值,在 VM-Entry 时,CPU 将会根据 RVI 的值进行虚拟中断提交,过程如下。

（1）若 VM-Execution 控制域中断窗口退出(Interrupt-Window Exiting)字段为 0 且 RVI[7：4]＞VPPR[7：4],则确认存在待处理的虚拟中断,其中 VPPR 指的是 vCPU 的 PPR 寄存器。

（2）根据 RVI,清除 VIRR 中对应位,设置 VISR 中对应位,并设置 SVI＝RVI。

（3）设置 VPPR＝RVI & 0xf0。

（4）若 VIRR 中还有非零位,则设置 RVI ＝ VIRRV,即 VIRR 中优先级最高的中断向量号,否则设置 RVI ＝ 0。

（5）根据 RVI 提供的中断向量号,调用虚拟机中注册的中断处理例程。

在上述流程中,中断确认和中断交付工作将由硬件自动完成,Hypervisor 无须手动设置虚拟 APIC 中 VIRR 和 VISR 寄存器的值。此外,设置 RVI 后,即使当前 vCPU 处于屏蔽中断的状态也无妨,硬件会持续检查 vCPU 是否能够接收中断。一旦 vCPU 能接收中断,则立即进行虚拟中断交付,无须再通过前述中断窗口产生 VM-Exit 注入中断。

虚拟中断虽然省略了中断确认和中断递交的过程,但是中断接受仍需要 Hypervisor 完成。当 Hypervisor 需要将虚拟中断注入 vCPU 时,必须使其发生 VM-Exit 并设置好 RVI 的值,才能顺利进行后续操作。而发布-中断(Posted-Interrupt)机制可以省略中断接受的过程,直接让正在运行的 vCPU 收到一个虚拟中断,而不产生 VM-Exit。它还可以配合 VT-d 的发布-中断功能使用,实现直通设备的中断直接发给 vCPU 而不引起 VM-Exit。发布-中断机制通过 VM-Execution 控制域中的发布-中断处理(Process Posted-Interrupt)字段开启,它引入了发布-中断通知向量(Posted-Interrupt Notification Vector)和发布-中断描述符(Posted-Interrupt Descriptor)。其中发布-中断描述符保存在内存中,而发布-中断描述符的地址保存在 VMCS 的发布-中断描述符地址(Posted-Interrupt Descriptor Address)字段中。发布-中断描述符的格式如图 2-9 所示。

其中 PIR(Posted-Interrupt Requests,发布-中断请求)是一个 256 位的位图,与 IRR 类似,相应位置 1 表示有待处理中断。ON(Outstanding Notification,通知已完成)表示是否已经向 CPU 发送通知事件(ON 本质上是一个物理中断),向 CPU 通知 PIR 中有待处理中断。发布-中断处理字段置 1 后,当处于非根模式的 CPU 收到一个外部中断时,它首先完成

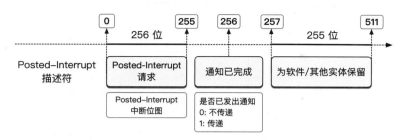

图 2-9　发布-中断描述符格式

中断接受和中断确认,并取得中断向量号。然后,若中断向量号与发布-中断通知向量相等,则进入发布-中断处理流程,否则照常产生 VM-Exit。发布-中断处理流程如下:

(1) 清除发布-中断描述符的 ON 位。

(2) 向 CPU 的 EOI 寄存器写入 0 并执行,至此在硬件 APIC 上该中断已经处理完毕。

(3) 令 VIRR|=PIR,并清空 PIR。

(4) 设置 RVI=max(RVI, PIRV),其中 PIRV 为 PIR 中优先级最高的中断向量号。

(5) CPU 根据 RVI 按照前述流程递交虚拟中断。

从上述流程不难发现,只需要将待注入的中断放置在发布-中断描述符的 PIR 中,并向 CPU 发送一个发布-中断通知,CPU 就会自动将 PIR 中存储的虚拟中断同步到 RVI 中,无须 Hypervisor 手动设置 RVI 的值。通过发布-中断机制便可以在不发生 VM-Exit 的情况下向 vCPU 中注入一个或者多个虚拟中断。

2.3　QEMU/KVM CPU 虚拟化实现

前两节介绍了 CPU 虚拟化实现的难点以及 Intel VT-x 为 CPU 虚拟化提供的硬件支持。本节以 x86 架构下的 QEMU/KVM 实现为例,介绍前述硬件虚拟化技术如何被应用到实践中。

QEMU 原本是纯软件实现的一套完整的虚拟化方案,支持 CPU 虚拟化、内存虚拟化以及设备模拟等,但是性能不太理想。随着硬件辅助虚拟化技术逐渐兴起,Qumranet 公司基于新兴的虚拟化硬件实现了 KVM。KVM 遵循 Linux 的设计原则,以内核模块的形式动态加载到 Linux 内核中,利用虚拟化硬件加速 CPU 虚拟化和内存虚拟化流程,I/O 虚拟化则交给用户态的 QEMU 完成,QEMU/KVM 架构如图 2-10[①] 所示。CPU 虚拟化主要关心图 2-10 的左侧部分,即 vCPU 是如何创建并运行的,以及当 vCPU 执行敏感指令触发 VM-Exit 时,QEMU/KVM 又是如何处理这些 VM-Exit 的。

---

① 图片参考 QEMU 官网:https://wiki.qemu.org/Documentation/Architecture。

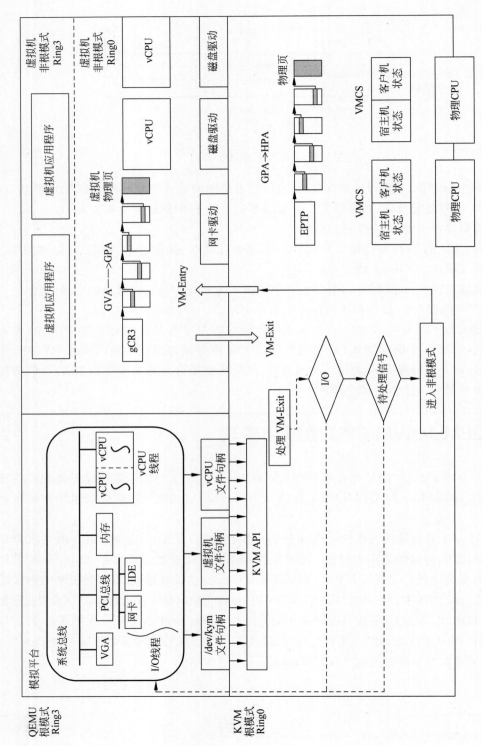

图 2-10　QEMU/KVM 架构

　　当 QEMU 启动时,首先会解析用户传入的命令行参数,确定创建的虚拟机类型(通过 QEMU-machine 参数指定)与 CPU 类型(通过 QEMU-cpu 参数指定),并创建相应的机器模型和 CPU 模型。而后 QEMU 打开 KVM 模块设备文件并发起 KVM_CREATE_VM ioctl,请求 KVM 创建一个虚拟机。KVM 创建虚拟机相应的结构体并为 QEMU 返回一个虚拟机文件描述符。QEMU 通过虚拟机文件描述符发起 KVM_CREATE_VCPU ioctl,请求 KVM 创建 vCPU。与创建虚拟机流程类似,KVM 创建 vCPU 相应的结构体并初始化,返回一个 vCPU 文件描述符。QEMU 通过 vCPU 文件描述符发起 KVM_RUN ioctl, vCPU 线程执行 VMLAUNCH 指令进入非根模式,执行虚拟机代码直至发生 VM-Exit。 KVM 根据 VM-Exit 的原因进行相应处理,如果与 I/O 有关,则需要进一步返回到 QEMU 中进行处理,以上就是 QEMU/KVM CPU 虚拟化的主要流程。本节将从 KVM 模块初始化、虚拟机创建、vCPU 创建和 vCPU 运行四个方面进行介绍,最后给出 CPU 虚拟化实例。后续章节将深入 QEMU/KVM 源码讲解每部分的具体实现。在没有特殊说明的情况下,本节以及后续章节所列出的示例代码对应的 Linux 内核版本为 **4.19.0**,QEMU 版本为 **4.1.1**,由于篇幅有限,示例代码只摘取了源码中的一部分,感兴趣的读者可以自行下载相应版本的源码查看完整代码。

2.3.1　KVM 模块初始化

　　前面提到 QEMU 通过设备文件/dev/kvm 发起 ioctl 系统调用请求 KVM 创建虚拟机,该设备文件便是在 KVM 模块初始化时创建的。kvm-intel. ko 模块初始化函数为 vmx_ init,该函数将会调用 kvm_init 函数进而调用 misc_register 函数注册 kvm_dev 这一 misc 设备,代码如下。

linux - 4.19.0[①]/arch/x86/kvm/vmx. c

```
static int __ init vmx_init(void)
{
    r = kvm_init(&vmx_x86_ops, sizeof(struct vcpu_vmx),
                __alignof__(struct vcpu_vmx), THIS_MODULE);
}
```

linux - 4.19.0/virt/kvm/kvm_main. c

```
int kvm_init(void * opaque, unsigned vcpu_size, unsigned vcpu_align,
        struct module * module)
{
    r = kvm_arch_init(opaque);
    r = kvm_arch_hardware_setup();
    r = misc_register(&kvm_dev);
}

static struct miscdevice kvm_dev = {
```

①　Linux kernel 4.19.0 版本代码下载地址: https://github.com/torvalds/linux,下载时须选用 v4.19 标签.

```
    KVM_MINOR,
    "kvm",
    &kvm_chardev_ops,
};
```

注册成功后会在/dev/目录下产生名为 kvm 的设备节点，即/dev/kvm。该设备文件对应的 fd（文件描述符）的 file_operations 为 kvm_chardev_ops。该设备仅支持 ioctl 系统调用，其中最重要的便是 KVM_CREATE_VM ioctl。KVM 模块接收该系统调用时将会创建虚拟机。kvm_chardev_ops 定义及具体代码如下。

linux - 4.19.0/virt/kvm/kvm_main.c

```
static struct file_operations kvm_chardev_ops = {
    .unlocked_ioctl = kvm_dev_ioctl,
    .llseek      = noop_llseek,
    KVM_COMPAT(kvm_dev_ioctl),
};

static long kvm_dev_ioctl(struct file * filp, unsigned int ioctl,
            unsigned long arg)
{
    case KVM_CREATE_VM:
        r = kvm_dev_ioctl_create_vm(arg);
        break;
}
```

实际上，KVM 模块初始化时，除了创建设备文件，还做了许多与架构相关的初始化工作。如 kvm_init 接收的第一个参数 vmx_x86_ops 是一个函数指针集合，封装了 Intel VT-x 相关虚拟化操作。对于 AMD-V 而言，KVM 则提供了另一个函数指针集合 svm_x86_ops。KVM 会根据当前所处平台选择将 vmx_x86_ops 或 svm_x86_ops 赋给 arch/x86/kvm/x86.c 中的全局变量 kvm_x86_ops，这样后续通用 x86 虚拟化操作可以通过这一变量的相应成员调用 arch/x86/kvm/vmx.c 中的相应函数。kvm_x86_ops 的设置工作由 kvm_arch_init 函数完成。此外，kvm_init 函数还调用了 kvm_hardware_setup 函数，该函数最终会调用 arch/86/kvm/vmx.c 中的 hardware_setup 函数完成虚拟化硬件的初始化工作，这与 2.2 节所述的 Intel VT-x 虚拟化硬件支持密切相关。部分 hardware_setup 代码如下。

linux - 4.19.0/arch/x86/kvm/vmx.c

```
static __ init int hardware_setup(void)
{
    if (setup_vmcs_config(&vmcs_config) < 0) {
        …
    }
    if (!cpu_has_vmx_ept()|| …)
            enable_ept = 0;
    r = alloc_kvm_area();
}
```

setup_vmcs_config 函数读取物理 CPU 中与 VMX 相关的 MSR(特殊模块寄存器),检测物理 CPU 对 VMX 的支持能力,生成一个 vmcs_config 结构,后续将根据 vmcs_config 设置 VMCS 控制域。而后 hardware_setup 函数调用 cpu_has_vmx_ept 等函数判断 CPU 是否支持 EPT,若不支持,则将全局变量 enable_ept 置 0。alloc_kvm_area 函数则会调用 alloc _vmcs_cpu 函数为每一个物理 CPU 分配一个 4KB 大小的区域作为 VMXON 区域。Intel SDM 指出执行 VMXON 指令需要提供一个 4KB 对齐的内存区间,即 VMXON 区域。VMXON 区域的物理地址后续将作为 VMXON 指令的操作数。

2.3.2　虚拟机创建

虚拟机的创建始于 kvm_init 函数,该函数由 QEMU 调用 TYPE_KVM_ACCEL 类型 QOM(QEMU Object Model,QEMU 对象模型)对象的 init_machine 成员来调用。由于篇幅有限,这里不再详述,仅画出相关函数调用流程,如图 2-11 所示。QEMU 对象模型是 QEMU 基于 C 语言实现的一套面向对象机制,将在 4.3.1 节详细介绍。

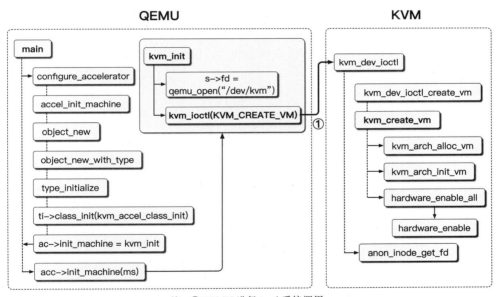

注:①QEMU 进行 ioctl 系统调用。

图 2-11　QEMU/KVM 虚拟机创建的函数调用流程

KVM 模块初始化后,kvm_init 函数便可以通过前述/dev/kvm 设备文件发起 KVM_CREATE_VM ioctl,请求创建虚拟机,相关代码如下。

qemu - 4.1.1[①]**/accel/kvm/kvm - all.c**

```
static int kvm_init(MachineState * ms)
```

---

①　QEMU 4.1.1 版本代码下载地址:https://github.com/qemu/qemu,下载时须选用 v4.1.1 标签.

```
{
    s -> fd = qemu_open("/dev/kvm", O_RDWR);

    ret = kvm_ioctl(s, KVM_GET_API_VERSION, 0);
    if (ret < KVM_API_VERSION) {
        if (ret >= 0) {
            ret = - EINVAL;
        }
        fprintf(stderr, "kvm version too old\n");
        goto err;
    }
    do {
        ret = kvm_ioctl(s, KVM_CREATE_VM, type);
    } while (ret == - EINTR);
}
```

　　kvm_init 函数首先打开/dev/kvm 设备文件，然后通过相应的文件描述符发起 KVM_GET_API_VERSION ioctl 获取 KVM 模块的接口版本，检验与 QEMU 支持的 KVM 版本是否相等。随后 kvm_init 函数发起 KVM_CRETAE_VM ioctl 便会陷入前述 KVM 模块中的 kvm_dev_ioctl 函数进行处理。该函数根据 ioctl 类型调用 kvm_dev_ioctl_create_vm 函数创建虚拟机，相关代码如下。

linux - 4.19.0/virt/kvm/kvm - main.c

```
static int kvm_dev_ioctl_create_vm(unsigned long type)
{
    int r;
    struct kvm * kvm;
    struct file * file;
    kvm = kvm_create_vm(type);
    file = anon_inode_getfile("kvm - vm", &kvm_vm_fops, kvm, O_RDWR);
    fd_install(r, file);
}
```

　　kvm_dev_ioctl_create_vm 首先调用 kvm_create_vm 函数创建虚拟机对应的结构体，然后调用 anon_inode_getfd 函数为虚拟机创建一个匿名文件，对应的 file_operations 为 kvm_vm_fops，其定义如下。

linux - 4.19.0/virt/kvm/kvm_main.c

```
static struct file_operations kvm_vm_fops = {
    .release      = kvm_vm_release,
    .unlocked_ioctl = kvm_vm_ioctl,
    .llseek       = noop_llseek,
    KVM_COMPAT(kvm_vm_compat_ioctl),
};
```

　　这个文件为 QEMU 提供了虚拟机层级的 API,如创建 vCPU、创建设备等。KVM 最终会将该文件的文件句柄作为返回值返回给 QEMU 供其使用。kvm_create_vm 函数除了创建虚拟机对应的结构体以外,还会调用 hardware_enable_all 函数,该函数最终会在所有的物理 CPU 上调用 hardware_enable_nolock 函数,该函数最终会通过前述 kvm_x86_ops 的 hardware_enable 成员调用 vmx.c 中的 hardware_enable 函数使能 VMX 操作模式。hardware_enable 函数将获取为每个 CPU 分配的 VMXON 区域的物理地址作为参数传入 kvm_vcpu_vmxon 函数。kvm_vcpu_vmxon 函数会设置 CR4 寄存器中的 VMXE(VMX Enabled)位使能 VMX 操作模式,并执行 VMXON 指令进入 VMX 操作模式。

linux－4.19.0/virt/kvm/kvm_main.c

```
static int hardware_enable_all(void)
{
    if (kvm_usage_count == 1) {
        atomic_set(&hardware_enable_failed, 0);
        on_each_cpu(hardware_enable_nolock, NULL, 1);
    }
}
```

linux－4.19.0/arch/x86/kvm/vmx.c

```
static int hardware_enable(void)
{
    int cpu = raw_smp_processor_id();
    u64 phys_addr = __pa(per_cpu(vmxarea, cpu));
    kvm_cpu_vmxon(phys_addr);
}

static void kvm_cpu_vmxon(u64 addr)
{
    cr4_set_bits(X86_CR4_VMXE);
    intel_pt_handle_vmx(1);
    asm volatile (ASM_VMX_VMXON_RAX
            : : "a"(&addr), "m"(addr)
            : "memory", "cc");
}
```

2.3.3　vCPU 创建

　　虚拟机创建完成后,QEMU 便可以通过前述虚拟机文件描述符发起系统调用,请求 KVM 创建 vCPU,完整的创建流程如图 2-12 所示。

　　在 QEMU/KVM 中,每个 vCPU 对应宿主机操作系统中的一个线程,由 QEMU 创建,其执行函数为 qemu_kvm_cpu_thread_fn,该函数将调用 kvm_init_vcpu 函数进而调用 kvm_get_vcpu 函数发起 KVM_CREATE_VCPU ioctl,其代码如下。同虚拟机创建一样,KVM

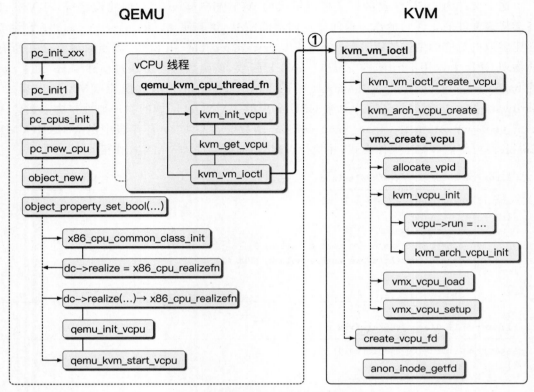

注：①QEMU 进行 ioctl 系统调用。

图 2-12　QEMU/KVM vCPU 创建的函数调用流程

会为每个 vCPU 创建一个 vCPU 文件描述符返回给 QEMU，然后 QEMU 发起 KVM_GET
_VCPU_MMAP_SIZE 查看 QEMU 与 KVM 共享内存空间的大小。其中共享内存空间的
第一个页将被映射到 KVM vCPU 结构体 struct kvm_vcpu 的 run 成员，该成员将保存一些
VM-Exit 相关信息，如 VM-Exit 的原因以及部分虚拟机寄存器状态等，便于 QEMU 处理
VM-Exit。kvm_init_vcpu 函数然后调用 mmap 函数将其映射到 QEMU 的虚拟地址空
间中。

qemu‑4.1.1/accel/kvm/kvm_all.c

```
int kvm_init_vcpu(CPUState * cpu)
{
    ret = kvm_get_vcpu(s, kvm_arch_vcpu_id(cpu));
    cpu->kvm_fd = ret;

    mmap_size = kvm_ioctl(s, KVM_GET_VCPU_MMAP_SIZE, 0);
    cpu->kvm_run = mmap(NULL, mmap_size, PROT_READ | PROT_WRITE,
                        MAP_SHARED, cpu->kvm_fd, 0);
}
```

```
static int kvm_get_vcpu(KVMState * s, unsigned long vcpu_id)
{
    return kvm_vm_ioctl(s, KVM_CREATE_VCPU, (void * )vcpu_id);
}
```

QEMU 发起 KVM_CREATE_VCPU ioctl 后将陷入 KVM 模块进行处理，处理函数为 kvm_vm_ioctl_create_vcpu。kvm_vm_ioctl_create_vcpu 函数首先调用 kvm_arch_vcpu_ create 函数创建 vCPU 对应的结构体，然后调用 create_vcpu_fd 函数进而调用 anon_inode_ getfd 为 vCPU 创建对应的文件描述符，对应的 file_operations 为 kvm_vcpu_fops。kvm_vcpu_fops 定义了 vCPU 文件描述符对应的 ioctl 系统调用的处理函数，该函数为 kvm_vcpu _ioctl。主要代码如下。

linux - 4.19.0/virt/kvm/kvm_main.c

```
static int kvm_vm_ioctl_create_vcpu(struct kvm * kvm, u32 id)
{
    struct kvm_vcpu * vcpu;

    vcpu = kvm_arch_vcpu_create(kvm, id);
    r = create_vcpu_fd(vcpu);
}

static int create_vcpu_fd(struct kvm_vcpu * vcpu)
{
    return anon_inode_getfd(name, &kvm_vcpu_fops, vcpu, O_RDWR | O_CLOEXEC);
}

static struct file_operations kvm_vcpu_fops = {
    .release        = kvm_vcpu_release,
    .unlocked_ioctl = kvm_vcpu_ioctl,
    .mmap           = kvm_vcpu_mmap,
    .llseek     = noop_llseek,
    KVM_COMPAT(kvm_vcpu_compat_ioctl),
};
```

值得注意的是，kvm_arch_vcpu_create 函数除了创建 vCPU 对应的结构体以外，还完成了 vCPU 相应的 VMCS 初始化工作。前面提到每个 vCPU 都有一个 VMCS 与其对应，使用时需要执行 VMPTRLD 指令将其与物理 CPU 绑定。kvm_arch_vcpu_create 函数通过前述 kvm_x86_ops 的 vcpu_create 成员调用 vmx.c 中的 vmx_create_vcpu 函数。vmx_ create_vcpu 函数调用 alloc_loaded_vmcs 函数进而调用 alloc_vmcs_cpu 函数为 vCPU 分配 VMCS 结构，然后调用 vmx_vcpu_load 函数进而调用 vmcs_load 函数执行 VMPTRLD 指令将 VMCS 与当前 CPU 绑定，相关代码如下。

linux - 4.19.0/arch/x86/kvm/vmx.c

```
static struct kvm_vcpu * vmx_create_vcpu(struct kvm * kvm, unsigned int id)
```

```
{
    err = alloc_loaded_vmcs(&vmx->vmcs01);
    vmx_vcpu_load(&vmx->vcpu, cpu);
    vmx->vcpu.cpu = cpu;
    vmx_vcpu_setup(vmx);
}
static struct vmcs *alloc_vmcs_cpu(bool shadow, int cpu)
{
    pages = __alloc_pages_node(node, GFP_KERNEL, vmcs_config.order);
    vmcs = page_address(pages);
    memset(vmcs, 0, vmcs_config.size);
}


static void vmcs_load(struct vmcs *vmcs)
{
    u64 phys_addr = __pa(vmcs);
    asm volatile (__ex(ASM_VMX_VMPTRLD_RAX) CC_SET(na)
                  : CC_OUT(na) (error) : "a"(&phys_addr), "m"(phys_addr)
                  : "memory");
}
```

绑定之后，vmx_create_vcpu 函数调用 vmx_vcpu_setup 函数通过若干 vmcs_write16/ vmcs_write32/ vmcs_write64 函数进而调用 __vmcs_writel 函数设置 VMCS 中相关域的值，如前所述，vmcs_writexx 函数最终会执行 VMWRITE 指令写 VMCS，相关代码如下。

linux-4.19.0/arch/x86/kvm/vmx.c

```
static void vmx_vcpu_setup(struct vcpu_vmx *vmx)
{
    vmcs_write32(PIN_BASED_VM_EXEC_CONTROL, vmx_pin_based_exec_ctrl(vmx));
    vmcs_write32(CPU_BASED_VM_EXEC_CONTROL, vmx_exec_control(vmx));
}


static __always_inline void __vmcs_writel(unsigned long field,
                                unsigned long value)
{
    /* ASM_VMX_VMWRITE_RAX_RDX 是 VMWRITE 指令的二进制操作码，即 0x0f 0x79 */
    asm volatile (__ex(ASM_VMX_VMWRITE_RAX_RDX) CC_SET(na)
             : CC_OUT(na) (error) : "a"(value), "d"(field));
}
```

vmcs_setup_config 函数主要设置 VMCS 中控制域的值，客户机状态域和宿主机状态域的初始化工作则由 kvm_vm_ioctl_create_vcpu 函数调用 kvm_arch_vcpu_setup 函数进而调用 kvm_vcpu_reset 函数完成。kvm_vcpu_reset 函数通过 kvm_x86_ops 的 vcpu_reset 成员调用 vmx.c 中的 vmx_vcpu_reset 函数完成，部分代码如下。

linux - 4.19.0/arch/x86/kvm/vmx.c

```
static void vmx_vcpu_reset(struct kvm_vcpu * vcpu, bool init_event)
{
    vmcs_write16(GUEST_CS_SELECTOR, 0xf000;)
    vmcs_writel(GUEST_CS_BASE, 0xffff0000ul;)
    kvm_rip_write(vcpu, 0xfff0);
}
```

根据上述代码,KVM 会调用 vmcs_writel 函数将 VMCS 中客户机的代码段寄存器(GUEST_CS_SELECTOR)设置为 0xf000,将代码段基地址(GUEST_CS_BASE)设置为 0xffff0000。而 kvm_rip_write 函数则会将 KVM 模拟的虚拟 RIP(Return Instruction Pointer,返回指令指针)寄存器设为 0xfff0,当后续调用 vmx_vcpu_run 函数运行 vCPU 时,该函数会将模拟的 RIP 寄存器值写入 VMCS 中,部分代码如下。

linux - 4.19.0/arch/x86/kvm/vmx.c

```
static void __ noclone vmx_vcpu_run(struct kvm_vcpu * vcpu)
{
    if (test_bit(VCPU_REGS_RIP, (unsigned long * )&vcpu - > arch.regs_dirty))
        vmcs_writel(GUEST_RIP, vcpu - > arch.regs[VCPU_REGS_RIP]);
}
```

这与 Intel x86 架构硬件要求相符。在 Intel x86 架构下,计算机加电后会将 CS(Code Segment,代码段)寄存器设置为 0xf000,RIP 寄存器设置为 0xfff0,而 CS 寄存器中隐含的代码段基地址则设置为 0xffff0000,这样当程序启动时,执行的第一条指令位于 0xfffffff0 处(CS_BASE + RIP)[①]。值得注意的是,这里 KVM 仅仅是对 VMCS 中的客户机状态域进行初始化,QEMU 仍可以通过 KVM API 设置 VMCS 客户机状态域。QEMU 在调用 kvm_cpu_exec 函数运行虚拟机代码前,首先调用 kvm_arch_put_registers 函数,该函数将会调用 kvm_getput_regs 函数和 kvm_put_sregs 函数,通过前述 vCPU 设备文件描述符发起 KVM_SET_REGS 和 KVM_SET_SREGS ioctl,分别设置 vCPU 通用寄存器和段寄存器的值,KVM 会进而将 QEMU 传入的寄存器值写入 VMCS 中。具体寄存器的值则由 x86_cpu_reset 函数指定,相关代码如下。

qemu - 4.1.1/target/i386/cpu.c

```
static void x86_cpu_reset(CPUState * s){
    cpu_x86_load_seg_cache(env, R_CS, 0xf000, 0xffff0000, 0xffff,
                        DESC_P_MASK | DESC_S_MASK | DESC_CS_MASK |
                        DESC_R_MASK | DESC_A_MASK);
    env - > eip = 0xfff0;
}
```

① 对于早期 8086 架构,系统启动时处于实模式,寻址方式为 CS×16+RIP,故执行的第一条指令地址为 0xffff0。

qemu - 4.1.1/target/i386/kvm.c

```
static int kvm_put_sregs(X86CPU * cpu)
{
    if ((env -> eflags & VM_MASK)) {
        set_v8086_seg(&sregs.cs, &env -> segs[R_CS]);
    } else {
        set_seg(&sregs.cs, &env -> segs[R_CS]);
    }
    return kvm_vcpu_ioctl(CPU(cpu), KVM_SET_SREGS, &sregs);
}

static int kvm_getput_regs(X86CPU * cpu, int set)
{
    kvm_getput_reg(&regs.rip, &env -> eip, set);
    if (set) {
        ret = kvm_vcpu_ioctl(CPU(cpu), KVM_SET_REGS, &regs);
    }
}
```

根据上述代码，QEMU 传入的 CS 和 RIP 寄存器的值与默认 VMCS 相应域的设置相同：CS=0xf000，RIP=0xfff0，CS_BASE=0xffff0000。这里通过一个小实验验证上述代码的有效性。QEMU 提供了-s 和-S 选项允许 GDB 远程连接调试内核，其中-s 选项使得QEMU 等待来自 1234 端口的 TCP 连接，-S 选项则使得 QEMU 阻塞客户机执行，直到远程连接的 GDB(Linux 下常用的程序调试器)允许它继续执行，这允许用户方便地在 GDB 中查看虚拟机运行过程中物理寄存器的状态。可以打开两个终端，终端 1(Terminal 1)启动 QEMU 等待 GDB 连接，终端 2(Terminal 2)则运行 GDB 通过 1234 端口远程连接至 QEMU，命令如下。

Terminal 1

```
qemu - system - i386 - s - S - drive  file = desktop.img, format = raw, index = 0, media = disk --
enable - kvm
```

Terminal 2

```
gdb - g
(gdb) set architecture i8086            // 将架构设置为 i8086 便于调试的实模式
(gdb) target remote:1234                // 远程连接 QEMU
(gdb) p/x $ cs                          // 打印 CS 寄存器的值
$ 1 = 0xf000
(gdb) p/x $ eip                         // 打印 EIP 寄存器的值
$ 2 = 0xfff0
(gdb) x/i $ cs * 16 + $ eip             // 打印 0xffff0 处的指令
0xffff0:  ljmp  $ 0x3630, $ 0xf000e05b
(gdb) x/i 0xfffffff0                    // 打印 0xfffffff0 处的指令
0xffff0:  ljmp  $ 0x3630, $ 0xf000e05b
(gdb) hbreak * 0xfffffff0               // 在 0xfffffff0 处设置断点
(gdb) c                                 // 继续运行程序
```

```
Continuing
Thread 1 received signal SIGTRAP, Trace/breakpoint trap    // 触发断点
(gdb) delete 1                                             // 删除断点
(gdb) c                                                    // 继续运行程序
Continuing                                                 // 程序正常运行
```

根据上述实验,vCPU 启动后,CS 寄存器和 RIP 寄存器的值与 QEMU 设置的一致,说明虚拟机启动时硬件会将 VMCS 中相应域加载到寄存器中。而为了兼容早期 8086 架构,程序启动后,0xffff0 和 0xfffffff0 内存处指令一致,都是跳转至 BIOS 进行初始化,加载 bootloader。在 0xfffffff0 处设置断点,运行虚拟机后发现断点被触发;而删去断点后,虚拟机正常启动,说明程序的入口位于 0xfffffff0 处。改写后的 x86_cpu_reset 函数代码如下。

qemu - 4.1.1/target/i386/cpu.c

```
static void x86_cpu_reset(CPUState * s)
{
    cpu_x86_load_seg_cache(env, R_CS, 0x1234, 0xffff0000, 0xffff,
                           DESC_P_MASK | DESC_S_MASK | DESC_CS_MASK |
                           DESC_R_MASK | DESC_A_MASK);
    env - > eip = 0x5678;
}
```

如上所述,将 CS 寄存器设置为 0x1234,将 RIP 寄存器设置为 0x5678,重新编译 QEMU 并运行上述代码,实验结果如下。

Terminal 3

```
gdb  - g
(gdb) set architecture i8086         // 将架构设置为 i8086 便于调试实模式
(gdb) target remote:1234             // 远程连接 QEMU
(gdb) p/x $ cs                       // 打印 CS 寄存器的值
$ 1 = 0x1234
(gdb) p/x $ eip                      // 打印 EIP 寄存器的值
$ 2 = 0x5678
```

从 GDB 输出可以发现上述寄存器设置生效,感兴趣的读者可以自行修改 QEMU target/i386/cpu.c 中的 x86_cpu_reset 函数,重复上述实验。以上便是 QEMU/KVM vCPU 创建与初始化流程,与虚拟机创建类似,vCPU 创建的起点实际上位于 TYPE_X86_CPU 类型的 QOM 对象的 realize_fn 成员中。该成员在 CPU 对应的 QOM 对象初始化时被设置为 x86_cpu_realizefn 函数,该函数调用 qemu_init_vcpu 函数创建了 vCPU 线程,线程执行函数为前述的 qemu_kvm_cpu_thread_fn。

2.3.4　vCPU 运行

在 QEMU 中,vCPU 线程创建完成后,便会进入循环状态,等到条件满足时开始运行虚

拟机代码。虚拟机执行敏感指令或收到外部中断时，便会触发 VM-Exit，进入 KVM 模块进行处理；部分虚拟机退出时，则需要进一步退出到 QEMU 中进行处理，如 I/O 模拟。处理完成后，恢复虚拟机运行。vCPU 整体运行流程如图 2-13 所示，相应的函数调用流程如图 2-14 所示。

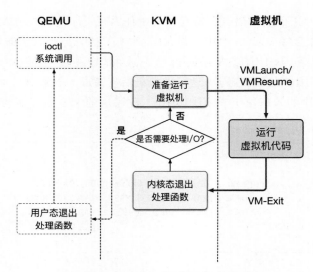

图 2-13　vCPU 整体运行流程

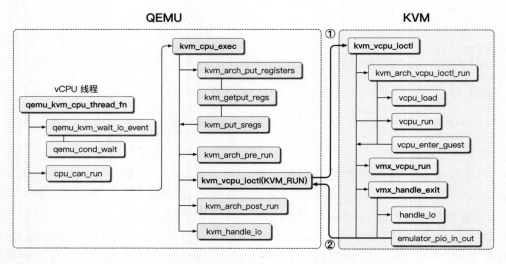

注：①QEMU 进行 ioctl 系统调用，进入 KVM；②从 ioctl 系统调用返回。

图 2-14　QEMU/KVM vCPU 运行函数调用流程

接下来遵循上述流程查看 QEMU/KVM 中 vCPU 运行是如何实现的。首先 qemu_kvm_cpu_thread_fn 函数调用 kvm_init_vcpu 函数在 KVM 中创建 vCPU 对应的结构体，得到相应的 vCPU 文件描述符后便会进入循环。在循环中，先判断 CPU 能否运行，若不能运行便调用 qemu_kvm_wait_io_event 函数进而调用 qemu_cond_wait 函数等待 cpu-> halt_cond。而 QEMU 后续在 main 函数中将会调用 vm_start 函数直至最终调用 qemu_cond_broadcast 函数唤醒所有的 vCPU 线程，相关代码如下。

qemu - 4.1.1/cpus.c

```
static void * qemu_kvm_cpu_thread_fn(void * arg)
{
    do {
        if (cpu_can_run(cpu)) {
            r = kvm_cpu_exec(cpu);
            if (r == EXCP_DEBUG) {
                cpu_handle_guest_debug(cpu);
            }
        }
        qemu_wait_io_event(cpu);
    } while (!cpu - > unplug || cpu_can_run(cpu));
}

static void qemu_wait_io_event(CPUState * cpu)
{
    while (cpu_thread_is_idle(cpu)) {
        qemu_cond_wait(cpu - > halt_cond, &qemu_global_mutex);
    }
}
```

vCPU 线程被唤醒后将执行 kvm_cpu_exec 函数运行 vCPU。kvm_cpu_exec 函数首先调用前述 kvm_arch_put_registers 函数设置 vCPU 通用寄存器和段寄存器的值，然后调用 kvm_vcpu_ioctl 通过 vCPU 文件描述符发起 KVM_RUN ioctl 调用陷入 KVM 中。KVM 中相应的处理函数为前述 kvm_arch_vcpu_ioctl_run，该函数首先调用 vcpu_load 函数，该函数最终通过 kvm_x86_ops 的 vcpu_load 成员调用前述 vmx_vcpu_load 函数执行 VMPTRLD 指令绑定该 vCPU 对应的 VMCS，然后调用 vcpu_run 函数运行 vCPU。vcpu_run 函数首先调用 kvm_vcpu_running 函数判断该 vCPU 能否运行，若能运行则调用 vcpu_enter_guest 函数准备进入非根模式。具体代码如下。

linux - 4.19.0/arch/x86/kvm/x86.c

```
static int vcpu_run(struct kvm_vcpu * vcpu)
{
    if (kvm_vcpu_running(vcpu)) {
        r = vcpu_enter_guest(vcpu);
    }
}
```

vcpu_enter_guest 函数首先判断 vCPU 是否存在待处理的请求，并调用一系列 kvm_

check_request 函数对这些请求进行处理。这些请求可能在各个地方发生，以中断事件注入为例，当虚拟 IOAPIC 需要注入一个虚拟中断时，会调用 kvm_make_request 函数发起一个 KVM_REQ_EVENT 类型的请求，设置 kvm_vcpu 结构中的 requests 成员对应的位，并在 vcpu_enter_guest 函数中进行处理。vcpu_enter_guest 函数检查 requests 发现有 KVM_REQ_EVENT 类型的请求，则调用 inject_pending_event 函数注入相应事件，后续中断虚拟化部分将详述该流程。具体代码如下。

linux - 4.19.0/arch/x86/kvm/x86.c

```
static int vcpu_enter_guest(struct kvm_vcpu * vcpu){
    if (kvm_check_request(KVM_REQ_EVENT, vcpu) || req_int_win) {
        if (inject_pending_event(vcpu, req_int_win) != 0)
            req_immediate_exit = true;
    }
    kvm_x86_ops - > prepare_guest_switch(vcpu);
    kvm_x86_ops - > run(vcpu);
    r = kvm_x86_ops - > handle_exit(vcpu);
}
```

阻塞请求处理完成后，vcpu_enter_guest 函数通过 kvm_x86_ops 的 prepare_guest_switch 成员调用 vmx.c 中的 vmx_prepare_switch_to_guest 函数，该函数将部分宿主机的状态保存到 VMCS 与 host_state 中，如 FS/GS 相应的段选择子和段地址等。具体代码如下。

linux - 4.19.0/arch/x86/kvm/vmx.c

```
static void vmx_prepare_switch_to_guest(struct kvm_vcpu * vcpu)
{
    if (unlikely(fs_sel != host_state - > fs_sel)) {
        if (!(fs_sel & 7))
            vmcs_write16(HOST_FS_SELECTOR, fs_sel);
        else
            vmcs_write16(HOST_FS_SELECTOR, 0);
        host_state - > fs_sel = fs_sel;
    }
    if (unlikely(fs_base != host_state - > fs_base)) {
        vmcs_writel(HOST_FS_BASE, fs_base);
        host_state - > fs_base = fs_base;
    }
}
```

然后 vcpu_enter_guest 函数通过 kvm_x86_ops 的 run 成员调用 vmx.c 中的 vmx_vcpu_run 函数，该函数通过一系列内联汇编指令保存宿主机通用寄存器的值，并加载客户机通用寄存器的值，然后调用 VMLAUNCH/VMRESUME 指令进入非根模式执行虚拟机代码。具体代码如下。

linux - 4.19.0/arch/x86/kvm/vmx.c

```
static void __noclone vmx_vcpu_run(struct kvm_vcpu * vcpu)
{
    asm( …
        "jne 1f \n\t"
        __ex(ASM_VMX_VMLAUNCH) "\n\t"
        "jmp 2f \n\t"
        "1: " __ex(ASM_VMX_VMRESUME) "\n\t"
        "2: "
        … )
    vmx - > exit_reason = vmx - > fail ? 0xdead : vmcs_read32(VM_EXIT_REASON);
}
```

当 vCPU 发生 VM-Exit 时，vmx_vcpu_run 函数保存虚拟机通用寄存器的值并从
VMCS 中读取虚拟机退出原因保存至 vmx-> exit_reason 中，然后返回至 vcpu_enter_guest
函数。vcpu_enter_guest 函数通过 kvm_x86_ops 的 handle_exit 成员调用 vmx. c 中的 vmx_
handle_exit 函数，该函数根据前面的 vmx-> exit_reason 调用全局数组 kvm_vmx_exit_
handlers 中对应的虚拟机退出处理函数。对于由 I/O 指令触发的 EXIT_REASON_IO_
INSTRUCTION 类型的 VM-Exit，它对应的处理函数 handle_io 最终调用 emulator_pio_in
_out 函数进行处理。emulator_pio_in_out 函数首先调用 kernel_pio 函数尝试在 KVM 中
处理该 PIO 请求，若 KVM 无法处理，它将 vcpu-> run-> exit_reason 设置为 KVM_EXIT_
IO 并最终返回 0，这导致 vcpu_run 退出循环并返回至 QEMU 中进行处理。前面提到
vCPU 中的 run 成员主要保存 VM-Exit 相关信息并通过 mmap 与 QEMU 共享，故退出至
QEMU 后，QEMU 将读取 kvm_run 结构中的 exit_reason 成员，根据其退出原因进行进一
步处理。I/O 指令的处理将在 4.2 节详述。具体代码如下。

linux - 4.19.0/arch/x86/kvm/vmx.c

```
static int ( * const kvm_vmx_exit_handlers[])(struct kvm_vcpu * vcpu) = {
    …
    [EXIT_REASON_IO_INSTRUCTION]             = handle_io,
    …
}

static int vmx_handle_exit(struct kvm_vcpu * vcpu){
    u32 exit_reason = vmx - > exit_reason;
    if (exit_reason < kvm_vmx_max_exit_handlers
        && kvm_vmx_exit_handlers[exit_reason])
    return kvm_vmx_exit_handlers[exit_reason](vcpu);
}
```

linux - 4.19.0/arch/x86/kvm/x86.c

```
static int emulator_pio_in_out(struct kvm_vcpu * vcpu, int size,
                unsigned short port, void * val, unsigned int count, bool in)
```

```
{
    if (!kernel_pio(vcpu, vcpu->arch.pio_data)) {
        vcpu->arch.pio.count = 0;
        return 1;
    }

    vcpu->run->exit_reason = KVM_EXIT_IO;
    vcpu->run->io.direction = in ? KVM_EXIT_IO_IN : KVM_EXIT_IO_OUT;
    vcpu->run->io.size = size;
    vcpu->run->io.data_offset = KVM_PIO_PAGE_OFFSET * PAGE_SIZE;
    vcpu->run->io.count = count;
    vcpu->run->io.port = port;
}
```

2.3.5　实验：CPU 虚拟化实例

前几节从源码层级分析了 QEMU/KVM CPU 虚拟化的完整流程，不难发现大部分工作都由 KVM 完成，QEMU 主要负责维护虚拟机和 vCPU 模型，并通过 KVM 模块文件描述符、虚拟机文件描述符和 vCPU 文件描述符调用 KVM API 接口，本书参考网上的一个示例[①]实现了一个类似于 QEMU 的小程序，执行指定二进制代码输出"Hello，World！"。主要代码如下。

sample-qemu.c

```
int main(void){
    int kvm, vmfd, vcpufd, ret;
    uint8_t * mem;
    struct kvm_sregs sregs;
    size_t mmap_size;
    struct kvm_run * run;
    const uint8_t code[] = {
        0xba, 0xf8, 0x03,              /* mov $ 0x3f8, % dx */
        0xb0, 'H',                     /* mov $ 'H', % al */
        0xee,                          /* out % al, (% dx) */
        …
        0xf4,                          /* hlt */
    };                                 /* 写入指定端口 0x3f8,输出 Hello, World! */
    kvm = open("/dev/kvm", O_RDWR | O_CLOEXEC);      /* 打开 KVM 模块设备文件 */
    ret = ioctl(kvm, KVM_GET_API_VERSION, NULL);     /* 获取 KVM API 版本 */
    /* 创建虚拟机获得虚拟机文件描述符 */
    vmfd = ioctl(kvm, KVM_CREATE_VM, (unsigned long)0);
    /* 分配 4KB 内存空间存放二进制代码 */
    mem = mmap(NULL, 0x1000, PROT_READ | PROT_WRITE,
                MAP_SHARED | MAP_ANONYMOUS, -1, 0);
    memcpy(mem, code, sizeof(code));                  /* 将二进制代码复制至分配的内存页中 */
    struct kvm_userspace_memory_region region = {
```

---

① 示例地址：https://lwn.net/Articles/658512/。

```
        .slot = 0,
        .guest_phys_addr = 0x1000,
        .memory_size = 0x1000,
        .userspace_addr = (uint64_t)mem,
    };                                    /* 将该内存页映射至虚拟机物理地址 0x1000(GPA)处 */
    ret = ioctl(vmfd, KVM_SET_USER_MEMORY_REGION, &region);
    /* 创建 vCPU 获得 vCPU 文件描述符 */
    vcpufd = ioctl(vmfd, KVM_CREATE_VCPU, (unsigned long)0);
    /* 获取 QEMU/KVM 共享内存空间大小并映射 kvm_run 结构体 */
    mmap_size = ioctl(kvm, KVM_GET_VCPU_MMAP_SIZE, NULL);
    run = mmap(NULL, mmap_size, PROT_READ | PROT_WRITE,
              MAP_SHARED, vcpufd, 0);
    /* 设置 CS 寄存器与 RIP 寄存器使得 vCPU 从 0x1000 处开始执行 */
    ret = ioctl(vcpufd, KVM_GET_SREGS, &sregs);
    sregs.cs.base = 0;
    sregs.cs.selector = 0;
    ret = ioctl(vcpufd, KVM_SET_SREGS, &sregs);
    struct kvm_regs regs = {
        .rip = 0x1000,
    };
    ret = ioctl(vcpufd, KVM_SET_REGS, &regs);
    while (1) {
        ret = ioctl(vcpufd, KVM_RUN, NULL);        /* 运行 vCPU */
        switch (run->exit_reason) {                /* 处理 VM-Exit */
        case KVM_EXIT_HLT:
            return 0;                              /* 退出程序 */
        case KVM_EXIT_IO:
            /* 输出写入 0x3f8 端口的字符 */
            if (run->io.direction == KVM_EXIT_IO_OUT
                && run->io.size == 1 && run->io.port == 0x3f8
                && run->io.count == 1)
            putchar(*(((char *)run) + run->io.data_offset));
        }
    }
}
```

上述例子通过前面所述的若干 ioctl 调用创建并运行 vCPU,将 vCPU 起始指令地址设置为 0x1000(GPA),并将指定的二进制代码复制到相应的内存位置(HVA)。二进制代码将依次调用 OUT 指令向 0x3f8 端口写入"Hello,World!"包含的各个字符,触发 EXIT_REASON_IO_INSTRUCTION 类型的 VM-Exit,这使得程序退回到用户态进行处理,用户态程序调用 putchar 函数输出对应字符。二进制代码最终执行 hlt 指令触发 VM-Exit,系统回到用户态并退出应用程序。

2.4　QEMU/KVM 中断虚拟化实现

2.1 节提到 vCPU 不仅要能高效快速地执行指令,还要能响应中断等系统事件。2.3 节介绍了 vCPU 创建与运行的完整流程,至此 vCPU 已经能正常执行虚拟机指令。本节将结合 QEMU/KVM 源码介绍中断虚拟化的具体实现，包括 PIC 与 APIC 等中断控制器的模拟和虚拟中断递交流程的模拟。本节在最后将通过 GDB 查看中断从产生到注入的完整流程。

2.4.1　PIC & IOAPIC 模拟

QEMU 和 KVM 都实现了对中断芯片的模拟，这是由于历史原因造成的。早在 KVM 诞生之前，QEMU 就提供对一整套设备的模拟，包括中断芯片。而 KVM 诞生之后，为了进一步提高中断性能，又在 KVM 中模拟了一套中断芯片。QEMU 提供 kernel-irqchip 参数决定中断芯片由谁模拟，kernel-irqchip 参数可取值为：

（1）on：PIC 和 APIC 中断芯片均由 KVM 模拟。

（2）off：PIC 和 APIC 中断芯片均由 QEMU 模拟。

（3）split：PIC 和 IOAPIC 由 QEMU 模拟，LAPIC 由 KVM 模拟。

由于 KVM 模拟中断芯片性能更高，故本节以 KVM 模拟中断芯片为例。

1. PIC 模拟

当 QEMU 设置 kernel-irqchip 参数为 on 时，会在前述 kvm_init 函数中调用 kvm_irqchip_create 函数，通过虚拟机文件描述符发起 KVM_CREATE_IRQCHIP ioctl 陷入 KVM 中。KVM 中相应处理函数 kvm_arch_vm_ioctl 调用 kvm_pic_init 函数创建并初始化 PIC 相应的结构体 struct kvm_pic，并将指针保存在 kvm-> arch. vpic 中，相关代码如下。

linux - 4.19.0/arch/x86/kvm/irq. h

```
struct kvm_pic {
    /* 指向所属虚拟机结构体 */
    struct kvm  * kvm;

    /*中断芯片寄存器状态: pics[0]对应主 PIC, pics[1]对应从 PIC */
    struct kvm_kpic_state pics[2];
    struct kvm_io_device dev_master;        /* 主 PIC 设备 */
    struct kvm_io_device dev_slave;         /* 从 PIC 设备 */
    struct kvm_io_device dev_eclr;          /* 控制中断触发模式的寄存器 */
};

struct kvm_kpic_state {
    u8 irr;                                 /* IRR */
    u8 imr;                                 /* IMR */
    u8 isr;                                 /* ISR */
    struct kvm_pic * pics_state;
};
```

linux - 4.19.0/arch/x86/kvm/x86. c

```
long kvm_arch_vm_ioctl(struct file * filp, unsigned int ioctl,
            unsigned long arg)
```

```
{
    r = kvm_pic_init(kvm);
    r = kvm_ioapic_init(kvm);
    r = kvm_setup_default_irq_routing(kvm);
}
```

linux‑4.19.0/arch/x86/kvm/i8259.c

```
int kvm_pic_init(struct kvm * kvm){
    struct kvm_pic * s;
    s = kzalloc(sizeof(struct kvm_pic), GFP_KERNEL);
    s->kvm = kvm;
    s->pics[0].pics_state = s;
    s->pics[1].pics_state = s;
    kvm_iodevice_init(&s->dev_master, &picdev_master_ops);
    kvm_iodevice_init(&s->dev_slave, &picdev_slave_ops);
    kvm_iodevice_init(&s->dev_eclr, &picdev_eclr_ops);
    ret = kvm_io_bus_register_dev(kvm, KVM_PIO_BUS, 0x20, 2,
                    &s->dev_master);        /* 0x20～0x21 端口 */
    ret = kvm_io_bus_register_dev(kvm, KVM_PIO_BUS, 0xa0, 2,
                    &s->dev_slave);         /* 0xa0～0xa1 端口 */
    ret = kvm_io_bus_register_dev(kvm, KVM_PIO_BUS, 0x4d0, 2,
                    &s->dev_eclr);          /* 0x4d0～0x4d1 端口 */
    kvm->arch.vpic = s;
}
```

根据上述代码,PIC 寄存器状态保存在结构体 struct kvm_kpic_state 中,该结构体包含了前述 IRR、ISR 以及 IMR 等的状态。此外,如前所述,通常将两块 8259A 芯片级联以支持更多的中断来源,kvm_pic 将主 PIC 和从 PIC 的状态保存在 pics 成员中,kvm_pic 对应的内存空间由 kvm_pic_init 函数分配。除了模拟 PIC 寄存器状态,kvm_pic_init 函数还提供 CPU 对 PIC 访问的支持。CPU 通常通过 PIO 的方式访问 PIC,于是 kvm_pic_init 函数首先调用 kvm_io_device_init 函数初始化主 PIC、从 PIC 和 eclr 三个设备对应的读写操作函数,并调用 kvm_io_bus_register_dev 函数在 KVM_IO_BUS 上注册三个设备相应的 I/O 端口。当 CPU 通过 PIO 相关指令(IN、OUT 等)通过注册端口对设备进行读写时,将会触发 EXIT_REASON_IO_INSTRUCTION 类型的 VM-Exit,其对应的处理函数为 handle_io。 handle_io 函数首先会判断 I/O 指令类型是否为 string I/O 指令①,若是则调用 kvm_emulate_instruction 函数模拟 I/O 指令,否则调用 kvm_fast_pio 函数处理,二者最后都会调用 kernel_pio 函数。对于读/写端口指令,kernel_pio 函数分别调用 kvm_io_bus_read/ kvm_io_bus_write 函数。以写端口为例,kvm_io_bus_write 函数将会调用__ kvm_io_bus_ write 函数,该函数根据 I/O 端口从 KVM_IO_BUS 总线上找到相应的设备并调用 kvm_

---

① Intel SDM 将 I/O 指令分为 register I/O 指令(IN/OUT)和 block I/O 指令(INS/OUTS),前者在寄存器和 I/O 端口间迁移数据,后者则在内存和 I/O 端口间以数据块的形式迁移数据,属于 string I/O 指令。

iodevice_write 函数写入设备端口,这会触发前述设备对应的读写操作函数。以主 PIC 为例,其对应的读/写操作函数代码如下。

linux - 4.19.0/arch/x86/kvm/i8259.c

```
static const struct kvm_io_device_ops picdev_master_ops = {
    .read       = picdev_master_read,
    .write      = picdev_master_write,
};
```

linux - 4.19.0/include/kvm/iodev.h

```
static inline void kvm_iodevice_init(struct kvm_io_device * dev,
                  const struct kvm_io_device_ops * ops)
{
    dev - > ops = ops;
}

static inline int kvm_iodevice_write(struct kvm_vcpu * vcpu,
                  struct kvm_io_device * dev, gpa_t addr,
                  int l, const void * v)
{
    return dev - > ops - > write ? dev - > ops - > write(vcpu, dev, addr, l, v)
                  : - EOPNOTSUPP;
}
```

linux - 4.19.0/virt/kvm/kvm_main.c

```
static int __kvm_io_bus_write(struct kvm_vcpu * vcpu, struct kvm_io_bus * bus,
                  struct kvm_io_range * range, const void * val)
{
    idx = kvm_io_bus_get_first_dev(bus, range - > addr, range - > len);
    while (idx < bus - > dev_count &&
        kvm_io_bus_cmp(range, &bus - > range[idx]) == 0) {
        if (!kvm_iodevice_write(vcpu, bus - > range[idx].dev, range - > addr,
                  range - > len, val))
            return idx;
        idx++;
    }
}
```

2. IOAPIC 模拟

同 PIC 创建类似,IOAPIC 相应的结构体 struct kvm_ioapic 由 kvm_arch_vm_ioctl 函数调用 kvm_ioapic_init 函数创建并初始化,同时将 kvm_ioapic 指针赋给 kvm-> arch. vioapic。相关代码如下。

linux - 4.19.0/arch/x86/kvm/ioapic.c

```
int kvm_ioapic_init(struct kvm * kvm)
{
    struct kvm_ioapic * ioapic;
    ioapic = kzalloc(sizeof(struct kvm_ioapic), GFP_KERNEL);
    kvm - > arch.vioapic = ioapic;
    kvm_ioapic_reset(ioapic);
    kvm_iodevice_init(&ioapic - > dev, &ioapic_mmio_ops);
    ioapic - > kvm = kvm;
    /* IOAPIC_MEM_LENGTH = 0X100 */
    ret = kvm_io_bus_register_dev(kvm, KVM_MMIO_BUS, ioapic - > base_address,
                    IOAPIC_MEM_LENGTH, &ioapic - > dev);
}
```

对于 kvm_ioapic 结构体而言，其中最重要的成员为 redirtbl，该成员对应于 IOAPIC 中的 PRT（Programmable Redirection Table，可编程重定向表）。如前所述，当 IOAPIC 某个引脚收到中断时，将根据该引脚对应的 RTE 格式化出一条中断消息发送给指定 LAPIC，后续的中断路由章节将详述这一成员的作用。kvm_ioapic 结构体定义如下。

linux - 4.19.0/arch/x86/kvm/ioapic.h

```
struct kvm_ioapic {
    u64 base_address;                   /* MMIO Region 基地址 */
    u32 id;
    u32 irr;
    /* IOAPIC PRT */
    union kvm_ioapic_redirect_entry redirtbl[IOAPIC_NUM_PINS];
    struct kvm_io_device dev;           /* IOAPIC 对应设备 */
    struct kvm * kvm;                   /* 所属虚拟机结构体 */
    u32 irr_delivered;
};
```

与 PIC 不同的是，CPU 通常通过 MMIO 的方式访问 IOAPIC，故 kvm_ioapic 函数先调用 kvm_io_device_init 函数，将 IOAPIC MMIO 区域访问回调函数设置为 ioapic_mmio_ops，然后调用 kvm_io_bus_register_dev 函数在 KVM_MMIO_BUS 上注册 IOAPIC MMIO 区域。IOAPIC MMIO 区域的起始地址为 0xfec00000（由 kvm_ioapic_reset 函数指定），长度为 0x100。相关代码如下。

linux - 4.19.0/arch/x86/kvm/ioapic.c

```
static const struct kvm_io_device_ops ioapic_mmio_ops = {
    .read       = ioapic_mmio_read,
    .write      = ioapic_mmio_write,
};
static void kvm_ioapic_reset(struct kvm_ioapic * ioapic)
{
    /* IOAPIC_DEFAULT_BASE_ADDRESS = 0xfec00000 */
```

```
    ioapic -> base_address = IOAPIC_DEFAULT_BASE_ADDRESS;
    ioapic -> irr = 0;
    ioapic -> irr_delivered = 0;
    ioapic -> id = 0;
    memset(ioapic -> irq_eoi, 0x00, sizeof(ioapic -> irq_eoi));
}
```

当 KVM 首次访问 MMIO 区域时，由于 EPT 中缺乏相应的映射，会触发 EPT
Violation 类型的 VM-Exit，KVM 发现该区域为 MMIO 区域，在为其建立相应的页表项时
会将该页表项设置为可写可执行但不可读，这样在后续访问该 MMIO 区域时会触发 EPT
配置错误（EPT Misconfig）类型的 VM-Exit，在 kvm_vmx_exit_handlers 函数中相应的处理
函数为 handle_ept_misconfig。与 PIC 访问类似，handle_ept_misconfig 函数最终会调用
x86_emulate_instruction 函数对该指令进行模拟。在大部分情况下，由于外部设备由
QEMU 模拟，故 x86_emulate_instruction 函数将会返回 EMULATE_USER_EXIT，导致
vcpu_enter_guest 函数返回至 QEMU 中处理。但因为 IOAPIC 由 KVM 模拟，故 x86_
emulate_instruction 函数最终会调用 vcpu_mmio_read/vcpu_mmio_write 函数处理对于
IOAPIC MMIO 区域的读写。以 vcpu_mmio_write 函数为例，它同样调用前述 kvm_io_
bus_write 函数，根据访问的内存地址在 KVM_MMIO_BUS 找到 IOAPIC 对应的设备，并
调用前面注册的写回调函数 ioapic_mmio_write。vcpu_mmio_write 函数代码如下。

linux - 4.19.0/arch/x86/kvm/x86.c

```
static int vcpu_mmio_write(struct kvm_vcpu * vcpu, gpa_t addr, int len,
            const void * v)
{
    do {
        n = min(len, 8);
        if (!(lapic_in_kernel(vcpu) &&
              !kvm_iodevice_write(vcpu, &vcpu -> arch.apic -> dev, addr, n, v))
            && kvm_io_bus_write(vcpu, KVM_MMIO_BUS, addr, n, v))
            break;
        handled += n;
        addr += n;
        len -= n;
        v += n;
    } while (len);
}
```

3. LAPIC 模拟

LAPIC 创建路径与 APIC 和 IOAPIC 不同，由于 LAPIC 与 vCPU 一一对应，故 LAPIC
将在创建 vCPU 时构造，这一工作由前述 vmx_create_vcpu 函数最终调用 kvm_create_lapic
函数完成。kvm_create_lapic 函数首先分配 LAPIC 在 KVM 中对应的结构体 struct kvm_
lapic，并将其保存在 vcpu-> arch. apic 中，然后分配 LAPIC 寄存器页保存 LAPIC 寄存器状

态,寄存器页的起始地址保存在 kvm_lapic 的 regs 成员中。kvm_lapic 定义如下。

linux - 4.19.0/arch/x86/kvm/lapic.h

```
struct kvm_lapic {
    unsigned long base_address;      /* MMIO 区域基地址 */
    struct kvm_io_device dev;
    struct kvm_timer lapic_timer;
    struct kvm_vcpu * vcpu;          /* 所属 vCPU */
    bool irr_pending;                /* IRR 寄存器中是否存在待处理中断 */
    s16 isr_count;                   /* LAPIC 寄存器中置 1 的位的数目 */
    int highest_isr_cache;           /* ISR 中对应位置 1 的最大中断向量号,即 ISRV */
    void * regs;                     /* LAPIC 虚拟机寄存器页基地址 */
};
```

linux - 4.19.0/arch/x86/kvm/lapic.c

```
static const struct kvm_io_device_ops apic_mmio_ops = {
    .read      = apic_mmio_read,
    .write     = apic_mmio_write,
};

int kvm_create_lapic(struct kvm_vcpu * vcpu)
{
    struct kvm_lapic * apic;
    apic = kzalloc(sizeof( * apic), GFP_KERNEL);
    vcpu -> arch.apic = apic;
    apic -> regs = (void * )get_zeroed_page(GFP_KERNEL);
    apic -> vcpu = vcpu;
    vcpu -> arch.apic_base = MSR_IA32_APICBASE_ENABLE;
    kvm_iodevice_init(&apic -> dev, &apic_mmio_ops);
}
```

与 IOAPIC 类似,CPU 也通过 MMIO 的方式访问 LAPIC。但是根据不同的 VM-Execution 控制域设置,KVM 对于 LAPIC MMIO 有三种处理方式,这里仍以写 MMIO 区域为例。

(1)虚拟 APIC 访问字段为 0 时:此时 LAPIC MMIO 处理流程与 IOAPIC 相同,但是 LAPIC MMIO 区域并未在 KVM_MMIO_BUS 上注册。vcpu_mmio_write 函数调用 lapic_in_kernel 函数判断 LAPIC 是否由 KVM 模拟,若是,则直接调用 kvm_io_device_write 函数尝试写入 LAPIC,这将会触发 apic_mmio_ops 函数中的 apic_mmio_write 回调函数,apic_mmio_write 函数将会调用 apic_mmio_in_range 函数判断访问的内存地址是否落在 LAPIC MMIO 区域中;若不是,将访问地址减去 base_address 得到 offset(偏移地址),然后通过 kvm_lapic_reg_write 函数写入 LAPIC 相应的寄存器中,apic_mmio_write 函数代码如下。

linux - 4.19.0/arch/x86/kvm/lapic.c

```
static int apic_mmio_write(struct kvm_vcpu * vcpu, struct kvm_io_device * this,
```

```
                    gpa_t address, int len, const void * data)
{
    struct kvm_lapic * apic = to_lapic(this);
    unsigned int offset = address - apic -> base_address;
    u32 val;
    if (!apic_mmio_in_range(apic, address))
        return - EOPNOTSUPP;
    val = * (u32 * )data;
    kvm_lapic_reg_write(apic, offset & 0xff0, val);
}
```

（2）**虚拟 APIC 访问字段为 1 且虚拟 APIC 寄存器虚拟化字段为 0 时**：此时通过
MMIO 方式访问 LAPIC 时，会触发 APIC 访问类型的 VM-Exit。LAPIC MMIO 区域的地
址通过 APIC 访问地址（APIC Access Address）字段指定。在前述 vCPU 创建流程中，将调
用 vcpu_vmx_reset 函数，该函数会调用 kvm_make_request 函数发起一个 KVM_REQ_
APIC_PAGE_RELOAD 类型的请求。后续 vCPU 调用 vcpu_enter_guest 函数运行前，会
检查是否有待处理的请求。若有未处理的 KVM_REQ_APIC_PAGE_RELOAD 请求，vcpu_
enter_guest 函数会调用 kvm_vcpu_reload_apic_access_page 函数处理，该函数通过 kvm_
x86_ops 函数的 set_apic_access_page_addr 成员调用 vmx.c 中的 vmx_set_apic_access_
page_addr 函数，将 VMCS APIC 访问地址字段设置为 APIC MMIO 区域起始地址对应的
HPA。而 APIC Access 类型 VM-Exit 的处理函数为 handle_apic_access，该函数最终会调
用 kvm_emulate_instruction 函数进而调用 x86_emulate_instruction 函数，实际处理函数与
上一种方式相同，只是 VM-Exit 类型变为 APIC 访问。相关代码如下。

linux - 4.19.0/arch/x86/kvm/x86.c

```
static int vcpu_enter_guest(struct kvm_vcpu * vcpu){
    if (kvm_check_request(KVM_REQ_APIC_PAGE_RELOAD, vcpu))
        kvm_vcpu_reload_apic_access_page(vcpu);
}

void kvm_vcpu_reload_apic_access_page(struct kvm_vcpu * vcpu){
    page = gfn_to_page(vcpu -> kvm, APIC_DEFAULT_PHYS_BASE >> PAGE_SHIFT);
    kvm_x86_ops -> set_apic_access_page_addr(vcpu, page_to_phys(page));
}
```

linux - 4.19.0/arch/x86/kvm/vmx.c

```
static void vmx_vcpu_reset(struct kvm_vcpu * vcpu, bool init_event)
{
    kvm_make_request(KVM_REQ_APIC_PAGE_RELOAD, vcpu);
}
static void vmx_set_apic_access_page_addr(struct kvm_vcpu * vcpu, hpa_t hpa)
{
    if (!is_guest_mode(vcpu)) {
        vmcs_write64(APIC_ACCESS_ADDR, hpa);
```

```
        vmx_flush_tlb(vcpu, true);
    }
}

static int handle_apic_access(struct kvm_vcpu * vcpu)
{
    return kvm_emulate_instruction(vcpu, 0) == EMULATE_DONE;
}
```

（3）**虚拟 APIC 访问字段为 1 且 APIC 寄存器虚拟化字段为 1 时**[①]：此时 CPU 通过 MMIO 访问 LAPIC 时会被重定向到虚拟 APIC 页，而不会触发 VM-Exit。在这种情况下，只有特定寄存器访问可能会触发 APIC 访问或 APIC 写（APIC Write）异常类型的 VM-Exit，此处不再详述，读者可以参考 Intel SDM 相关资料了解哪些 APIC 寄存器访问会触发 VM-Exit。而虚拟 APIC 页地址由 VMCS 中的虚拟 APIC 页地址（Virtual-APIC Address）字段指定，这一工作由前述 vCPU 创建流程中的 vmx_vcpu_reset 函数完成，虚拟 APIC 地址字段被设置为 kvm_lapic 中的 regs 成员，即寄存器页的物理地址。vmx_vcpu_reset 函数代码如下。

linux - 4.19.0/arch/x86/kvm/vmx.c

```
static void vmx_vcpu_reset(struct kvm_vcpu * vcpu, bool init_event){
    if (cpu_has_vmx_tpr_shadow() && ! init_event) {
        vmcs_write64(VIRTUAL_APIC_PAGE_ADDR, 0);
        if (cpu_need_tpr_shadow(vcpu))
            vmcs_write64(VIRTUAL_APIC_PAGE_ADDR,
                        __pa(vcpu - > arch. apic - > regs));
    }
}
```

2.4.2　PCI 设备中断

2.2.3 节提到在 APIC 中断架构下，CPU 中断来源主要有三种：本地中断、通过 IOAPIC 接收的外部中断以及处理器间中断。本节侧重于介绍通过 IOAPIC 接收的外部中断。但是由于芯片组的差异以及外部设备的差异，设备产生和传递中断的流程也不尽相同。为了与后续的实验部分相照应，本节主要介绍在 i440FX ＋ PIIX 芯片组中 PCI 设备中断模拟，2.4.3 节将会介绍 QEMU 模拟设备产生中断是如何传递给 KVM 模拟的 APIC 的。本节只涉及 PCI 设备中断相关原理，其余 PCI 设备相关知识将在 4.2.1 节中介绍。

1. PCI 设备中断原理

计算机主板上通常有多个 PCI 插槽供 PCI 设备使用，插入 PCI 槽的 PCI 卡通常称为物理 PCI 设备，每个物理 PCI 设备上可能存在多个独立的功能单元，这些功能单元也称为逻

[①]　VMCS 中的 Use TPR Shadow 字段也必须为 1。

辑 PCI 设备。因此逻辑 PCI 设备的标识符通常包括三部分：设备所在的总线（Bus）号、设备所在的物理 PCI 设备（Device）号、设备的功能（Function）号，简称为 BDF。每个物理 PCI 设备有 4 个中断引脚：INTA♯、INTB♯、INTC♯ 和 INTD♯，单功能物理 PCI 设备只会使用 INTA♯ 引脚，多功能物理 PCI 设备可能会用到其余中断引脚。由于一个物理 PCI 设备最多包含 8 个逻辑 PCI 设备，故存在多个逻辑 PCI 设备共享同一个中断引脚的情况。逻辑 PCI 设备配置空间中的中断引脚（Interrupt Pin：0x3D）寄存器记录了该设备使用哪个中断引脚，1～4 分别对应 INTA♯～INTD♯ 引脚。PCI 总线通常提供 4 条或 8 条中断请求线供 PCI 设备使用，物理 PCI 设备中断引脚将连接到这些中断请求线上。假设 PCI 总线提供了 4 条中断请求线：LNKA、LNKB、LNKC 和 LNKD，并非所有的 PCI 设备 INTA♯ 引脚都连接至固定 LNKA 中断请求线，因为通常大部分 PCI 设备都使用 INTA♯ 引脚，这样会造成各中断请求线负载不均衡的情况。PCI 设备中断路由连接如图 2-15 所示。

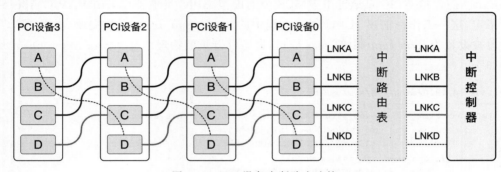

图 2-15　PCI 设备中断路由连接

此时 PCI 总线中断请求线与 PCI 设备引脚映射关系为 $LNK = (D + I)\ mod\ 4$，其中 LNK 表示 PCI 总线中的中断请求线号，D 表示物理 PCI 设备号，I 表示物理 PCI 设备的中断引脚号。上述连接方式使得各物理 PCI 设备中断引脚交错连接至 PCI 总线中断请求线。而 PCI 总线中断请求线还需要连接至中断控制器，它们与中断控制器引脚之间的映射关系保存在 BIOS 中的中断路由表中，如图 2-15 所示。这样每个 PCI 逻辑设备都连接至中断控制器的一个中断引脚，中断控制器引脚号记录在 PCI 配置空间的中断线（Interrupt Line，0x3C）寄存器中。当 PCI 设备发起中断请求时，便会通过映射的中断控制器引脚将中断递交给 CPU。

2. PCI 设备中断模拟

在 QEMU 中，虚拟 PCI 设备调用 pci_set_irq 函数来触发中断，pci_set_irq 函数首先调用 pci_intx 函数获取该 PCI 设备使用的中断引脚，pci_intx 函数将会从该设备的 PCI 配置空间中读取中断引脚寄存器的值并减 1，然后 pci_set_irq 函数将调用 pci_irq_handler 处理 PCI 设备中断。pci_irq_handler 函数首先判断当前中断引脚的状态是否发生改变，若改变，则调用 pci_set_irq_state 函数设置设备中断引脚的状态，并调用 pci_update_irq_status 函数更新 PCI 设备的状态。若当前 PCI 设备中断未被禁用，则 pci_irq_handler 函数最终会调用

pci_change_irq_level 函数触发中断。相关代码如下。

qemu - 4.1.1/hw/pci/pci.c

```
void pci_set_irq(PCIDevice * pci_dev, int level)
{
    int intx = pci_intx(pci_dev);
    pci_irq_handler(pci_dev, intx, level);
}

static void pci_irq_handler(void * opaque, int irq_num, int level)
{
    PCIDevice * pci_dev = opaque;
    int change;
    change = level - pci_irq_state(pci_dev, irq_num);
    if (!change)
        return;
    pci_set_irq_state(pci_dev, irq_num, level);
    pci_update_irq_status(pci_dev);
    if (pci_irq_disabled(pci_dev))
        return;
    pci_change_irq_level(pci_dev, irq_num, change);
}
```

pci_change_irq_level 函数首先获取设备所在的 PCI 总线,然后调用其 map_irq 回调函数获取该设备中断引脚所连接的中断请求线,最后调用所在 PCI 总线的 set_irq 回调函数触发中断。以 QEMU i440FX＋PIIX 架构为例,其 PCI 总线 map_irq 相应的回调函数为 pci_slot_get_pirq,set_irq 相应的回调函数为 piix3_set_irq,这两个回调函数在 i440FX 芯片组初始化函数 i440fx_init 中注册。i440fx_init 函数首先调用 pci_root_bus_new 函数创建 PCI 根总线,然后调用 pci_bus_irqs 函数设置 PCI 根总线对应 QOM 对象的 map_irq 成员和 set_irq 成员。相关代码如下。

qemu - 4.1.1/hw/pci - host/piix.c

```
PCIBus * i440fx_init(const char * host_type, const char * pci_type,
                     PCII440FXState ** pi440fx_state, … )
{
    b = pci_root_bus_new(dev, NULL, pci_address_space,
                         address_space_io, 0, TYPE_PCI_BUS);
    pci_bus_irqs(b, piix3_set_irq, pci_slot_get_pirq, piix3,
                 PIIX_NUM_PIRQS);
}
```

qemu - 4.1.1/hw/pci/pci.c

```
void pci_bus_irqs(PCIBus * bus, pci_set_irq_fn set_irq, pci_map_irq_fn map_irq,
                  void * irq_opaque, int nirq)
{
```

```
    bus->set_irq = set_irq;
    bus->map_irq = map_irq;
    bus->irq_opaque = irq_opaque;
    bus->nirq = nirq;
    bus->irq_count = g_malloc0(nirq * sizeof(bus->irq_count[0]));
}
```

　　pci_slot_get_pirq 函数首先获取 PCI 设备的设备号，然后通过设备号和它使用的 PCI 设备中断引脚获取该 PCI 设备连接至 PCI 总线中的哪一条中断请求线。QEMU 规定 i440FX 芯片组中 PCI 设备与 PCI 总线中断线的映射关系为 (slot+pin) & 3->"LNK[D|A|B|C]"，而非 (slot+pin) & 3->"LNK[A|B|C|D]"。

qemu-4.1.1/hw/pci-host/piix.c

```
static int pci_slot_get_pirq(PCIDevice * pci_dev, int pci_intx)
{
    int slot_addend;
    /* (slot + pin) & 3 -> "LNK[D|A|B|C]",故这里将设备号减 1 */
    slot_addend = (pci_dev->devfn >> 3) - 1;
    return (pci_intx + slot_addend) & 3;
}
```

　　piix3_set_irq 回调函数则主要调用 piix3_set_irq_level 函数，该函数首先访问 PIIX3 设备配置空间，获取 PCI 总线中断请求线对应的中断控制器引脚号。对于 PIIX3/PIIX4 来说，其配置空间中的**中断请求线路由控制寄存器**（PIRQRC[A:D]，**0x60～0x63**）分别记录了 LNKA～LNKD 中断请求线对应的中断控制器引脚号，这几个寄存器的值由 BIOS 设置。相关代码如下。

qemu-4.1.1/hw/pci-host/piix.c

```
static void piix3_set_irq_level(PIIX3State * piix3, int pirq, int level)
{
    int pic_irq;
    pic_irq = piix3->dev.config[PIIX_PIRQC + pirq];
    piix3_set_irq_level_internal(piix3, pirq, level);
    piix3_set_irq_pic(piix3, pic_irq);
}
```

　　piix3_set_irq_level 函数获得 PCI 设备对应的中断控制器引脚号后调用 piix3_set_irq_pic 函数。piix3_set_irq_pic 函数根据传入的中断控制器引脚号索引 PIIX3State 结构中的 pic 成员，该成员在 i440fx_init 函数中被设置为 pcms->gsi，故 piix_set_irq_pic 函数本质上索引的是 pcms->gsi。pcms->gsi 是 QEMU 中断路由的起点，其用法将在 2.4.3 节介绍。piix3_set_irq_pic 函数从 pcms->gsi 中获得一个 qemu_irq 后将其传递给 qemu_set_irq 函数。qemu_irq 是一个指向 IRQState 结构体的指针，在 QEMU 中，IRQState 通常用于表示

设备或中断控制器的中断引脚,n 表示中断引脚号,opaque 由创建者指定,handler 表示该中断引脚收到信号时的处理函数。qemu_set_irq 函数所做的工作其实就是调用传入 qemu_irq 的 handler 函数,相关代码如下。

qemu - 4.1.1/hw/core/irq.c

```
struct IRQState {
    Object parent_obj;
    qemu_irq_handler handler;
    void * opaque;
    int n;
}

void qemu_set_irq(qemu_irq irq, int level)
{
    irq - > handler(irq - > opaque, irq - > n, level);
}
```

qemu - 4.1.1/hw/pci - host/piix.c

```
static void piix3_set_irq_pic(PIIX3State * piix3, int pic_irq)
{
    qemu_set_irq(piix3 - > pic[pic_irq],
                !!(piix3 - > pic_levels &
                    (((1ULL << PIIX_NUM_PIRQS) - 1) <<
                    (pic_irq * PIIX_NUM_PIRQS))));
}
```

2.4.3　QEMU/KVM 中断路由

2.4.2 节介绍了 PCI 设备中断的模拟,而外部设备产生的中断需要经由中断控制器才能传递给 CPU,故本节将介绍外部设备中断路由至中断控制器的完整流程。本节仍以 KVM 模拟中断控制器为例。

1. QEMU 中断路由

QEMU 中断路由的起点位于 pcms-> gsi,它本质上是一个 qemu_irq 数组,为所有的虚拟设备定义了统一的中断传递入口。QEMU 根据传入的中断控制器引脚号以及系统当前使用的中断控制器类型,决定该中断如何进行传递。完整的 QEMU 中断路由流程如图 2-16 所示。

pcms 是 PCMachineState 类型的结构体,可以理解为整个虚拟机的设备模型,其 gsi 成员在虚拟机设备模型初始化函数 pc_init1 中创建。pc_init1 函数首先调用 kvm_ioapic_in_kernel 函数判断 IOAPIC 芯片是否由 KVM 模拟,若是,则调用 qemu_allocate_irqs 函数进而调用 qemu_extend_irqs 函数创建若干个 IRQState 结构体,其 handler 为 kvm_pc_gsi_handler,opaque 则指向预先分配的 GSIState 结构体。相关代码如下。

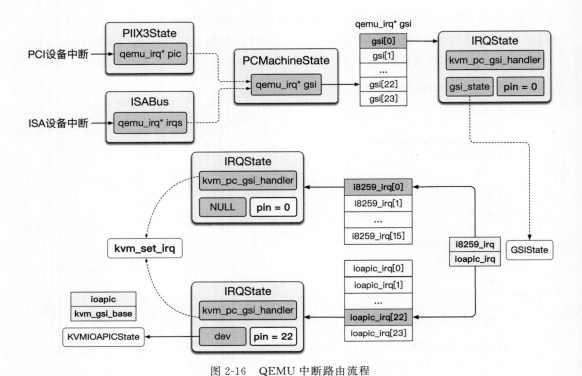

图 2-16   QEMU 中断路由流程

qemu - 4.1.1/hw/i386/pc_piix.c

```c
static void pc_init1(MachineState * machine,
                     const char * host_type, const char * pci_type)
{
    GSIState * gsi_state;
    gsi_state = g_malloc0(sizeof( * gsi_state));
    if (kvm_ioapic_in_kernel()) {
        kvm_pc_setup_irq_routing(pcmc - > pci_enabled);
        pcms - > gsi = qemu_allocate_irqs(kvm_pc_gsi_handler, gsi_state,
                                          GSI_NUM_PINS);
    }
    if (pcmc - > pci_enabled) {
        pci_bus = i440fx_init(host_type, pci_type,&i440fx_state,
                              &piix3_devfn, &isa_bus, pcms - > gsi, ⋯);
        pcms - > bus = pci_bus;
    }
}
```

qemu - 4.1.1/hw/core/irq.c

```c
qemu_irq * qemu_extend_irqs(qemu_irq * old, int n_old, qemu_irq_handler handler, void *
opaque, int n)
{
    qemu_irq * s;
```

```
        s = old ? g_renew(qemu_irq, old, n + n_old) : g_new(qemu_irq, n);
        for (i = n_old; i < n + n_old; i++) {
            s[i] = qemu_allocate_irq(handler, opaque, i);
        }
        return s;
}

qemu_irq qemu_allocate_irq(qemu_irq_handler handler, void * opaque, int n)
{
        struct IRQState * irq;
        irq = IRQ(object_new(TYPE_IRQ));
        irq - > handler = handler;
        irq - > opaque = opaque;
        irq - > n = n;
        return irq;
}
```

pcms-> gsi 创建完成后，pc_init1 函数调用 i440fx_init 函数将 pcms-> gsi 赋给 PIIX3State 中的 pic 成员，相关代码如下。

qemu - 4.1.1/hw/pci - host/piix.c

```
PCIBus * i440fx_init(const char * host_type, const char * pci_type,
                PCII440FXState ** pi440fx_state, int * piix_devfn,
                ISABus ** isa_bus, qemu_irq * pic, …){
        PIIX3State * piix3;
        piix3 - > pic = pic;
}
```

前面提到 PCI 设备中断模拟最终通过 qemu_set_irq 调用 PIIX3State pic 成员中的某个 qemu_irq 数组的 handler，而其 pic 成员被设置为 pcms-> gsi。实际上对于 ISA 总线，pc_init1 函数也会调用 isa_bus_irqs 函数将 pcms-> irq 赋值给 isabus 的 irqs 成员。因此最终 ISA 设备和 PCI 设备中断都会调用 pcms-> gsi 中某个 qemu_irq 数组的 handler，即前面注册的 kvm_pc_gsi_handler 函数。kvm_pc_gsi_handler 函数接收三个参数：第一个参数 opaque 指向前述分配的 GSIState，第二个参数为 IRQ 号，第三个参数为电平信号。GSIState 包含两个成员：i8259_irq 和 ioapic_irq。i8259_irq 对应 PIC，包含 16 个中断引脚（qemu_irq 结构体），handler 为 kvm_pic_set_irq；ioapic_irq 成员对应 IOAPIC，包含 24 个中断引脚，handler 为 kvm_ioapic_set_irq。二者分别由 pc_init1 函数调用 kvm_i8259_init 和 ioapic_init_gsi 函数进行初始化。当某条 IRQ 线有中断信号时，QEMU 将根据当前系统使用的中断控制器调用不同的 handler。值得思考的是，当相应的 IRQ 号小于 16 时，kvm_pc_gsi_handler 便会调用 GSIState i8259_irq 中 qemu_irq 相应的回调函数，这并非意味着当前系统使用的就是 PIC 中断控制器。实际上当 IRQ 号小于 16 时，KVM 会将中断信号同时发送给虚拟 PIC 和虚拟 IOAPIC，虚拟机通过当前真正使用的中断控制器接收该中断信号。相关代码如下。

qemu - 4.1.1/include/hw/i386/pc.h

```
typedef struct GSIState {
    qemu_irq i8259_irq[ISA_NUM_IRQS];          /* ISA_NUM_IRQS = 16 */
    qemu_irq ioapic_irq[IOAPIC_NUM_PINS];      /* IOAPIC_NUM_PINS = 24 */
} GSIState;
```

qemu - 4.1.1/hw/i386/pc_piix.c

```
static void pc_init1(MachineState * machine,
                     const char * host_type, const char * pci_type)
{
    if (kvm_pic_in_kernel()) {
        i8259 = kvm_i8259_init(isa_bus);
    }
    for (i = 0; i < ISA_NUM_IRQS; i++) {
        gsi_state->i8259_irq[i] = i8259[i];
    }
    if (pcmc->pci_enabled) {
        ioapic_init_gsi(gsi_state, "i440fx");
    }
}
```

qemu - 4.1.1/hw/i386/kvm/ioapic.c

```
void kvm_pc_gsi_handler(void * opaque, int n, int level)
{
    GSIState * s = opaque;
    if (n < ISA_NUM_IRQS) {
        /* Kernel will forward to both PIC and IOAPIC */
        qemu_set_irq(s->i8259_irq[n], level);   /* */
    } else {
        qemu_set_irq(s->ioapic_irq[n], level);
    }
}
```

因此当虚拟设备调用 qemu_set_irq 函数触发中断时，最终会调用 kvm_pic_set_irq 函数或 kvm_ioapic_set_irq 函数，而这两个函数最终都会调用 kvm_set_irq 函数通过 ioctl 将中断信号传入 KVM 进行处理。

qemu - 4.1.1/hw/i386/kvm/i8259.c

```
static void kvm_pic_set_irq(void * opaque, int irq, int level){
    delivered = kvm_set_irq(kvm_state, irq, level);
}
```

qemu - 4.1.1/hw/i386/kvm/ioapic.c

```
static Property kvm_ioapic_properties[] = {
    DEFINE_PROP_UINT32("gsi_base", KVMIOAPICState, kvm_gsi_base, 0)
```

```
};

static void kvm_ioapic_set_irq(void * opaque, int irq, int level){
    KVMIOAPICState * s = opaque;
    /* s->kvm_gsi_base = 0 */
    delivered = kvm_set_irq(kvm_state, s->kvm_gsi_base + irq, level);
}
```

qemu-4.1.1/accel/kvm/kvm-all.c

```
int kvm_set_irq(KVMState * s, int irq, int level){
    struct kvm_irq_level event;
    int ret;
    event.level = level;
    event.irq = irq;
    ret = kvm_vm_ioctl(s, s->irq_set_ioctl, &event);
    if (ret < 0){
        …
    }
    return (s->irq_set_ioctl == KVM_IRQ_LINE) ? 1 : event.status;
}
```

2. KVM 中断路由

KVM 中断路由由 struct kvm_irq_routing_table 完成,这一结构体功能类似于 QEMU 中的 GSIState,根据传入的 IRQ 号调用不同的回调函数。当 IRQ<16 时,KVM 会同时将中断信号发送给虚拟 PIC 和虚拟 IOAPIC,虚拟机会通过当前使用的中断控制器接收该中断信号,其余中断信号将被忽略;当 IRQ>16 时,中断信号只会发送给虚拟 IOAPIC。完整的 KVM 中断路由流程如图 2-17 所示。

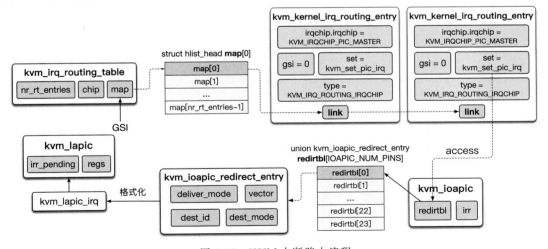

图 2-17　KVM 中断路由流程

     当中断芯片全部由内核模拟时，KVM 对应的中断路由信息由 QEMU 设置并传入 KVM 中，这一工作由 pc_init1 函数调用 kvm_pc_setup_irq_routing 函数完成。该函数调用 kvm_irqchip_add_irq_route 函数为每个中断控制器的每个中断引脚都添加一条 kvm_irq_routing_entry，记录所属中断芯片编号、中断引脚号和对应的 GSI 号，最后调用 kvm_irqchip_commit_routes 函数将中断路由信息提交给 KVM。值得注意的是，这里 IOAPIC 的 2 号中断引脚并不满足前述基础 GSI＋ Pin 映射关系，在 QEMU/KVM 中，GSI 等同于 IRQ。相应的，前述 kvm_set_irq 传入 KVM 的其实也是 IRQ 号。相关代码如下。

linux - 4.19.0/include/uapi/linux/kvm.h

```
struct kvm_irq_routing_entry {
    __ u32 gsi;
    __ u32 type;
    __ u32 flags;
    __ u32 pad;
    union {
        struct kvm_irq_routing_irqchip irqchip;
        struct kvm_irq_routing_msi msi;
        …
        } u;
};

struct kvm_irq_routing_irqchip {
    /* 所属中断芯片,0 代表主 PIC,1 代表从 PIC,2 表示 IOAPIC */
    __ u32 irqchip;
    __ u32 pin; /* 中断引脚号 */
};
```

qemu - 4.1.1/hw/i386/kvm/ioapic.c

```
void kvm_pc_setup_irq_routing(bool pci_enabled)
{
    KVMState * s = kvm_state;
    int i;
    if (kvm_check_extension(s, KVM_CAP_IRQ_ROUTING)) {
        for (i = 0; i < 8; ++i) {
            if (i == 2) {
                continue;
            }
            kvm_irqchip_add_irq_route(s, i, KVM_IRQCHIP_PIC_MASTER, i);
        }
        for (i = 8; i < 16; ++i) {
            kvm_irqchip_add_irq_route(s, i, KVM_IRQCHIP_PIC_SLAVE, i - 8);
        }
        if (pci_enabled) {
            for (i = 0; i < 24; ++i) {
                if (i == 0) {
                    /* IOAPIC 的第二个中断引脚对应的 GSI 为 0,不满足前述映射关系 */
```

```
                    kvm_irqchip_add_irq_route(s, i, KVM_IRQCHIP_IOAPIC, 2);
                } else if (i != 2) {
                    kvm_irqchip_add_irq_route(s, i, KVM_IRQCHIP_IOAPIC, i);
                }
            }
        }
        kvm_irqchip_commit_routes(s);
    }
}
```

　　KVM 接收到 QEMU 传入的中断路由信息后，调用 kvm_set_irq_routing 函数构建 kvm_irq_routing_table。kvm_irq_routing_table 的组织方式与 QEMU 中的 GSIState 不同，其定义如下。chip 成员是一个二维数组，记录了每个中断芯片中断引脚对应的 GSI 号。map 成员是一个链表数组，nr_rt_entries 记录了它的长度。对于每个 GSI，map 成员都会为其保存一个链表，链表的每一项是 kvm_kernel_irq_routing_entry，该结构体类似于上述 QEMU 中的 kvm_irq_routing_entry，记录了 GSI 在某个中断芯片中对应的引脚号和中断回调函数。对于 PIC 和 IOAPIC，它们的某个引脚可能会映射到同一个 GSI，map 成员为它们各自维护一条 kvm_kernel_irq_routing_entry 保存在链表中。当收到某个 GSI 信号后，KVM 将遍历 GSI 相应的链表，调用每条 kvm_kernel_irq_routing_entry 中的 set 回调函数，将中断信号传递给各个中断芯片。相关代码如下。

linux - 4.19.0/include/linux/kvm_host.h

```
struct kvm_irq_routing_table {
    int chip[KVM_NR_IRQCHIPS][KVM_IRQCHIP_NUM_PINS];
    u32 nr_rt_entries;
    struct hlist_head map[0];
};

struct kvm_kernel_irq_routing_entry {
    u32 gsi;
    u32 type;
    int (*set)(struct kvm_kernel_irq_routing_entry *e,
            struct kvm *kvm, int irq_source_id, int level,
            bool line_status);
    union {
        struct {
            unsigned irqchip;
            unsigned pin;
        } irqchip;
            …
    };
    struct hlist_node link;
};
```

　　对于传入 KVM 中的每条 kvm_irq_routing_entry，kvm_set_irq_routing 函数都会调用

set_up_routing_entry 函数将其转换为 kvm_kernel_irq_routing_entry，设置其 set 回调函数，并填充 kvm_irq_routing_table 中的 map 成员。PIC 路由表项对应的 set 函数为 kvm_set_pic_irq，IOAPIC 路由表项对应的 set 函数为 ioapic_set_irq。相关代码如下。

linux - 4.19.0/virt/kvm/irqchip.c

```
static int setup_routing_entry(struct kvm * kvm,
                 struct kvm_irq_routing_table * rt,
                 struct kvm_kernel_irq_routing_entry * e,
                 const struct kvm_irq_routing_entry * ue)
{
    struct kvm_kernel_irq_routing_entry * ei;
    hlist_for_each_entry(ei, &rt->map[ue->gsi], link)
    /* 确保 GSI 不会映射到同一个中断芯片 */
        if (ei->type != KVM_IRQ_ROUTING_IRQCHIP ||
            ue->type != KVM_IRQ_ROUTING_IRQCHIP ||
            ue->u.irqchip.irqchip == ei->irqchip.irqchip)
            return - EINVAL;
    e->gsi = ue->gsi;
    e->type = ue->type;
    r = kvm_set_routing_entry(kvm, e, ue);           /* 设置每条 entry 的 set 函数 */
    if (e->type == KVM_IRQ_ROUTING_IRQCHIP)
        rt->chip[e->irqchip.irqchip][e->irqchip.pin] = e->gsi;
    hlist_add_head(&e->link, &rt->map[e->gsi]);      /* 添加至相应的链表中 */
}
```

linux - 4.19.0/arch/x86/kvm/irq_comm.c

```
int kvm_set_routing_entry(struct kvm * kvm,
            struct kvm_kernel_irq_routing_entry * e,
            const struct kvm_irq_routing_entry * ue)
{
    switch (ue->type) {
    case KVM_IRQ_ROUTING_IRQCHIP:
        e->irqchip.pin = ue->u.irqchip.pin;
        switch (ue->u.irqchip.irqchip) {
            case KVM_IRQCHIP_PIC_SLAVE:
                e->irqchip.pin += PIC_NUM_PINS / 2;
            case KVM_IRQCHIP_PIC_MASTER:
                e->set = kvm_set_pic_irq;
                break;
            case KVM_IRQCHIP_IOAPIC:
                e->set = kvm_set_ioapic_irq;
                break;
        }
        e->irqchip.irqchip = ue->u.irqchip.irqchip;
        break;
}
```

当 QEMU 调用前述 kvm_set_irq 函数陷入 KVM 时，KVM 将调用 kvm_vm_ioctl_irq_line 函数进而调用 kvm_set_irq 函数进行处理。kvm_set_irq 函数首先调用 kvm_irq_map_gsi 函数，根据传入的 GSI 从 kvm_irq_routing_table 的 map 成员中取出该 GSI 对应的所有 kvm_kernel_irq_routing_entry 并调用其 set 函数。至此，中断信号被传递到 KVM 模拟的中断芯片中。相关代码如下。

linux - 4.19.0/virt/kvm/irqchip.c

```
int kvm_set_irq(struct kvm * kvm, int irq_source_id, u32 irq, int level,
        bool line_status)
{
    struct kvm_kernel_irq_routing_entry irq_set[KVM_NR_IRQCHIPS];
    i = kvm_irq_map_gsi(kvm, irq_set, irq);
    while (i-- ) {
        r = irq_set[i].set(&irq_set[i], kvm, irq_source_id, level,
                line_status);
    }
}
```

考虑到后续实验部分主要涉及 IOAPIC，这里以 IOAPIC 为例介绍中断芯片接收到中断信号后的处理流程。前面提到 IOAPIC 对应的 set 函数为 kvm_set_ioapic_irq，该函数首先获取前述虚拟 IOAPIC 对应的 kvm_ioapic 结构体，然后调用 kvm_ioapic_set_irq 函数，其代码如下。

linux - 4.19.0/arch/x86/kvm/irq_comm.c

```
static int kvm_set_ioapic_irq(struct kvm_kernel_irq_routing_entry * e,
                struct kvm * kvm, int irq_source_id, int level,
                bool line_status)
{
    struct kvm_ioapic * ioapic = kvm -> arch.vioapic;
    return kvm_ioapic_set_irq(ioapic, e -> irqchip.pin, irq_source_id, level,
                line_status);     /* 传入的是 IOAPIC 中断引脚号,而非 GSI/IRQ */
}
```

kvm_ioapic_set_irq 函数最终调用 ioapic_service 函数处理该中断请求，它首先以传入的 IOAPIC 中断引脚号为索引，查询 IOAPIC PRT 以获得对应的 RTE，PRT 记录在前述 kvm_ioapic 的 redirtbl 成员中，它本质上是一个 ioapic_redirect_entry 数组，每一项记录了相应的中断引脚 RTE，kvm_ioapic_redirect_entry 定义如下。

linux - 4.19.0/arch/x86/kvm/ioapic.h

```
union kvm_ioapic_redirect_entry {
    u64 bits;
    struct {
        u8 vector;          /* 中断向量号 */
        /* 中断的递交方式,包括 Fixed、NMI、SMI 等 */
```

```
        u8 delivery_mode:3;
        /* 目的 LAPIC 确定方式,与 dest_id 一同决定将中断发给哪一个或哪几个 LAPIC */
        u8 dest_mode:1;
        /* 中断传送状态,取 0 表示空闲,取 1 表示上一个中断尚未发送完毕 */
        u8 delivery_status:1;
        /*
        * remote_irr 仅供水平触发中断使用
        * 取 1 表示中断正在被处理,收到中断相应的 EOI 后置 0
        */
        u8 remote_irr:1;
        u8 trig_mode:1;        /* 中断触发方式,取 0 表示边沿触发,取 1 表示水平触发 */
        u8 dest_id;            /* 目的 LAPIC */
    } fields;
};
```

获取相应的 RTE 后,即 kvm_ioapic_redirect_entry 结构体,ioapic_service 函数根据 RTE 创建一个中断请求保存在 kvm_lapic_irq 结构体中,并调用 kvm_irq_delivery_to_apic 函数将其传递给 LAPIC。相关代码如下。

linux - 4.19.0/arch/x86/kvm/ioapic.c

```
static int ioapic_service(struct kvm_ioapic * ioapic, int irq,
            bool line_status)
{
    union kvm_ioapic_redirect_entry * entry = &ioapic -> redirtbl[irq];
    struct kvm_lapic_irq irqe;
    irqe.dest_id = entry -> fields.dest_id;
    irqe.vector = entry -> fields.vector;
    irqe.dest_mode = entry -> fields.dest_mode;
    …
    ret = kvm_irq_delivery_to_apic(ioapic -> kvm, NULL, &irqe, NULL);
}
```

kvm_irq_delivery_to_apic 函数最主要的工作是找到中断请求的目标 LAPIC 集合,可能包含一个或多个 LAPIC,这与前述 RTE 中的 dest_mode 和 dest_id 成员密切相关,这里不再详述该流程。对于找到的每一个目标 LAPIC,kvm_irq_delivery_to_apic 函数都会调用 kvm_apic_set_irq 函数将中断请求发送给它。kvm_apic_set_irq 函数首先从 vcpu-> arch. apic 中获得虚拟 LAPIC 对应的 kvm_lapic 结构体,然后调用__ apic_accept_irq 函数接收该中断请求。至此,中断信号传递给 LAPIC,与此同时 GSI/IRQ 号也被转换为相应的中断向量号。相关代码如下。

linux - 4.19.0/arch/x86/kvm/lapic.c

```
int kvm_apic_set_irq(struct kvm_vcpu * vcpu, struct kvm_lapic_irq *.irq,
        struct dest_map * dest_map)
{
    struct kvm_lapic * apic = vcpu -> arch.apic;
```

```
        return __apic_accept_irq(apic, irq->delivery_mode, irq->vector,
              irq->level, irq->trig_mode, dest_map);
}
```

中断传送方式不同，即 RTE 中的 delivery_mode 不同，__apic_accept_irq 的处理也不同。以 Fixed 模式为例，其对应的宏为 APIC_DM_FIXED。

linux - 4.19.0/arch/x86/kvm/lapic.c

```
static int __apic_accept_irq(struct kvm_lapic *apic, int delivery_mode,
              int vector, int level, int trig_mode,
              struct dest_map *dest_map)
{
    switch (delivery_mode) {
    case APIC_DM_FIXED:
        if (apic_test_vector(vector, apic->regs + APIC_TMR) != !!trig_mode){
            if (trig_mode)
                kvm_lapic_set_vector(vector, apic->regs + APIC_TMR);
            else
                apic_clear_vector(vector, apic->regs + APIC_TMR);
        }
        if (vcpu->arch.apicv_active)
            kvm_x86_ops->deliver_posted_interrupt(vcpu, vector);
        else {
            kvm_lapic_set_irr(vector, apic);
            kvm_make_request(KVM_REQ_EVENT, vcpu);
            kvm_vcpu_kick(vcpu);
        }
        break;
    }
}
```

LAPIC 在设置 IRR 前，首先要设置 TMR（Trigger Mode Register，触发模式寄存器）。TMR 与 IRR、ISR 类似，都为 256 位，每一位与一个中断向量号相对应。对于边沿触发的中断，TMR 中对应位置 0，对于水平触发的中断，TMR 中对应位置 1。然后 __apic_accept_irq 函数检查是否通过发布-中断机制递交虚拟中断。若是，则通过 kvm_x86_ops 的 deliver_posted_interrupt 成员调用 vmx.c 中的 vmx_deliver_posted_interrupt 函数，否则先调用 kvm_lapic_set_irr 函数设置虚拟 LAPIC IRR 的值。kvm_lapic_set_irr 函数将通过前述 kvm_lapic 的 regs 成员设置虚拟 IRR 并将其 kvm_lapic irr_pending 成员设为 true。然后 __apic_set_irq 函数调用 kvm_make_request 函数发起一个 KVM_REQ_EVENT 类型的请求，并调用 kvm_vcpu_kick 函数通知 vCPU。如果当前 vCPU 线程正处于睡眠状态，kvm_vcpu_kick 函数将会调用 kvm_vcpu_wake_up 函数唤醒 vCPU 线程；如果 vCPU 线程当前正在运行，kvm_vcpu_kick 函数将会调用 smp_send_reschedule 函数给其所在物理 CPU 发送一个 IPI 使 vCPU 发生 VM-Exit。无论是哪种情况，vCPU 最终都会调用前述 vcpu_enter_guest 函数重新进入非根模式，而在此之前，vcpu_enter_guest 函数会调用 kvm_check_ request 函数发现当前 vCPU 有待注入的中断请求从而调用 inject_pending_event 函数注入该虚拟中断，相关代码如下。至此，KVM 中断路由结束，2.4.4 节将会介绍虚拟中断的注入流程。

linux - 4.19.0/arch/x86/kvm/lapic.h

```
static inline void kvm_lapic_set_irr(int vec, struct kvm_lapic * apic)
{
    kvm_lapic_set_vector(vec, apic - > regs + APIC_IRR);
    apic - > irr_pending = true;
}
```

linux - 4.19.0/virt/kvm/kvm_main.c

```
void kvm_vcpu_kick(struct kvm_vcpu * vcpu)
{
    int me;
    int cpu = vcpu - > cpu;
    if (kvm_vcpu_wake_up(vcpu))
        return;
    me = get_cpu();
    if (cpu != me && (unsigned)cpu < nr_cpu_ids && cpu_online(cpu))
        if (kvm_arch_vcpu_should_kick(vcpu))
            smp_send_reschedule(cpu);
    put_cpu();
}
```

2.4.4 虚拟中断注入

2.4.3 节提到虚拟中断注入由 vcpu_enter_guest 函数调用 inject_pending_event 函数完成。实际上，inject_pending_event 函数不仅可以注入中断事件，还能注入异常事件，但本节只关心中断注入的部分。inject_pending_event 函数首先会检查 vcpu-> arch. interrupt. injected 判断系统中是否已经存在待注入的虚拟中断。如在注入上一个虚拟中断过程中发生了 VM-Exit，硬件将会把当前正在注入的中断信息保存在 VMCS 中断向量号信息（IDT-Vectoring Information）字段中，然后 KVM 将会读取该信息并调用 kvm_queue_interrupt 函数将中断信息保存到 vcpu-> arch. interrupt 成员中，并将 vcpu-> arch. interrupt. injected 设为 true 便于在下一次调用 vcpu_enter_guest 函数时重新注入该事件，这一工作由前述 vmx_vcpu_run 函数调用 vmx_complete_interrupts 函数完成。相关代码如下。

linux - 4.19.0/arch/x86/kvm/vmx.c

```
static void __ noclone vmx_vcpu_run(struct kvm_vcpu * vcpu)
{
    vmx - > idt_vectoring_info = vmcs_read32(IDT_VECTORING_INFO_FIELD);
    vmx_complete_interrupts(vmx);
}
```

```
static void vmx_complete_interrupts(struct vcpu_vmx * vmx)
{
    __vmx_complete_interrupts(&vmx -> vcpu, vmx -> idt_vectoring_info,
                VM_EXIT_INSTRUCTION_LEN, IDT_VECTORING_ERROR_CODE);
}

static void __vmx_complete_interrupts(struct kvm_vcpu * vcpu,
                        u32 idt_vectoring_info, int instr_len_field,
                        int error_code_field)
{
    kvm_make_request(KVM_REQ_EVENT, vcpu);
    vector = idt_vectoring_info & VECTORING_INFO_VECTOR_MASK;
    type = idt_vectoring_info & VECTORING_INFO_TYPE_MASK;
    switch (type) {
    case INTR_TYPE_EXT_INTR:
        kvm_queue_interrupt(vcpu, vector, type == INTR_TYPE_SOFT_INTR);
        break;
    …
}
```

　　若当前系统中不存在待注入中断，inject_pending_event 函数将会调用 kvm_cpu_has_
injectable_intr 函数检查虚拟 LAPIC 中是否有待处理的中断。若有，则同样调用 kvm_
queue_interrupt 函数保存该中断信息，并通过 kvm_x86_ops 的 set_irq 成员调用 vmx.c 中
vmx_inject_irq 函数注入中断。相关代码如下。

linux - 4.19.0/arch/x86/kvm/x86.h

```
static inline void kvm_queue_interrupt(struct kvm_vcpu * vcpu, u8 vector,
    bool soft)
{
    vcpu -> arch.interrupt.injected = true;
    vcpu -> arch.interrupt.soft = soft;
    vcpu -> arch.interrupt.nr = vector;
}
```

linux - 4.19.0/arch/x86/kvm/x86.c

```
static int inject_pending_event(struct kvm_vcpu * vcpu, bool req_int_win)
{
    if (vcpu -> arch.exception.injected)
        kvm_x86_ops -> queue_exception(vcpu);
    else if (!vcpu -> arch.exception.pending) {
        if (vcpu -> arch.nmi_injected)
            kvm_x86_ops -> set_nmi(vcpu);
        else if (vcpu -> arch.interrupt.injected)
            kvm_x86_ops -> set_irq(vcpu);
    }
    if (vcpu -> arch.smi_pending && !is_smm(vcpu) &&
```

```
        kvm_x86_ops - > smi_allowed(vcpu)) {
            …
    } else if (vcpu - > arch.nmi_pending && kvm_x86_ops - > nmi_allowed(vcpu)){
            …
    } else if (kvm_cpu_has_injectable_intr(vcpu)) {
        if (kvm_x86_ops - > interrupt_allowed(vcpu)) {
            kvm_queue_interrupt(vcpu, kvm_cpu_get_interrupt(vcpu), false);
            kvm_x86_ops - > set_irq(vcpu);
        }
    }
}
```

vmx_inject_irq 函数的主要工作是根据 vcpu.arch 中保存的中断信息设置前述 VM-Entry 控制域中断信息字段。在 VM-Entry 时，CPU 会检查该字段发现有待处理的中断，并用中断向量号索引 IDT 以执行相应的处理函数。相关代码如下。

linux - 4.19.0/arch/x86/kvm/x86.h

```
static inline void kvm_queue_interrupt(struct kvm_vcpu * vcpu, u8 vector,
    bool soft)
{
    vcpu - > arch.interrupt.injected = true;
    vcpu - > arch.interrupt.soft = soft;
    vcpu - > arch.interrupt.nr = vector;
}
```

linux - 4.19.0/arch/x86/kvm/vmx.c

```
static void vmx_inject_irq(struct kvm_vcpu * vcpu)
{
    struct vcpu_vmx * vmx = to_vmx(vcpu);
    uint32_t intr;
    int irq = vcpu - > arch.interrupt.nr;
    intr = irq | INTR_INFO_VALID_MASK;
    if (vcpu - > arch.interrupt.soft) {
        intr |= INTR_TYPE_SOFT_INTR;
        vmcs_write32(VM_ENTRY_INSTRUCTION_LEN,
                vmx - > vcpu.arch.event_exit_inst_len);
    } else
        intr |= INTR_TYPE_EXT_INTR;
    vmcs_write32(VM_ENTRY_INTR_INFO_FIELD, intr);
}
```

至此，虚拟中断注入完成。2.4.5 节将以 e1000 网卡中断为例，介绍中断虚拟化的完整流程。

2.4.5   实验：e1000 网卡中断虚拟化

前几节介绍了当中断芯片全部由 KVM 模拟时，外部设备中断传送的完整流程。本节将以 e1000 网卡为例,通过 GDB 调试工具回顾前述流程。

1.实验概述

为了使用 GDB 调试虚拟中断在 KVM 模块中的传送流程,本次实验需要在嵌套虚拟化的环境下进行,物理机和虚拟机使用的内核版本均为 **4.19.0**。本节使用前述 QEMU 提供的-s 和-S 选项启动一个虚拟机。启动命令如下。

Physical Machine Terminal 1

```
./qemu/x86_64 – softmmu/qemu – system – x86_64 – s – S  – smp 4 – m 4096 – cpu host \
– kernel linux/arch/x86/boot/bzImage – initrd initrd.img – 4.19.0 \
– append "root = /dev/sda1 nokaslr" \
– drive file = desktop.img,format = raw,index = 0,media = disk \
– netdev tap,id = mynet0,ifname = tap0,script = no,downscript = no \
– device e1000,netdev = mynet0,mac = 52:55:00:d1:55:01 –– enable – kvm
```

在终端 2 启动 GDB 加载 Linux 内核调试信息并连接至 1234 端口,然后开始运行虚拟机。运行命令如下。

Physical Machine Terminal 2

```
gdb vmlinux
(gdb) target remote:1234
(gdb) c
```

为了加载 KVM 模块的调试信息,读者需要在虚拟机中通过/sys/module/module_name /sections 查看 kvm.ko 和 kvm-intel.ko 模块所在的 GPA,并在 GDB 中手动引入 KVM 模块的调试信息。运行命令如下。

Virtual Machine Terminal 1

```
sudo cat /sys/module/kvm/sections/.text
0xffffffffc01a4000
sudo cat /sys/module/kvm/sections/.data
0xffffffffc0209040
sudo cat /sys/module/kvm/sections/.bss
0xffffffffc0218900
sudo cat /sys/module/kvm_intel/sections/.text
0xffffffffc039c000
sudo cat /sys/module/kvm_intel/sections/.data
0xffffffffc03c7aa0
sudo cat /sys/module/kvm_intel/sections/.bss
0xffffffffc03c8880
```

Physical Machine Terminal 2

```
(gdb) add – symbol – file kvm.ko 0xffffffffc01a4000 – s .data 0xffffffffc0209040
– s .bss 0xffffffffc0218900
```

```
(gdb) add - symbol - file kvm - intel.ko 0xffffffffc039c000 - s .data 0xffffffffc0
3c7aa0 - s .bss 0xffffffffc03c8880
(gdb) c
```

接着在虚拟机中启动嵌套虚拟机并运行，-monitor 选项指定了 QEMU 监视器（QEMU monitor）的运行端口为 4444。读者可以另外启动一个终端连接至 QEMU 监视器。QEMU 监视器提供了各种命令用于查看虚拟机的当前状态。这里可以通过 info qtree 查看当前虚拟机的架构。可以发现虚拟机使用的中断控制器为 APIC。虚拟 ioapic 直接挂载在 main-system-bus 上，而 e1000 网卡挂载名为 pic.0 的 PCI 总线上。启动命令如下。

Virtual Machine Terminal 2

```
gdb - arg ./qemu/x86_64 - softmmu/qemu - system - x86_64 - smp 2 - m 2048 - cpu host \
- kernel linux/arch/x86/boot/bzImage - initrd initrd.img - 4.19.0 \
- append "root = /dev/sda1 nokaslr" - machine kernel - irqchip = on \
- drive file = desktop.img,format = raw,index = 0,media = disk \
- netdev tap,id = mynet0,ifname = tap0,script = no,downscript = no \
- device e1000,netdev = mynet0,mac = 52:55:00:d1:55:02 \
- monitor telnet:127.0.0.1:4444 -- enable - kvm
(gdb) handle SIGUSR1 nostop
(gdb) handle SIGUSR2 nostop
(gdb) start
```

Virtual Machine Terminal 3

```
telnet 127.0.0.1 4444
QEMU 4.1.1 monitor - type 'help' for more information
(qemu) info qtree      /* 列出 qemu 结构树,以下只展示部分输出 */
bus: main - system - bus
  dev: kvm - ioapic, id ""
    gpio - in "" 24
    gsi_base = 0 (0x0)
    mmio 00000000fec00000/0000000000001000
  dev: i440FX - pcihost, id ""
    pci - hole - size = 2147483648 (2 GiB)
    short_root_bus = 0 (0x0)
    x - pci - hole64 - fix = true
    bus: pic.0
      type PCI
      dev: e1000, id ""
        mac = "52:55:00:d1:55:02"
        netdev = "mynet1"
        multifunction = false
```

在嵌套虚拟机中启动一个终端并执行 lspci -v 指令，可以查看当前虚拟机中的 PCI 设备，e1000 网卡具体信息如下。

Nested Virtual Machine Terminal 1

```
lspci – v
00:03.0 Ethernet controller: Intel Corporation 82540EM Gigabit Ethernet Controller (rev 03)
        Subsystem: Red Hat, Inc. QEMU Virtual Machine
        Physical Slot: 3
        Flags: bus master, fast devsel, latency 0, IRQ 11
        Memory at febc0000 (32 – bit, non – prefetchable) [size = 128K]
        I/O ports at c000 [size = 64]
        Expansion ROM at feb80000 [disabled] [size = 256K]
        Kernel driver in use: e1000
```

上述信息表明 e1000 网卡的 BDF 为 00:03.0,即 24,而 e1000 网卡使用的中断 IRQ 号为 11,介绍中断传递时提到在 QEMU/KVM 中 GSI 与 IRQ 等价,除了 0 号中断引脚外,其余 IOAPIC 引脚与 GSI 满足 GSI =基础 GSI +Pin 映射关系,故 e1000 网卡对应的中断引脚号为 11。然后使用 QEMU 监视器输入 info pic 查看虚拟机 IOAPIC 信息。

Virtual Machine Terminal 3

```
(qemu) info pic
ioapic0: ver = 0x11 id = 0x00 sel = 0x26 (redir[11])
  pin 0   0x0000000000010000 dest = 0 vec = 0 active – hi edge masked fixed physical
  pin 1   0x0100000000000023 dest = 1 vec = 35 active – hi edge fixed physical
  …
  pin 11 0x0000000000008026 dest = 1 vec = 38 active – hi level fixed physical
  …
  IRR      (none)
  Remote IRR (none)
```

以上输出表明虚拟 IOAPIC 的 11 号中断引脚对应的中断向量号为 38,即 e1000 网卡使用 38 号中断向量。下面将通过 GDB 查看 e1000 网卡中断传送过程中的关键函数调用以及中断信息。

2. e1000 网卡中断传送流程

网卡在收发包时都会产生中断,而对于 e1000 网卡,无论是收包中断还是发包中断,最后都会调用 set_interrupt_cause 函数。读者可以通过前述 **Virtual Machine Terminal 2** 中运行的 GDB 在 set_interrupt_cause 函数处设置断点并继续运行该程序。当触发该断点后,打印出 e1000 网卡的设备号为 24,与 lspci -v 指令结果相符。

Virtual Machine Terminal 2

```
(gdb) break set_interrupt_cause
(gdb) c
Continuing
Thread 1 "qemu – system – x86" hit Breakpoint 2, set_interrupt_cause(
    s = 0x7ffff4ab8010, index = 0, val = 0) at hw/net/e1000.c:270
270            {
```

```
(gdb) n
275            PCIDevice * d = PCI_DEVICE(s);
(gdb) n
271            s - > mac_reg[ICR] = val;
(gdb) print d - > devfn
$1 = 24
```

set_interrupt_cause 函数最终会调用 PCI 设备共用的中断接口 pci_set_irq 函数触发中断，为了区别 e1000 网卡与其他 PCI 设备，读者可以使用 GDB 条件断点，使得只有设备号为 24 时才命中 pci_set_irq 中的断点。终端输出表明 e1000 网卡使用的中断引脚号（intx 变量）为 0，即 e1000 网卡使用 INTA♯ 中断引脚。

Virtual Machine Terminal 2

```
(gdb) break hw/pci/pci.c:1450 if pci_dev - > devfn == 24
(gdb) c
Continuing
Thread 1 "qemu - system - x86" hit Breakpoint 3, pci_set_irq (
    Pci_dev = 0x7ffff4ab8010, level = 0) at hw/pci/pci.c:1450
1450           int intx = pci_intx(pci_dev)
(gdb) n
(gdb)          pci_irq_handler(pci_dev, intx, level);
(gdb) print intx
$2 = 0
```

如前所述，pci_irq_handler 函数最终会调用 pci_change_irq_level 函数获得 PCI 设备中断引脚所连接的 PCI 总线中断请求线。pci_change_irq_level 函数通过调用所属总线的 map_irq 回调函数 pci_slot_get_irq 完成上述转换。在该行设置断点并打印出对应的 PCI 链接设备号（对应 irq_num）为 2，故 e1000 网卡的 INTA♯ 中断引脚连接至 LNKC 中断请求线。

Virtual Machine Terminal 2

```
(gdb) break hw/pci/pci.c:251 if pci_dev - > devfn == 24
(gdb) c
Continuing
Thread 1 "qemu - system - x86" hit Breakpoint 4, pci_change_irq_level (
    pci_dev = 0x7ffff4ab8010, irq_num = 0, change = 1) at hw/pci/pci.c:251
251            bus = pci_get_bus(pci_dev);
(gdb) n
252            irq_num = bus - > map_irq(pci_dev, irq_num);
(gdb) print bus - > qbus - > name
$3 = (PCIBus * ) 0x555556a70e50 "pci.0"
(gdb) print bus - > map_irq
$4 = (pci_map_irq_fn) 0x555555b2c647 < pci_slot_get_pirq >
(gdb) print bus - > set_irq
$5 = (pci_set_irq_fn) 0x555555b2d7a4 < piix3_set_irq >
```

```
(gdb) print irq_num
$ 6 = 2
```

而 pci_change_irq_level 函数将会调用总线成员的 set_irq 回调函数 piix3_set_irq,进而调用 piix3_set_irq_level 函数。该函数通过 PIIX3 设备 PCI 配置空间中的 PIRQRC[A:D] 寄存器获取 PCI 总线某条中断请求线对应的 IOAPIC IRQ 线。在该函数中断点打印 e1000 网卡对应的 IRQ 线(pci_irq),其值为 11。

Virtual Machine Terminal 2

```
(gdb) break hw/pci - host/piix.c:495
(gdb) c
Continuing
Thread 1 "qemu - system - x86" hit Breakpoint 5, piix3_set_irq_level (
    piix3 = 0x555556dd0d00, pirq = 2, level = 1) at hw/pci - host/piix.c:495
495                    if (pic_irq > = PIIX_NUM_PIC_IRQS) {
(gdb) print pic_irq
$ 7 = 11
```

piix3_set_irq_level 函数获得 PCI 设备对应的 IRQ 线后会调用 piix3_set_irq_pic 函数,该函数进而调用 qemu_set_irq 函数经由 2.4.4 节介绍的 QEMU 中断路由过程后,最终调用 kvm_set_irq 函数将中断信号传递至 KVM 模拟的中断芯片。调用 GDB backtrace 命令打印出当前函数调用栈帧,与 QEMU 中断路由流程相符。

Virtual Machine Terminal 2

```
(gdb) break accel/kvm/kvm - all.c:1187 if irq == 11
(gdb) c
Continuing
Thread 1 "qemu - system - x86" hit Breakpoint 6, kvm_set_irq (s = 0x5555568dc770,
    irq = 11, level = 1) at /home/sin/qemu/accel/kvm/kvm - all.c:1190
1190                    assert(kvm_async_interrupts_enabled());
(gdb) backtrace / * 打印当前函数调用栈帧 * /
# 0 kvm_set_irq (s = 0x5555568dc770, irq = 11, level = 1)
    at /home/sin/qemu/accel/kvm/kvm - all.c:1190
# 1 0x00005555559598a6 in kvm_pic_set_irq (opaque = 0x0, irq = 11, level = 1)
    at /home/sin/qemu/hw/i386/kvm/i8259.c:117
# 2 0x0000555555a7398a in qemu_set_irq (irq = 0x555556e87b10, level = 1)
    at hw/core/irq.c:44
# 3 0x0000555555959c38 in kvm_pc_gsi_handler (opaque = 0x555556a65810, n = 11,
    level = 1) at /home/sin/qemu/i386/kvm/ioapic.c:55
# 4 0x0000555555a7398a in qemu_set_irq (irq = 0x555556a6d800, level = 1)
    at hw/core/irq.c:44
```

中断信号传入 KVM 后,经由 2.4.4 节介绍的内核中断路由表,将中断信号发送至所有可能的虚拟中断控制器。对于本实验来说,虚拟机使用的中断控制器为 IOAPIC,对应的回调函数为 kvm_set_ioapic_irq，该函数将调用 kvm_ioapic_set_irq 函数处理指定中断引脚传来的中断信号。通过 GDB 在该函数处设置断点，可以发现传入 kvm_ioapic_set_irq 函数的中断引脚号为 11，即 e1000 中断对应的中断引脚号为 11。

Physical Machine Terminal 1

```
(gdb) hbreak arch/x86/kvm/irq_comm.c:54 if e->gsi == 11
(gdb) hbreak kvm_ioapic_set_irq
(gdb) c
Continuing
Thread 2 hit Breakpoint 1, kvm_set_ioapic_irq (e = 0xffffc900019efc90,
    kvm = 0xffffc90001b19000, irq_source_id = 0, level = 1, line_status = true)
    at arch/x86/kvm/irq_comm.c:54
54      arch/x86/kvm/irq_comm.c: No such file or directory.
(gdb) c
Continuing
Thread 2 hit Breakpoint 2, kvm_ioapic_set_irq (ioapic = 0xffff88012cb79800,
    irq = 11, irq_source_id = 0, level = 1, line_status = true)
    at arch/x86/kvm/ioapic.c:386
386     arch/x86/kvm/irq_comm.c: No such file or directory.
```

如前所述，kvm_ioapic_set_irq 函数最终调用 ioapic_service 函数处理指定引脚的中断请求。ioapic_service 函数根据传入的中断引脚号在 PRT（ioapic->redirtbl）中找到对应的 RTE 并格式化出一条中断消息（irqe）发送给所有的目标 LAPIC。irqe 中包含供 CPU 最终使用的中断向量号。在 ioapic_service 函数中设置断点打印中断消息 irqe，可以发现 e1000 网卡对应的中断向量号为 38，触发方式为水平触发（trig_mode = 1），与通过 QEMU 监视器执行 info pic 命令得到的信息完全一致。

Physical Machine Terminal 1

```
(gdb) hbreak arch/x86/kvm/ioapic.c:361 if irq == 11
(gdb) c
Continuing
Thread 2 hit Breakpoint 3, ioapic_service (ioapic = 0xffff88007f4df000, irq = 11,
    line_status = true) at arch/x86/kvm/ioapic.c:361
361     in arch/x86/kvm/ioapic.c
(gdb) print irqe // 打印中断消息
$1 = {vector = 38, delivery_mode = 65535. dest_mode = 0, level = true,
    trig_mode = 1, shorthand = 0, dest_id = 1, msi_redir_hint = false}
```

虚拟 LAPIC 收到中断消息后，将设置 IRR 并调用 vcpu_kick 函数通知 vCPU，当 vCPU 再次调用 vcpu_enter_guest 函数准备进入非根模式时，发现当前有待注入的虚拟中断。最终 vcpu_enter_guest 函数会调用 vmx_inject_irq 函数设置 VMCS VM-Entry 控制域中的中断信息字段。当虚拟机恢复运行时，CPU 会检查该字段发现有待处理的 e1000 网卡中断，则 CPU 将执行相应的中断服务例程。至此，e1000 网卡产生的虚拟中断处理流程完成。

本节通过 GDB 展示了 e1000 网卡虚拟中断处理流程,着重展示了 PCI 设备中断引脚号与 IRQ 号的映射以及 IRQ 号与中断向量号的映射关系。在阅读本节时,读者可重新回顾 2.4 节所述内容,以便更好地理解虚拟中断传送流程。

2.5　GiantVM CPU 虚拟化

2.3 节与 2.4 节分别介绍了 QEMU/KVM CPU 虚拟化和中断虚拟化。通过 QEMU/KVM,可以轻松实现前述的"一虚多"架构,将物理资源划分给多台虚拟机使用并保证各虚拟机之间的强隔离性。"一虚多"架构在云环境中广泛应用,云厂商通过将单个物理机虚拟化为多个虚拟机供不同的用户使用,能够有效提升物理资源的利用率。但是某些应用对于计算和存储等物理资源有着海量需求,如大数据、图计算等应用。在这些场景下,使用者不仅希望能独占物理机资源,甚至希望能聚合多台物理机的物理资源,以构建一个巨大的资源池供程序使用。开源项目 GiantVM[①] 通过拓展 QEMU/KVM 用虚拟化的方式实现了上述目标,其架构如图 2-18 所示。拓展后的 QEMU/KVM 运行在多台物理机上,构建出一个

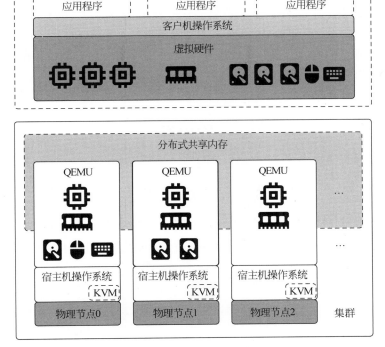

图 2-18　GiantVM 架构

---

① GiantVM 项目开源地址:https://giantvm. github. io/和 https://gitee. com/giantvm。

分布式的 Hypervisor，向上提供一个统一的物理资源抽象，操作系统无须修改便能在 GiantVM 中运行。从客户机操作系统的角度来看，它无法感知底层真正的硬件拓扑，而是根据 GiantVM 提供的资源假象透明地使用池化后的硬件资源。当客户机操作系统在某台物理机上访问到远程物理节点的资源时，将通过网络连接将该访问请求发送给资源的所有者，随后将由远程物理节点代为处理。分布式环境对 QEMU/KVM 实现提出了新的挑战，如跨节点 I/O 请求、跨节点中断转发等。本节只关注与 GiantVM CPU 虚拟化相关的设计，主要包括分布式 vCPU 和跨节点中断转发。而 GiantVM 内存虚拟化和 I/O 虚拟化部分将分别在第 3 章和第 4 章介绍。GiantVM 使用的 QEMU 版本为 **2.8.1.1**[①]，Linux 内核版本为 **4.9.76**[②]。

2.5.1　分布式 vCPU

为了聚合多节点的计算资源，GiantVM 需要将虚拟机的 vCPU 分布到不同的物理节点。GiantVM 采用的方式是在每个物理节点上都运行一个 QEMU 实例，每个 QEMU 实例运行部分 vCPU。GiantVM 为 QEMU 添加了一个 local-cpu 参数用于指定哪些 vCPU 位于本地物理节点，哪些 vCPU 位于远端物理节点。其格式如下。

$$- local - cpu \, [cpus =] n[, start = start][, iplist = \backslash"ip1[\, ip2]...\backslash"]$$

n 代表在本地节点运行的 vCPU 数目，start 表示在本地运行的 vCPU 的起始编号，iplist 表示所有物理节点的 ip 地址，以空格为分隔符。

以两个物理节点为例，它们的 ip 分别为 10.0.1.223 和 10.0.1.224，在其上运行一个包含 4 个 vCPU 的虚拟机，则两个物理节点中可能的启动命令如下。

Physical Node 1

```
qemu - system - x86_64 - smp 4 - local - cpu 2, start = 0, iplist = "10.0.1.223 10.0.1.224"
```

Physical Node 2

```
qemu - system - x86_64 - smp 4 - local - cpu 2, start = 2, iplist = "10.0.1.223 10.0.1.224"
```

需要注意的是，尽管每个 QEMU 实例中只运行部分 vCPU，但是 QEMU 初始化时仍会为所有的 vCPU 创建相应的结构体，便于后续进行中断转发。GiantVM 为每个 vCPU 结构体添加了 bool 类型的 local 成员，用于区分该 vCPU 是本地 vCPU 还是远程 vCPU，并在初始化时根据前述 local-cpu 参数设置该变量的值。相关代码如下。

giantvm - qemu/include/qom/cpu.h

```
struct CPUState {
```

①　GiantVM QEMU 源码地址：https://github.com/GiantVM/QEMU.git。
②　GiantVM Linux 源码地址：https://github.com/GiantVM/Linux-DSM.git。

```
        DeviceState parent_obj;
        int nr_cores;
        int nr_threads;
        int numa_node;
        struct QemuThread * thread;
        int thread_id;
        ...
        bool local;
};
```

giantvm - qemu/hw/i386/pc.c

```
static void pc_cpu_pre_plug(HotplugHandler * hotplug_dev,
                            DeviceState * dev, Error ** errp)
{
        CPUState * cs;
        cs = CPU(cpu);
        cs - > cpu_index = idx;
        if (idx < local_cpu_start_index ||
            idx > local_cpu_start_index + local_cpus - 1) {
            cs - > local = false;
        }
}
```

　　本地 vCPU 线程的启动流程与 2.3 节介绍的 vCPU 启动流程一致,而远程 vCPU 线程则会阻塞在 qemu_remote_cpu_cond 上,而不会通过 ioctl 进入 KVM。由于远程 vCPU 线程阻塞在 qemu_remote_cpu_cond 上,Linux kernel 会尝试让该线程进入睡眠状态,直到 qemu_remote_cpu_cond 满足后被唤醒。在睡眠期间,远程 vCPU 线程将不会占用 CPU,因此认为这些虚拟 vCPU 所带来的开销几乎可以忽略。当虚拟机退出或重启时,GiantVM 会向远程 vCPU 等待的 qemu_remote_cpu_cond 发送一个信号,使其不再被阻塞,从而能够顺利退出和销毁。相关代码如下。

giantvm - qemu/cpus.c

```
struct CPUState {
        DeviceState parent_obj;
        int nr_cores;
        int nr_threads;
        int numa_node;
        struct QemuThread * thread;
        int thread_id;
        ...
        bool local;
};
```

giantvm - qemu/hw/i386/pc.c

```
static void * qemu_kvm_cpu_thread_fn(void * arg)
```

```
{
    if (cpu -> local) {
        do {
            if (cpu_can_run(cpu)) {
                r = kvm_cpu_exec(cpu);
            }
            …
        } while (!cpu -> unplug || cpu_can_run(cpu));
    } else {
        while (1) {
            qemu_cond_wait(&qemu_remote_cpu_cond, &qemu_remote_mutex);
            wait_remote_cpu_count -- ;
            if (qemu_shutdown_requested_get()) {
                cpu -> stopped = true;
                break;
            }
            if (qemu_reset_requested_get()) {
                cpu -> stopped = true;
            }
        }
    }
}
```

2.5.2　跨节点中断转发

引入分布式 vCPU 后，一个亟待解决的问题是跨节点中断的处理。当位于物理机 0 上的 vCPU 0 需要给位于物理机 1 上的 vCPU 1 发送一个 IPI 时，需要拦截该中断并将其转发至 vCPU 1，并由物理机 1 的 QEMU 将该中断注入 vCPU 1 中。同理，当位于物理机 0 的 I/O 设备发送中断给位于物理机 1 上的 vCPU 时，同样需要进行相应的拦截和转发。QEMU 对跨节点中断的处理方式是，在中断传递至虚拟中断控制器并调用其回调函数时，根据其目的 CPU 标识符识别出发送给远程 vCPU 的中断，并通过预先建立的网络连接进行转发。由于各类型中断（如 IPI、外部设备中断等）的处理方式不同，GiantVM 将会对不同的中断进行区分，然后根据每种中断的特性进行相应的处理和转发，这里仍以外部设备中断为例。由于 GiantVM 中每个物理节点都会运行一个 QEMU 实例，而每个 QEMU 实例都会模拟 IOAPIC，为了简单起见，GiantVM 将所有的模拟设备都置于一个 QEMU 实例中，称为主 QEMU。这样只有主 QEMU 维护的 IOAPIC（主 IOAPIC）有能力在中断信号到达时向相应的 LAPIC 发送中断，因此只需要在此过程中识别哪些中断是发送给远程 vCPU 并进行转发即可。需要注意的是，GiantVM 中全部中断芯片都由 QEMU 模拟，而不是由 KVM 模拟，这里不再详述 QEMU 模拟全部中断芯片的情形。

当外部设备产生的中断经由 IOAPIC 发送给某个或某些 LAPIC 时，将会调用 ioapic_service 函数进而调用 apic_bus_deliver 函数，GiantVM 在该函数中截获发送给 LAPIC 的中断，对于不同的中断传送方式，GiantVM 调用的接口也不同。以 Fixed 模式为例，GiantVM

相应的处理函数为 apic_set_irq_remote。相关代码如下。

giantvm - qemu/hw/intc/apic.c

```
static void apic_bus_deliver(const uint32_t * deliver_bitmask,
                             uint8_t delivery_mode, uint8_t vector_num,
                             uint8_t trigger_mode){
    APICCommonState * apic_iter;
    switch (delivery_mode) {
    …
    case APIC_DM_FIXED:
        break;
    case APIC_DM_SMI:
        foreach_apic(apic_iter, deliver_bitmask,
            cpu_interrupt_remote(CPU(apic_iter - > cpu), CPU_INTERRUPT_SMI)
        );
        return;
    case APIC_DM_NMI:
        foreach_apic(apic_iter, deliver_bitmask,
            cpu_interrupt_remote(CPU(apic_iter - > cpu),CPU_INTERRUPT_NMI)
        );
        return;
    …
    default:
        return;
    foreach_apic(apic_iter, deliver_bitmask,
            apic_set_irq_remote(apic_iter, vector_num, trigger_mode));
}
```

apic_set_irq_remote 函数首先判断该中断是发给本地 vCPU 还是远程 vCPU 的,若发给远程 vCPU,则调用 irq_forwarding 函数进行中断转发。irq_forwarding 函数根据 vCPU 索引、中断向量号和中断触发方式等格式化出一条网络消息发送给目的 vCPU 所在的物理节点。相关代码如下。

giantvm - qemu/hw/intc/apic.c

```
static void apic_set_irq_remote(APICCommonState * s, int vector_num,
            int trigger_mode)
{
    int index = (CPU(s - > cpu)) - > cpu_index;
    if (local_cpus != smp_cpus && (index < local_cpu_start_index ||
            index > = local_cpu_start_index + local_cpus)) {
        irq_forwarding(index, vector_num, trigger_mode);
    } else {
        apic_set_irq(s, vector_num, trigger_mode);
    }
}
```

giantvm - qemu/interrupt - router.c

```
void irq_forwarding(int cpu_index, int vector_num, int trigger_mode)
{
    QEMUFile * io_connect_file = req_files[cpu_index / local_cpus];
    qemu_put_be16(io_connect_file, FIXED_INT);
    /* Indicate which CPU we want to forward this interrupt to */
    qemu_put_sbe32(io_connect_file, cpu_index);
    qemu_put_sbe32(io_connect_file, vector_num);
    qemu_put_sbe32(io_connect_file, trigger_mode);
}
```

目的 vCPU 所在的物理节点接收到该网络请求后，根据请求类型调用相应的处理函数，Fixed 类型中断对应的处理函数为 apic_set_irq_tour 函数，该函数将调用 apic_set_irq 函数设置虚拟 LAPIC 中 IRR、TMR 等寄存器并调用 apic_update_irq 函数通知目的 vCPU。至此，跨节点中断转发完成。相关代码如下。

giantvm - qemu/interrupt - router.c

```
static void * io_router_loop(void * arg)
{
    struct io_router_loop_arg * argp = (struct io_router_loop_arg * )arg;
    QEMUFile * req_file = argp->req_file;
    QEMUFile * rsp_file = argp->rsp_file;
    while(1) {
        type = qemu_get_be16(req_file);
        cpu_index = qemu_get_sbe32(req_file);
        if (cpu_index != CPU_INDEX_ANY) {
            current_cpu = qemu_get_cpu(cpu_index);
        }
        switch(type){
        case FIXED_INT:
            vector_num = qemu_get_sbe32(req_file);
            trigger_mode = qemu_get_sbe32(req_file);
            apic_set_irq_detour(current_cpu, vector_num, trigger_mode);
            break;
        }
    }
}
```

giantvm - qemu/hw/intc/apic.c

```
static void apic_set_irq(APICCommonState * s, int vector_num, int trigger_mode)
{
    apic_set_bit(s->irr, vector_num);
    if (trigger_mode)
        apic_set_bit(s->tmr, vector_num);
    else
        apic_reset_bit(s->tmr, vector_num);
    apic_update_irq(s);
}
```

本章小结

——

　　本章首先介绍了 CPU 虚拟化中的三个问题：敏感非特权指令处理、虚拟机上下文切换、中断虚拟化。然后介绍了 Intel VT-x 对上述三个问题的解决方案，如引入 VMX 操作模式截获敏感非特权指令、引入 VMCS 保存虚拟机上下文，通过 APICv 优化中断虚拟化性能等。后续两个小节结合源码，深入介绍了 QEMU/KVM CPU 虚拟化和中断虚拟化的实现。最后以开源项目 GiantVM 为例，介绍了"多虚一"架构中 CPU 虚拟化面临的挑战和相应的解决方案。此外，本章还穿插了几个小实验帮助读者更好地理解 CPU 虚拟化。通过阅读本章内容，读者能够了解 CPU 虚拟化的基本功能以及所面临的挑战，思考现有的硬件辅助虚拟化技术是如何解决这些问题的。

## 第 3 章

内存虚拟化

随着大数据时代的到来,数据处理成为云计算的核心能力。例如在大数据处理系统中,应用程序需要访问大量内存中的数据,于是低延迟内存访问在云环境中至关重要,然而云计算采用虚拟化技术,却给内存访问带来了更大开销。因此要解决云环境下的内存管理问题,就要对内存虚拟化技术有深入了解。

本章 3.1 节介绍内存虚拟化中的基本概念,使读者了解内存虚拟要解决的基本问题,以及内存虚拟化的基本原理。3.2 节介绍内存虚拟化的三种实现方式,包括软件方式、硬件辅助方式以及半虚拟化的方式,并分析每种方式的优缺点,包括可能的优化以及最新进展。3.3 节介绍 x86 架构下的内存虚拟化在 QEMU/KVM 中的实现,通过描述其中主要数据结构以及主要流程,使读者了解内存虚拟化的实现方式。3.4 节作为内存虚拟化的拓展,介绍了“多虚一”环境下 QEMU/KVM 中的实现。除了介绍基本原理和实现原理,本章还增加了相关实验和相关研究的最新进展,让读者更加深入地理解内存虚拟化知识。

3.1　内存虚拟化概述

内存是计算机系统中的重要部件。在任何广泛使用的计算机体系结构中,CPU 若没有内存提供指令、保存执行结果,则无法运行,CPU 从设备读取的数据也将无法保存。由 DRAM(Dynamic Random Access Memory,动态随机访问存储器)芯片组成的内存也是存储器层次结构中重要的一环,其速度虽然慢于 SRAM(Static Random Access Memory,静态随机访问存储器),但因为价格更低廉,可以获得更大的容量。

在当前的生产环境中,内存容量已经达到了 TB 级别。随着大数据时代的到来,大量数据需要保存在内存中进行处理,才能够获得更低的延迟,从而缩短用户的等待时间,提升用户体验。云时代的到来为计算机内存管理提出了新的挑战:需要为客户机提供从 0 开始的、连续的、相互隔离的虚拟“物理内存”,并且使内存访问延迟低,接近宿主机环境下的内存访问延迟。这就是本章主要介绍的内容,即如何高效地实现内存虚拟化。

广义的内存虚拟化不仅包括硬件层面的内存虚拟化,还包含更多意义上的内存虚拟化。内存虚拟化即给访存指令提供一个**内存空间**,或称为**地址空间**。地址空间必须是从 0 开始且连续的,可以形象地看作一个大数组,通过从 0 开始的编号访问其中的元素,每个元素储存了固定大小的数据。由低层向高层、由简单到复杂,各类地址空间可以概括如下:

（1）单机上的物理地址空间。对于一条访存指令,若系统中没有开启分页模式,在不考虑开启分段模式的情况下,这条指令可以访问全部的物理内存。指令访问的 PA(Physical

Address,物理地址)是从 0 开始且连续的。在计算机启动之初,BIOS(Basic Input Output System,基本输入输出系统)探测到主板内存插槽上的所有内存条,并给每个内存条赋予一个物理地址范围,最后给 CPU 提供一个从 0 开始的物理地址空间。从而每个内存条都被映射到一个物理地址范围内,软件无须知道自己访问的是哪个内存条上的数据,使用物理地址即可访问内存条上存储的数据。物理地址隐藏了内存条的相关信息,给系统提供了从 0 开始且连续的物理地址空间抽象,是一种虚拟化,如图 3-1(a)所示。除了内存条被映射到物理地址空间内,也有一些外围设备(Peripheral Devices)的内存和寄存器被映射到物理地址空间内。当 CPU 发出的访存指令的物理地址落在外围设备对应的物理地址范围内,则会将数据返回给 CPU,这称作内存映射 I/O。如果只有一层物理地址空间,则系统中只能运行一个进程,无法对 CPU 分时复用。

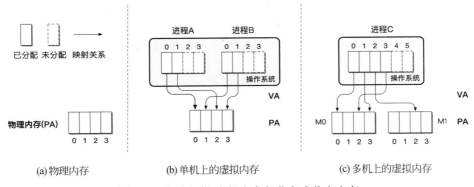

图 3-1 物理内存、虚拟内存与分布式共享内存

(2)单/多机上的虚拟地址空间。为了实现 CPU 的分时复用,操作系统提供了进程的概念。一个进程即是一串相互关联、完成同一个任务的指令序列。为了使不同进程的访存指令在访问物理内存时不会相互冲突,VA(Virtual Address,虚拟地址)的概念被引入。每个进程都有一个独立的虚拟地址空间,从 0 开始且连续,VA 到 PA 的映射由操作系统决定。这样,假设操作系统为进程 A 分配了第 0 块和第 2 块的物理内存,为进程 B 分配了第 1 块和第 3 块的物理内存,而两个进程的虚拟地址空间大小均为 4。本书使用抽象的"块"作为虚拟内存和物理内存之间映射的基本单位,即抽象层间映射的基本单位。两个进程都可以使用虚拟地址 0 访问它们拥有的第 0 块虚拟内存,而不会引起访问冲突,如图 3-1(b)所示。由于 VA 到 PA 的映射由操作系统决定,因此操作系统可以巧妙地设置该映射,使得系统中的多个进程以一种低内存占用的方式运行。假设进程 A 使用的第 2 块物理内存和进程 B 使用的第 3 块物理内存保存的数据相同,那么操作系统可以选择将进程 A、B 的第 1 块虚拟内存同时映射到系统中的第 2 块物理内存,并释放第 3 块物理内存,减少物理内存占用。减少物理内存占用的方法还有将虚拟内存块对应的物理内存换出到磁盘上,而不改变虚拟内存的抽象层,这种方式称为页换出。这就是**抽象层**提供的一个好处:给上层应用提供一个不变的"虚拟"内存,而灵活地改变其"后台"实现。虚拟内存甚至可以建立在多个物

理内存硬件上，从而实现内存资源的聚合。如图 3-1(c)所示，这种架构称为 **DSM**（Distributed Shared Memory，分布式共享内存），它可以使单机进程无修改地运行在 M0 和 M1 上（M 代表 Machine），3.4 节将介绍其原理，以及如何被用于实现分布式虚拟机监控器 GiantVM。除了横向扩展内存虚拟化的概念，即增加物理内存的量，还可以增加抽象层的层级数。

（**3**）单机上的"**虚拟**"物理地址空间。如果保持物理地址空间的概念不变，继续更改物理地址空间的后台实现将会产生什么概念？一个很容易想到的想法是用虚拟内存代替物理内存条作为物理地址实现的后台。而物理内存可以提供给一整台机器使用，于是产生了内存虚拟化的概念。假设进程 A 运行在物理硬件上，它提供 4 块虚拟的物理内存给客户机 A 使用，分别对应其 0、1、2、3 块虚拟内存。客户机 A 在此"虚拟"物理内存的基础上，继续提供虚拟内存的抽象，将第 0、1 块物理内存分别给客户机中运行的进程 A1、B1 使用，分别映射到进程 A1 的第 0 块虚拟内存、进程 B1 的第 1 块虚拟内存。如图 3-2 所示，客户机进程 A 和普通进程 B 并无差别。如第 1 章所述，这里产生了 GVA、GPA、HVA 和 HPA 四层地址空间，其中 HVA 到 HPA 的映射仍然由宿主机操作系统决定，GPA 到 HVA 的映射由 Hypervisor 决定，而 GVA 到 GPA 的映射由客户机操作系统决定。这样的"虚拟"物理地址抽象有什么可利用之处呢？首先，这改变了对于访存指令的固有认知，即访存指令不一定访问真实的物理内存。只要保证虚拟硬件的抽象和原有的物理硬件相同，系统软件就可以按需灵活地更改抽象层的后台实现。如果真实的物理硬件需要更换维修，那么**虚拟机热迁移**可以将客户机迁移到另一个机器上，而不会由于更换硬件停止虚拟机的运行。这是由于"虚拟"物理内存的抽象没有改变，客户机将不会感知到它所依赖运行的硬件发生了变化。其次，根据前文对单机虚拟内存的描述，多个进程的虚拟内存总量可以超过系统上装备的

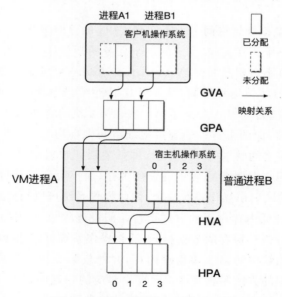

图 3-2　单机上的"虚拟"物理内存

物理内存总量。类似的,在内存虚拟化中,"虚拟"物理内存的总量可以超过真实的物理内存总量,即内存超售。

（4）多机上的"虚拟"物理地址空间。大数据环境下的应用都会占用大量的物理内存。单个机器渐渐无法满足大数据处理任务运行过程中所需要的内存空间。于是,人们将关注点从高配置的单机纵向扩展（Scale-up）转向了数量较大的单机横向扩展（Scale-out）。为了使大数据应用运行在多个机器上,而掩盖掉网络通信、容错等分布式环境下需要额外注意的复杂度,大数据框架被开发出来,如 Spark、Hadoop 等。但这些框架仍然有陡峭的学习曲线,程序员需要学习其复杂的编程模型才能在分布式框架上编写代码。如果存在一个 SSI（Single System Image,单一系统镜像）,即在多个节点组成的分布式集群上给程序员提供一种单机的编程模型,则会极大地提高分布式应用的开发效率,彻底掩盖分布式系统的复杂性,无须学习分布式框架的编程模型。若把前文 DSM 的思想用于实现"虚拟"物理内存,将获得一个容量巨大的"虚拟"物理内存。DSM 在多个物理节点之上建立了一个"虚拟"物理内存的抽象层,如图 3-3 所示,M0、M1 分别配备 4 块物理内存。仿照单机上的"虚拟"物理内存,此处仍由宿主机的 VM 进程 A、B 为跨界点客户机 VM 提供"虚拟"物理内存。于是,VM 拥有了 8 块物理内存,其后台实现是两个物理机的虚拟内存。这被称为"多虚一",即多个节点共同虚拟化出一个虚拟机。DSM 保持了"虚拟"物理内存的抽象层不变,任何一个操作系统均可运行在这样的抽象之上,和运行在真实物理硬件上没有差别。DSM 抽象层的后台实现将在 3.4 节介绍。

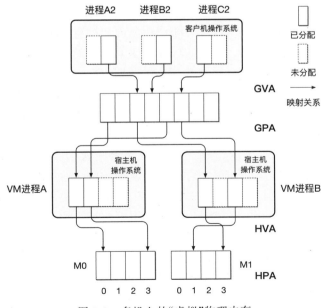

图 3-3　多机上的"虚拟"物理内存

3.2　内存虚拟化的实现

3.1 节叙述了各种各样的内存虚拟化模型,本节讨论在真实的操作系统中如何对这些内存虚拟化进行实现。将物理内存条抽象为物理地址空间由 BIOS 等实现,与本章主题不相关。下面首先介绍虚拟地址的实现,再介绍内存虚拟化的实现。作为拓展部分,建立多机上内存抽象的方法详见 3.4 节。

3.2.1　虚拟内存的实现：页表

如 3.1 节介绍,所有访存指令提供的地址均为 VA,还需要将 VA 转换为 PA,才能从真实的内存硬件中获取数据。如何实现 VA 到 PA 的转换？一个简单的想法是：将每个 VA 和 PA 的对应关系记录在一个表中,使用 VA 查询该表即可找到对应的 PA。这样的映射表会占用大量内存,故在现代操作系统中,虚拟内存和物理内存被分为 4KB 页,映射表中只记录 VFN(Virtual Frame Number,虚拟页号)对应的 PFN(Physical Frame Number,物理页号),映射表表项数量减少为原来的 1/4096。映射表记录了虚拟页与物理页之间的映射,于是得名 PT(Page Table,页表),其表项称为 PTE(Page Table Entry,页表项)。为了进一步减少 PTE 数量,也可以使用 2MB/1GB 大小的页,即大页。

所有系统软件的设计都追求时间尽可能短、空间占用尽可能少,地址翻译系统的设计也一样。事实上,虚拟地址空间十分庞大,应用程序不可能在短时间内访问大量的虚拟内存,而是多次访问某些范围内的虚拟内存,即存在**空间局部性**。基于这一观察,操作系统设计者将页表组织成基数树,或称为多级页表,可以使未使用的查询表项不出现在内存中,大大减少内存占用。在 32 位架构(如 x86)中,操作系统使用 10+10 形式的二级页表,用前 10 位索引一级页表,后 10 位索引二级页表。而在 64 位架构(如 x86-64、ARMv8-A)中,操作系统使用 9+9+9+9 形式的四级页表,如图 3-4 所示,其中页表的每一级分别用 PML4(Page Map Level 4,第 4 级页映射)、PDPT(Page Directory Pointer Table,页目录指针表)、PD(Page Directory,页目录)、PT 表示,查询一次页表需要 4 次内存访问。在 32 位系统中,当一个应用程序连续访问了连续的 4MB 虚拟内存,使用 10+10 的二级页表则仅需 1 个一级页表页和 1 个二级页表页,页表占用内存大小为 8KB。而使用一级页表则需要 4MB 内存,仅仅是查询页表时多了一次内存访问,内存占用就减小为原来的 8KB/4MB=1/512,这是十分划算的。

查询页表不应该由应用程序负责,因为这对于应用程序完成自己的工作是无意义的,并且由应用程序负责修改页表会产生虚拟内存泄漏的问题,虚拟内存的隔离性将不复存在,造成安全问题。于是,CPU 芯片设计者引入了 MMU(Memory Management Unit,内存管理单元)负责**查询页表**。每个 CPU 核心上都配备了一个独立的 MMU,只要 CPU 将页表的基地址放入一个指定的寄存器中,MMU 中的 PTW(Page Table Walker,页表爬取器)即可查找页表将 CPU 产生的 VA 自动翻译成 PFN,左移 12 位后与 VA 的低 12 位相加即得到 PA,不需要 CPU 执行额外的指令。这一指定的寄存器在 Intel 体系中是 CR3,在 ARM 体系中是 TTBRx(Translation Table Base Register x,翻译表基地址寄存器 x)。这些架构下的地址翻译原理大致相同,故本章统一使用 **ptr**(pointer,指针)代表页表基地址,如图 3-4 所示。同时,MMU 硬件也通过 PTE 上的标志位实现了**访存合法性的检查**,以及内存访问情况的记录。Intel 体系下的 PTE 标志位详见 Intel SDM 卷 3[①] 第 4 章,其他体系有相应的手册。本章第 3、4 节都基于 Intel x86 架构,此处列举如下 x86 架构中常用的标志位。

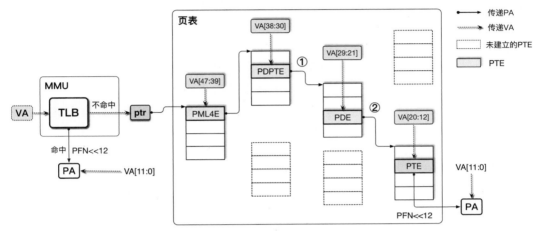

注:①指向 PD 页表页或 1GB 大页;②指向 PT 页表页或 2MB 大页。

图 3-4 64 位系统中虚拟地址的翻译

(1) P(Present)位。PTE[0],置为 1 时该 PTE 有效,为 0 时该 PTE 无效。任何访问该 PTE 对应的虚拟地址的指令均引起缺页异常。当物理页未分配、页表项未建立(此时 PTE 的每一位均为 0)或物理页被换出时(此时 PTE 的每一位不全为 0),P 位为 0,物理页不存在。

(2) R/W 位和 U/S 位。PTE[1:2],置为 1 时表示该页是可读可写的,为 0 时表示该页只读。U/S 位置为 0 时只有管理者(supervisor,即运行在 Ring0、Ring1、Ring2 的代码)可以访问,为 1 时用户(user,即运行在 Ring3 的代码)、管理者均可访问。这两个位用于权限管理。

(3) A(Accessed)位和 D(Dirty)位。PTE[5:6],当 CPU 写入 PTE 对应的页时 D 位被置为 1,当 CPU 读取或写入 PTE 对应的页时 A 位被置为 1,这两位均需要操作系统置 0。D 位仅存在于 PTE 中,而不存在于 PDE(Page Directory Entry,页目录项)中。D 位用于标识一个文件映射的页在内存中是否被修改,在将页换出时需要更新对应的磁盘文件。A 位用于标识内存页是否最近被访问。当操作系统将 A 位置为 0 后一段时间内,若 A 位不再变为 1,则对应的内存页不经常被访问,可以被换出到磁盘。操作系统有一套内存页换出机制,将不经常访问的内存页换出到磁盘,保证内存被充分使用。

---

① 下载网址:https://www.intel.com/content/www/us/en/architecture-and-technology/64-ia-32-architectures-software-developer-system-programming-manual-325384.htm,请参阅最新版。

当 MMU 硬件无法完成地址翻译时，则需要操作系统软件的配合。在地址翻译的过程中，MMU 硬件仅负责页表的查询，而操作系统负责页表的维护。当 MMU 无法完成地址翻译时，就会向 CPU 发送一个信号，产生了**缺页异常**（在 x86 架构中是 14 号异常），从而调用操作系统内核的缺页异常处理函数。内核按照其需要为产生缺页异常的 VA 分配物理内存，建立页表，并重新执行引起缺页异常的访存指令；如果该访存指令访问的虚拟内存被换出到磁盘上，则需要首先分配物理内存页，再对磁盘发起 I/O 请求，将被换出的页读取到新分配的物理内存页上，最后建立对应的页表项。操作系统可以灵活地利用缺页异常，实现内存换出、COW（Copy-On-Write，写时复制）等功能。

缩短时间的一种重要方式是**缓存**。在 MMU 中，**TLB**（Translation Lookaside Buffer，翻译后备缓冲器）用于缓存 VA 到 PA 的映射，避免查询页表造成的内存访问。MMU 中也有**页表缓存**，用于缓存 PTE，进一步优化 TLB 不命中时的性能，然而，内存容量随着技术的进步快速增大，TLB 容量的增速却很缓慢，这导致 TLB 能够覆盖的虚拟内存空间越来越小。研究表明，应用运行时间的 50% 都耗费在查询页表上[1]。前文提到的**大页**可以在一定程度上解决这一问题，但不够灵活。Vasileios 等提出了区间式 TLB 机制[16]，每个区间 TLB 项可以将任意长度的虚拟内存区间映射到物理内存，该长度由操作系统决定，进一步减少了 PTE 的数量。这两种方式使得 TLB 能够覆盖更多的虚拟地址空间，减少了查询页表的次数。在进程切换时，由于进程运行在不同的虚拟地址空间中，需要将 TLB 中的所有项清空，否则地址翻译将出错。x86/ARM 硬件提供了 **PCID**（Process Context IDentifier，进程上下文标识符）/**ASID**（Address Space IDentifier，地址空间标识符），将 TLB 中的项标上进程 ID，于是在进程切换时无须清空 TLB。详见 Intel SDM 卷 3 第 4.10 节。

3.2.2 内存虚拟化的软件实现：影子页表

在新系统设计的过程中，复用已有设计可以加快设计的流程，降低设计的难度。是否可以重用 CPU 芯片上的 MMU 从而实现 GVA 到 HPA 的翻译呢？客户机操作系统运行在非根模式下，将客户机页表起始地址 GPA 写入 **ptr**，这样 MMU 只能完成 GVA 到 GPA 的翻译。将页表修改为 GVA 到 HPA 的映射，MMU 就能将 GVA 翻译为 HPA，并且对客户机完全透明，从而完成问题的转化。

具体操作过程是：当 vCPU 创建时，Hypervisor 为 vCPU 准备一个新的空页表。当 vCPU 将 GPT 的 GPA 写入 **ptr** 时，引起一次 VM-Exit，vCPU 线程退出到 Hypervisor 中，调用处理 **ptr** 写入的处理函数（**步骤 1**）。Hypervisor 中保存了 GPA 到 HVA 的映射，处理函数读取客户机试图写入 **ptr** 值，翻译为 HVA，即可读取 GPT 的内容。进而，Hypervisor 遍历 GPT，并将每个 GPT 表项中保存的 GPA 翻译为 HVA，再使用宿主机操作系统内核翻译为 HPA，最后将 HPA 填入新页表的 GVA 处（**步骤 2**）。完成 GPT 的遍历后，就建立了对应的新页表，Hypervisor 的处理函数最终将该新页表的基地址写入 **ptr** 中，并返回到 vCPU 重新执行引起 VM-Exit 的指令（**步骤 3**），见图 3-5 中标号①。GPT 的所有页表页被标记为只读，客户机写入 GPT 引发 VM-Exit，并调用 Hypervisor 的相关处理函数，把对

GPT 的修改翻译为对 SPT 的修改，完成新页表与 GPT 之间的同步，见图 3-5 中标号②。新页表称为**影子页表**，因为对于每个 GPT，都需要对应的 SPT 作为代替，且 SPT 与 GPT 的结构完全相同，其不同仅仅是每个表项中的 GPA 被修改为了对应的 HPA，如同影子一样。影子页表查询的结果是 HFN（Host Frame Number，宿主机页号），左移 12 位后与 GVA 的低 12 位相加即得到对应的 HPA。

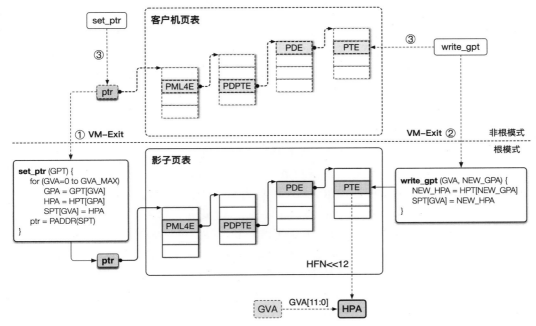

注：①写入 ptr 引起的退出；②写入 GPT 引起退出；③写入被 Hypervisor 截获。

图 3-5　使用影子页表翻译客户机虚拟地址

和非虚拟化场景下的页表相同，MMU 硬件可以自动查询 SPT，将 CPU 产生的 GVA 直接翻译为 HPA，也有 TLB 保存 GVA 到 HPA 的映射以加快地址翻译。虚拟内存的优势也可应用在 VM 进程的内存管理上，如宿主机操作系统可以将 VM 进程不常用的内存页换出到磁盘，两个客户机之间也可以通过页表的权限实现简单的隔离，还可以通过将两个内存插槽对应的 HVA 映射到相同的 HPA，应用 COW 技术实现客户机之间的内存共用，从而节约系统的物理内存，实现内存超售。

为了将 GPT 翻译为 SPT，需要利用宿主机中保存的 GPA 到 HPA 的映射。由于 HVA 到 HPA 的映射由宿主机页表保存，Hypervisor 仅需关注 GPA 到 HVA 的映射。事实上，在 Hypervisor（如 KVM）中，**内存插槽**（kvm_memory_slot）数据结构将一段 GPA 一对一映射到 HVA，用宿主机的虚拟内存作为虚拟的"内存插槽"给客户机使用。内存插槽在 HVA 中的位置可以不从 0 开始且不连续，但 Hypervisor 使用多个内存插槽可以给客户机提供一个从 0 开始且连续的物理地址空间。客户机内存插槽的设计在本章后面的小节中有详细介绍。由于 Hypervisor 需要为每个客户机中的每个进程维护一个独立的 SPT，系统中 GPT

的数目等于 SPT 的数目，这将占用大量内存。当 GPT 被修改时，由于需要保持 SPT 与 GPT 的同步，vCPU 线程需要 VM-Exit 将控制权转让给 Hypervisor，由 Hypervisor 根据 GPT 的修改来修改 SPT，同时将 TLB 中缓存的相关项清除。于是，每次客户机对 GPT 的修改都将引起巨大的性能开销，只有当客户机很少修改 GPT 时，SPT 才会表现出较好的性能。

3.2.3　内存虚拟化的硬件支持：扩展页表

仔细回顾虚拟化环境下的地址翻译，可以发现 GPA 到 HPA 的转换一步可以从影子页表中剥离出来。当客户机创建时，宿主机给客户机使用的内存已经分配完毕，在客户机的运行过程中，很少改变 GPA 到 HPA 的映射。其次，SPT 和 GPT 也包含重复的信息，即等价于包含了两次 GVA 到 GPA 的映射；两个进程的 SPT 之间也包含重复的信息，即重复多次包含了 GPA 到 HPA 的映射，故增加了页表维护的复杂度并增大了内存开销。于是，系统设计者将 GPA 到 HPA 的映射从影子页表中剥离出来，形成一个新的页表，配合 GVA 到 GPA 映射的页表（GPT）共同完成地址翻译。

虚拟环境下的地址翻译依赖于**双层页表**（Two Level Paging）。GPA 到 HPA 映射的页表在 x86 中称为 EPT（扩展页表），在 ARM 中称为第二阶段页表（Stage-2 Page Table），而 GPT 称为第一阶段页表（Stage-1 Page Table），一、二阶段页表基地址分别保存在 TTBR0_EL1 和 VTTBR_EL2 中（见第 5 章）。本章使用 **gptr**（guest pointer，客户机指针）表示 GPT 基地址寄存器，HPT（Host Page Table，宿主机页表）表示被剥离出的页表；**hptr**（host pointer，宿主机指针）表示 HPT 基地址寄存器。每个客户机有一个私有的 HPT，包含与 GPT 完全不重复的信息。由于 HPT 与 GPT 之间没有依赖关系，修改 GPT 时无须修改 HPT，即无须 Hypervisor 干预，从而减少了客户机退出到 Hypervisor 的次数。

ARM 与 Intel VT 都提供了类似的双层页表支持，本章只介绍 Intel VT 中提供的支持，后文统一使用 **EPT** 表示保存了 GPA 到 HPA 映射的页表。Intel VT 提供了具有交叉查询 GPT 和 EPT 功能的扩展 MMU。当 VM-Entry 时，EPTP（EPT Pointer，扩展页表指针，即 EPT 的基地址）将由 Hypervisor 进行设置，保存在 VM-Execution 控制域中的 EPTP 字段中。需要注意的是，每个客户机中的所有 vCPU 在运行前，其对应的 VMCS 中的 EPTP 都会被写入相同的值。这是因为所有的 vCPU 应该看到相同的客户机物理地址空间，即所有 vCPU 共享 EPT。一个客户机仅需一个 EPT，故减小了内存开销。

EPT 表项的构成较为简单，其第 0、1、2 位分别表示了客户机物理页的可读、可写、可执行权限，并包含指向下一级页表页的指针（HPA）。当 EPTP（存在于 VMCS 中）的第 6 位为 1 时，会使能 EPT 的 A/D（Accessed/Dirty，访问/脏）位。EPT 中的 A/D 位和前文所述的进程页表的 A/D 位类似，D 位仅存在于第四级页表项，即 PTE 中。A/D 位由处理器**硬件**置 1，由 Hypervisor **软件**置 0。每当 EPT 被使用时，对应的 EPT 表项的 A 位被处理器置 1；当客户机物理内存被写入时，对应的 EPT 表项的 D 位被置 1。需要注意的是，**对客户机页表 GPT 的任何访问均被视为写**，GPT 的页表页对应 EPT 表项的 D 位均被处理器硬件置 1。该硬件特性将在本章多处提及，可用于实现一些软件功能，也可选择关闭该特性，例如可以用此硬件特性实现虚拟机热迁移。详见 Intel SDM 卷 3 第 28.2.4 节。

　　和客户机操作系统中的 GPT 类似,EPT 也是在缺页异常中由 Hypervisor 软件建立的。当刚启动的客户机中的某进程访问了一个虚拟地址,由于此时该进程的一级页表(GPT 中的 PML4)为空,故触发客户机操作系统中的缺页异常(**步骤 1**)。客户机操作系统为了分配 GPT 对应的客户机物理页,需要查询 EPT。此时,由于 EPT 尚未建立,客户机操作系统就退出到了 Hypervisor(**步骤 2**)。当客户机操作系统访问了一个缺失的 EPT 页表项,处理器产生 EPT 违例(EPT Violation)的 VM-Exit,从而 Hypervisor 分配宿主机内存、建立 EPT 表项(步骤 3)。触发 EPT 违例的详细原因会被硬件记录在 VMCS 的 VM-Exit条件(VM-Exit Qualification)字段,供 Hypervisor 使用。宿主机操作系统完成宿主机物理页分配,建立对应的 EPT 表项,将返回到客户机操作系统(**步骤 3**)。客户机操作系统继续访问 GPT 的下一级页表(PDPT),重复步骤 1、2,GPT 和 EPT 的建立方可完成。这里又出现了软硬件的明确分工:**软件**维护页表,**硬件**查询页表。如果访问了 EPT 中的一个配置错误,不符合 Intel 规范的表项,处理器会触发 EPT 配置错误(EPT Misconfiguration)的 VM-Exit。例如访问了一个不可读但可写的表项,此时硬件将不会记录发生 EPT 配置错误的原因,这类 VM-Exit 被 Hypervisor 用于模拟 MMIO。有关 EPT 硬件的详细内容请参阅 IntelSDM 卷 3 第 28 章,Hypervisor 软件部分的介绍见本书 3.3 节。

　　当处在非根模式下的 CPU 访问了一个 GVA,MMU 将首先查询 GPT。**gptr** 包含客户机页表的起始地址 GPA,这会触发 MMU 交叉地查询 EPT,将 **gptr** 中包含的 GPA 翻译成HPA,从而获取 GPT 的第一级表项。同理,为了获取 GPT 中每个层级的页表项,MMU 都会查询 EPT。在 64 位的系统中,Hypervisor 使用 GPA 的低 48 位查询 EPT 页表,而 EPT页表也使用了 9+9+9+9 的四级页表的形式。假设 GPT 也是四级页表,那么非根模式下的 CPU 为了读取一个 GVA 处的数据,如图 3-6 所示,需要额外读取 **24 个页表项**(图中加粗

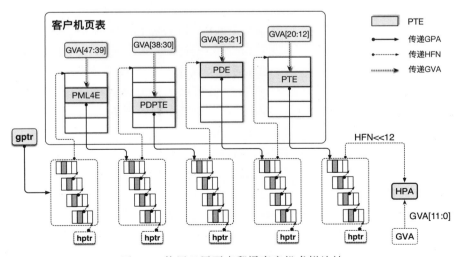

图 3-6　使用双层页表翻译客户机虚拟地址

黑框的灰色长方形），因此需要额外的 24 次内存访问。即使 MMU 中有 TLB 缓存 GVA 到 HPA 的映射，TLB 也无法覆盖越来越大的客户机虚拟地址空间，双层页表的查询将会造成巨大的开销。而在 TLB 未命中时，一个四级影子页表仅需访问 4 次内存即可得到 HPA，相比于双层页表有巨大的优势。是否可以将影子页表与扩展页表相结合呢？

3.2.4　扩展页表与影子页表的结合：敏捷页表

在系统设计中，经常存在着各种各样的折中与权衡。虽然影子页表和双层页表（即 x86 中的扩展页表）在 TLB 命中时，均可以以最快的时间获得 GVA 到 HPA 的映射，但遭遇 1 次 TLB 未命中时，查询双层页表需要访问内存的次数增长到了 24/4＝6 倍。然而影子页表会引起大量的 VM-Exit，尤其是在频繁分配、释放虚拟内存的内存密集型场景下，这使得影子页表在现在的虚拟化环境下很少使用。由于内存容量快速增大、TLB 容量增长缓慢，TLB 不命中的次数越来越多，查询双层页表造成的 6 倍内存访问也造成了不可忽视的开销，影子页表有一些优势。表 3-1 将影子页表与扩展页表进行了对比。

表 3-1　影子页表与扩展页表对比

对比项	硬件扩展	TLB 功能	查询访存次数	更改 GPT	内存占用
PT	否	VA→PA	4	无须退出	低
SPT	否	GVA→HPA	4	需要退出	高
EPT	是	GVA→HPA	24	无须退出	低

Jayneel 等人观察到[1]，在 2 秒的采样时间内，仅有 1～5％的地址空间被频繁修改，且被修改的地址空间会比未修改的地址空间修改得更加频繁。例如，保存代码的地址空间极少被修改、写入，称为**静态区**；而地址空间的堆栈以及映射文件的部分则被频繁修改，称为**动态区**。若用 SPT 完成静态区的地址翻译，则能减小 TLB 不命中时的页表查询开销；而用双层页表完成动态区的地址翻译，则能避免 GPT 频繁修改造成的 VM-Exit。于是，研究人员于 2016 年提出了敏捷页表[1]。他们设计了一种影子页表和双层页表混用的机制，还有一种策略决定何时由影子页表转换到双层页表或由双层页表转换到影子页表。这是一种机制与策略的分离：机制是固定的，而程序员可以灵活修改策略，具有更好的灵活性。图 3-7 展示了影子页表与双层页表的混用机制。为了实现敏捷页表，需要硬件支持以及软件支持，下面分开介绍。

先介绍影子页表与双层页表的混用机制，这部分功能主要使用硬件实现。首先，影子页表需要提供转换位（Switching Bit）的支持。在影子页表的页表项中，仍有一些标志位被硬件忽略，可以放置转换位。硬件增加了 **sptr**（Shadow Pointer，影子指针）寄存器，用于放置影子页表基地址；同时保留原有的 **ptr** 寄存器（更名为 **gptr** 寄存器），用于放置客户机页表基地址；**hptr** 放置 EPT 的基地址，用于查询 EPT。当查询 SPT 时读到一个转换位被置为 1 的影子页表项，则 MMU 切换到双层页表的地址翻译模式继续交叉地查询 GPT 和 EPT。在切换前后，MMU 中的 TLB 仍然保存了 GVA 到 HPA 的映射，无须刷新 TLB。在转换位被置为 1 的影子页表项中,记录了下一级 GPT 页表页的起始地址。该地址为 HPA,转换位被置为 1 时由硬件写入。通过该 HPA 即可查询到下一级 GPT 的页表项,使得页表查询过程继续进行下去。

在影子页表中,可以将任何一级页表项的转换位置为 1,如图 3-7(a)中 SPT 的第三级页表项的转换位置为 1,图 3-7(b)中 SPT 的第三级页表项的转换位置为 1。图 3-7(a)中查询 3 级影子页表,仅额外读取 3+1+4=**8 次**页表项(图中的加粗黑框灰色长方形);图 3-7(b)中仅遍历 2 级影子页表,但要额外读取 2+2+8=**12 次**页表项。

转换位是否置 1 由 Hypervisor 决定,这属于策略设计需要关注的。当 MMU 进入双层页表查询模式后,其读取的 GPT 表项不再被标记为只读,可以被客户机操作系统写入而不引起 VM-Exit。为了利用这一优势,Hypervisor 实现了一套策略维护转换位。当客户机进程被创建且调度运行时,MMU 处在影子页表地址翻译的状态,GPT 被标记为只读。若一个 SPT 页表项被修改,将发生 VM-Exit,Hypervisor 记录 1 次对该 SPT 页表项的修改并更新 SPT,返回客户机。当 Hypervisor 记录到 2 次对该 SPT 页表项的修改时,则将该 SPT 页表项的转换位置为 1,表明该 SPT 页表项经常被修改,需要切换到双层页表模式。如

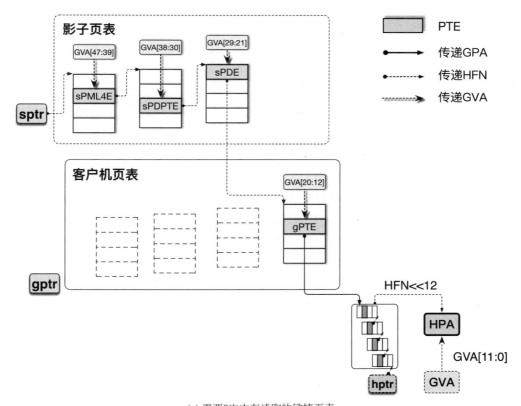

(a) 需要8次内存读取的敏捷页表

图 3-7　使用敏捷页表翻译客户机虚拟地址

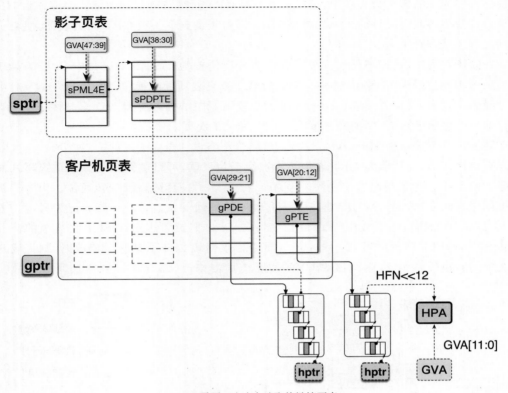

(b) 需要12次内存读取的敏捷页表

图 3-7 （续）

图 3-7(a)所示，当客户机修改了两次 sPDE（shadow Page Directory Entry，影子页目录项）时，将 sPDE 的转换位置为 1，那么对于 gPTE（guest Page Table Entry，客户机页表项）的修改将不会引起 VM-Exit，代价只是由读取 4 次内存增加到读取 8 次。

　　还需要一套策略决定转换位置 0。当客户机页表很少被修改时，如果将 MMU 地址翻译模式部分切换回 SPT 的翻译模式，在 TLB 不命中时可以减少读取页表项的次数。然而，假设此时有对 GPT 和 EPT 频繁的只读访问，客户机将不退出 Hypervisor，Hypervisor 也无法得知何时应该切换回影子页表模式。为此，前文所述的 EPT A/D 位特性（见 Intel SDM 卷 3 第 28.2.4 节）应该被关闭，因为当 EPT A/D 位使能时，所有对 GPT 的访问无论读/写均视为写（注意，除 GPT 页表页的只读访问并不被视为写），于是 GPT 所在的客户机物理页对应的 EPT 表项中脏位（即 D 位）将被置 1。此时 Hypervisor 可以通过 EPT 中的脏位观察是否应该回到 SPT 模式。在一个检查周期开始时，将所有 GPT 对应的 EPT 表项脏位置 0；在周期结束时，若脏位仍然没有置 1，则视为 GPT 修改不频繁，对应的转换位置为 0，切换回双层页表的翻译模式。

　　敏捷页表仅是一个设想，所需的硬件支持尚未实现。研究者用仿真工具模拟了敏捷页表的运行,并测得相比于双层页表更低的 TLB 不命中开销,以及相比于影子页表更少的 VM-Exit 次数。然而,敏捷页表对进程切换不友好,由于敏捷页表的一级页表使用了影子页表的页表页,在切换 **sptr** 时会引起 VM-Exit,但有相应的硬件优化,详见参考文献[15]。

3.2.5　内存的半虚拟化:直接页表映射与内存气球

上文所述的内存虚拟化实现均基于一个前提:客户机**无从得知**自己使用的是"虚拟"的物理内存。如果客户机知道自己运行在"虚拟"的内存硬件上,内存虚拟化的实现是否会更简单? 内存虚拟化实现的性能是否更高? 本节介绍两个与内存半虚拟化的相关技术。

(1)**直接页表映射**。半虚拟化可以通过告知客户机运行在虚拟环境下,让客户机**协同** Hypervisor 完成虚拟化任务,从而可以使 Hypervisor 需要完成的工作更少,Hypervisor 的实现更为简单。将半虚拟化的思想应用在内存虚拟化上,则 Hypervisor 有能力告知客户机操作系统:将页表维护成能够直接安装到真实硬件 MMU 的版本,Hypervisor 将不对客户机页表进行任何修改。GPT 中将保存 GVA 到 HPA 的映射,而 Hypervisor 需要做的仅仅是告知客户机操作系统可以使用的真实物理内存范围。这样,只需要增加客户机操作系统的一些复杂性,就不需要降低客户机运行性能的影子页表,也不需要复杂的 EPT 硬件扩展,内存虚拟化的困难减小,性能也得到提高。这种内存虚拟化的实现方式称作**直接页表映射**。

然而,由于页表中的映射对于客户机之间的隔离性、系统安全等至关重要,客户机对页表不可随便更改。在客户机更改页表时,只能调用 Hypervisor 提供的超级调用,由 Hypervisor 检查客户机映射的内存范围是否合法,才能返回客户机继续执行。相比于影子页表,Hypervisor 需要完成复杂的 GPT 到 SPT 的翻译,直接映射大大减轻了 Hypervisor 的负担。为了减小多次非根模式与根模式切换带来的开销,客户机可以选择将多次对 GPT 的更改组合起来,合并成一次超级调用进入 Hypervisor,从而将多次 CPU 模式切换替换为 1 次模式切换。虽然 Hypervisor 进行了 GPT 修改的合法性检查,但由于客户机明确地知道真实物理硬件的物理地址(HPA),仍然可以利用 HPA 发起行锤(Rowhammer)攻击。该攻击具体原理如下:由于 DRAM 不断发展,厂商将 DRAM 的单元做得越来越近,而相邻单元的相互影响也越来越大,不断访问某个地址的物理内存,即可造成相邻位置内存位的翻转。若客户机得知了真实的物理内存地址,则可以对不属于自己的相邻物理内存发起行锤攻击。

(2)**内存气球**。根据对 SPT 原理的介绍,客户机的"虚拟"物理内存的后台实现其实是宿主机进程的虚拟内存,可以使用宿主机虚拟内存的功能管理客户机物理内存。例如,为了实现内存超售,给所有客户机分配的物理内存总量可以大于物理硬件的内存容量。由于抽象层这一概念的存在,系统软件的设计者可以灵活更改"虚拟"物理内存的后台实现,将"虚拟"物理内存对应的宿主机虚拟内存**换出**到磁盘,或映射到同一块宿主机物理内存,从而减小宿主机物理内存的压力。然而,Hypervisor 在决定换出哪块"虚拟"物理内存时,无法精确地得知哪些部分在未来一段时间内不会被客户机使用。即使开启了 EPT 的 A/D

位，Hypervisor 也仅仅能够得知在过去一段时间内，客户机访问了哪些页、长时间未访问哪些页，而无法得知这些页之间的关联与意义，即所谓的**语义鸿沟**。这会导致"虚拟"物理内存换出的太多或太少："太多"会使客户机不断等待"虚拟"物理内存从磁盘换入内存，降低客户机性能；而"太少"则使 Hypervisor 没有释放那些完全可以被立即释放的"虚拟"物理内存，造成系统内存资源的浪费。

Hypervisor 无法实现高效的客户机内存换出策略的原因是：Hypervisor 无法得知客户机内部发生了什么。而半虚拟化可以很好地解决该问题，可以使客户机和 Hypervisor 更好地沟通。**内存气球**利用了客户机内核提供的物理内存分配函数，来实现客户机内存的高效释放。其主要工作流程是，Hypervisor 调用客户机提供的内存释放接口，请求客户机释放其占用的"虚拟"物理内存。客户机收到该请求后，调用其内核提供的物理内存分配函数（如 Linux 内核中的 alloc_pages 函数），并把分配好的"虚拟"物理内存范围返回给 Hypervisor。Hypervisor 可以将该"虚拟"物理内存对应的虚拟内存释放，减轻系统内存压力。由于客户机内核的物理内存分配函数会"自动"找出未被使用的物理内存，因此这种方式很简易地找出了客户机中不被使用的物理内存，大大简化了内存气球的实现。

3.3　QEMU/KVM 内存虚拟化源码

本节将深入分析 QEMU/KVM 内存虚拟化相关代码，其中 KVM 代码来自 Linux 内核 v4.19，QEMU 代码版本为 4.1.1。下文将围绕实现所需的数据结构以及相关函数进行介绍，忽略错误处理等代码，给出充足的注释，使读者易于理解。

如 3.1 节中单机上的"虚拟"物理内存所述，内存虚拟化的核心是使用虚拟内存代替物理内存条，作为"虚拟"物理内存的实现"后台"，从而给客户机提供从 **0 开始且连续**的"虚拟"物理内存。客户机访存指令提供的地址是 GVA，被宿主机 MMU 翻译成 HPA，再发送到物理内存上读取/写入数据。Hypervisor 和操作系统维护页表，将页表装载到 MMU 中，与 MMU 硬件协同完成内存虚拟化。

对应到广泛使用的 Type II Hypervisor QEMU/KVM 中，QEMU 负责在宿主机用户态分配虚拟内存，作为客户机"虚拟"物理内存的后台实现，即完成所有物理内存硬件的功能；而 KVM 负责在内核态维护 GVA 到 HPA 的映射，即维护页表，并将页表装载到 MMU 中完成软硬件的配合。这属于一种**策略**和**机制**的分离，其中 KVM 提供了地址翻译机制，而 QEMU 决定如何利用 KVM 的地址翻译机制完成内存虚拟化，实现一套功能完整的内存虚拟化策略。这种分离的好处在于，Hypervisor 的编写者可以灵活地变更策略的实现，而机制无须修改。下面分别对 QEMU 的物理内存模拟和 KVM 的页表维护进行分析。

3.3.1　QEMU 内存数据结构

为了正确地运行客户机，QEMU 需要模拟 3.1 节所述物理地址空间的所有功能。①QEMU 作为宿主机上的用户态进程，在宿主机上分配一段虚拟地址提供给客户机作为客户机物理内存使用。②QEMU 需要模拟物理地址空间中外围设备对应的 MMIO 部分,通过截获对该内存区域的访问,完成对设备功能的模拟,使得客户机像在真实环境中一样完成 MMIO。

1.“虚拟”物理内存的分配

本节从解决第一个问题开始,即:QEMU 进程如何分配虚拟内存作为客户机的物理内存。熟悉 C 语言标准库的读者知道,要分配一段大小不固定的虚拟内存,应该调用 malloc 函数。系统首先分配足够的堆内存给 malloc 函数使用,当分配的堆内存用完时,malloc 函数调用 brk 函数修改内核中的 brk 指针,增大分配的堆内存。如果 malloc 函数请求的内存大小超过 128KB,则会调用 mmap 系统调用在虚拟内存的内存映射区而非堆上分配内存。由于 QEMU 需要给客户机分配较大块的虚拟内存作为“虚拟”物理内存,故 QEMU 选择使用 mmap 函数。mmap 函数建立的虚拟内存映射根据分配的虚拟内存是否关联到磁盘文件分为文件映射和匿名映射,此处只关注匿名映射。RAMBlock 方便了宿主机虚拟内存的管理,简称 **RB**,其定义如下。

qemu - 4.1.1/include/exec/ram_addr.h

```
struct RAMBlock {
    struct MemoryRegion * mr;        // 对应的 MemoryRegion
    uint8_t * host;                  // 宿主机虚拟地址 HVA
    // 客户机物理地址相关数据 GPA
    ram_addr_t offset;
    ram_addr_t used_length;
    ram_addr_t max_length;
    char idstr[256];  ·              // RAMBlock 名称,在 vmstate_register_ram 函数中填充
    QLIST_ENTRY(RAMBlock) next;      // 指向 ram_list.blocks 中的下一个元素
    int fd;                          // 对应的文件描述符,当使用磁盘文件映射时使用,最终传入 mmap 函数

    unsigned long * bmap;            // 脏页位图
    uint32_t flags;                  // 标志位,如 RAM_MIGRATABLE 标记该 RAMBlock 可以被迁移
};
```

其中 host 指针保存了 mmap 函数返回的宿主机虚拟地址,max_length 保存了 mmap 函数申请的虚拟内存大小,idstr 保存了该 RB 的名称,mr 保存了其所属的 MemoryRegion。next 指向该 RB 在全局变量 ram_list 中的下一个 RB。ram_addr_t 类型代表了所有内存条组成的 GPA 空间,ram_list.blocks 将所有“虚拟”物理内存块 RB 组织在一起,根据 max_length 从大到小排列,如图 3-8 所示。

其中,offset 是在 ram_addr_t 地址空间中的偏移,used_length 是当前使用的长度,即包含有效数据的长度,max_length 是 mmap 函数分配的长度,即最大可以使用的长度。和 mmap 函数的映射类型相同,RB 也分为匿名文件对应的类型(其 fd 为-1)以及磁盘文件对应的类型(如果使用 QEMU 的-mem-path 选项)。qemu_ram_alloc_ * 函数族负责分配新的 RB,它们最终都调用 ram_block_add 函数填充 RB 数据结构,代码如下。

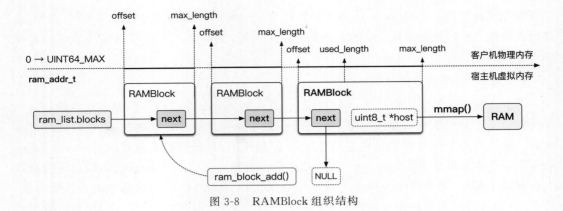

图 3-8   RAMBlock 组织结构

qemu – 4.1.1/exec.c

```
static void ram_block_add(RAMBlock * new_block, Error ** errp, bool shared)
{
    new_block -> offset = find_ram_offset(new_block -> max_length);   //查找空位
    if (!new_block -> host)
        new_block -> host = phys_mem_alloc(new_block -> max_length,   //调用 mmap 函数
                                    &new_block -> mr -> align, shared);
    .. QLIST_INSERT_BEFORE_RCU(...);                                  //加入 ram_list.blocks
    smp_wmb();
    ram_list.version++;

    if (new_block -> host)
        qemu_madvise(new_block -> host,
        new_block -> max_length, QEMU_MADV_HUGEPAGE);
}
```

参数 new_block 表示待填充的 RB。首先调用 find_ram_offset 在全局 ram_list.blocks 中查找能够容纳下 max_size 大小 RB 的位置，并将该位置填入 RB 的 offset 中。然后调用 phys_mem_alloc 函数，它最终调用 mmap 函数从而系统调用完成虚拟内存的分配，并将分配的虚拟内存起始地址填入 host 成员中。

当 new_block 完成分配后，还需要将 new_block 加入 ram_list.blocks 中，通过 QLIST_INSERT_* 函数完成。ram_list.blocks 将整个虚拟机的所有"内存条"RB 管理起来，形成了 ram_addr_t 类型的地址空间，表示所有"虚拟"物理内存条在客户机物理地址空间中所占的空间。管理 RB 的接口一般命名为 qemu_ram_*，见 exec.c 文件。最终，QEMU 调用 qemu_madvise 函数建议对该 RB 对应的虚拟内存使用大页，根据前文分析，使用大页有助于提高 TLB 命中率。ramlist 的类型 struct RAMList 如下。

qemu – 4.1.1/include/exec/ramlist.h

```
typedef struct RAMList {
    RAMBlock * mru_block;              // 最近使用的 RAMBlock
    QLIST_HEAD(, RAMBlock) blocks;     // ram_addr_t 空间的链表
```

```
    // 脏页位图,用于实现 VGA、TCG、热迁移,管理粒度为一个页,即 4KB
    DirtyMemoryBlocks * dirty_memory[DIRTY_MEMORY_NUM];
    uint32_t version;                        // 在 RAMList 被修改并调用 smp_wmb()后加 1
} RAMList;
```

ram_list 将 ram_list. blocks 封装成 struct RAMList 数据结构从而方便管理,是 exec. c 文件中的全局变量,保存客户机所有物理内存条的信息。其成员如下:mru_block 保存了最近使用的 RB,作为查找 ram_list. blocks 的缓存,无须遍历链表。dirty_memory 是整个 ram_list. blocks 中所有 RB 的脏页位图,每一位代表了一个脏的物理内存页,而 RB 的 bmap 位图是其一部分。为了模拟 VGA(Video Graphics Array,显示绘图阵列,可看作一种设备),QEMU 需要重绘脏页对应的界面;为了模拟 TCG(Tiny Code Generator,微码生成器,支持 QEMU 的二进制代码翻译,一种基于纯软件的虚拟化方法),QEMU 需要重新编译自调整的代码;对于热迁移,QEMU 需要重传脏页。QEMU 调用 ioctl(KVM_GET_DIRTY_LOG)函数从 KVM 中读取脏页位图。

2. 支持"虚拟"物理内存访问回调函数

物理地址空间不仅被内存条所占据,也被外围设备的 MMIO 区域所占据,QEMU 需要对客户机访问 MMIO 进行模拟。CPU 使用 PIO 访问端口地址空间,QEMU 也需要对这类访问进行模拟。对于这些地址空间段,QEMU 无须为其分配宿主机虚拟内存,只需设置对应的回调函数。为此,QEMU 在 RAMBlock 的基础上加了一层包装,形成了 MemoryRegion,简称 **MR**,包含 MR 和回调函数。MR 代表客户机的一块具有特定功能的物理内存区域,定义如下。

qemu - 4. 1. 1/include/exec/memory. h

```
struct MemoryRegion {
    Object parent_obj;                    // 父对象

    bool ram;                             // 是否是 RAM
    bool read_only;                       // 是否只读
    bool rom_device, ram_device;          // ROM 和 RAM 设备
    bool terminates;                      // 是否为叶子节点 MR
    bool enabled;                         // 是否使能,被注册到 KVM 中,若不使能,则在处理中忽略
    bool nonvolatile;                     // 是否是非易失性内存(non - volatile memory)

    RAMBlock * ram_block;                 // 对应的 RB
    const MemoryRegionOps * ops;          // 回调函数
    MemoryRegion * container, * alias;    // 指向容器 MR、别名 MR
    Int128 size;                          // MR 大小
    hwaddr addr;                          // MR 起始地址
    hwaddr alias_offset;                  // 在别名 MR 中的偏移
    int32_t priority;                     // 优先级

    QTAILQ_HEAD(, MemoryRegion) subregions;             // 容器 MR 的子 MR 链表头
```

```
        QTAILQ_ENTRY(MemoryRegion) subregions_link;     // 此 MR 在 MR 链表中对应的节点
        const char *name;                                // MR 名称,方便调试
    };

    struct MemoryRegionOps {
        uint64_t ( *read)(void * opaque, hwaddr addr, unsigned size);
        uint64_t ( *write)(void * opaque, hwaddr addr, uint64_t data, unsigned size);
    };
```

根据本书第 4 章,QEMU 实现了 MMIO 的模拟。为此,将一个 RB 和包含了 MMIO 模拟函数的 MemoryRegionOps 绑定起来,就形成了 MR 这种表示多个种类物理内存块的数据结构。当 KVM 中表示内存条的 MR 其 ops 域为 NULL 时,ram_block 不为 NULL;而对于表示 MMIO 内存区的 MR,其 ops 注册为一组 MMIO 模拟函数时,ram_block 为 NULL。当客户机访问了一个 MMIO 对应的区域,KVM 将退出到 QEMU,调用 ops 对应的函数。ops 中包含了 read、write 等函数,其参数包括相对于 MR 的 hwaddr 地址 addr、写入的数据以及数据的大小,模拟硬件 MMIO 读写（例如 PCI Device ID（Peripheral Component Interconnect Device IDentifier,外设部件互联设备标识符））的 read 函数应该返回设备 ID。至此,QEMU 将整个物理地址空间用 MR 占满,这种既包含内存条区域又包含 MMIO 区域的物理地址空间的类型是 hwaddr。MR 的 addr 域即为 hwaddr 类型,表示该 MR 的 GPA。

QEMU 对象模型为 MR 提供了构造函数和析构函数,分别在一个 MR 实例创建和销毁时调用。在 MR 的 parent_object 销毁时,就会调用 MR 的析构函数。MR 创建时调用 memory_region_initfn 函数初始化 MR,包括将 enable 置为 true 和初始化 ops、subregions 链表等。调用 memory_region_ref 函数使 MR 的 parent_obj 的引用数加 1,memory_region_unref 函数则使 MR 的 parent_obj 的引用数减 1,若引用计数为 0,则会调用 memory_region_finalize 函数完成 MR 的析构,如果是 RAM 类型的 MR,还会释放对应的 RB。

QEMU 给所有种类的 MR 都提供了进一步封装的构造函数,根据 MR 的类型填充数据结构。这些函数是 memory_region_init_ * ,* 代表类型,下面举例介绍。

（1）RAM 类型 MR 需要调用前文的 qemu_ram_alloc 函数分配一个 RB 填入 ram_block 域,ram 域为 true;ROM 类型 MR 则需要额外将 read_only 域置为 true,表示只读的内存区。

（2）MMIO 类型 MR 负责实现 MMIO 模拟,需要传入 ops 进行初始化,其中 ops 是一组回调函数,当 QEMU 需要模拟 MMIO 时,会调用 ops 中的函数进行 MMIO 模拟。

（3）对于 ROM Device（Read Only Memory Device,只读内存设备）类型 MR,对它进行读取则等同于 RAM 类型的 MR,而写入则等同于 MMIO 类型的 MR,调用回调函数 ops。

（4）IOMMU（Input/Output Memory Management Unit,输入输出内存管理单元）类型 MR 将对该 MR 的读写转发到另一 MR 上模拟 IOMMU。所有的 MR 构造函数 memory_region_init_ * 都要调用 memory_region_init 函数填充 size、name 等成员。这些 MR 均称

为实体 MR，terminates 为 true。前三类实体 MR 的创建过程如图 3-9 所示。

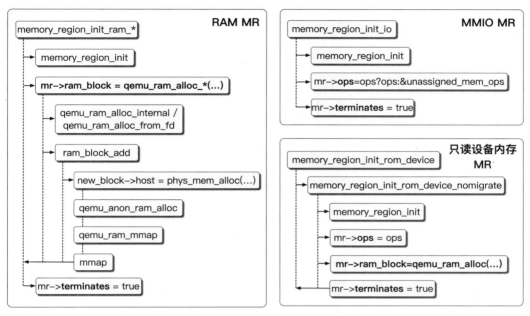

图 3-9　实体 MR 的构造函数及其调用链

　　所有的 MR 组成了一棵树，其叶子节点是 RAM 和 MMIO，而中间节点代表总线（容器 MR）、内存控制器（别名 MR）或被重定向到其他内存区域的内存区，树根是一个容器 MR，如图 3-10 所示。这棵树表示一个地址空间，被 AddressSpace 数据结构指向。下面介绍容器 MR 和别名 MR。

　　（1）容器（Container）MR 将其他的 MR 用 subregions 链表管理起来，用 memory_region_init 函数初始化。例如 PCI BAR（PCI Base Address Register，PCI 基地址寄存器）的模拟由 RAM 和 MMIO 部分组成，需要容器类型的 MR 表示 PCI BAR，通过 memory_region_add_subregion 函数加入容器 MR，子 MR 的 container 成员指向其容器 MR。通常情况下，一个容器 MR 的子 MR 不会重叠，当在该容器 MR 内解析一个 hwaddr 时，只会落入一个子 MR。但一些情况下子 MR 会重合，这时使用 memory_region_add_subregion_overlap 函数将子 MR 加入容器 MR，而解析地址时由优先级决定哪个子 MR 可见。没有自己的 ops/ram_block 的容器 MR 称为纯容器 MR，容器 MR 也可以拥有自己的 MemoryRegionOps 以及 RAMBlock。在一个容器 MR 中，subregions 链表上的所有子 MR 按照各自的优先级从小到大排列。memory_region_add_subregion_overlap 函数可以指定子 MR 的优先级，如果优先级为负，则隐藏在默认子 MR 之下，反之在上。

　　（2）别名（Alias）MR 指向另一个非别名类型的 MR，QEMU 通过将多个别名 MR 指向同一个 MR 的不同偏移处，从而将此 MR 分为几部分。alias 域指向原 MR（在代码中多用 orig 表示），alias_offset 是别名 MR 在实际 MR 中的位置。别名 MR 用 memory_region_ init_alias 函数初始化。别名 MR 没有自己的内存，没有子 MR。别名 MR 本质上是一个实体 MR（或另一个别名 MR）的一部分，而容器 MR 的子 MR 并非容器 MR 的一部分，仅被容器 MR 管理。别名 MR 并非容器 MR 的子 MR。3.3.2 节的实验将介绍别名 MR 以及容器 MR 的实例，介绍 QEMU 如何使用它们。

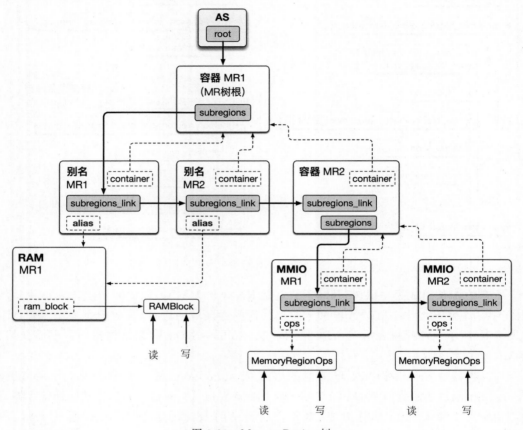

图 3-10　MemoryRegion 树

在 QEMU 中，全局变量 system_memory 是整个 MR 树的根。给定 MR 树的根 MR 以及要查询的客户机物理地址，QEMU 就可以查找该地址落在哪个实体 MR 中。首先判断该地址是否在根管理的范围内，如果不在则返回，否则进行如下步骤的搜索：①按照优先级从高到低的顺序遍历该容器 MR 的 subregions 链表；②如果子 MR 是实体 MR，且该地址落在子 MR 的[mr-> addr，mr-> addr＋mr-> size)中，则结束查找，返回该实体 MR；③如果子 MR 是容器 MR，则递归调用步骤①；④如果子 MR 是别名 MR，则继续查找对应的实际 MR；⑤如果在所有的子 MR 中都没有查找到，则查询该地址是否在容器 MR 自己的内存范围内。

想了解更完整的说明，可以查看 QEMU 源码树中的 docs/devel/memory.rst 文档，或查阅注释①,其中包含 MemoryRegion 的所有概念,以及 MR 相关接口的详细解释。

3. 顶层数据结构 AddressSpace

在前几节中,QEMU 使用 mmap 函数分配了宿主机虚拟内存,作为客户机"虚拟"物理内存的实现后台,又构建了 MemoryRegion 树,对一个物理地址空间内各个不同区域的功能进行了模拟,包括内存条 RAM 以及 MMIO,使用容器 MR 对子 MR 进行管理,完成了 QEMU 对各段内存功能的模拟。前文由底层向上层,介绍了 QEMU 中抽象程度较高的数据结构 MR。进一步地,除了对客户机物理地址空间的模拟,MR 树可以用在对任何地址空间的模拟上。计算机硬件中还存在以下地址空间,与内存地址空间类似。

（1）CPU 地址总线传来的地址可以用于访问 RAM 或 MMIO,即形成了物理地址空间,3.2.5 节的 system_memory 即表示此空间。

（2）除了 MMIO,CPU 与外围设备打交道的另一种方式是 PIO,CPU 使用 in * /out * 指令访问设备端口,端口号组成了另一种地址空间,在 x86 上有 65536 个端口,端口地址空间范围是[0, 0xffff)。

（3）除了 CPU 可以访问内存,外围设备也可以自发地访问内存,这种访问方式称作 DMA(Direct Memory Access,直接内存访问),可以绕过 CPU,不使用 CPU 访存指令访问内存。外围设备可以看到的内存地址也组成了一个地址空间。

以上三个场景均需要对一个 MR 树进行管理。QEMU 引入了 AddressSpace 数据结构（简称为 **AS**）,表示 CPU、外设或 PIO 可以访问的地址空间,定义如下。

```
qemu - 4.1.1/include/exec/memory.h
```

```
// AddressSpace: 描述 hwaddr 到 MemoryRegion 的映射
struct AddressSpace {
    char * name;                                    // AS 名称,方便调试
    MemoryRegion * root;                            // 根 MR
    // 当前的扁平视图,在 address_space_update_topology 时作为 old 比较
    struct FlatView * current_map;

    // listener 链表,在 MR 树根 root 的拓扑结构被更改时调用,按照优先级排列
    QTAILQ_HEAD(, MemoryListener) listeners;
    QTAILQ_ENTRY(AddressSpace) address_spaces_link;    // 全局 AS 链表
};
```

AS 数据结构主要承担两个任务:一是将 MR 树（由 root 成员指向）转换成线性视图 current_map,二是在给定一个 hwaddr(GPA)时快速查找到一个 MemoryRegion,从而快速调用 MR 对应的回调函数 ops 或 MR 对应的 RB,从而找到 HVA,完成 GPA 到 HVA 的翻译。简而言之,就是完成树和线性表之间的相互转换,而线性表和树各有用途:①线性表在向 KVM 注册内存时,需要给 KVM 提供一个线性的内存区域,才可以请求 KVM 完成这段

---

① 　参考地址:https://qemu. readthedocs. io/en/latest/devel/memory. html,包含全部 QEMU 内存接口的说明。

客户机物理内存的地址翻译以及 EPT 建立；②而树状结构方便 QEMU 调用 MR 对应的回调函数 ops，当 KVM 截获了一个 MMIO/PIO 的读写操作，且需要返回到 QEMU 时，应该在对应的 AS 中查询 MR 树，得到对应的 ops 进行模拟；也方便 QEMU 根据 GPA 找到 RAM 类型 MR 对应的 HVA，即完成 GPA 到 HVA 的转换，方便内存读写。

除了线性结构和树结构之间的转换，QEMU 还需要同步线性结构和树结构。在 AS 中，struct FlatView 类型的 current_map 是线性结构，而 MemoryRegion 类型的 root 是树状结构。由于树状结构和线性结构应该保存相同的内存拓扑结构信息，其中一个更改时，应该同步到另一个数据结构。然而，不会存在对线性结构进行修改的情况，只会对树状结构通过函数族 memory_region_* 对 MR 树进行修改。

当 MR 树被修改时，QEMU 需要重新生成线性结构，再遍历 AS 的 listeners 链表，调用每个 listener 中的函数。每当生成了一个新的线性结构 FlatView 后，都需要重新告知 KVM 需要翻译的内存区域。显而易见，每次重新告知 KVM 新的内存拓扑需要进行 ioctl 调用，这是一个系统调用，开销很大，故 QEMU 将旧的 FlatView 保存在 current_map 中，比较新旧 FlatView 得出更改部分，仅告知 KVM 要更改的部分即可。

QEMU 代码中创建了四类 AS，包括：

（1）全局变量 address_space_memory，表示物理地址空间，其 MR 树根是大小为 UINT64_MAX 的 system_memory。

（2）address_space_io，表示 PIO 空间，其 MR 树根是大小为 65536（即 0xffff）的 system_io。

（3）每个 CPU 都有一个名为 cpu-memory-n 的 AS，其中 n 为从 0 开始的 CPU 编号，和 address_space_memory 一样，使用了 system_memory 作为 MR 树根。

（4）外围设备角度的 AS，例如 VGA、e1000 等模拟设备，它们的 AS 使用一个大小为 UINT64_MAX 的总线 MR 作为 MR 树根，并使用 system_memory 的别名 MR 作为 MR 树根的子 MR，即可以将内存读写转发到 system_memory 对应的区域上。

AS 数据结构提供了以下接口，供 AS 的使用者对 AS 进行创建、销毁与读写，其含义见注释。此处省略了与缓存功能相关的接口，感兴趣的读者可自行查阅源码。其中有关读写的接口说明详见 QEMU 源码树的 docs/devel/loads-stores.rst 文档。后续将围绕这些 AS 管理函数，对 AS 的树结构与线性结构的同步，以及 AS 的读写、回调进行讲解。由于一些函数复杂度较高，这里只讲解重要的函数。AS 相关操作均围绕着 hwaddr（GPA）、void * 或 uint8_t *（HVA）之间的转换进行。

```
qemu - 4.1.1/include/exec/memory.h
```

```
// address_space_init: 用 MR 树根 root 初始化 AS,名称为 name
void address_space_init(AddressSpace * as, MemoryRegion * root,
                        const char * name);

// address_space_rw: 读写 AS,位置为 addr,数据位置为 buf,长度 len,其他参数 attr
MemTxResult address_space_rw(AddressSpace * as, hwaddr addr,
                        MemTxAttrs attrs, uint8_t * buf,
                        hwaddr len, bool is_write);
```

```
// address_space_write: 写入 AS,位置为 addr,数据位置为 buf,长度 len,其他参数 attr
MemTxResult address_space_write(AddressSpace * as, hwaddr addr,
                                MemTxAttrs attrs,
                                const uint8_t * buf, hwaddr len);

// address_space_map: 将 AS 的 [addr,addr + * plen) 段映射到一个 HVA 处,并返回该 HVA
void * address_space_map(AddressSpace * as, hwaddr addr,
                         hwaddr * plen, bool is_write, MemTxAttrs attrs);

// address_space_unmap: address_space_map 的逆操作
void address_space_unmap(AddressSpace * as, void * buffer, hwaddr len,
                         int is_write, hwaddr access_len);
```

在 **memory.c** 文件中,还有几个全局变量在下文出现,总结如下。

qemu - 4.1.1/memory.c

```
static unsigned memory_region_transaction_depth;    // MR 事务深度,负责管理 MR 事务
static bool memory_region_update_pending;           // 是否有 MR 树的修改未同步到 FlatView
static bool ioeventfd_update_pending;               // 是否有 ioeventfd 的更改未处理

static QTAILQ_HEAD(, MemoryListener) memory_listeners
    = QTAILQ_HEAD_INITIALIZER(memory_listeners);    // 全局的监听者链表,监听所有 AS

static QTAILQ_HEAD(, AddressSpace) address_spaces
    = QTAILQ_HEAD_INITIALIZER(address_spaces);      // 全局的 AS 链表,保存所有 AS

static GHashTable * flat_views;                     // physmr 到 FlatView 的映射,全局哈希表
```

综上,AddressSpace 相关数据结构之间的关系如图 3-11 所示,下面将围绕此图的各个部分展开介绍。

4. 从树状结构到线性结构

这里介绍树状结构到线性结构的同步过程。为了将 GPA 翻译到 HPA,QEMU 通过 ioctl 系统调用,将 AS 对应的线性结构 current_map 注册到 KVM 中;当树状结构被修改时,QEMU 需要重新生成新的 current_map,并与旧的 current_map 进行比较,将更改的部分重新注册到 KVM 中。FlatView 用于管理线性结构,定义如下。

qemu - 4.1.1/include/exec/memory.h

```
struct FlatView {
    unsigned ref;                               // 引用计数
    FlatRange * ranges;                         // FlatRanges 数组
    unsigned nr;                                // ranges 数组长度
    unsigned nr_allocated;                      // ranges 数组中有效元素的个数
    struct AddressSpaceDispatch * dispatch;     // hwaddr 地址分派器
    MemoryRegion * root;                        // 所在 AS 的 MR 树根
};
```

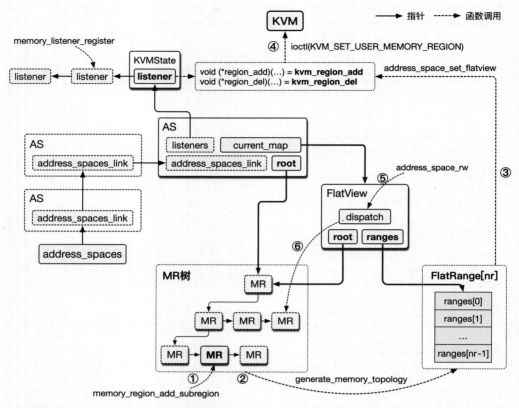

注：①修改 MR 树；②生成扁平视图；③通知所有 listeners；④ioctl 系统调用进入 KVM；⑤AddressSpace 读写；⑥定位到 MR 并完成读写。

图 3-11　AddressSpace 相关数据结构

　　每个 AS 都有一个对应的 FlatView，它保存了 AS 内存拓扑的线性结构，并且承担了 hwaddr 的分派功能，即通过 dispatch 成员将 hwaddr 映射到对应的 MR，后文介绍。FlatView 中保存了 FlatRange 数组，是 AS 对应的线性结构，FlatRange 定义如下。

qemu - 4.1.1/memory.c

```
struct FlatRange {
    MemoryRegion * mr;            // 指向对应的物理 mr
    hwaddr offset_in_region;      // 在 mr 中的偏移
    AddrRange addr;               // 在 AS 中所占据的地址范围
    bool romd_mode;               // Rom Device 模式
    bool readonly;                // 只读的 FlatView
    bool nonvolatile;             // 是否是非易失性内存
    int has_coalesced_range;      // 是否存在已合并的范围
};

struct AddrRange {
    Int128 start;                 // 起始地址
```

```
    Int128 size;                    // 范围大小
};
```

如果将 FlatView 的 FlatRange 数组按顺序铺开，就得到了一个分布在 hwaddr 地址空间上的线性结构，由一段段可能互不相邻的 FlatRange 组成。何时由 MemoryRegion 树状视图生成该线性视图？经过分析，有两个时间节点：①AS 被初始化时，根据传入的 MR 树根生成线性视图 current_map；②AS 对应的 MR 树被更改时，需要重新生成线性视图 current_map。

首先分析 AS 初始化时如何生成 FlatView，AS 初始化函数定义如下。

qemu - 4.1.1/memory.c

```
void address_space_init(AddressSpace * as, MemoryRegion * root, const char * name)
{
    as - > root = root;
    as - > current_map = NULL;
    QTAILQ_INIT(&as - > listeners);
    QTAILQ_INSERT_TAIL(&address_spaces, as, address_spaces_link);
    address_space_update_topology(as);
}
```

该函数首先初始化各个成员，包括 current_map、root 指针，并初始化 listeners 监听者链表。全局链表 address_spaces 负责将模拟客户机硬件所使用的所有 AS 链接起来，方便遍历所有的 AS。address_update_topology 函数较为重要，该函数负责为新的 AS 生成 FlatView，定义如下。

qemu - 4.1.1/memory.c

```
static void address_space_update_topology(AddressSpace * as)
{
    MemoryRegion * physmr = memory_region_get_flatview_root(as - > root);

    flatviews_init() - > {
        if (flat_views)
            return;
        flat_views = g_hash_table_new_full(...);
    }

    if (!g_hash_table_lookup(flat_views, physmr)) {
        generate_memory_topology(physmr) - > {
            flatview_init(view);

            if (mr)
                render_memory_region(view, mr, ...) - >
                    flatview_insert(view, &fr);

            flatview_simplify(view);
```

```
            // 省略 dispatch 相关代码
            g_hash_table_replace(flat_views, mr, view);
            return view;
        }
    }
    address_space_set_flatview(as);
}
```

（1）调用 memory_region_get_flatview_root 函数找到 AS 的物理 MR 根（简称 physmr，物理 MR，后文将多次用到），其目的是找到实体 MR（而非别名 MR）的树根。这样可以减少 FlatView 的个数，使得拥有相同的实体 MR 的 AS 共用一个 FlatView，减少内存开销，详见注释[①]。由此可知，AS 的 FlatView 与 physmr 绑定，而非与根 MR 绑定。

（2）调用 flatviews_init 函数初始化全局变量 flat_views，它是一个全局的哈希表，负责将 MR 映射到 FlatView。在首次调用 flatviews_init 函数时被设置为新的空哈希表。

（3）调用 generate_memory_topology 函数，生成 physmr 对应的 FlatView。这是将树状结构转换为线性结构的核心函数，但由于其复杂程度较高，此处不进行详细分析。它首先初始化 view，然后调用 render_memory_region 函数生成 physmr 对应的 view，再调用 flatview_simplify 函数简化 view。接下来的代码将根据生成的 view 填充地址分派器 dispatch。最终，physmr 到 view 的映射被存储在全局哈希表 flat_views 中。

至此，QEMU 已经将树状结构转换为线性结构，接下来是告知所有**监听者**新的线性结构。在这里，只有一个 KVM 监听器，代码如下。

qemu-4.1.1/include/sysemu/kvm_int.h

```
typedef struct KVMSlot
{
    hwaddr start_addr;                      // 起始地址
    ram_addr_t memory_size;                 // Slot 大小
    void * ram;                             // 宿主机虚拟地址，即 HVA
} KVMSlot;

typedef struct KVMMemoryListener {
    MemoryListener listener;                // 指向通用 MemoryListener
    KVMSlot * slots;                        // KVMSlot 数组
} KVMMemoryListener;
```

KVMMemoryListener 中的 KVMSlot 是 QEMU 中 KVM 的 kvm_memory_slot 对应的数据结构，负责向 KVM 注册内存；listener 是通用监听器，定义如下。

---

① 地址：https://patchwork.kernel.org/project/qemu-devel/patch/20170921085110.25598-10-aik@ozlabs.ru/，说明了引入 physmr 的原因。

qemu - 4.1.1/include/exec/memory.h

```
struct MemoryListener {
    void ( * region_add)(MemoryListener * listener, MemoryRegionSection * section);
                                                    // 添加函数
    void ( * region_del)(MemoryListener * listener, MemoryRegionSection * section);
    unsigned priority;                              // 优先级
    AddressSpace * address_space;
    QTAILQ_ENTRY(MemoryListener) link;              // listener 链表节点
};
```

通用监听器 MemoryListener 是一个函数指针的集合,并有一个 priority 成员表示其优先级,所有的 listener 在注册时按照优先级顺序连接到 AS 的监听者链表上。其中 KVM 监听器注册的代码如下。

qemu - 4.1.1/accel/kvm/kvm - all.c

```
void kvm_memory_listener_register(...) {
    kml - > listener.region_add = kvm_region_add;
    kml - > listener.region_del = kvm_region_del;
    kml - > listener.priority = 10;
    memory_listener_register(&kml - > listener, as);
}

kvm_init - >
    kvm_memory_listener_register(&s - > memory_listener,
                                 &address_space_memory, 0);
kvm_region_add - >
kvm_set_phys_mem(kml, section, true) - >
kvm_set_user_memory_region(kml, mem, true) - >
kvm_vm_ioctl(s, KVM_SET_USER_MEMORY_REGION, &mem) - >
ioctl(s - > vmfd, KVM_SET_USER_MEMORY_REGION, &mem)    // 进入内核
```

在 KVM 监听者中,region_add 函数指针指向 kvm_region_add 函数,最终调用 ioctl 函数完成内存的注册。下面继续介绍 AS 的初始化流程。

(4) 最后回到 AS 的初始化函数 address_space_init,接步骤(3)。它继续调用 address_space_set_flatview 函数,将新生成的 physmr 对应的 view 告知所有监听者,并且将 AS 的 current_map 更新到新生成的 view。此处调用的是 KVM 监听器的回调函数,从 address_space_set_flatview 函数讲起,代码如下。

qemu - 4.1.1/memory.c

```
static void address_space_set_flatview(AddressSpace * as)
{
    FlatView * old_view = address_space_to_flatview(as);
    MemoryRegion * physmr = memory_region_get_flatview_root(as - > root);
    FlatView * new_view = g_hash_table_lookup(flat_views, physmr);
```

```
    if (old_view == new_view)
        return;

    if (!QTAILQ_EMPTY(&as->listeners)) {
        ...
        address_space_update_topology_pass(as, old_view2, new_view, false);
        address_space_update_topology_pass(as, old_view2, new_view, true);
    }
    atomic_rcu_set(&as->current_map, new_view);
}
```

address_space_to_flatview 函数首先找到旧的 current_map，作为 old_view，该情况下为 NULL；再通过 physmr 在全局哈希表 flat_views 中查找新生成的 physmr 对应的 view，作为 new_view，将新旧 view 比较。在 AS 初始化时，如果新旧 view 不相同，则会将新旧 view 传给 address_space_update_topology_pass 函数，从而告知所有的监听者线性结构的变化，最后将 current_map 更新为 new_view。线性结构变化的单位是 MemoryRegionSection，定义如下。

qemu - 4.1.1/include/exec/memory.h

```
struct MemoryRegionSection {
    Int128 size;                             // section 大小
    MemoryRegion * mr;                       // 对应的 MR
    FlatView * fv;                           // 对应的 FlatView
    hwaddr offset_within_region;             // 在 MR 中的偏移
    hwaddr offset_within_address_space;      // 在 AS 中的偏移
    bool readonly;                           // 只读的 FlatView
    bool nonvolatile;                        // 是否是非易失性内存
};
```

address_space_update_topology_pass 函数首先对比新旧 FlatView，得出新旧 FlatView 之间的差别，用 FlatRange 的形式保存。对此 FlatRange 调用 MEMORY_LISTENER_UPDATE_REGION 函数将 FlatView 转化为 MemoryRegionSection，准备好调用所有 listener 的 region_add 函数。最终遍历 AS 的 listeners 链表，使用 MemoryRegionSection 调用所有 listener 的 region_add 函数。此处只关注 KVM 的 kvm_region_add 函数，这在前文介绍监听器数据结构时已经介绍过。具体调用链如下。

qemu - 4.1.1/memory.c

```
address_space_update_topology_pass -> {
    while (iold < old_view->nr || inew < new_view->nr) {
        // 省略比较新旧 FlatView 的逻辑
        MEMORY_LISTENER_UPDATE_REGION(frold, as, Reverse, region_add);
    } // 省略其他存在更改的情况
}
```

```
#define MEMORY_LISTENER_UPDATE_REGION(fr, as, dir, callback, _args...)    \
    do {                                                                   \
        MemoryRegionSection mrs = section_from_flat_range(fr,              \
                address_space_to_flatview(as));                           \
        MEMORY_LISTENER_CALL(as, callback, dir, &mrs, ##_args);           \
    } while(0)

#define MEMORY_LISTENER_CALL(_as, _callback, _direction, _section, _args...)    \
    do {                                                                   \
        MemoryListener * _listener;                                        \
        // 省略 switch                                                     \
        QTAILQ_FOREACH(listener, &(_as) -> listeners, link_as) {           \
            if (_listener -> _callback) {                                  \
                _listener -> _callback(listener, _section, ##_args);      \
            }                                                              \
        }                                                                  \
    } while (0)
```

至此,QEMU 已经完成了 AS 初始化工作。AS 初始化时涉及的调用链如图 3-12 所示。可以看到,初始化一个 AS 时,首先调用 generate_memory_topology 函数生成其 physmr 根对应的 FlatView,再调用函数 address_space_set_flatview→address_space_update_topology_pass→kvm_region_add 通知 KVM 模块:线性视图已经更改,需要重新向 KVM 使用 ioctl 函数注册内存,最终调用 ioctl 函数进入内核态的 KVM 模块中。

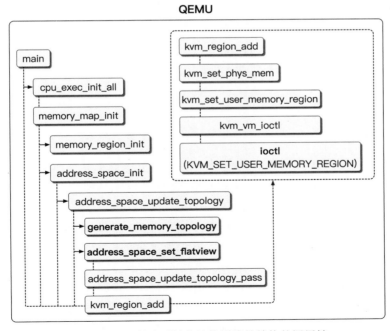

图 3-12　AS 创建时树状结构到线性结构的调用链

简而言之，重要的是 generate_memory_topology 函数，负责生成 MR 树对应的 FlatView；以及 address_space_set_flatview 函数，负责将 FlatView 的更改通过 address_space_update_topology_pass 函数告知所有 listener，其中包括 KVMMemoryListener。

AS 的初始化只是一个需要同步树状结构与线性结构的情况。在 AS 初始化之后，MR 树被更新时也需要同步到 FlatView，并通知 KVM。QEMU 提供的多个操作 MR 的接口会更新 MR 树，如 memory_region_add_subregion 函数，QEMU 都会使用 MR 事务机制完成 FlatView 的同步以及 KVM 监听器的通知，其大致调用链代码如下。

qemu-4.1.1/memory.c

```
memory_region_*() -> {                          // 更新 MR 的一类函数
    memory_region_transaction_begin ->          // 事务开始
        { ++memory_region_transaction_depth; }
    ... // 更新 MR 树中的 MR
    memory_region_transaction_commit -> {        // 事务提交
        -- memory_region_transaction_depth;
        if (!memory_region_transaction_depth) {
            if (memory_region_update_pending) {
                flatviews_reset() -> {
                    QTAILQ_FOREACH(as, &address_spaces,address_spaces_link) {
                        generate_memory_topology(physmr);
                    }
                }
                memory_region_update_pending = false;
                QTAILQ_FOREACH(as, &address_spaces, address_spaces_link) {
                    address_space_set_flatview(as);
                }
            } else if (ioeventfd_update_pending) {
                // 省略 ioeventfd 相关处理
            }
        }
    }
}
```

可以看到，每次修改 MR 树都在 flatviews_reset 函数中重新生成了对应的 FlatView，并且调用 address_space_set_flatview 函数将新的 FlatView 注册到 KVM 中。简化的调用链如图 3-13 所示，类似于 AS 创建之后的调用链。

至此，QEMU 完成了树状结构到线性结构的同步，并将线性结构注册到 KVM 中。QEMU 进行了树状结构到线性结构的转化，将较为复杂的"策略"转换成一种简单的形式，可以调用 KVM 提供的"机制"完成 QEMU/KVM 的协同工作。此时，当客户机访问一个"虚拟"物理地址 GPA 时，如果该 GPA 不是用于 MMIO，那么 MMU 都会查询 KVM 所维护的 EPT 得到其对应的"真实"物理地址，客户机访问这部分"虚拟"物理内存将不会引起 VM-Exit，从而完成高效的内存虚拟化。对于 MMIO 区域的 GPA，QEMU 是如何与 KVM 协作的呢？

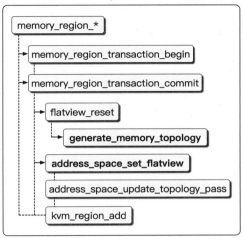

图 3-13　更改 MemoryRegion 树时树状结构到线性结构的调用链

5. 客户机物理内存地址的分派

对于实现 MMIO 的 MR，在 KVMMemoryListener 对它进行 KVM 内存注册时，注册函数 kvm_region_add 将其识别为 MMIO 对应的"虚拟"物理内存区，没有对应的宿主机虚拟地址，就不会将其提交到 KVM 中。如果客户机访问了这段内存，KVM 会识别这是 MMIO 对应的内存区，最终返回到 QEMU 的 ioctl(KVM_RUN) 系统调用之后。对于 PIO 的处理是类似的，也会退出到 QEMU 的 ioctl(KVM_RUN) 系统调用之后。调用代码如下。

`qemu-4.1.1/accel/kvm/kvm-all.c`

```
qemu_kvm_start_vcpu -> qemu_kvm_cpu_thread_fn -> kvm_cpu_exec -> {
    do {
        run_ret = kvm_vcpu_ioctl(cpu, KVM_RUN, 0);        // 进入内核
        switch (run->exit_reason) {                        // 内核返回的退出原因
        case KVM_EXIT_IO:
            kvm_handle_io() ->
                address_space_rw(&address_space_io, run->...)
        case KVM_EXIT_MMIO:
            address_space_rw(&address_space_memory, run->...)
        }
    } while (ret == 0);
}
```

可以看到，在退出到 QEMU 之后，需要对 QEMU 模拟 MMIO/PIO 所使用的 AS 数据结构进行读写，使用的是前文介绍的 AS 读写函数 address_space_rw。所谓**客户机物理内存地址的分派**是指，将对 AS 读写的**地址分派**到对应的 MemoryRegion 上，调用 MR 所包含的处理函数进行 MMIO/PIO 模拟。

事实上，如果给定一个 hwaddr，可以在 MR 树中搜索其对应的 MR，但这样做无疑是很低效的。为此，QEMU 引入了一个类似于页表的结构完成地址转换，即 struct AddressSpaceDispatch，其复杂程度较高，不进行深入分析。数据结构关系如下。

qemu‑4.1.1/include/exec/memory.h

```
struct AddressSpace {
    struct FlatView * current_map;
}
struct FlatView {
    struct AddressSpaceDispatch * dispatch;
}
```

AS 的线性视图（扁平视图）中保存了 struct AddressSpaceDispatch 的指针，定义如下。

qemu‑4.1.1/exec.c

```
typedef struct PhysPageEntry PhysPageEntry;
struct PhysPageEntry {
    uint32_t skip : 6;
    uint32_t ptr : 26;
};
typedef PhysPageEntry Node[P_L2_SIZE];
typedef struct PhysPageMap {
    unsigned sections_nb, sections_nb_alloc;
    unsigned nodes_nb, nodes_nb_alloc;
    Node * nodes;
    MemoryRegionSection * sections;
} PhysPageMap;

struct AddressSpaceDispatch {
    MemoryRegionSection * mru_section;        // 最近访问的 section
    PhysPageEntry phys_map;                   // 页表指针
    PhysPageMap map;                          // 页表
};
```

每个 AS 有一个独立的 AddressSpaceDispatch，作为 AS 内存地址分派的页表，其叶子结点的页表项指向 MemoryRegionSection，查询该页表的结果是 MemoryRegionSection。在 AddressSpaceDispatch 中，mru_section 保存了最近一次的查询结果，作用类似于 TLB；map 是一个多级页表，即能够快速查找，又不会占用过多内存。phys_map 起到了 CR3 的作用，PhyPageMap 中的 nodes 表示页表的中间节点，sections 等同于物理页的作用。

由于 AddressSpaceDispatch 实现较为复杂，这里只关注该数据结构提供的接口。正如前文提到的，AS 对应的 dispatch 在生成线性视图时初始化，并填入 FlatView 的 dispatch 字段，即在前文提到的核心函数 generate_memory_topology 中初始化，代码如下。

qemu‑4.1.1/memory.c

```
// FlatRange 转换为 MemoryRegionSection
```

```
static inline MemoryRegionSection
section_from_flat_range(FlatRange * fr, FlatView * fv) {
    return (MemoryRegionSection) {
        .mr = fr -> mr,
        .fv = fv,
        .offset_within_region = fr -> offset_in_region,
        .size = fr -> addr.size,
        .offset_within_address_space = int128_get64(fr -> addr.start),
        .readonly = fr -> readonly,
        .nonvolatile = fr -> nonvolatile,
    };
}
static FlatView * generate_memory_topology(MemoryRegion * mr) {
    // 省略生成 FlatRange 数组的过程
    view -> dispatch = address_space_dispatch_new(view);
    for (i = 0; i < view -> nr; i++) {
        MemoryRegionSection mrs =
            section_from_flat_range(&view -> ranges[i], view);
        flatview_add_to_dispatch(view, &mrs);
    }
    address_space_dispatch_compact(view -> dispatch);
}
```

在生成 AS 的 FlatRange 数组之后,QEMU 将 FlatRange 数组中每个元素转换成其对应的 MemoryRegionSection,并调用 flatview_add_to_dispatch 函数填入页表 AddressSpaceDispatch 中。这意味着,只要生成了 FlatRange,QEMU 就可以使用 AddressSpaceDispatch 查找一个 AS 中 hwaddr(GPA)所在的 MR,从而得出 GPA 对应的 HVA。

address_space_rw 函数使用页表 AddressSpaceDispatch 完成地址转换,定义如下。

qemu - 4.1.1/exec.c

```
MemTxResult address_space_rw -> {
    address_space_write(as, addr, attrs, buf, len) /
    address_space_read_full(as, addr, attrs, buf, len) -> {
        if (len > 0) {
            fv = address_space_to_flatview(as) ->
                { return atomic_rcu_read(&as -> current_map); }
            result = flatview_write(fv, addr, attrs, buf, len);
        }
        return result;
    }
}
```

这里出现了一个 MemTxResult 类型,QEMU 将对 AS 的读写视为一次 MR 事务,其返回结果 MemTxResult 是一个 uint32_t 类型的变量,定义在 include/exec/memattrs.h 中,可以取 MEMTX_OK、MEMTX_ERROR 等值。对 AS 进行读写时,首先原子地读取 AS 的 current_map,即当前的线性结构;再调用 flatview_read/write 函数对线性结构 fv 进行读写。此处用 flatview_read 函数作为例子进行说明，其定义如下。

qemu - 4.1.1/exec.c

```
flatview_read(FlatView fv, hwaddr addr) -> {
    mr = flatview_translate(fv, addr);
    return flatview_read_continue(mr, addr) -> {
        for (;;) {
            if (!memory_access_is_direct(mr, false)) { // I/O 区域的读写
                memory_region_dispatch_read -> {
                    tmp = mr -> ops -> read(mr -> opaque, addr, size);
                }
            } else { // RAM 区域的读写
                ptr = qemu_ram_ptr_length(mr -> ram_block, addr1, &l, false);
                memcpy(buf, ptr, l);
            }
            ...
            mr = flatview_translate(fv, addr, &addr1, &l, false, attrs);
        }
    };
}
```

可以看到，flatview_read 函数不断调用 flatview_translate 函数，通过 FlatView 内部的页表 AddressSpaceDispatch 得到一个 hwaddr 地址对应的 MemoryRegion，再进行 MemoryRegion 对应的模拟。对于 I/O 类型的 MR，最终调用 ops-> read 函数完成读取的模拟；对于 RAM 类型的 MR，则找到 hwaddr addr 对应的 HVA，记录在 ptr 指针中，调用 memcpy 完成读取。客户机物理内存地址分派的调用链如图 3-14 所示。

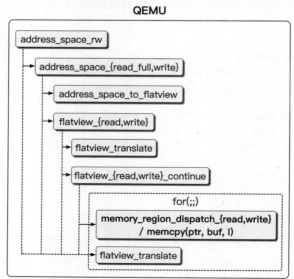

图 3-14　客户机物理内存地址分派

至此,已经介绍了 QEMU 中内存虚拟化相关的大部分数据结构及其操作接口之间的关系。总结如下:①AddressSpace 是顶层数据结构,将 MemoryRegion 树和 FlatView 线性结构组织起来,形成一个可供读写的地址空间。②MemoryRegion 中的容器类型和别名类型分别模拟了真实系统中的总线和内存控制器,将 I/O 类型的 MR 和 RAM 类型的 MR 通过树的形式组织起来;I/O 类型的 MR 提供了一组 ops 回调函数,供 QEMU 实现物理硬件的模拟,而 RAM 类型的 MR 对应宿主机上的一段虚拟地址 HVA,作为客户机的"虚拟"物理地址,QEMU 最终将这段地址注册到 KVM 中完成 GPA 到 HPA 的翻译。③FlatView 保存了 MemoryRegion 树对应的线性结构 FlatRange,供 QEMU 将其转换为 MemoryRegionSection 注册到 KVM 中;还保存了地址分派器 AddressSpaceDispatch,负责将 GPA 翻译为 HVA。下一节将展示运行过程中这些数据结构的组织形式,使读者有更直观的认识。

3.3.2　实验:打印 MemoryRegion 树

QEMU 为了模拟 MMIO 以及物理设备的行为,形成了一套复杂的数据结构,但这些只是静态的代码。本节将 QEMU 代码运行起来,在动态过程中打印出 MemoryRegion 树,更形象地展示数据结构之间的关系。

实验使用从源代码编译的 QEMU v4.1.1,以及事先准备好的客户机磁盘镜像作为 QEMU 的-hda 参数传递给 QEMU。首先,使用如下命令进入 QEMU 监视器。

Physical Machine Terminal 1

```
sudo ./qemu - 4.1.1/x86_64 - softmmu/qemu - system - x86_64
    - m 4096 - smp 2 - cpu host
    -- enable - kvm - monitor stdio
    - numa node,cpus = 0 - numa node,cpus = 1
QEMU 4.1.1 monitor - type 'help' for more information
(qemu) VNC server running on 127.0.0.1:5900
(qemu)
```

启动命令的含义为:将 QEMU 管理器的输入输出重定向到字符设备 stdio(-monitor stdio),即此处的命令行;此命令启动了 2 个 vCPU(-smp 2),使用 NUMA(Non-Uniform Memory Access,非统一内存访问)架构,分为两个 NUMA 节点(-numa node),分配 4GB 的"虚拟"物理内存(-m 4096);开启 KVM 支持,并使用与宿主机一样的 CPU 型号(-cpu host --enable-kvm)。接下来,使用命令 info mtree 打印此客户机的 MemoryRegion 树,在输出中,QEMU 用不同宽度的缩进表示不同树的深度,打印如下。

Physical Machine Terminal 1

```
(qemu) info mtree
address - space: memory
  0000000000000000 - ffffffffffffffff (prio 0, i/o): system
    0000000000000000 - 00000000bfffffff (prio 0, i/o): alias ram - below - 4g @ pc. ram
0000000000000000 - 00000000bfffffff
```

```
     0000000000000000 - ffffffffffffffff (prio - 1, i/o): pci
       00000000000a0000 - 00000000000bffff (prio 1, i/o): vga - lowmem
       00000000000c0000 - 00000000000dffff (prio 1, rom): pc. rom
       00000000000e0000 - 00000000000fffff ( prio 1, i/o): alias isa - bios @ pc. bios
0000000000020000 - 000000000003ffff
       00000000fd000000 - 00000000fdffffff (prio 1, ram): vga. vram
       00000000febc0000 - 00000000febdffff (prio 1, i/o): e1000 - mmio
       00000000febf0000 - 00000000febf0fff (prio 1, i/o): vga. mmio
         00000000febf0000 - 00000000febf00ff (prio 0, i/o): edid
       00000000fffc0000 - 00000000ffffffff (prio 0, rom): pc. bios
     00000000fec00000 - 00000000fec00fff (prio 0, i/o): kvm - ioapic
     00000000fed00000 - 00000000fed003ff (prio 0, i/o): hpet
     00000000fee00000 - 00000000feeffffff (prio 4096, i/o): kvm - apic - msi
     0000000100000000 - 000000013fffffff ( prio 0, i/o): alias ram - above - 4g @ pc. ram
00000000c0000000 - 00000000ffffffff

address - space: I/O
   0000000000000000 - 000000000000ffff (prio 0, i/o): io
     0000000000000000 - 0000000000000007 (prio 0, i/o): dma - chan
     0000000000000008 - 000000000000000f (prio 0, i/o): dma - cont
     0000000000000064 - 0000000000000064 (prio 0, i/o): i8042 - cmd
     0000000000000070 - 0000000000000071 (prio 0, i/o): rtc
       0000000000000070 - 0000000000000070 (prio 0, i/o): rtc - index
     000000000000007e - 000000000000007f (prio 0, i/o): kvmvapic
     0000000000000080 - 0000000000000080 (prio 0, i/o): ioport80
     0000000000000081 - 0000000000000083 (prio 0, i/o): dma - page
     0000000000000087 - 0000000000000087 (prio 0, i/o): dma - page
     0000000000000089 - 000000000000008b (prio 0, i/o): dma - page
     000000000000008f - 000000000000008f (prio 0, i/o): dma - page
     0000000000000092 - 0000000000000092 (prio 0, i/o): port92
     00000000000000a0 - 00000000000000a1 (prio 0, i/o): kvm - pic

address - space: cpu - memory - 0
   // 与 address - space: memory 相同

address - space: cpu - memory - 1
   // 与 address - space: memory 相同

address - space: i440FX
   0000000000000000 - ffffffffffffffff (prio 0, i/o): bus master container

address - space: PIIX3
   0000000000000000 - ffffffffffffffff (prio 0, i/o): bus master container

address - space: VGA
   0000000000000000 - ffffffffffffffff (prio 0, i/o): bus master container

address - space: e1000
   0000000000000000 - ffffffffffffffff (prio 0, i/o): bus master container
     0000000000000000 - ffffffffffffffff (prio 0, i/o): alias bus master @ system
```

```
        0000000000000000 - ffffffffffffffff

address - space: piix3 - ide
    0000000000000000 - ffffffffffffffff (prio 0, i/o): bus master container

memory - region: pc.ram
    0000000000000000 - 00000000ffffffff (prio 0, ram): pc.ram

memory - region: pc.bios
    00000000fffc0000 - 00000000ffffffff (prio 0, rom): pc.bios

memory - region: pci
    // 与 address - space: memory 中对应的部分相同

memory - region: system
    // 与 address - space: memory 中对应的部分相同
```

此处省略了被标为［disabled］的 MR，以及一些陌生的 MR。可以看到，整个虚拟机有 address_space_memory 作为物理内存空间的 AS，有 address_space_io 作为 PIO 端口映射空间的 AS。由于本实验启动了 2 个 vCPU，所以这里打印出了两个 CPU 的 AS，即 cpu-memory-0/1。其他的 AS 包括从设备角度可以观察到的 AS，如 e1000、VGA 等设备的 AS。每个 AS 下显示了 AS 的 MR 树，其中非别名类型的 MR 只能打印出一条较短的记录，包含其地址范围。如 address_space_memory 的 MR 树根 system_memory，其地址范围是 $0x0000000000000000\sim0xffffffffffffffff$，即 $0\sim$UINT64_MAX；而别名 MR 会被明确标识为 alias，并追加上其 alias 指针指向的原 MR。有关 info mtree 命令的实现函数，请查阅 QEMU 源码树 memory.c 文件的 mtree_info→mtree_print_mr 函数。

为了与源码相对应，继续在 QEMU 源码中寻找这些 AS 和 MR 被创建的位置，具体方法多种多样。一种直接的方法是在源码中搜索相关的创建函数，如 address_space_init、memory_region_init，更严谨的方法是通过 GDB 打断点的方式寻找。首先，在 QEMU 的 main 函数中，cpu_exec_init_all 函数初始化了主要的 AS 以及 MR 树根，代码如下。

qemu - 4.1.1/exec.c

```
// 全局变量、静态变量
RAMList ram_list = { .blocks = QLIST_HEAD_INITIALIZER(ram_list.blocks) };
static MemoryRegion * system_memory, * system_io;
AddressSpace address_space_io, address_space_memory;
MemoryRegion io_mem_rom, io_mem_notdirty;
main() ->
cpu_exec_init_all() -> {
    io_mem_init() -> {
        memory_region_init_io(&io_mem_rom);
        ...
    }
    memory_map_init() -> {
        memory_region_init(system_memory, NULL, "system", UINT64_MAX);
```

```
        address_space_init(&address_space_memory, system_memory, "memory");
        memory_region_init_io(system_io, NULL, &unassigned_io_ops, NULL, "io", 65536);
        address_space_init(&address_space_io, system_io, "I/O");
    }
}
```

在这里，QEMU 初始化了 system_memory/system_io 等静态变量，作为两个全局 AS
变量 address_space_memory/address_space_io 的 MR 树根。这里初始化了与体系结构无
关的 AS，下面进入 i386 的模拟部分中与初始化架构相关的部分。在不同类型的 PC_
MACHINE 的定义函数中，也会初始化 AS/MR 等数据结构，以 pc_init1 函数为例。

qemu - 4.1.1/hw/i386/pc_piix.c

```
// PC 硬件初始化函数
pc_init1()                                                      // pc_piix.c
{
    if (pcmc -> pci_enabled) {                                  // 初始化 PCI MR
        memory_region_init(pci_memory, NULL, "pci", UINT64_MAX);
        rom_memory = pci_memory;
    }

    pc_memory_init(pcms, system_memory, rom_memory, &ram_memory)  //pc.c
    {
        memory_region_allocate_system_memory(ram, NULL, "pc.ram",
                               machine -> ram_size)             // numa.c
        {
            if (nb_numa_nodes == 0 || !have_memdevs) {          //模拟非 NUMA
                allocate_system_memory_nonnuma(ram) ->
                    memory_region_init_ram_nomigrate(ram) ->
                        new_block -> host = qemu_ram_mmap() -> mmap()
            } else {
                // 省略模拟 NUMA 架构的代码
            }
        } // memory_region_allocate_system_memory

        memory_region_init_alias(ram_below_4g, NULL, "ram - below - 4g", ram,
                        ...);
        memory_region_add_subregion(system_memory, 0, ram_below_4g);

        if (pcms -> above_4g_mem_size > 0) {
            memory_region_init_alias(ram_above_4g, NULL, "ram - above - 4g", ram,
                        ...);
            memory_region_add_subregion(system_memory, 0x100000000ULL,
                        ram_above_4g);
        }
        memory_region_init_ram(option_rom_mr, NULL, "pc.rom", PC_ROM_SIZE,
                        &error_fatal);
    } // pc_memory_init
} // pc_init1
```

可以看到,pc_init1 函数首先初始化了 PCI MR,继续调用 pc_memory_init 函数,初始化了真实的全局物理内存 pc.ram MR,并将其分为两个别名 MR,即 ram_below_4g/ram_above_4g,并作为子 MR 加入了 system_memory。在解析 QEMU 参数时,QEMU 读取到-m 参数后的数字,并将其保存在 machine-> ram_size 中,作为初始化 pc.ram MR 的大小,即物理内存的大小。在分配全局 pc.ram MR 时,QEMU 将 NUMA 和非 NUMA 的情况分类。

非 NUMA 的情况下,直接分配一个 RAM 类型的实体 MR 即可;而 NUMA 情况下,需要调用 host_memory_backend_get_memory 函数得到每个 NUMA 节点对应的 MR,并作为子 MR 加入 pc.ram MR 中。这与之前 info mtree 打印出来的 MR 树相符合。

3.3.3　KVM 内存数据结构

相比于"策略"的实现,"机制"的实现往往更加简单。QEMU 内存虚拟化需要完成的功能较多,包括宿主机虚拟内存的分配、MMIO 的模拟、HVA 到 GPA 的翻译等,而 KVM 内存虚拟化只需要维护好 EPT 页表,并与硬件配合即可。同时,由于 KVM 是 Linux 内核中的一个内核模块,它可以重用 Linux 内核的内存管理接口,降低了实现的难度。

本节不讨论由于性能不佳而不常采用的影子页表的实现,只讨论 Intel x86 架构下的扩展页表 EPT 的维护。在 Linux 源码树的 **Documentation** 目录下,描述内核代码的 **Documentation/virtual/kvm/mmu.txt** 文档有对 KVM 内存管理模块较为全面规范的描述,但较难理解。下文将抽取主线,使叙述更易懂。KVM 中相关的数据结构相比于 QEMU 更简洁,如图 3-15 所示。

1. 接收 QEMU 的内存注册

首先,QEMU 应该给 KVM 注册需要其做地址翻译的"虚拟"物理内存,否则 KVM 所维护的 EPT 页表将无用武之地,因此从 KVM 接收 QEMU 的内存注册开始讲起。联系 3.3.1 节,当 MemoryRegion 树被更改后,都会通知所有的 listener,其中包括 KVM 的监听器 KVMMemoryListener,调用 ioctl 完成 KVM 内存注册。注册的基本单位是如下数据结构,包含 GPA、HVA、该段内存的大小等字段,与 QEMU 中的线性视图相类似。

```
linux - 4.19.0/include/uapi/linux/kvm.h
#define KVM_MEM_LOG_DIRTY_PAGES (1UL << 0)      // 需要记录脏页
#define KVM_MEM_READONLY (1UL << 1)             // 只读

/* for KVM_SET_USER_MEMORY_REGION */
struct kvm_userspace_memory_region {
    __u32 slot;                                  // 保存 ID 号和 AS 的 ID 号
    __u32 flags;                                 // 标志,有效的标志只有 0 和 1,见上面宏定义
    __u64 guest_phys_addr;                       // GPA
    __u64 memory_size;                           // 该段内存大小
    __u64 userspace_addr;                        // HVA
};
```

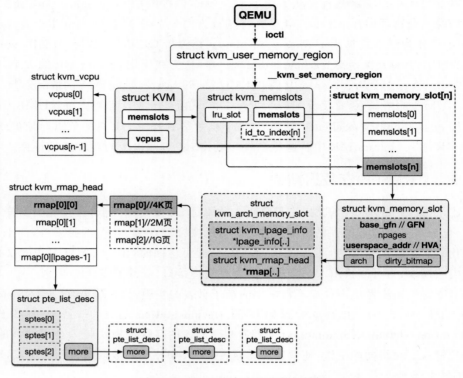

图 3-15　KVM 内存虚拟化数据结构

QEMU 进行 ioctl 系统调用后进入内核的 kvm_vm_ioctl 函数，并根据 ioctl 的参数调用相应的处理函数。此时 ioctl 参数是如下 KVM_SET_USER_MEMORY_REGION。

`linux - 4.19.0/virt/kvm/kvm_main.c`

```
static long kvm_vm_ioctl(...unsigned int ioctl, unsigned long arg) {
    switch (ioctl) {
    case KVM_SET_USER_MEMORY_REGION:  {
        struct kvm_userspace_memory_region kvm_userspace_mem;
        copy_from_user(&kvm_userspace_mem, argp, sizeof(kvm_userspace_mem));

        kvm_vm_ioctl_set_memory_region(kvm, &kvm_userspace_mem) ->
          kvm_set_memory_region(kvm, mem) ->
            __kvm_set_memory_region(kvm, mem)
        break;
    }
}
```

由于 QEMU 中的 kvm_userspace_memory_region 处在用户态，因此内核态的 KVM 需要使用 copy_from_user 函数将其中的数据复制到内核态。最终进入 __kvm_set_memory_region 函数，将 kvm_userspace_memory_region 注册到 KVM 中，而 KVM 中保存

客户机内存线性视图的结构是 kvm_memory_region,用户态 QEMU 传来的数据需要转化为该数据结构进行保存,定义如下。

linux-4.19.0/include/linux/kvm_host.h

```
struct kvm_memory_slot {
    gfn_t base_gfn;                      // 起始 GFN
    unsigned long npages;                // slot 的大小,单位是 4KB 的页
    unsigned long * dirty_bitmap;        // 脏页位图
    struct kvm_arch_memory_slot arch;    // 架构相关信息
    unsigned long userspace_addr;        // 起始 HVA
    u32 flags;                           // 和 user 态 memslot 的标志位相同
    short id;
};
struct kvm_memslots {
    u64 generation;
    // kvm_memory_slot 数组,按照 base_gfn 从大到小排序,形成 gfn_t 的地址空间
    struct kvm_memory_slot memslots[KVM_MEM_SLOTS_NUM];
    // 用 kvm_memory_slot.id 查询在 memslots 数组中的 index
    short id_to_index[KVM_MEM_SLOTS_NUM];
    atomic_t lru_slot;                   // 最近使用的 slot 在 memslots 中的索引
    int used_slots;                      // memslots 中有效元素的个数
};
struct kvm {
    struct kvm_memslots __rcu * memslots[KVM_ADDRESS_SPACE_NUM]; // 两个 AS
}
enum kvm_mr_change {
    KVM_MR_CREATE, KVM_MR_DELETE, KVM_MR_MOVE, KVM_MR_FLAGS_ONLY,
};
```

可以看到,每个 KVM 虚拟机对应的 struct kvm 结构体都保存了一个 memslots,其中保存了 kvm_memory_slot 的数组。这是 KVM 中唯一保存**客户机物理页**信息的位置,与 QEMU 不同,KVM 仅有一个客户机物理内存的线性视图,保存了所有客户机物理内存的相关信息。在进入 KVM 的内存注册 ioctl 后,__kvm_set_memory_region 函数将使用用户态传来的结构体 kvm_userspace_memory_region 更新 kvm 的 memslots,更新类型为 enum kvm_mr_change。__kvm_set_memory_region 函数定义如下。

linux-4.19.0/virt/kvm/kvm_main.c

```
int __kvm_set_memory_region(struct kvm * kvm,
                const struct kvm_userspace_memory_region * mem) {
    struct kvm_memory_region old, new;
    struct kvm_memslots * slots = NULL;     // 新的 memslots
    enum kvm_mr_change change;
    new = old = * slot;                     // 获取原位上的旧 slot

    // 省略 new 的填充,根据 mem 进行填充即可
    // 省略对比 old/new 得出 kvm_mr_change 类型
```

```
        if (change == KVM_MR_CREATE) {
            new.userspace_addr = mem->userspace_addr;
            if (kvm_arch_create_memslot(kvm, &new, npages))
                goto out_free;
        }

        update_memslots(slots, &new);          // 将 new 插入 slots
        install_new_memslots(kvm, as_id, slots);   //使用 RCU 将 kvm->memslots 设为 slots
    }
```

该函数首先得到要插入位置的旧 memslot，与用户态传来的新 memslot 对比，得出 change 的类型。如果 QEMU 添加新的 memslot，那么就会进入 KVM_MR_CREATE 的分支，执行架构相关函数 kvm_create_memslot 填充新的 memslot。准备好新的 memslot 后，就调用 update_memslots 函数将新 memslot 填入 slots 数组，并保持数组的排序（base_gfn 从大到小），最终原子地将 slots 填入 kvm 中。KVM 维护 x86 **架构相关**的客户机物理页信息，包含 kvm_rmap_head 以及 kvm_lpage_info，代码如下。

linux - 4.19.0/arch/x86/include/asm/kvm_host.h

```
struct kvm_arch_memory_slot {
    struct kvm_rmap_head * rmap[KVM_NR_PAGE_SIZES];
    struct kvm_lpage_info * lpage_info[KVM_NR_PAGE_SIZES - 1];
}
struct kvm_rmap_head {
    // 存储 spte 的地址，或存储 spte 链表 struct pte_list_desc 的地址
    unsigned long val;
};
struct kvm_lpage_info {
  int disallow_lpage;                // 为 1 则不允许对应的 gfn 使用大页
};
struct pte_list_desc {
    u64 * sptes[PTE_LIST_EXT];        // PTE_LIST_EXT 为 3
    struct pte_list_desc * more;
};
```

针对 x86 架构，每个客户机的"虚拟"物理页都有相关的信息，保存在 memslot 的 arch 成员中。EPT 中最后一级页表可以是第 3 级页表，映射一个 1GB 的大页；可以是第 2 级页表，映射一个 2MB 的大页；也可以是通常情况的第 1 级页表，映射一个 4KB 的页。因此在 arch 结构体中，KVM 将 memslot 管理的这段"虚拟"物理内存按照不同大小的页面分割，共上述 3 种情况（1GB、2MB、4KB），形成不同个数的页面（如 1GB 的内存区域按照 1GB 分割，则只有 1 页；按照 2MB 分割，则有 512 页）。下面代码填充每个页面的相关信息，分为 KVM_NR_PAGE_SIZES 种页面大小的情况。

linux - 4.19.0/arch/x86/kvm/x86.c

```
int kvm_arch_create_memslot(memslot, npages) -> {
```

```
// 遍历所有可能的页面大小,共 KVM_NR_PAGE_SIZES 种页面大小
for (i = 0; i < KVM_NR_PAGE_SIZES; ++i) {          // 第 i + 1 级页表是最后一级页表
    lpages = gfn_to_index(slot - > base_gfn + npages - 1,
              slot - > base_gfn, i + 1) + 1;       // 计算当前页面大小下的页面数
    slot - > arch.rmap[i] =
        kvcalloc(lpages, sizeof( * slot - > arch.rmap[i]), GFP_KERNEL);

    // 4KB 页不是大页,lpage_info 无须记录其信息
    // 故 lpage_info 数组长度为 rmap 长度减 1
    if (i == 0)
        continue;

    linfo = kvcalloc(lpages, sizeof( * linfo), GFP_KERNEL);
    slot - > arch.lpage_info[i - 1] = linfo;
    // 省略是否可以使用大页的判断
    ... arch.lpage_info[i - 1][...].disallow_lpage = 1
}
}
```

这里,每个“虚拟”物理页都有两个信息:①映射该 gfn 的所有 spte(EPT 页表项),保存在 arch.rmap 数组中,可以以 spte 链表的形式存在,每个页面都有对应的链表。该链表负责在某 HVA 处的页面被换出时,将所有与该 HVA 对应的 spte 置为无效。这种**反向映射**机制在 Linux 内核中也存在。②保存该 gfn 处是否可以使用大页,不做深入分析。

可以看到,KVM 已经保存了所有客户机“虚拟”物理内存页面的信息,存在于 memslots 成员中,KVM 维护 EPT 页表时将完全基于 memslots 数据结构。下面分析 KVM 如何维护 EPT 页表,与 MMU 硬件协同完成地址翻译。

2. 创建 vCPU 的虚拟 MMU

继续介绍 EPT 页表页的创建与管理,相关数据结构如图 3-16 所示。其中需要着重关注的是 struct kvm_mmu_page,它管理了一个 EPT 页表页的所有信息,vCPU 虚拟 MMU 的主要工作是维护 EPT 页表中每个页表页的 struct kvm_mmu_page。

为了管理 EPT 页表页,KVM 使用了 struct kvm_mmu_page 数据结构保存一个 EPT 页表页的相关信息,又使用 struct kvm_mmu 数据结构保存与内存管理相关的函数模拟硬件 MMU。每个 vCPU 都有一个虚拟的 MMU,且 MMU 的模拟依赖架构,因此保存在 struct kvm_vcpu_arch 数据结构中。注意区分,struct kvm_arch 保存了整个客户机的架构相关信息,而 struct kvm_vcpu_arch 保存了每个 vCPU 的架构相关信息。简而言之,虚拟 MMU 保存在 vCPU 的**架构相关**部分中,虚拟 MMU 的 root_hpa 指向 kvm_mmu_page(后文介绍)组成的页表。以下为这些数据结构。

`linux - 4.19.0/arch/x86/include/asm/kvm_host.h`

```
struct kvm_vcpu_arch {
    unsigned long cr3;                    // 客户机 vCPU 的 cr3
    struct kvm_mmu mmu;                   // 进行 GPA - > HPA 翻译的虚拟 MMU
```

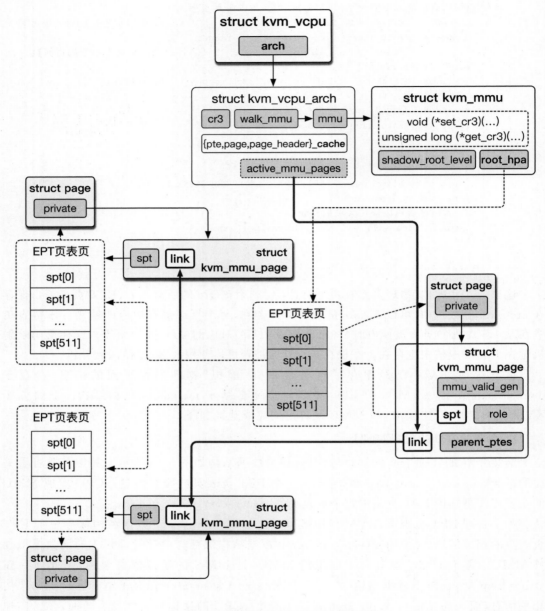

图 3-16 虚拟 MMU 相关数据结构

```
struct kvm_mmu * walk_mmu;                              // 当前正在工作的 MMU 的指针

struct kvm_mmu_memory_cache mmu_pte_list_desc_cache;    // pte 链表缓存池
struct kvm_mmu_memory_cache mmu_page_cache;             // 页表页缓存池
struct kvm_mmu_memory_cache mmu_page_header_cache;      // kvm_mmu_page 缓存池
```

```
        // EPT 页表页相关数据
        unsigned int n_used_mmu_pages, n_requested_mmu_pages, n_max_mmu_pages;

        // 维护此 struct kvm 的所有 EPT 页表页
        struct hlist_head mmu_page_hash[KVM_NUM_MMU_PAGES];          // EPT 页表页哈希表
        struct list_head active_mmu_pages;                          // 全部活跃的 EPT 页表页
        unsigned long mmu_valid_gen;                                // 当前版本号
}

struct kvm_mmu_memory_cache {            // 通过提前分配页面形成缓存池,加快数据结构的分配
    int nobjs;                                                  // 缓存池中的缓存对象个数
    void * objects[KVM_NR_MEM_OBJS];                            // 缓存对象列表
};

struct kvm_mmu {
        void ( * set_cr3)(struct kvm_vcpu * vcpu, unsigned long root);  //设置客户机 cr3
        unsigned long ( * get_cr3)(struct kvm_vcpu * vcpu);            // 读取客户机 cr3
        int ( * page_fault)(struct kvm_vcpu * vcpu, gva_t gva, u32 err,
            bool prefault);                                         // 缺页异常处理函数

        hpa_t root_hpa;                                           // EPT 基地址
        u8 root_level;                                           // GPT 级数
        u8 shadow_root_level;                                    // EPT 级数
        bool direct_map;                                         // 是否开启 EPT
}
```

在 KVM 中有一个全局变量 enable_ept 决定是否开启 EPT 模式。如果 enable_ept 为 1,则启用 EPT 模式,最终将全局变量 tdp_enabled(在 arch/x86/kvm/mmu.c 中)置为 true。事实上还需要读取 VMCS 的相关配置域才能决定是否将 enable_ept 置为 1,简洁起见本节省略这部分的介绍。下面是将 tdp_enable 置为 true 的代码。

linux - 4.19.0/arch/x86/kvm/vmx.c

```
static bool __ read_mostly enable_ept = 1;
static __ init int hardware_setup(void) ->
    if (enable_ept) vmx_enable_tdp() ->
        kvm_enable_tdp() -> { tdp_enabled = true; }
```

在此之后创建 vCPU 时,将完成基于 EPT(即 tdp)的虚拟 MMU 初始化。虚拟 MMU 的初始化分为 kvm_mmu_create/kvm_mmu_setup 两步:创建和填充。调用链如下。

MMU 创建流程

```
kvm_vm_ioctl -> kvm_vm_ioctl_create_vcpu(kvm, id) -> {        //创建 vCPU 的 ioctl 调用
    vcpu = kvm_arch_vcpu_create(kvm, id) -> {
        vcpu = kvm_x86_ops -> vcpu_create(kvm, id) ->
            vmx_create_vcpu -> {
                kvm_vcpu_init -> kvm_arch_vcpu_init -> kvm_mmu_create(vcpu) {
                    vcpu -> arch.walk_mmu = &vcpu -> arch.mmu;
```

```
                            vcpu -> arch. mmu. root_hpa = INVALID_PAGE;
                            alloc_mmu_pages() {
                                if (tdp_enabled) return;
                            }
                        }
                    }
            return vcpu;
    } // kvm_arch_vcpu_create

    kvm_arch_vcpu_setup(vcpu) -> kvm_mmu_setup(vcpu) -> {
        MMU_WARN_ON(VALID_PAGE(vcpu -> arch. mmu. root_hpa)); // 当 vCPU 创建时调用
        kvm_init_mmu(vcpu, false) -> {
            ... // 省略除 tdp 类型 MMU 的初始化
            else if (tdp_enabled) {                         // 基于 tdp 的虚拟 MMU 的初始化
                init_kvm_tdp_mmu(vcpu) -> {
                    struct kvm_mmu * context = &vcpu -> arch. mmu;

                    context -> page_fault = tdp_page_fault;
                    context -> set_cr3 = kvm_x86_ops -> set_tdp_cr3;
                    context -> direct_map = true;

                    // 判断 vCPU 的执行模式
                    if (!is_paging(vcpu)) {
                        context ->...
                    }
                    else if (is_long_mode(vcpu)) {
                        context ->...
                    }
                } // init_kvm_tdp_mmu
            } // if ...
        } // kvm_init_mmu
    } // kvm_mmu_setup

    kvm -> vcpus[atomic_read(&kvm -> online_vcpus)] = vcpu; // vCPU 创建完成
} // kvm_vm_ioctl_create_vcpu
```

　　虚拟 MMU 的初始化与 vCPU 的初始化绑定，即一个 vCPU 有一个虚拟 MMU。可以看到，虚拟 MMU 事实上包含了一组与 tdp 相关的页表管理函数，包括缺页异常处理函数 tdp_page_fault、页表基地址设置函数 set_tdp_cr3（即 vmx_set_cr3），以及虚拟 MMU 的相关属性的设置。完成虚拟 MMU 的创建后，下文介绍 KVM 如何维护 EPTP 和客户机 CR3。

　　EPT 页表页 kvm_mmu_page 与普通进程的页表页一样，在缺页异常中创建。这不是一般的缺页异常，而是客户机引发的 VM-Exit，是一个由 Intel 硬件提供的特性。该 VM-Exit 将使客户机暂停执行并进入 KVM，使得 KVM 有机会完善 EPT。为了配合硬件，KVM 需要将 EPT 的基地址写入 VMCS，让硬件 MMU 自动访问该 EPT 页表，当硬件 MMU 发现该页表存在不完整的情况时，将产生 VM-Exit，并调用虚拟 MMU 的相关函数。

接上文对 VM 文件描述符的 KVM_CREATE_VCPU 调用，QEMU 将对 vCPU 对应的
文件描述符进行 KVM_RUN 调用，运行刚刚初始化并填充好的 vCPU，流程如下。

EPT 基地址设置流程

```
kvm_vcpu_ioctl -> kvm_arch_vcpu_ioctl_run -> vcpu_run ->
    for (;;) {
        if (kvm_vcpu_running(vcpu))
            r = vcpu_enter_guest(vcpu);
        else
            r = vcpu_block(kvm, vcpu);
        if (r <= 0)
            break;
    }


vcpu_enter_guest(vcpu) -> {
    r = kvm_mmu_reload(vcpu) -> {
        if (likely(vcpu->arch.mmu.root_hpa != INVALID_PAGE))    // EPT 已建立好
            return 0;
        return kvm_mmu_load(vcpu);
    }
    kvm_x86_ops->run(vcpu);                                     // 进入客户机
    r = kvm_x86_ops->handle_exit(vcpu);                        // 处理 VM - Exit
}


kvm_mmu_load(vcpu) -> {
    mmu_topup_memory_caches(vcpu);                 // 预分配 kvm_vcpu_arch 中的三个缓存

    mmu_alloc_roots -> mmu_alloc_direct_roots -> {            // 分配 EPT 第 4 级页表页
        struct kvm_mmu_page * sp;
        if (vcpu->arch.mmu.shadow_root_level >= PT64_ROOT_4LEVEL) { //四级页表
            sp = kvm_mmu_get_page(vcpu, 0, 0,
                vcpu->arch.mmu.shadow_root_level, 1, ACC_ALL);
            vcpu->arch.mmu.root_hpa = __pa(sp->spt);          // 设置 root_hpa
        }
    }

    kvm_mmu_load_cr3(vcpu) {
        if (VALID_PAGE(vcpu->arch.mmu.root_hpa)) {   // 如果 root_hpa 指向有效的 EPT
            vcpu->arch.mmu.set_cr3(vcpu->arch.mmu.root_hpa) { ->
                vmx_set_cr3(vcpu, cr3) -> {
                    eptp = construct_eptp(vcpu, cr3);
                    vmcs_write64(EPT_POINTER, eptp);           // 设置 EPT
                    guest_cr3 = kvm_read_cr3(vcpu);
                    vmcs_writel(GUEST_CR3, guest_cr3);         // 设置客户机 CR3
                } // vmx_set_cr3
            } // set_cr3
        } // if

        // 刷新 EPT 的 TLB
```

```
            kvm_x86_ops -> tlb_flush(vcpu, true) -> vmx_flush_tlb -> {
                ASM_VMX_INVEPT
                VMX_VPID_EXTENT_SINGLE_CONTEXT
                VMX_VPID_EXTENT_ALL_CONTEXT
            }
        } // kvm_mmu_load_cr3
    } // kvm_mmu_load
```

可以看到，vcpu_run 函数中出现了无限 for 循环，保证在运行 vCPU 退出后，完成 KVM 的处理继续运行 vCPU。在该循环中，运行 vCPU 前调用 kvm_mmu_reload 函数，如果 root_hpa 尚未初始化（指向 INVALID_PAGE），则调用 kvm_mmu_load 函数初始化 root_hpa，其初始化工作主要包括：①调用 mmu_topup_memory_caches 函数保证 arch 中的 3 个 cache 充足；②为 root_hpa 分配一个 kvm_mmu_page，作为 EPT 的第 4 级页表页，页表页的分配将在下文介绍；③根据上一步分配的 EPT 第 4 级页表页的物理地址，创建 EPTP，写入 VMCS 的 EPTP 域中，EPTP 域的详细文档见 Intel SDM 的卷 3 第 24.6.11 节；还要从 arch 结构中读取客户机 CR3，写入 VMCS 的 GUEST_CR3 域中。这样在物理 CPU 进入非根模式后，就可以使用该 EPTP 进行 GPA 到 HPA 的翻译；④刷新 TLB，有三种方式，不详细介绍。综上，KVM 已经准备好进入非根模式，执行 kvm_x86_ops-> run 函数。下面介绍 EPT 页表页及其创建过程，EPT 页表的创建和维护过程均在 kvm_x86_ops-> handle_exit 函数中进行。

3. EPT 的建立

KVM 从 QEMU 得到了需要 GPA 到 HPA 翻译的所有 kvm_memory_slots，设置好 EPTP 后，MMU 硬件就可以截获 GPA 地址的访问，使客户机退出到 KVM 中，建立 GPA 相关的 EPT 页表。这里介绍 EPT 的建立与管理，首先介绍管理 EPT 页表页的数据结构 kvm_mmu_page，它定义如下。

linux - 4.19.0/arch/x86/include/asm/kvm_host.h

```
struct kvm_mmu_page {                          // 页表页描述结构
    struct list_head link;                     // active_mmu_pages 链表中的节点
    struct hlist_node hash_link;               // 哈希表中的节点
    union kvm_mmu_page_role role;              // 该 EPT 页表页的属性
    u64 * spt;                                 // 页表页的宿主机虚拟地址
    struct kvm_rmap_head parent_ptes;          // 指向此页表页的 pte 的链表
    unsigned long mmu_valid_gen;               // 此页表页版本号
}
```

该结构维护了一个 spt 指针关联的信息，spt 是指向页表页的指针，是一个 HVA。spt 指向的 4KB 大小的页面即是 EPT 页表页，保存了 512 个页表项。KVM 在 struct kvm_arch 中保存了一个 active_mmu_pages 链表，将所有的 kvm_mmu_page 链接起来，可以当页表页版本号 mmu_valid_gen 与 arch 中的 mmu_valid_gen 不同时，释放页表页（通过其操作接口 kvm_mmu_free_page 函数）。这样 KVM 就做到了内存占用尽可能小，这和 **mmu.
txt** 文档中 KVM 内存虚拟化设计原则相符合。

创建页表页的时机在于发生 EPT Violation 时，CPU 进入根模式运行 KVM。在这里，
KVM 执行如下虚拟 MMU 的缺页异常处理函数。

linux - 4.19.0/arch/x86/kvm/mmu.c

```
vcpu_enter_guest -> kvm_x86_ops -> handle_exit(vcpu) ->
    vmx_handle_exit -> kvm_vmx_exit_handlers[exit_reason](vcpu);

static int (*const kvm_vmx_exit_handlers[])(struct kvm_vcpu * vcpu) = {
    [EXIT_REASON_EPT_VIOLATION]           = handle_ept_violation,
}
enum {                                    // 各类返回值
    RET_PF_RETRY = 0,                     // 返回客户机重新执行引起 EPT Violation 的指令
    RET_PF_EMULATE = 1,                   // 执行模拟
    RET_PF_INVALID = 2,                   // 无效的模拟,继续执行真实的缺页异常处理过程
};
static int handle_ept_violation(struct kvm_vcpu * vcpu) {
    vcpu -> arch.exit_qualification = vmcs_readl(EXIT_QUALIFICATION);
    error_code = PFERR_*_MASK;            // 从 exit_qualification 获得
    gpa = vmcs_read64(GUEST_PHYSICAL_ADDRESS);

    return kvm_mmu_page_fault(vcpu, gpa, error_code, NULL, 0) {
        r = RET_PF_INVALID;
        if (unlikely(error_code & PFERR_RSVD_MASK)) {
            r = handle_mmio_page_fault(vcpu, cr2, direct);   // MMIO 模拟
            if (r == RET_PF_EMULATE)
                goto emulate;            // 执行模拟
        }
        if (r == RET_PF_INVALID)
            vcpu -> arch.mmu.page_fault(vcpu, gpa, error_code, false) ->
                tdp_page_fault(vcpu, gpa, error_code, prefault)
        if (r == RET_PF_RETRY)
            return 1;                    // 重新执行引起 EPT Violation 的指令
    }
}
```

退出原因是 EXIT_REASON_EPT_VIOLATION，于是调用 handle_ept_violation 函
数。VMCS 保存了该缺页异常的相关信息，包括造成缺页异常的 gpa、缺页异常的类型
error_code 等。如果 error_code 表示需要处理 MMIO 类型的 EPT Violation，则调用
handle_mmio_page_fault 函数。在 EPT 页表缺页的情况下，调用 tdp_page_fault 函数完善
EPT。这里忽略所有与大页相关的代码，感兴趣的读者可以在介绍的基础上研究大页相关
代码，进行“增量式”学习。tdp_page_fault 函数主要代码如下。

linux - 4.19.0/arch/x86/kvm/mmu.c

```
static int tdp_page_fault(struct kvm_vcpu * vcpu, gva_t gpa, u32 error_code,
```

```
                    bool prefault)
{
    kvm_pfn_t pfn;                                        // GPA 对应的 HPA
    int level;                    // 最后一级页表的 level,1GB 的大页是 3,2MB 的大页是 2,4KB 页是 1
    gfn_t gfn = gpa >> PAGE_SHIFT;
    int write = error_code & PFERR_WRITE_MASK;

    mmu_topup_memory_caches(vcpu) -> {                    // 预分配缓存池
        mmu_topup_memory_cache(&vcpu -> arch.mmu_pte_list_desc_cache,
                    pte_list_desc_cache, 8 + PTE_PREFETCH_NUM);
        mmu_topup_memory_cache_page(&vcpu -> arch.mmu_page_cache, 8);
        mmu_topup_memory_cache(&vcpu -> arch.mmu_page_header_cache,
                    mmu_page_header_cache, 4);
    }

    level = mapping_level(vcpu, gfn, &force_pt_level);    // level = 1
    if (fast_page_fault(vcpu, gpa, level, error_code))    // 用于脏页跟踪
        return RET_PF_RETRY;

    if (try_async_pf(vcpu, prefault, gfn, gpa, &pfn, write, &map_writable))
        return RET_PF_RETRY;

    spin_lock(&vcpu -> kvm -> mmu_lock);                  // 获取 EPT 锁
    if (mmu_notifier_retry(vcpu -> kvm, mmu_seq))
        goto out_unlock;
    if (make_mmu_pages_available(vcpu) < 0)
        goto out_unlock;
    r = __direct_map(vcpu, write, map_writable, level, gfn, pfn, prefault);
    spin_unlock(&vcpu -> kvm -> mmu_lock);               // 释放 EPT 锁

    return r;
out_unlock:
    spin_unlock(&vcpu -> kvm -> mmu_lock);
    kvm_release_pfn_clean(pfn);
    return RET_PF_RETRY;
}
```

tdp_page_fault 函数较为复杂,涉及多个 Linux 内核子系统,下面分步介绍。

（1）该函数首先填充三个缓存池,每次预分配都分别增加 16、8、4 个预备的对象。这三个缓存池分别用于 pte 链表（反向映射中一个 gfn 对应的所有 pte 的链表,以及一个 pte 的 parent_ptes 链表）、EPT 页表页、EPT 页表页头（即描述 EPT 页表页的 struct kvm_mmu_page）的分配,这三类对象的分配在 KVM 中很频繁,因此缓存池能够通过合并分配提高分配效率。

（2）这里忽略大页管理系统,假定 EPT 中不映射大页,mapping_level 函数将返回 1。接下来,尝试缺页异常处理的快速路径,调用 fast_page_fault 函数。此函数和 KVM 脏页管理系统有关,回忆当 QEMU 注册 memslot 时,可以使用 KVM_MEM_LOG_DIRTY_

PAGES 标志,它表示需要对这段内存进行脏页跟踪,多用于 QEMU 虚拟机热迁移的实现。当 QEMU 使用该标志进行内存注册时,KVM 将会把这段内存对应的所有 EPT 表项置为只读,这涉及内存页的反向映射系统。于是,该页表项指向的物理页已经分配,只需要将该页表项修改为可写就可继续正常执行客户机代码,而不再产生 EPT Violation,不需要执行后面的真实缺页异常处理。

(3) try_async_pf 函数负责检查客户机访问的 GPA 是否在 KVM 的 memslots 中,如果在,则分配宿主机物理页面,得到 pfn。EPT 将 GPA 翻译为 HPA,那么为了填充 EPT 表项,一个客户机物理页(GPA)必将对应一个宿主机物理页(HPA)。但是,如果该宿主机内存页已经换出到磁盘上,则会使客户机 vCPU 停滞较长的一段时间。为此,KVM 实现了异步缺页异常,当一个 vCPU 访问了被换出的宿主机物理页(这里借助了宿主机 Linux 内核的内存管理相关接口,不做深入介绍)时,则会将 vCPU 挂起,并执行另一个 vCPU,等待被换出的页加载到内存中。加载完毕后,被挂起的 vCPU 则会从 try_async_pf 函数中返回,重新执行引起缺页异常的客户机指令。该函数的另一个任务是实现 MMIO,检查参数 gfn 是否在 KVM 的 memslots 中,如果不在,则向 pfn 中写入 KVM_PFN_NOSLOT,最后进入__direct_map 函数的 set_mmio_spte 函数中,将 EPT 中这段客户机物理内存对应的部分标为特殊值,以后的读写都会引起 EPT Misconfiguration 的 VM-Exit。至此,KVM 获得了 pfn(类型为 kvm_pfn_t,表示 HPA),交由下一步构建 EPT 表项、填充 EPT 使用。

(4) 进入修改 EPT 的代码区,由于多个 vCPU 线程以及 MMU 通知器(MMU Notifier,当 Linux 内核将虚拟内存页换出到磁盘上时将收到通知,KVM 也注册了一个这样的通知器,其具体作用是在 Linux 内核换出客户机内存页时修改 EPT)可能会同时修改 EPT,需要加 kvm 的 mmu_lock 锁。mmu_notifier_retry 函数让 MMU 通知器线程优先执行,放弃 vCPU 的 EPT 填充。接下来,make_mmu_pages_available 函数将无用的 EPT 页表页释放,与之前填充 EPT 页的分配缓存池相互照应。这里也用到了反向映射系统。

__direct_map 函数实际填充了 EPT 四级页表,其定义如下。

linux-4.19.0/arch/x86/kvm/mmu.c

```
static int __direct_map(struct kvm_vcpu * vcpu, int write, int map_writable,
        int level, gfn_t gfn, kvm_pfn_t pfn, bool prefault) {
    struct kvm_shadow_walk_iterator iterator;
    struct kvm_mmu_page * sp;
    int emulate = 0;
    gfn_t pseudo_gfn;

    for_each_shadow_entry(vcpu, (u64)gfn << PAGE_SHIFT, iterator) {
        if (iterator.level == level) {
            emulate = mmu_set_spte(vcpu, iterator.sptep, ACC_ALL,
                        write, level, gfn, pfn, prefault,
                        map_writable);
            direct_pte_prefetch(vcpu, iterator.sptep);
            break;
        }
```

```
        if (!is_shadow_present_pte( * iterator.sptep)) {
            u64 base_addr = iterator.addr;
            base_addr & = PT64_LVL_ADDR_MASK(iterator.level);
            pseudo_gfn = base_addr >> PAGE_SHIFT;
            sp = kvm_mmu_get_page(vcpu, pseudo_gfn, iterator.addr,
                        iterator.level - 1, 1, ACC_ALL);
            link_shadow_page(vcpu, iterator.sptep, sp);
        }
    }
    return emulate;        // 可能返回 RET_PF_EMULATE
}
```

该函数根据前面步骤得到的 gfn（客户机物理页号）以及 pfn（宿主机物理页号）完成 EPT 中 gfn 对应部分的建立。for_each_shadow_entry 宏负责遍历四级页表，其参数是客户机物理地址（gfn<<PAGE_SHIFT）和遍历光标 iterator。熟悉 C++11 语法的读者知道，iterator 承载了指针的作用，且方便了对一个数据结构的遍历。而此处的 iterator（即读取 EPT 页表时指向 EPT 的指针）中存储了读取页表时的相关参数，方便了 EPT 的操作。详细内容见注释，此处仅关注其中的 level、addr 和 sptep。

```
linux - 4.19.0/arch/x86/kvm/mmu.c
```

```
struct kvm_shadow_walk_iterator {
    u64 addr;               // 当前查询 EPT 的 GPA,在整个过程中不变, 即 gfn << PAGE_SHIFT
    hpa_t shadow_addr;      // 当前 for 循环遍历到的页表页的物理地址
    u64 * sptep;            // 当前 for 循环遍历到的页表项
    int level;              // 当前 for 循环遍历到的页表页的级数, 即 4、3、2、1
    unsigned index;         // 当前 for 循环遍历到的页表项在本级页表中的索引
};
```

在此处的讨论中，for_each_shadow_entry 宏会执行 4 次，由于忽略了大页，EPT 共有四级页表。分两种情况：①遍历到的页表页是页表的中间节点，如果当前页表项 * iterator.sptep 不存在，则调用 kvm_mmu_get_page 函数获取一个 kvm_mmu_page，并调用 link_shadow_page 函数将当前 sptep 指向新的页表页；②如果遍历到的是最后一级页表，则调用 mmu_set_spte 函数将最后一级页表项指向新的 pfn。这样就建立了映射 gfn 到 pfn 的 EPT。

（5）最终释放 mmu_lock，如果更改 EPT 页表过程中的某一步失败，还需要释放由 try_async_pf 函数分配的 pfn 处的宿主机物理页。至此，KVM 完成了 gpa 对应的 EPT 四级页表的填充。

3.3.4　实验：将 GVA 翻译为 HPA

1. 实验概述

作为内存虚拟化的总结以及 KVM 内存虚拟化源码章节的拓展，本节进行 GVA 到 HPA 的翻译实验。内存虚拟化的核心是地址翻译，即将某一个地址空间的地址转换为下层地址空间的地址。如前文所述,地址翻译由 MMU 硬件完成,首先使用客户机进程页表 GPT 将 GVA 翻译为 GPA,再由扩展页表 EPT 将 GPA 翻译为 HPA。由于无法观察硬件的地址翻译过程,于是本节借助内核提供的页表访问接口,通过编写软件模拟 MMU 的功能。

为了证明内存翻译代码运行的正确性,首先在 GVA 处写入一个 int 类型的变量,并在最后得到的 HPA 处对该 int 类型变量进行读取,如果写入的变量和读到的变量值相同,那么证明地址翻译正确。本实验实现的软件 MMU 分为两部分:①客户机中的地址翻译模块作为客户机中运行的内核模块,首先在 GVA 处写入一个 int 变量 **0xdeadbeef**,再通过读取 GPT 的方式将 GVA 翻译成 GPA,最后通过超级调用将 GPA 传递给宿主机操作系统;②宿主机中的 KVM 内核模块截获到该超级调用,得到客户机传来的 GPA,通过读取 EPT 的方式进一步翻译成 HPA。为了读取 HPA 处的变量,还需要使用内核提供的接口做一次 HPA 到 HVA 的转化,这是因为分页模式开启,访存指令中的地址均是 HVA,无法使用 HPA 直接访问物理内存。最终读取 HVA 处的变量,将读取到的值与客户机写入的值进行比较,如果也是 **0xdeadbeef**,则能够证明地址翻译的正确性。下文分别介绍客户机的地址翻译与宿主机的地址翻译,形成一个整体,使读者了解地址翻译的流程,流程如图 3-17 所示。

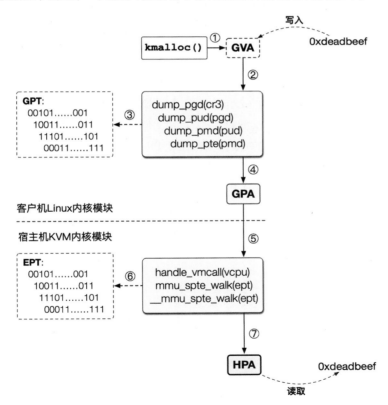

注:①调用 kmalloc 函数得到 **GVA**;②查询 GPT;③打印 GPT 相关表项;④查询 GPT,得到 **GPA**;⑤通过超级调用将 GPA 传入 KVM,查询 EPT;⑥打印 EPT 相关表项;⑦查询 EPT,得到 **HPA**。

图 3-17　GVA 到 HPA 翻译实验流程

首先说明实验的运行环境：宿主机 CPU 型号是 Intel Core i7-6500U，频率 2.50GHz，QEMU 为客户机提供了与宿主机相同型号的 CPU。宿主机物理内存大小为 7.5GB，客户机物理内存为 4GB。本节宿主机和客户机均使用 Linux v4.19.0 内核，并使用从源码编译的 QEMU v4.1.1。再说明实验准备，读者应该事先制作好一个客户机磁盘镜像，作为 QEMU 的-hda 参数进行读取，使用 QEMU 启动一个客户机。实验相关过程与脚本见代码仓库[①]。

2. 客户机中的地址转换：GVA 到 GPA

为了读取 Linux 操作系统的页表，需要在内核态编写代码。使用 Linux **内核模块**是编写内核代码的一种简单的方式。内核模块的源码可以仅由一个 .c 文件组成，在实验里是 gpt-dump.c，只需要编写一个 Makefile（编译命令文件）对 gpt-dump.c 进行编译，得到 gpt-dump.ko 文件，再使用命令 sudo insmod gpt-dump.ko 即可将内核模块插入内核。内核模块插入内核后，就会调用 gpt-dump.c 中定义的 init_module 函数；而使用命令 sudo insmod gpt-dump.ko 将内核模块移出内核时，则会调用 cleanup_module 函数。在 init_module 函数中即可编写内核代码在内核态运行，可以访问页表。

虚拟地址和物理地址在 Linux 内核中均使用 64 位的变量表示，而在 Intel Core i7 系统中，虚拟地址空间为 48 位，共 256TB 大小，物理地址空间为 52 位，共 4PB（4096TB）大小。一个页表项的大小为 64 位，即 8 字节，一个页表页有 512 个页表项，页表页大小为 4KB，故需要虚拟地址中的 $\log_2(512)=9$ 位索引每级的页表页。Linux 内核使用 4 级页表，用虚拟地址的第 47:39 位索引第 4 级页表，第 38:30 位索引第 3 级页表，第 29:21 位索引第 2 级页表，第 20:12 位索引第 1 级页表。这样就形成了前文所述的 9＋9＋9＋9 形式的四级页表。

虚拟地址使用第 47:12 位存储页表的索引，第 11:0 位存储虚拟地址在页中的偏移，因此查询页表只使用了虚拟地址的前 48 位，即访问虚拟地址空间仅使用了 48 位的虚拟地址。此处定义宏 UL_TO_VADDR 以及 VADDR_PATTERN 打印虚拟地址，包含页表的索引位（共 36 位），以及偏移（共 12 位）。部分相关宏定义如下。

gpt‐dump/gpt‐dump.c

```
#define TBYTE_TO_BINARY(tbyte)  \
  ((tbyte) & 0x04 ? '1' : '0'),      \
  ((tbyte) & 0x02 ? '1' : '0'), ((tbyte) & 0x01 ? '1' : '0')
#define UL_TO_PTE_OFFSET(ulong) \
  TBYTE_TO_BINARY((ulong) >> 9), TBYTE_TO_BINARY((ulong) >> 6), \
  TBYTE_TO_BINARY((ulong) >> 3), TBYTE_TO_BINARY((ulong))
#define UL_TO_PTE_INDEX(ulong) \
  TBYTE_TO_BINARY((ulong) >> 6), TBYTE_TO_BINARY((ulong) >> 3), TBYTE_TO_BINARY((ulong))
#define UL_TO_VADDR(ulong) \
  UL_TO_PTE_INDEX((ulong) >> 39), UL_TO_PTE_INDEX((ulong) >> 30), \
  UL_TO_PTE_INDEX((ulong) >> 21), UL_TO_PTE_INDEX((ulong) >> 12), \
```

---

① 代码仓库地址：https://github.com/GiantVM/book，包含了本书的实验代码。

```
  UL_TO_PTE_OFFSET((ulong))

# define TBYTE_TO_BINARY_PATTERN    "%c%c%c"
# define PTE_INDEX_PATTERN \
  TBYTE_TO_BINARY_PATTERN TBYTE_TO_BINARY_PATTERN TBYTE_TO_BINARY_PATTERN " "
# define VADDR_OFFSET_PATTERN \
  TBYTE_TO_BINARY_PATTERN TBYTE_TO_BINARY_PATTERN \
  TBYTE_TO_BINARY_PATTERN TBYTE_TO_BINARY_PATTERN
# define VADDR_PATTERN \
  PTE_INDEX_PATTERN PTE_INDEX_PATTERN \
  PTE_INDEX_PATTERN PTE_INDEX_PATTERN \
  VADDR_OFFSET_PATTERN

int init_module(void) ->
    print_ptr_vaddr(ptr);
```

由于内核尚没有将变量转化为二进制表示的函数,此处编写 pr_info 函数,接收不同的"%c"格式化字符串和'0'/'1'字符的组合来打印虚拟地址、物理地址以及页表项。以虚拟地址的打印为例,首先定义输出 3 个位的字符组合,即 TBYTE_TO_BINARY,还有对应的打印三个 char 类型的格式化字符串 TBYTE_TO_BINARY_PATTERN。接下来,需要将虚拟地址的低 12 位(即偏移的 12 个位)全部打印出来。继续对代表虚拟地址的 ulong(64 位的变量)使用 TBYTE_TO_BINARY,得到其低 3 位;再将 ulong 右移 3 位,并使用宏 TBYTE_TO_BINARY,得到其 5:3 位,以此类推,可以得到所有形式的'0'/'1'字符组合,包括宏 UL_TO_PTE_OFFSET 负责输出 12 位,UL_TO_PTE_INDEX 负责输出 9 位。对于 pr_info 的格式化字符串,实现方式类似,只需在合适的位置加上空格,便于观察。在内核模块初始化函数中,首先调用 print_ptr_vaddr 打印虚拟地址,输出如下。

```
gpt - dump/gpt - dump.txt

Value at GVA: 0xdeadbeef
 GPT PGD index: 304
 GPT PUD index: 502
 GPT PMD index: 469
 GPT PTE index: 163
        304        502        469        163
 GVA [PGD IDX] [PUD IDX] [PMD IDX] [PTE IDX] [  Offset  ]
 GVA 100110000 111110110 111010101 010100011 011001011000
```

可以看到四级页表的四个索引值,以及页内偏移的二进制表示。为了获得一个 GVA,在模块初始化函数中,首先调用 kmalloc 函数生成一个 int 类型变量的指针,由于内核模块运行在客户机内核中,所以该指针包含一个 GVA。在上面的代码片段中,客户机内核模块在该指针处写入数字:**0xdeadbeef**,期望在 GVA 对应的 HVA 处读到该数字。在输出中可以看到四级页表的索引,得知在页表页中应该读取第几个页表项。接下来,内核模块找到客户机内核线程的 CR3,并将其传入页表打印函数。下面是客户机内核模块的相关代码。

gpt – dump/gpt – dump.c

```
/* static vals */
unsigned long vaddr, paddr, pgd_idx, pud_idx, pmd_idx, pte_idx;

int init_module(void) ->
    dump_pgd(current -> mm -> pgd, 1);

void dump_pgd(pgd_t * pgtable, int level) {
    unsigned long i;
    pgd_t pgd;
    for (i = 0; i < PTRS_PER_PGD; i++) {
        pgd = pgtable[i];

        if (pgd_val(pgd) && (i == pgd_idx)) {
            if (pgd_large(pgd))
                { pr_info("Large pgd detected! return"); break; }

            if (pgd_present(pgd)) {
                // 调用__pa 检查页表页起始地址
                pr_pte(__pa(pgtable), pgd_val(pgd), i, level);
                dump_pud((pud_t *) pgd_page_vaddr(pgd), level + 1);
            }
        }
    }
}
void dump_pud(pud_t * pgtable, int level);
void dump_pmd(pmd_t * pgtable, int level);
void dump_pte(pte_t * pgtable, int level);
```

current-> mm-> pgd 是当前进程 current 的 CR3，指向 PGD（Page Global Directory，页全局目录）页表页的起始地址。dump_pgd 函数负责遍历 pgd 页表页的 PTRS_PER_PGD 个页表项，这里是 512 个页表项。pgd 是一个 pgd_t 类型的变量，内核还提供了类似的 pud_t、pmd_t、pte_t 数据结构表示每级页表的页表项，以及操作这些数据结构的接口。此处使用这些接口获取页表项的含义，如 pgd_val 函数返回该页表项的值，即该页表项对应的 unsigned long 变量；pgd_present 函数检查该页表项的第 0 位，返回该页表项是否有效；pgd_large 函数返回该页表项是否指向 1GB 的大页。本节忽略大页的情况，读者可以使用内核参数关闭大页。这里定义了全局变量保存的虚拟地址和对应的物理地址，以及各级页表索引。pgd_idx 表示从 64 位虚拟地址中获得的 PGD 页表索引。接下来，如果 PGD 页表页的第 pgd_idx 个页表项存在，那么调用 pr_pte 函数打印该页表项，此函数定义如下。

gpt – dump/gpt – dump.c

```
const char * PREFIXES[] = {"PGD", "PUD", "PMD", "PTE"};
static inline void pr_pte(unsigned long address, unsigned long pte,
                    unsigned long i, int level) {
    if (level == 1)
```

```
        pr_cont(" NEXT_LVL_GPA(CR3)   =   ");
    else
        pr_cont(" NEXT_LVL_GPA(%s)   =   ", PREFIXES[level - 2]);
    pr_cont(PTE_PHYADDR_PATTREN, UL_TO_PTE_PHYADDR(address >> PAGE_SHIFT));
    pr_cont(" +   64 * %-3lu\n", i);
    pr_sep();       // 打印换行符
    pr_cont(" %-3lu: %s " PTE_PATTERN "\n",
            i, PREFIXES[level - 1], UL_TO_PTE(pte));
}
```

参数 address 表示本级页表页的起始地址,从上一级页表项获得,pte 表示本级页表项。宏 PTE_PATTREN 用于打印一个页表项。继续查询下一级页表的函数调用链为 dump_pgd→dump_pud→dump_pmd→dump_pte,其中每一步的逻辑大致相同。address 和 pte 的打印结果如下。

gpt‑dump/gpt‑dump.txt

```
NEXT_LVL_GPA(CR3)   =    000000000000000000000110000110000001100   +   64 * 304

304: PGD 000000000000 0000000000000000000011111110110010011 000001100111
NEXT_LVL_GPA(PGD)   =    0000000000000000000011111110110010011   +   64 * 502

502: PUD 000000000000 0000000000000000000011111110110010100 00000110011
NEXT_LVL_GPA(PUD)   =    0000000000000000000011111110110010100   +   64 * 469

469: PMD 000000000000 0000000000000000000011101010101011100100 000001100011
NEXT_LVL_GPA(PMD)   =    0000000000000000000011101010101011100100   +   64 * 163

163: PTE 100000000000 000000000000000000001110101010101100011 000001100011
GPA             =       000000000000000000001110101010101100011 011001011000
```

从加粗的部分可以看到,客户机内核模块对页表页的地址调用 __pa 函数获得其物理地址,和上一级页表项中保存的下一级页表页的物理地址完全相同,这符合预期。最终,就可以从 PTE 中获得物理地址,为了验证正确性,客户机内核模块对 vaddr 调用 __pa 函数,打印出 GPA 开头的行,具体在 print_pa_check 函数中实现,代码如下。

gpt‑dump/gpt‑dump.c

```
static inline void print_pa_check(unsigned long vaddr) {
    paddr = __pa(vaddr);
    pr_info(" GPA            =        " PADDR_PATTERN "\n", UL_TO_PADDR(paddr));
}
```

可以看到,和之前获得的 PTE 中的物理地址相同,说明读取页表的结果正确。其中低 12 位是页内偏移,物理地址和虚拟地址中的页内偏移完全相同。最后,客户机内核模块调用 kvm_hypercall1(22,paddr)函数,将 paddr 传给 KVM。

3. KVM 中的地址转换：GPA 到 HPA

KVM 负责维护 EPT，具有读取 EPT 的权限。本实验修改宿主机内核的 KVM 模块，增加一个超级调用处理函数，接收从客户机传来的 GPA，模拟 GPA 到 HPA 的翻译。在 CPU 虚拟化章节中提到，当客户机执行了一个敏感非特权指令时，会引起 CPU 的 VM-Exit，CPU 的执行模式从非根模式转换为根模式，并进入 KVM 的 VM-Exit 处理函数。kvm_hypercall1 函数最终执行 vmcall 指令，陷入 KVM，KVM 得知 VM-Exit 的原因是客户机执行了 vmcall 指令，编号为 EXIT_REASON_VMCALL，于是调用如下 handle_vmcall 处理函数。

linux - 4.19.0/arch/x86/kvm/vmx.c

```
static int ( * const kvm_vmx_exit_handlers[])(struct kvm_vcpu * vcpu) =
{
    [EXIT_REASON_VMCALL] = handle_vmcall,
}
static int handle_vmcall(struct kvm_vcpu * vcpu)
{
    return kvm_emulate_hypercall(vcpu);
}
```

函数 handle_vmcall 调用超级调用模拟函数 kvm_emulate_hypercall，代码如下。

linux - 4.19.0/arch/x86/kvm/x86.c

```
int kvm_emulate_hypercall(struct kvm_vcpu * vcpu)
{
    unsigned long nr, a0, a1, a2, a3, ret;
    nr = kvm_register_read(vcpu, VCPU_REGS_RAX);
    a0 = kvm_register_read(vcpu, VCPU_REGS_RBX);
    ..
    switch (nr) {
    case KVM_HC_DUMP_SPT:
        print_gpa_from_guest(a0);
        mmu_spte_walk(vcpu, pr_spte);
        ret = 0;
        break;
    ..
    }
}
```

其中，nr 是 kvm_hypercall1 函数的第一个参数，a0 是第二个参数。nr 表示应该调用哪个超级调用模拟函数，定义 KVM_HC_DUMP_SPT 为 22，表示打印客户机内核线程页表对应的 EPT。首先调用 print_gpa_from_guest 函数打印客户机传来的 GPA，并从 GPA 中获取每级 EPT 页表的索引，保存在全局变量 pxx_idx[4] 中，print_gpa_from_guest 函数的打印结果如下。

gpt－dump/ept－dump.txt

```
EPT PGD index: 0
EPT PUD index: 0
EPT PMD index: 469
EPT PTE index: 163
        0         0        469        163
GPA [PGD IDX] [PUD IDX] [PMD IDX] [PTE IDX] [  Offset  ]
GPA 000000000 000000000 111010101 010100011 011001011000
```

可以看到，此处的 GPA 与在客户机中读取 GPT 得到的 GPA 相同，说明客户机内核模块的超级调用成功。接下来调用 mmu_spte_walk 函数遍历此 vCPU 的 EPT，在代码中称作 spt，这是为了和影子页表共用一套代码。传入 mmu_spte_walk 函数的参数有 vcpu，以及遍历到一个页表项时所调用函数的指针 pr_spte，负责打印页表项。遍历代码如下。

linux－4.19.0/arch/x86/kvm/mmu.c

```
unsigned long gpa_from_guest, pxx_idx[PT64_ROOT_4LEVEL];
void mmu_spte_walk(struct kvm_vcpu * vcpu, inspect_spte_fn fn)
{
    int i;
    struct kvm_mmu_page * sp;
    if (!VALID_PAGE(vcpu－>arch.mmu.root_hpa))
        return;
    if (vcpu－>arch.mmu.root_level >= PT64_ROOT_4LEVEL) {
        hpa_t root = vcpu－>arch.mmu.root_hpa;
        sp = page_header(root);
        __mmu_spte_walk(vcpu, sp, fn, 1);
    }
}
static void __mmu_spte_walk(struct kvm_vcpu * vcpu, struct kvm_mmu_page * sp,
            inspect_spte_fn fn, int level)
{
    int i;
    for (i = 0; i < PT64_ENT_PER_PAGE; ++i) {
        u64 * ent = sp－>spt;
        if (i == pxx_idx[PT64_ROOT_4LEVEL － (5 － level)] &&
            is_shadow_present_pte(ent[i]))
        {
            struct kvm_mmu_page * child;
            fn(__pa(ent), ent[i], i, level);          // 调用 __pa 检查页表页起始地址

            if (!is_last_spte(ent[i], 5 － level)) {    // 继续下一级遍历
                child = page_header(ent[i] & PT64_BASE_ADDR_MASK);
                __mmu_spte_walk(vcpu, child, fn, level + 1);
            } else {
                if (is_large_pte(ent[i]))              // 遇到大页
                    print_huge_pte(ent[i]);
                else                                   // 未遇到大页
```

```
                            print_pte(ent[i]);
                    }
                }
            }
        }
```

如 3.3.3 节所述，vcpu-> arch. mmu. root_hpa 保存了 EPT 的基地址，初始化时被设为 INVALID_PAGE。mmu_spte_walk 函数首先判断 vcpu-> arch. mmu. root_hpa 是否是无效页 INVALID_PAGE，如果是，则说明 vCPU 对应的 EPT 尚未建立，无法遍历。如果 EPT 的级数大于 PT64_ROOT_4LEVEL，则调用递归函数 __ mmu_spte_walk 遍历页表。

page_header 函数返回一个 hpa_t 变量所指向页表页的 kvm_mmu_page 结构的指针。于是，KVM 将 EPT 第 4 级页表页的 kvm_mmu_page 结构传入 __ mmu_spte_walk 函数，并且从 level＝1 开始遍历 EPT。

和查询 GPT 一样，KVM 遍历页表页中的每一个页表项，如果页表项的索引等于之前 print_gpa_from_guest 函数中获取的 pxx_idx 中对应的索引，那么此页表项就是目标页表项，并将它传入 fn 函数进行打印。如果查询到的页表项不是最后一级，则继续递归调用 __ mmu_spte_walk 函数查询下一级页表。在这里，将 fn 置为打印 EPT 页表项的函数，如下打印格式与 GPT 相同。

```
gpt - dump/ept - dump. txt

NEXT_LVL_HPA(EPTP) =    000000000000000000001110101110110000100101   +   64  *  0

0    : PGD 000000000000 0000000000000000001000100001100010010111 000100000111
NEXT_LVL_HPA(PGD)  =    0000000000000000001000100001100010010111   +   64  *  0

0    : PUD 000000000000 0000000000000000001000000010100010100100 000100000111
NEXT_LVL_HPA(PUD)  =    0000000000000000001000000010100010100100   +   64  *  469

469: PMD 000000000000 0000000000000000001000100000111000011111 000100000111
NEXT_LVL_HPA(PMD)  =    0000000000000000001000100000111000011111   +   64  *  163

163: PTE 000000000000 0000000000000000001101011011110100110011 111101110111
```

由于本实验没有关闭宿主机上的大页，KVM 在查询到最后一级页表时做了两种处理：如果遍历到大页，则调用 print_huge_pte 函数打印最后获取 HPA 的过程；否则调用 print_pte 函数。具体的打印代码不再赘述，下面只展示最后如何使用代码得到 HPA。

```
linux - 4.19.0/arch/x86/kvm/mmu.c

unsigned long gpa_from_guest, pxx_idx[PT64_ROOT_4LEVEL];

// 大页的情况,仅考虑 2MB 的大页
static inline u64 print_huge_pte(u64 ent) {
        // 最终宿主机物理页的 HPA
```

```
    u64 page_hpa = ent & PT64_DIR_BASE_ADDR_MASK,
        // 获取页偏移的 mask
        offset_mask = PT64_LVL_OFFSET_MASK(2) | (PAGE_SIZE - 1),
        // 物理页 HPA 加上页偏移,最终调用__va()得到 HVA
        * ptr = (u64 *)(__va(page_hpa + (gpa_from_guest & offset_mask)));

    // 最终读取 ptr 处的数据,为 0xdeadbeef
    pr_info("Value at HPA: % p\n", (void *) * ptr);
}

// 普通 4KB 页的情况
static inline u64 print_pte(u64 ent) {
        // 最终宿主机物理页的 HPA
    u64 page_hpa = ent & PT64_BASE_ADDR_MASK,
        // 获取页偏移的 mask
        offset_mask = PAGE_SIZE - 1,
        // 物理页 HPA 加上页偏移,最终调用__va()得到 HVA
        * ptr = (u64 *)(__va(page_hpa + (gpa_from_guest & offset_mask)));

    // 最终读取 ptr 处的数据,为 0xdeadbeef
    pr_info("Value at HPA: % p\n", (void *) * ptr);
}
```

对于 2MB 大页的情况,最后一级页表项是 PDE,这类页表项的第 **51:21** 位表示大页的起始物理地址,这里使用 PT64_DIR_BASE_ADDR_MASK 宏从 ent 页表项中获取大页的起始物理地址。接下来,使用 PT64_LVL_OFFSET_MASK(2) | (PAGE_SIZE-1)获取 GPA 中的大页偏移的部分,即 20:0 位。最终,结合大页起始地址和大页偏移得到 HPA,最后调用__va 函数获取对应的 HVA,并解引用该 HVA,读取到数据 **0xdeadbeef**,符合预期。

对于普通 4KB 页的情况,PTE 中的第 **51:12** 位表示其指向的物理页的起始地址,使用 PT64_BASE_ADDR_MASK 宏从 PTE 中获取页的物理地址,再使用 PAGE_SIZE-1 从 GPA 中获取页偏移,即 11:0 位。最后结合页的物理地址和页偏移得到 GPA,最后调用__va 函数得到 HVA,并解引用该 HVA,读取到数据 **0xdeadbeef**,符合预期。

综上所述,客户机内核模块在一个 GVA 处写入了 **0xdeadbeef**,读取客户机页表得到 GVA 对应的 GPA,通过超级调用传递 GPA 到 KVM 模块,KVM 读取 EPT 将 GPA 翻译成 HPA,最后通过__va 函数找到 HPA 对应的 HVA,并读取到 **0xdeadbeef**,表明 HPA 处确实存储了 GVA 处的数据,地址翻译成功。在翻译过程中,实验代码打印了地址翻译所涉及的页表项、GPA、HPA 等,环环相扣。ept-dump. txt 文件存储了完整的输出信息,供读者查看。

3.4　GiantVM 内存虚拟化

第 2 章结尾介绍了"多虚一"的虚拟机监控器 GiantVM,基于 QEMU/KVM 的 Type Ⅱ 开源虚拟机监控器运行在多个物理节点上,为操作系统提供了一个透明的"虚拟"物理硬件,而这些"虚拟"物理硬件的后台实现是多个物理节点上的物理资源。这种分布式的虚拟机监控器既可以聚合海量的计算资源,为资源要求高的工作负载(如机器学习、大数据分析)提供便利,也可以覆盖分布式系统的复杂性,程序员可以将在单机上运行的程序无修改地运行在一个分布式系统上,即提供一个 SSI,如本章开头多机上的"虚拟"物理地址空间所述。

分布式框架(如 Spark、MapReduce)往往有复杂的编程模型,程序员想要让自己的程序运行在分布式系统上,则必须要根据这些分布式框架提供的接口改写旧的代码;而巨型虚拟机 GiantVM 可以运行任何一个普通的操作系统,给程序员提供与单机环境上完全相同的接口,无须修改原有的代码即可以将程序运行在海量资源之上,甚至原来难以运行在分布式集群上的应用也可以借助巨型虚拟机运行在分布式集群上。

在一个运行在 GiantVM 的客户机看来,它拥有大量的 CPU 和物理内存。经过测试,GiantVM 可以运行具有 512 个 vCPU 和 2TB 内存的 sv6 操作系统[①]。第 2 章已经介绍了 CPU 的虚拟化以及跨节点中断转发的实现。作为 QEMU/KVM 内存虚拟化原理的拓展,本章介绍分布式共享内存的原理以及内存虚拟化在 GiantVM 中的实现。

3.4.1　分布式共享内存

如 3.1 节所述,多机上的"虚拟"物理内存的后台实现是多个物理节点,每个节点都拥有一定数量的物理内存,将这些物理内存通过虚拟化的方式聚合起来,建立一个虚拟"物理内存"的抽象层,就可以供操作系统无修改地运行。接下来的问题是:以什么样的方式建立该抽象层呢? 容易想到,应该用地址翻译建立抽象层,下文讨论如何完成地址的管理。

从熟悉的 CPU 缓存架构出发:每个 CPU 核都有一个私有的一级/二级缓存(L1/L2 cache,L1 cache 大小一般为 32KB,L2 cache 大小一般为 256KB),它们保存着主存(内存)中数据的副本。每次访问主存之后,需要将访问地址周围**缓存行大小**(一般为 64 字节)的数据复制到缓存中,缓存行是主存和缓存之间数据交换的单位。为了保证每个 CPU 核的缓存中副本的正确性,有一套 **MESI** 缓存一致性协议控制每个缓存行的状态,包括已修改的(Modified,M)、独占的(Exclusive,E)、共享的(Shared,S)、无效的(Invalid,I)四种状态。CPU 对缓存行的读写操作都将触发缓存行状态的改变,例如 CPU 读取一个无效的缓存行,则首先将该缓存行对应数据的最新版本写入主存,再将该数据拷贝到该缓存行中,最后将该缓存行的状态置为共享。这样每个 CPU 核心都能够读到该数据的最新副本,从而避免读取到旧的数据产生错误。缓存架构在 Intel SDM 中有详细介绍,有兴趣的读者可以查阅。

回想多台机器上的"虚拟"物理地址空间,对它的管理类似于 CPU 缓存架构:将每个物理节点类比为一个 CPU 核心,而"虚拟"物理地址空间视作主存,那么每个物理节点的内存中均保存着"虚拟"物理地址空间中数据的一个副本。为了减少网络访问,每个机器的内存和全局的"虚拟"物理内存之间交换数据的单位是页,大小为 4KB,而非 64 字节的缓存行,

---

① 代码仓库地址:https://github.com/aclements/sv6,sv6 是一个实验性质的操作系统。

每个页都有一个类似于 MESI 的状态。于是,如果一个访存指令访问一个**"虚拟"物理地址空间**中的地址,那么首先在执行这条指令的机器的内存中查看是否保存了一份该数据的副本,如果没有此副本,则向一个全局的控制者询问:这份数据保存在哪里?于是可以取得该数据的最新副本,并复制到本地内存。这样访问"虚拟"物理地址空间中地址的指令就可以访问整个分布式集群中所有节点的物理内存,虽然需要经过网络,但还是实现了内存的聚合。

可能有读者会产生疑问:如果给每台机器划分出一块"虚拟"物理地址空间的范围供其专门管理,只要访问的"虚拟"物理地址落在某个机器所管辖的范围内,那么是否该地址对应数据的副本就在这台机器上?例如,如果要实现一个 16G 的物理地址空间,一共有 4 个节点,那么节点 1 负责前 1/4 的地址空间,节点 2 负责第二个 1/4 的地址空间,以此类推。这种实现方式本质上还是需要将远程节点的数据缓存到本地,并维护每个缓存页的状态,否则会产生大量的网络访问,例如,如果节点 1 频繁访问节点 2 所管辖的内存范围,那么节点 1 就需要通过网络频繁访问节点 2 的内存,造成性能问题。

GiantVM 的构想与多年前 IVY 这一 DSM (Distributed Shared Memory,分布式共享内存) 系统设计者 Kai Li[①] 的理念不谋而合:如图 3-18 所示,为了维护数据一致性,IVY 定义了已修改、共享、无效三种状态,每个页都处于三种状态之一。无效状态表示当前页的内容无效,此时该页不可读写,若进行读写则产生缺页异常,进入 IVY 进行状态迁移;共享状态表示当前页可能被多台机器共享,此时该页只读,若进行写入则触发状态迁移;已修改状态表示当前页被一台机器独占,此时该页可由这台机器读写。在状态迁移的处理上,IVY 采取了与基于目录的一致性协议类似的做法,引入了**管理者(Manager)**的概念,相当于缓存一致性算法中的目录(Directory),由管理者跟踪每个页的**持有者(Owner)**。对无效页进行读取时,IVY 系统通过查询管理者找到页的持有者,若是已修改页,则该已修改页转到共享状态,否则不变,然后将请求者(该无效页所在的机器)加入持有者的**复制集(Copyset)**,最后将该页的拷贝返回给请求者,该页即可以从无效状态转移到共享状态。类似地,对无效或共享页进行写入时,IVY 系统也是通过查询管理者找到页的持有者,获取拷贝,不过此时还需要获取其复制集,取得拷贝后完成写入,最后向复制集中的所有机器发送无效消息,令它们上面的所有对应页进入无效状态,即可以完成写入,使写入者转移到已修改状态。

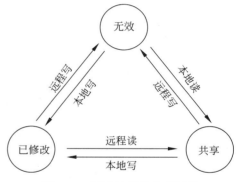

图 3-18　MSI 协议状态变迁图

当客户机用"虚拟"物理地址进行内存访问时,就可以复用 IVY 系统的 MSI(Modified、

---

①　http://css.csail.mit.edu/6.824/2014/papers/li-dsm.pdf 中介绍了 Kai Li 设计的分布式共享内存实现。

Shared、Invalid,已修改的、共享的、无效的)页状态管理机制,使用"虚拟"内存地址查找真实数据在分布式集群中的位置。IVY 向上层操作系统暴露与实际内存完全相同的语义,即随机访问和按字节寻址。有了 DSM 模型,就可以讨论如何在 QEMU/KVM 中实现该模型,即实现 GiantVM 的内存虚拟化。

3.4.2　GiantVM 中的 DSM 架构

下文将基于 QEMU/KVM 二次开发的分布式 QEMU 称为 **dQEMU**(distributed QEMU,分布式 QEMU),当它单独部署到一台物理机上时,就退化成为普通的 QEMU;而当部署到多台物理机上时,则每台物理机上都会启动一个 dQEMU 实例(即 dQEMU 进程),dQEMU 与其所在机器的 KVM 模块协同工作,由多个 dQEMU 实例通过网络共同构成一个分布式的虚拟机监控器。GiantVM 的实现既有基于 RDMA(Remote Direct Memory Access,远程内存访问)的版本,也有基于 TCP(Transmission Control Protocol,传输控制协议)的版本。RDMA 由于其绕过了远端操作系统,性能比 TCP 更高,但需要特殊的硬件。

首先,在 dQEMU 内存参数方面,假设"虚拟"物理内存的大小是 2TB,在启动 dQEMU 进程时依然采用参数-m 2T,于是在每个节点上运行的 vCPU 依然可以访问 2TB 的"虚拟"物理内存。此时 dQEMU 进程仅仅使用 mmap 在宿主机上分配的 2TB 虚拟内存,并未分配实际的物理内存,未建立 GPT 和 EPT 的相关表项。而具体访问的数据保存在哪个节点上由 KVM 进行管理,即在 KVM 中仿照 IVY 系统实现 DSM,这是由于 KVM 可以管理 EPT,EPT 管理了"虚拟"物理内存。其次,为了让客户机操作系统对巨型虚拟机的实际物理拓扑有一定认识,GiantVM 将物理机抽象成 NUMA 节点的形式呈现给客户机(通过 dQEMU 的-numa 参数),整个巨型虚拟机将被理解为一台巨大的 NUMA 机器,其中每个 NUMA 节点对应一台物理机器,这样客户机操作系统的进程调度和迁移、内存管理等都会对巨型虚拟机的物理拓扑有所参考。

在实现的内存模型方面,由于 x86 硬件给操作系统提供的内存模型是 x86-TSO(x86 Total Store Order,x86 全存储序),因此 GiantVM 实现的内存模型的一致性不能弱于 x86-TSO,否则一般的操作系统无法正确运行。而 IVY 提供了顺序一致性的内存模型强于 TSO,故可以将 IVY 系统整合进 KVM,即可实现一个具有顺序一致性保证的"虚拟"物理内存平台。限于篇幅,此处暂不考虑更宽松的内存一致性模型。图 3-19 展示了在 GiantVM 中处理客户机读一个无效页的过程。整个过程的第 1 步是通过页表权限的控制,令客户机在执行内存读取操作时产生异常,退出到 KVM。随后,根据内存同步协议,需要先向管理者请求,然后管理者将请求转发给持有者,即第 2、3 步。这里,KVM 专门开辟了一个内核线程作为服务端,用于接收其他节点发来的消息。持有者收到消息后,要访问客户机的内存,读取该页的内容,即第 4、5 步,随后才能将其返回给请求者。最后,请求者获得该页的副本后,还要先写入客户机的内存,即第 8、9 步,并修改页表权限、将页转到共享状态,然后才能返回客户机模式。

下文将介绍在 KVM 中如何实现一个类似于 IVY 系统的内存管理系统,可以和前文

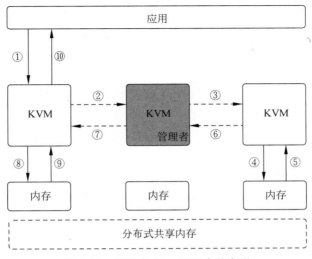

图 3-19 IVY 在 GiantVM 中的实现

KVM 内存虚拟化的代码相互照应,作为一个拓展。GiantVM 内存虚拟化的实现基于 **EPT**
的管理,由于 EPT 存储了"虚拟"物理内存页的一切信息,且与客户机页表完全解耦。

3.4.3 GiantVM 中 DSM 的实现

本节简要介绍如何在 KVM 中实现上文提出的 10 个处理步骤,可能涉及 vCPU 线程以
及其他处理线程,均在内核态运行,下面分步介绍。

1. 页表权限的设置

可以看到,整个流程之所以被触发,就是因为页的权限设置,可以说它是内存同步协议
成立的重要原因,在整个系统中的地位不言而喻。由于 KVM 同时支持影子页表和二级页
表(即 EPT)两种内存虚拟化模式,权限设置对应地也有两种,即设置影子页表或 EPT 中页
表项的权限。实际运用中,影子页表模式基本上已被淘汰,因此仅考虑 EPT 模式的支持。

首先考察 KVM 本身对页表的管理。在 KVM 中,客户机触发缺页异常(影子页表模
式)或 EPT Violation(EPT 模式)后,最终会来到 kvm_mmu_page_fault 函数,然后根据模
式的不同,通过函数指针调用不同的处理函数。EPT 模式对应的函数为 tdp_page_fault 函
数,其中最重要的两个步骤分别是调用 try_async_pf 函数和调用 __ direct_map 函数。tdp_
page_fault 函数的参数是 GPA,前一个步骤所做的工作就是找到它对应的 HVA,然后根据
HVA 找到对应的 PFN(Physical Frame Number,宿主机物理页框号)。后一个步骤所做的
工作则是根据 GFN(Guest Frame Number,客户机页框号)和 PFN 建立页表,这里就是建
立 EPT 页表。最终的权限设置在 set_spte 函数中进行。

GiantVM 在上述两个步骤之间增加了一个步骤,即调用 kvm_dsm_page_fault 函数执
行内存同步协议,这一步的返回值是 IVY 协议想为新建立的页表项设置的权限。EPT 表

项基本上有三个权限位，即 R、W、X，分别是 EPT 表项的第 0~2 位。对于已修改页，三个权限位都设置为 1，对应的返回值为 ACC_ALL；对于共享页，将 R、X 位设置为 1，对应的返回值为 ACC_EXEC_MASK｜ACC_USER_MASK；对于无效页，三个位都设置为 0。取得返回值后，传入 __direct_map 函数，最后一路传到 set_spte 函数，就实现了对页表项权限位的控制。下面代码展示了页表项权限位的控制流程。

giantvm - linux/arch/x86/kvm/mmu.c｜dsm.c

```
vCPU thread -> handle_ept_violation -> kvm_mmu_page_fault ->
tdp_page_fault {                           // mmu.c
    if (try_async_pf(.., &pfn, ..))
        return 0;
    dsm_access = kvm_dsm_vcpu_acquire_page(vcpu, &slot, gfn, write);
    r = __direct_map(.., dsm_access);
}

kvm_dsm_vcpu_acquire_page ->               // 是 dsm 模块向 mmu 模块提供的一个接口，见 dsm.c
    __kvm_dsm_acquire_page ->
        kvm_dsm_page_fault ->
            ivy_kvm_dsm_page_fault         // 根据 IVY 协议得出页状态

__direct_map(dsm_access) ->
    mmu_set_spte(pte_access) ->
        set_spte(pte_access) ->
            mmu_spte_update(sptep, new_spte) ->
                mmu_spte_set(sptep, new_spte) ->
                    __set_spte(sptep, new_spte) ->
                        WRITE_ONCE( * sptep, spte);    // 最终更新 EPT 表项
```

上面只介绍了对于权限的升级，相对应的降级操作则是在服务端内核线程进行的，例如收到无效化请求后，就要将自身的状态切换到无效。这里的操作更简单，可以直接利用 mmu_spte_update 函数修改页表项，不过此处使用的是 KVM 里进一步封装的函数。详细调用过程如下。

giantvm - linux/arch/x86/kvm/dsm.c｜ivy.c

```
kvm_vm_ioctl_dsm ->                  // dsm.c
    kvm_dsm_init ->
        thread = kthread_run(kvm_dsm_threadfn, (void * )kvm,          // 启动主处理线程
                      "kvm - dsm/ % d", kvm -> arch.dsm_id);

// kvm_dsm_threadfn 在接收到一个请求后，启动 NDSM_CONN_THREADS 个 req 处理线程
kvm_dsm_threadfn {
    while (1) {
        ret = network_ops.accept(listen_sock, &accept_sock, 0);       // 接收请求
        for (i = 0; i < NDSM_CONN_THREADS; i++) {
            thread = kthread_run(kvm_dsm_handle_req,
                (void * )conn, "dsm - conn/ % d: % d", kvm -> arch.dsm_id, count++);
```

```
        }
      }
    }

kvm_dsm_handle_req -> ivy_kvm_dsm_handle_req {                              // ivy.c
    while (1) {
        switch (req.req_type) {
        case DSM_REQ_INVALIDATE:
            ret = dsm_handle_invalidate_req(kvm, conn_sock,
                    memslot, slot, &req, &retry, vfn, page, &tx_add);
        case DSM_REQ_WRITE:
            ret = dsm_handle_write_req(kvm, conn_sock, memslot, slot, &req,
                    &retry, vfn, page, &tx_add);
        case DSM_REQ_READ:
            ret = dsm_handle_read_req(kvm, conn_sock, memslot, slot, &req,
                    &retry, vfn, page, &tx_add);
        }
    }
}
```

2．客户机内存的访问

上文主要围绕图 3-19 中的步骤 1 展开，下面考察步骤 4、5 和 8、9，即对客户机内存的读写访问的实现，相对而言这要简单得多。在 KVM 中，原本就有读写客户机内存的功能，一些半虚拟化特性（如时钟等）都会用到，它们最终分别是由 __kvm_read_guest_page 和 __kvm_write_guest_page 这两个函数实现的。因此，对于步骤 8、9，KVM 可以直接调用这两个函数对客户机内存进行读写。但是，对于步骤 4、5，情况则有所不同。

步骤 8、9 实际上位于上文介绍的 kvm_dsm_page_fault 函数中（它又在 tdp_page_fault 函数中），而步骤 4、5 则是在专门开辟的服务端内核线程中执行的。这两者最大的区别在于，前者位于 QEMU 进程的 vCPU 线程中，而后者作为内核线程，没有对应的用户态程序。KVM 在实现读写客户机内存的功能时，是通过 GPA 找到对应的 HVA，然后使用 Linux 内核提供的 __copy_from_user 和 __copy_to_user 调用，从用户地址空间读取或向其写入。对于前者，用户地址空间就是 QEMU 进程的地址空间，因此操作能够成功。对于后者，不存在对应的用户地址空间，因此调用会失败。事实上，Linux 内提供了为内核线程临时挂载用户地址空间的功能。服务端内核线程进行客户机内存读写操作时，首先通过 use_mm 函数挂载 KVM 所在的 QEMU 进程的地址空间，然后便可以进行读写操作，最后用 unuse_mm 函数取消挂载，恢复原状。这样就解决了服务端内核线程中无法对客户机进行内存读写的问题，调用链如下。

giantvm - linux/arch/x86/kvm/ivy.c

```
dsm_handle_read_req/dsm_handle_write_req ->
    kvm_read_guest_page_nonlocal
    {
        use_mm(kvm -> mm);
```

```
        ret = __kvm_read_guest_page(slot, gfn, data, offset, len)
        {
            addr = gfn_to_hva_memslot_prot(slot, gfn, NULL);
            r = __copy_from_user(data, (void __user *)addr + offset, len);
        }
        unuse_mm(kvm->mm);
    }
```

3．页面状态的维护

通过上文介绍，读者可以得知分布式共享内存如何进行必要的操作，如页表权限管理和客户机内存访问。构成分布式共享内存的另一个核心要素就是与每个页相关联的 MSI 状态，可以说内存同步协议就是围绕页的状态转移展开的。显而易见，节点之间发送的同步消息，例如读取某个页或无效化某个页的请求，必然要指明请求的是哪个页，否则无从确定此同步操作的对象。由于各个节点的 dQEMU 进程不可能有共同的虚拟地址，它们一定只能使用 GFN 指定操作对象。由此自然得出的一个结论就是，页的 MSI 状态以及复制集等信息也应该与 GFN 绑定。

在 QEMU/KVM 中，客户机的内存本质是在 QEMU 中申请的一段内存，QEMU 可以通过 HVA 直接访问它。在 QEMU 中，通过使用由 MemoryRegion 对象构成的树来管理内存，QEMU 将内存注册到 KVM 时还原成一维的内存区间进行注册，每个区间具有起始地址（包括 HVA 地址和 GPA 地址）和大小。在 KVM 中，上述内存区间由 kvm_memory_slot 表示，正如 3.3.3 节介绍。一种解决方案是，向该数据结构中添加一项 struct kvm_dsm_info * gfn_dsm_state，用于维护分布式共享内存中的页面信息。在服务端内核线程收到消息后，根据 GFN 能很容易地找到对应的内存插槽并进一步检查或修改页面的 MSI 状态等。

然而，在上述原型系统中，会偶尔出现内存状态不一致的现象，例如本该被标为无效的页，客户机却没有经过同步就读取到了它的内容。经过进一步的排查和调研，这是因为对于同一个 GFN 也就是同一个页，系统实际上维护了两份 kvm_dsm_info，其中一份被标记为无效时，另一份可能仍处于共享状态因此可以被读取。这是因为两个不同的 GFN 对应的是同一块宿主机的内存，QEMU 在注册时为同一段宿主机虚拟地址注册了两次，分别使用了不同的 GPA。这一般是为了模拟一些硬件在 1MB 以内的低地址有一个为兼容而存在的传统 MMIO 区域，在高地址又有一个 MMIO 区域，两个 MMIO 区域能访问到的内容是相同的。

简而言之，在 QEMU/KVM 中，一个 **HVA** 可能对应**多个 GPA**，而每个 HVA 到 GPA 的映射都对应一个 kvm_memory_slot，从而维护一份页面信息，而 GPA 到 HVA 的映射是一对一的。要解决这些问题，办法就是将页面信息与 HVA（即 QEMU 中的地址）绑定，而不是与 GFN 绑定。为此，①GiantVM 引入了 kvm_dsm_memory_slot 数据结构（以下简称 hvaslot），用于维护 QEMU 申请的 HVA 内存区块的信息，页面状态等信息转为放入 hvaslot 中维护，这样就可以避免同一块内存拥有多份页面信息。②仍然使用 **GFN** 作为节点间传递的信息。当客户机发生缺页异常或服务端内核线程收到消息时,可以根据待处理的页的 GFN,利用内存插槽中维护的 **GFN 到 HVA** 的映射,找到对应的 hvaslot,进而读取或修改页面的 MSI 状态等。③另外,GiantVM 还需要在 hvaslot 中维护从 **HVA 到 GFN** 的反向映射,这是 KVM 自身没有维护的。当 GiantVM 需要根据内存同步协议修改一个页的权限时,不能只修改同步消息中 GFN 对应的页表项,应该由该 GFN 找到对应的 HVA,再根据反向映射找到所有关联的 GFN,修改所有这些 GFN 对应的页表项的权限。经过上述重构后,此前随机出现的内存不一致现象得到了消除,客户机能长时间稳定运行。

在源码实现里,kvm_dsm_memory_slot 由 kvm_dsm_memslots 管理,存储在 struct kvm_arch 中,不同于 kvm_memslots 直接存储在 struct kvm 中,数据结构之间的关系见下面的代码。

giantvm - linux/arch/x86/include/asm/kvm_host.h

```
struct kvm -> struct kvm_arch arch;                    // include/linux/kvm_host.h
struct kvm_arch {
    struct kvm_dsm_memslots * dsm_hvaslots;
}

struct kvm_dsm_memslots {
    struct kvm_dsm_memory_slot memslots[KVM_MEM_SLOTS_NUM];    // hvaslot 数组
    int used_slots;
};

struct kvm_dsm_memory_slot {
    hfn_t base_vfn;                                    // HVA 起始地址
    unsigned long npages;
    struct kvm_dsm_info * vfn_dsm_state;               // kvm_dsm_info 数组
};

struct kvm_dsm_info {
    // HVA 页状态,包括 DSM_INVALID、DSM_SHARED、DSM_MODIFIED、DSM_OWNER 等
    unsigned state;
    DECLARE_BITMAP(copyset, DSM_MAX_INSTANCES);        // 复制集位图
# ifdef KVM_DSM_DIFF
    struct {...} diff;                                 // 压缩优化相关状态,见下文
# endif
};
```

kvm_dsm_memory_slot 的添加流程与 kvm_memory_slot 相同,和 3.3.4 节所述类似,从 QEMU 调用 ioctl 开始,到添加 kvm_memory_slot 的函数 kvm_arch_create_memslot→ kvm_dsm_register_memslot_hva 为止,有兴趣的读者可以查阅源码。kvm_dsm_memory_ slot 是 DSM 协议实现的关键数据结构,在代码中经常出现。

4. 网络通信

至此已经基本介绍完分布式共享内存在 KVM 中的实现以及遇到的问题,不过还有网

络通信的实现，即图 3-19 中的 2、3、6 和 7 步，尚未展开说明。

　　为了减少在网络中需要传输的数据，GiantVM 进行了压缩优化。提供编码和解码两个原语（dsm_encode_diff/dsm_decode_diff 函数），需要在网络中传输页面时，编码函数得到新旧页数据的差，并进行编码；而解码函数对编码函数得到的差进行解码，与旧页数据进行合并，得到新页数据。压缩优化的实质在于当节点 1 向节点 2 传输数据时，如果节点 2 已经保存了节点 1 所传输数据的旧版本，那么只需要传输两者**数据之差**。下面用一次读取请求作为例子，介绍压缩优化的使用，代码如下。

giantvm - linux/arch/x86/kvm/ivy.c

```
struct kvm_network_ops network_ops;        // 网络请求函数集，见 arch/x86/kvm/dsm - util.c

// vCPU 线程（发起读取请求）
int ivy_kvm_dsm_page_fault(...)            // 调用链见 3.1 节 {
    char * page = NULL;
    page = kmalloc(PAGE_SIZE, GFP_KERNEL);

    if (write) {
        ... // 处理写引起的缺页异常
    } else {
        // 省略 DSM 协议实现
        ret = resp_len = kvm_dsm_fetch(kvm,owner,false,&req, page, &resp) ->
        {
            ret = network_ops.send(...);
            ...
            ret = network_ops.receive( * conn_sock, page,...);
        } // kvm_dsm_fetch
    }

    dsm_decode_diff(page, resp_len, memslot, gfn);
    __kvm_write_guest_page(memslot, gfn, page, 0, PAGE_SIZE);
}

// 服务端内核线程（处理读取请求）
static int dsm_handle_read_req(...char * page) {
    ...
    kvm_read_guest_page_nonlocal(kvm, memslot, req -> gfn, page, 0, PAGE_SIZE);
    ...// 省略 DSM 协议的实现
    if (is_owner)
        length = dsm_encode_diff(slot, vfn, req -> msg_sender, page, memslot,
                req -> gfn, req -> version);
    ret = network_ops.send(conn_sock, page, length, 0, tx_add);
}
```

　　在此实例中，一个节点上的 KVM 发生了 EPT 缺页异常，最终调用 IVY 协议的缺页处理函数 ivy_kvm_dsm_page_fault。它首先分配一个 PAGE_SIZE 大小的页作为读取结果的存放页（这是由于 DSM 中网络传输的单位是 4KB 页，而非 64 字节大小的缓存行），page 指向该页。接下来,向该页的持有者发起读取请求,调用 kvm_dsm_fetch 函数,最后通过网络接收到服务端内核线程返回的编码后的数据。于是,page 被压缩后的页内容填充,使用 dsm_decode_diff 函数进行解码,最后 __ kvm_write_guest_page 函数写入客户机物理内存。

服务端内核线程接收到客户端的读请求后,首先从客户机物理内存中读取该页,并调用 dsm_encode_diff 函数进行编码,再使用 send 接口向网络发送该页,就能减小网络开销。

另一种减小网络开销的方式是使用**绕过内核**的网络传输。具体来说,目前一共有三种 RDMA 解决方案,即 Infiniband(无限带宽技术)、RoCE(RDMA over Converged Ethernet,基于统合式以太网的 RDMA)和 iWARP(internet Wide-Area RDMA Protocol,互联网广域 RDMA 协议)。它们共同的特点是低延迟、高带宽,并且支持用户态协议栈,即应用程序可以不经过内核而直接操控网卡发送数据包,因此可以带来很大的性能提升。巨型虚拟机使用 Infiniband 解决方案。使用 RDMA 的 network_ops 如下。

giantvm - linux/arch/x86/kvm/dsm.c

```
struct kvm_network_ops { // arch/x86/kvm/dsm - util.h
    int ( * send)(kconnection_t *, const char *, size_t, unsigned long,
            const tx_add_t * );
    int ( * receive)(kconnection_t *, char *, unsigned long, tx_add_t * );
    int ( * connect)(const char *, const char *, kconnection_t ** );
    int ( * listen)(const char *, const char *, kconnection_t ** );
    int ( * accept)(kconnection_t *, kconnection_t **, unsigned long);
    int ( * release)(kconnection_t * );
};

//使用< rdma/ib_verb.h >/< rdma/rdma_cm.h >
static int kvm_dsm_init() {
# ifdef USE_KRDMA_NETWORK
    network_ops.send = krdma_send;
    network_ops.receive = krdma_receive;
    network_ops.connect = krdma_connect;
    network_ops.listen = krdma_listen;
    network_ops.accept = krdma_accept;
    network_ops.release = krdma_release;
# endif
}
```

5. 伪共享问题

显而易见,巨型虚拟机内存虚拟化系统的性能瓶颈在于网络开销。在 DSM 系统中,**伪共享**会造成巨大的网络开销,严重降低 GiantVM 的性能。伪共享是指两个没有联系的变量处在同一个页上,假设是变量 X1 和 X2。节点 1 不断地写入变量 X1,导致在节点 2 上,X1 所在的页被置为无效;而当节点 1 频繁写入 X1 变量时,节点 2 频繁地读取 X2,而它发现 X2 所在的页被设为无效,就需要通过网络从节点 1 获取该页的最新副本,开销很大。这种情况在巨型虚拟机中十分常见,一种解决方法是将互不相关的变量分配在不同的页上,通过内核编译选项实现；另一种解决方案是将经常访问共享页面的 vCPU 调度到同一个节点上，这样就不需要经过网络。

本章小结

　　本章首先介绍了内存虚拟化的抽象原理，说明了内存虚拟化的核心是维护地址的映射；再介绍了现实世界中内存虚拟化的实现方式，包括影子页表与扩展页表，并介绍了敏捷页表作为扩展；接下来对 QEMU/KVM 中的内存虚拟化实现进行深入介绍，最后一小节作为对内存虚拟化原理以及 QEMU/KVM 源码的拓展，介绍了巨型虚拟机"多虚一"系统的实现。源码章节中的实验部分有助于读者更加直观地理解源码实现，而源码实现是较难理解的部分。内存作为云环境的重要计算资源，对程序性能有着举足轻重的影响。内存虚拟化作为云环境中内存资源的基石，值得进一步做性能优化，等待读者去探索。

## 第 4 章

I/O 虚拟化

I/O(Input/Output,输入输出)指在内存储器和外部设备之间进行数据交换的过程,在该过程中,外部设备扮演的角色是计算机系统与外部世界之间沟通的桥梁,例如鼠标、键盘等外部设备负责接收用户的输入数据,显示器负责将输出信息呈现给用户,磁盘则用于持久化存储系统所需的数据和程序。与物理机一样,一个功能完备的虚拟机同样需要与外部世界交互,因此虚拟化系统不仅需要实现 CPU 和内存虚拟化,还需要实现 I/O 虚拟化。

CPU 访问外部设备的主要接口是设备提供的 I/O 资源,然而一个计算机系统的物理外部设备资源是有限的。在虚拟化环境下,全部虚拟机所需要的 I/O 设备通常会多于硬件所能提供的 I/O 设备资源。为了解决上述问题,Hypervisor 需要截获客户机操作系统对外设的访问请求,通过对物理设备进行管理,为虚拟机提供真实设备的抽象——虚拟设备,并将客户机对虚拟化设备的访问转换为对物理设备的访问,实现对外部设备资源的复用。相较于 CPU 和内存,I/O 设备的种类繁多,本书选择现在应用最为广泛的 PCI 设备介绍 I/O 虚拟化。4.1 节概述 I/O 的基本过程以及 I/O 虚拟化的软硬件实现原理;4.2 节以 x86 架构为基础,对 I/O 虚拟化的实现方式进行介绍;4.3 节深入代码层面,介绍 QEMU/KVM 中 I/O 虚拟化流程;4.4 节以 GiantVM 为例介绍"多虚一"环境下 I/O 虚拟化实现过程。

4.1 I/O 虚拟化概述

外部设备是指计算机上配备的输入输出设备,其作用是为计算机提供具体的输入输出手段,数据的传送、存储、交换都需要外设的参与。一个计算机系统离不开外部设备的支持,例如内存作为一种物理介质被用来存储 CPU 所使用的指令和数据。但由于内存受到断电易失性和大小的限制,通常需要将程序和数据存储在磁盘这一外部设备上,只在需要时将程序指令和数据加载到内存中,并将当前内存中暂时不用的部分换出到磁盘。磁盘的引入使得计算机系统理论上可以处理和存储"无限量"的数据。

虚拟机作为一台"虚拟"的机器,运行在虚拟机中的应用程序同样有访问外设的需求,所以如何处理虚拟机发起的 I/O 请求是 I/O 虚拟化所要解决的问题。Hypervisor 需要将虚拟机中的 I/O 请求转换为对实际物理设备的访问。例如,当虚拟机中的应用发起对虚拟磁盘的读请求时,Hypervisor 需要定位到物理磁盘的对应扇区,并将该扇区对应的数据返回给虚拟机中的应用程序。为了实现这一转换,Hypervisor 会通过一系列软硬件机制截获客户机操作系统发起的 PIO、MMIO 和 DMA 等 I/O 访问请求,并处理虚拟机中需要执行的 I/O 操作,最后向客户机内的驱动程序返回正确的 I/O 结果。上述转换过程称为 I/O 虚拟化。

I/O 虚拟化在实现过程中存在一些问题，这些问题也是虚拟化技术一直以来的难点。首先 I/O 设备种类繁多并且异构性强，不同设备可能适用于不同的虚拟化方式，这增大了系统实现的复杂度。其次在纯软件实现的情况下，I/O 虚拟化需要经过虚拟机与物理机中的两层 I/O 栈，导致 I/O 性能大幅下降，这使得 I/O 虚拟化成为虚拟化的性能瓶颈。

4.1.1　I/O 过程

I/O 过程是 CPU 与外部设备相互访问和数据交换的渠道。外部设备会为 CPU 提供包括设备寄存器和设备 RAM(Random Access Memory，随机存储器)在内的设备接口，CPU 能够通过读写设备接口完成对设备的访问和操作。设备寄存器也称为"I/O 端口"，通常包括控制寄存器、状态寄存器和数据寄存器三大类。控制寄存器用来存放 CPU 向设备发出的控制命令；状态寄存器用来指示外设当前状态；数据寄存器用于存放 CPU 与外设之间需要交换的数据。在操作系统中，所有控制外部设备的操作必须由设备对应的驱动程序来完成。操作系统需要为不同设备提供相应的驱动程序，因此在操作系统的源码中，与设备驱动相关的代码占有很大的比例。不同厂商生产的同一种设备，即使其内部逻辑电路和固件可能会有所不同，但都遵循同一种接口标准，为驱动程序提供相同的设备接口，即 I/O 端口。当驱动程序访问 I/O 端口时，外设会根据接口标准中的要求通过设备固件实现相关功能。这种设计使得操作系统无须为每个外设厂商提供不同的驱动程序，例如当用户更换不同厂商的鼠标时，系统中的鼠标驱动程序会自动适配该鼠标设备。

根据数据传送过程是否需要 CPU 的参与，可以将 I/O 方式分为两类，即可编程 I/O(Programmed I/O)与 DMA。

在可编程 I/O 方式下，外设接口需要通过一定的方式被映射到系统的地址空间才能被 CPU 访问。根据映射地址空间的不同，又可以将可编程 I/O 分为 PIO 与 MMIO。相较于 PIO，MMIO 的应用更加广泛，几乎所有的 CPU 架构都支持 MMIO，MMIO 使用的地址空间是内存所在的物理地址空间。RISC(Reduced Instruction Set Computer，精简指令集计算机)的 CPU(如 ARM、PowerPC 等)只支持 MMIO，采用统一编址的方式将 I/O 端口编址到物理地址空间的特定区域，通过内存访问指令实现对 I/O 端口的访问。然而某些架构也支持将 I/O 端口映射到专门的 I/O 地址空间，例如 x86 架构一共有 65536 个 8 位的 I/O 端口，编号从 0 到 0xffff，这样就形成了一个独立于物理地址空间的 64KB 的 I/O 地址空间。为了区分物理地址访问和 I/O 空间访问，x86 架构提供了专用于端口访问的指令——IN/OUT。CPU 可以通过 IN/OUT 指令向接口电路中的寄存器发送命令、读取状态和传送数据。当 IN/OUT 指令运行在内核态时，可以访问整个 I/O 地址空间，如果运行在 CPU 的低特权级，则只能根据 I/O 位图(I/O bitmap)的内容访问允许访问的端口。此外，连续 2 个 8 位端口可以组成一个 16 位端口，连续 4 个 8 位端口可以组成一个 32 位端口。

图 4-1 展示了非虚拟化环境下的一次端口映射 I/O 流程。首先应用程序通过系统调用向驱动程序提交 I/O 请求，物理驱动程序读写外设提供的 I/O 端口并向外设发起 I/O 操

作,之后设备的 I/O 控制器会控制设备的实际 I/O 过程。在外设执行 I/O 操作时,发起 I/O 请求的相关进程会放弃 CPU,进入等待状态。当 I/O 操作完成时,外设的中断模块会向中断控制器发送一条中断信号告知 CPU 本次 I/O 操作已经完成,CPU 将会执行物理驱动程序已经注册的相应中断处理函数,并唤醒相关的进程。

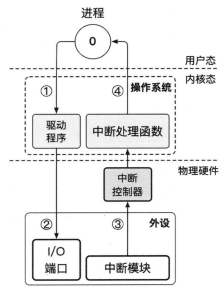

注:①进程发起系统调用;②驱动程序进行 I/O 操作;③外设发起中断;④中断处理函数唤醒进程。

图 4-1 非虚拟化环境下 I/O 流程

DMA 是一种在外设与内存之间交换数据的接口技术,数据传输过程无须 CPU 控制。DMA 实现了外设与内存之间的直接数据传输,传输速度基本取决于存储器和外设本身的速度,适用于一些高速 I/O 设备进行大批量数据传送的情景。DMA 的过程由 DMAC (DMA Controller,DMA 控制器)控制,它是内存储器与外设之间进行高速数据传送的硬件控制电路,是一种实现直接数据传输的专用处理器。DMAC 可以从 CPU 暂时接管地址总线的控制权,并对内存进行寻址,同时能够动态修改地址指针,完成数据在外设与内存之间的传送。在发起 DMA 访问前,设备驱动会向外设提供一组内存描述符,每个内存描述符会指定设备 DMA 内存区域的基地址和长度。每次 DMA 操作访问的是内存描述符对应的连续内存空间,但多个内存描述符代表的内存块之间并不一定连续。在 DMA 过程中,DMA 控制器直接使用物理地址访问内存,并不需要线性地址到物理地址的转换过程。在虚拟化环境下,虚拟机的驱动程序提供的物理内存地址并不是实际的物理地址,这使得设备 DMA 操作可能会访问到不属于该客户机的物理内存空间,对虚拟化环境的安全性和隔离性造成破坏。由于 DMA 控制器是一个硬件控制电路,Hypervisor 无法通过软件的方式截获设备的 DMA 操作,为了解决这一问题,Intel 推出了 VT-d(Virtualization Technology for Direct I/O,直接 I/O 虚拟化技术)技术,具体内容会在 4.2.5 节中介绍。

4.1.2　I/O 虚拟化的基本任务

1. 访问截获

I/O 虚拟化的一个基本要求是能够隔离和限制虚拟机对真实物理设备的直接访问。在虚拟机未被分配明确的物理设备时，Hypervisor 不允许客户机操作系统直接与 I/O 设备进行交互。以磁盘设备为例，Hypervisor、宿主机和虚拟机会共享磁盘上的存储空间。如果客户机中的驱动程序拥有对磁盘的直接操作权限，则可能会访问到不属于该虚拟机的磁盘扇区，这样轻则导致数据泄露和丢失，严重时会威胁其他虚拟机甚至是宿主机的运行安全，无法满足虚拟化模型中的隔离性要求。为了避免这个问题，Hypervisor 必须能够以某种形式截获客户机的 I/O 请求，防止客户机访问到不属于它的外部设备，同时使客户机保持该类设备可以被访问的错觉。

2. 提供 I/O 访问接口

上文提到，计算机使用一个外设需要操作系统的驱动程序和外设内部固件的配合。但是操作系统通常并不关心外设内部的逻辑，只需要访问外设提供给操作系统的设备接口。因此 Hypervisor 可以通过模拟目标设备的外部访问接口，并将模拟的软件接口提供给虚拟机，从而使客户机操作系统能够通过自身驱动程序发起对外设的 I/O 操作。通常虚拟机发起的 I/O 操作被称为"虚拟 I/O"，与之对应的是宿主机操作系统发起的能够直接控制物理外设的"物理 I/O"。与"物理 I/O"不同的是，"虚拟 I/O"操作的是 Hypervisor 提供的虚拟设备接口。

3. 实现设备的功能

在处理虚拟机发起的 I/O 操作过程中，Hypervisor 不仅需要截获虚拟机对设备的访问，还需要实现虚拟机"期望"的设备功能，向虚拟机返回正确的结果。不同软件架构的 Hypervisor 实现虚拟设备功能的方式会有所不同，但基本思路都是解析虚拟机的 I/O 请求，并交由实际的物理设备执行，最终向客户机操作系统返回 I/O 操作结果。

4.1.3　软件实现的 I/O 虚拟化

虽然在不同的虚拟化模式下，I/O 虚拟化的基本任务相同，但如何实现上述基本任务存在着多种选择。例如 Hypervisor 可以使用软件模拟虚拟设备的接口，也可以在硬件层面将物理设备端口暴露给虚拟机。因此，与 CPU 虚拟化和内存虚拟化类似，I/O 虚拟化实现方式也可以根据是否需要硬件支持分为纯软件 I/O 虚拟化和硬件辅助 I/O 虚拟化两种。同时纯软件实现的 I/O 虚拟化也可以根据客户机操作系统能否直接使用原生设备驱动进一步分为 I/O 全虚拟化和 I/O 半虚拟化。

1. 设备模拟

设备模拟属于纯软件实现的 I/O 全虚拟化方式。设备模拟的应用十分广泛，目前绝大部分 Hypervisor，例如 VMware Workstation、KVM、Xen、Xvisor[17]都支持设备模拟。

在全虚拟化环境下,为了满足虚拟机之间的隔离性和安全性等要求,虚拟机并不能直接访问真实的物理外设。虚拟机内部驱动程序操作的设备是由 Hypervisor 提供的一个虚拟的设备抽象。虚拟机启动过程中,这些由 Hypervisor 提供的虚拟设备会被虚拟 BIOS 和客户机操作系统检测到,然后挂载到虚拟的设备总线。当客户机操作系统中对应的驱动程序向虚拟设备发起 I/O 请求时,由于 I/O 指令是敏感指令,会引发 VM-Exit 陷入 Hypervisor。之后与这些 I/O 请求相关的信息会被 Hypervisor 截获,发送到相关的软件模块进行处理,最后软件模块会模拟这些 I/O 请求并将 I/O 结果返回给虚拟机操作系统中的设备驱动程序。在这一过程中,I/O 请求的截获和处理对于客户机操作系统来说是透明的,客户机操作系统始终认为自己运行在一个真实的物理硬件平台,而实现设备模拟以及处理 I/O 请求和返回 I/O 操作结果的软件模块则称为**设备模型**(device model)。

设备模型主要由两部分组成。一部分是以软件实现的形式向客户机操作系统提供的目标设备接口,该接口主要用客户机操作虚拟设备;另一部分是设备具体功能的软件实现,该部分会对截获的 I/O 请求进行解析,之后根据设备模型所处的运行环境执行相应的 I/O 处理过程,最终给客户机操作系统返回 I/O 操作结果。

由于设备模型是通过纯软件实现的,模拟的虚拟设备与宿主机的硬件并不存在直接关联,因此设备模型甚至可以模拟实际不存在的设备。设备模型可以运行在宿主机操作系统的用户态,也可以运行在 Hypervisor,甚至可以运行在其他特权虚拟机。图 4-2 展示了设备模型运行在宿主机用户态和 Hypervisor 这两种情况。

QEMU/KVM 是把设备模型运行在用户态上这一类 Hypervisor 的典型代表。在QEMU/KVM 中,设备模型作为用户进程运行在宿主机操作系统的用户空间。在宿主机中,设备模型可以通过使用 Linux 提供的系统调用以及各种库函数完成对虚拟机内 I/O 访问的模拟。图 4-2(a)展示了用户态设备模型的 I/O 模拟流程,在这种模式下,一次 I/O 模拟过程会发生多次上下文切换。首先,客户机 I/O 操作会触发 VM-Exit,发生由客户机操作系统到 Hypervisor 的上下文切换;然后 Hypervisor 将 I/O 操作通过 I/O 共享页传递给设备模型,此时会切换到用户空间的设备模拟进程;最后设备模型发起系统调用,切换到宿主机操作系统的内核态。

与 Xvisor 类似的虚拟化方案则将设备模型整合在 Hypervisor 中。设备模型作为Hypervisor 的一部分,与真实的设备驱动共同运行在内核态。图 4-2(b)展示了该模式下的I/O 模拟流程,设备模型会解析 Hypervisor 拦截的客户机设备驱动发出的 I/O 请求,并将解析后产生的物理 I/O 请求发送给相应的真实物理驱动执行,最后设备模型会将物理驱动获得的 I/O 结果发送给客户机操作系统。相比于运行在用户态,这种实现方式避免了系统调用所产生的大量上下文切换,缩短了虚拟机 I/O 的模拟路径,提高了 I/O 的性能。但由于大量物理驱动实现在 Hypervisor 中,增加了 Hypervisor 设计的复杂性,并限制了方案的可移植性和通用性。

2. 半虚拟化

为了解决设备模拟中由于频繁的上下文切换导致的 I/O 性能大幅下降问题,I/O 半虚拟化技术应运而生,其中的典型代表是 Xen 和 virtio。图 4-3 展示了 Xen 前后端设备驱动模型。在 I/O 半虚拟化方式下,客户机操作系统中的原生驱动会被移除,取而代之的是简化后的前端设备驱动。Hypervisor 会将原生物理驱动保留在指定的特权虚拟机(Domain 0)中,该特权虚拟机通常负责管理其他非特权虚拟机(Domain U)的生命周期,例如启动、销毁虚拟机。特权虚拟机中安装有后端设备驱动,后端设备驱动的功能是接收并解析来自非特权虚拟机中前端设备驱动的 I/O 请求,并将 I/O 请求转发到对应设备的原生物理设备驱动执行,最后将 I/O 操作结果返回给非特权虚拟机中的前端设备驱动。

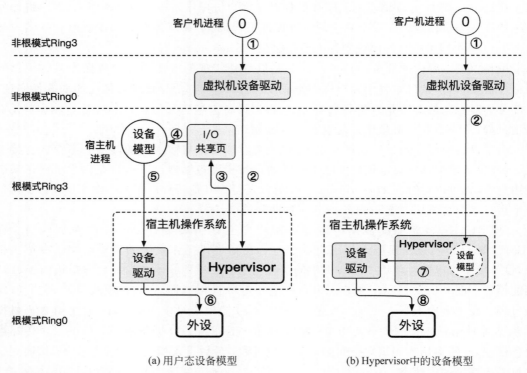

(a) 用户态设备模型　　　　　(b) Hypervisor中的设备模型

注：①客户机进程系统调用；②客户机陷入 Hypervisor；③Hypervisor 将待模拟 I/O 操作写入共享页；④用户态设备模型读取 I/O 操作；⑤设备模型系统调用；⑥宿主机设备驱动操作外设；⑦设备模型调用驱动；⑧宿主机设备驱动操作外设。

图 4-2　设备模型的两种运行环境

　　在半虚拟化模式中,客户机操作系统对自身所处的虚拟化环境具有清晰的认识,这样做的好处是客户机能够以调用服务的形式主动向 Hypervisor 发起批量的异步 I/O 请求。相比于设备模拟中每次 I/O 请求都需要被 Hypervisor 截获,I/O 半虚拟化方式极大地减少了上下文切换的开销。而且前端驱动只需在遵守标准的前后端接口协议的基础上将 I/O 请求转发,无须实现原生设备驱动中复杂的逻辑,大幅简化了前端驱动的实现复杂度。当然,I/O 半虚拟化方式并不是完美的。由于需要修改操作系统源码,导致 I/O 半虚拟化方法难以在闭源的操作系统上应用。

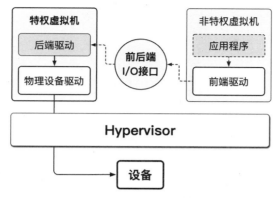

图 4-3　Xen 前后端设备驱动模型

4.1.4　硬件辅助的 I/O 虚拟化

上文介绍了 I/O 虚拟化主要的两种软件实现方式——设备模拟和半虚拟化。设备模型为客户机操作系统提供虚拟的设备访问接口,但具体的软件实现对操作系统透明,所以使用设备模拟的方式可以运行未经修改的原生操作系统,具有较强的通用性。但是由于 I/O操作涉及大量的设备寄存器访问,在全虚拟化环境下会导致非常多的 VM-Exit,从而需要进行频繁的上下文切换。同时由于全虚拟化需要经过客户机和宿主机的两层 I/O 栈,导致I/O 的路径变长而且数据需要在内存中复制多次。设备模拟存在的上述问题会严重降低虚拟机的 I/O 性能。半虚拟化 I/O 方案使用前后端驱动的方式,能够批量处理虚拟机中的 I/O请求,使得虚拟机能够获得与原生系统相近的 I/O 性能。但是使用半虚拟化 I/O 方式需要客户机操作系统的配合,客户机操作系统必须清楚自己运行在虚拟化环境中,并且需要安装特定的驱动程序同时修改操作系统的源码,这样就限制了 I/O 半虚拟化方案的通用性。为了解决 I/O 虚拟化软件实现方案存在的弊端,Intel、AMD、ARM 等处理器厂商推出了各自的硬件辅助 I/O 虚拟化技术。图 4-4 展示了设备直通访问模型与 SR-IOV 这两种最具代表性的硬件解决方案。

1. 设备直通访问

设备直通访问的实现主要依赖于设备和内存之间的 IOMMU(Input-Output Memory Management Unit,输入输出内存管理单元)。IOMMU 与 MMU 类似,位于主存和设备之间,为每个设备创建一个 IOVA(I/O Virtual Address,虚拟 I/O 地址空间),并提供一种将IOVA 动态映射到物理地址的机制。当虚拟机发起 DMA 时,设备驱动会使用 IOVA 作为DMA 地址,之后设备会试图访问 IOVA,这时 IOMMU 会将 IOVA 重新映射到合法的物理地址。因此在虚拟化环境中,IOMMU 的引入能够在硬件层面限制设备对内存访问的范围,实现不同虚拟机之间 I/O 资源的隔离。IOMMU 作为一种通用的解决方案,几乎所有知名处理器厂商都推出了支持 IOMMU 的 CPU。本节选择介绍 Intel 提出的 VT-d 技术。

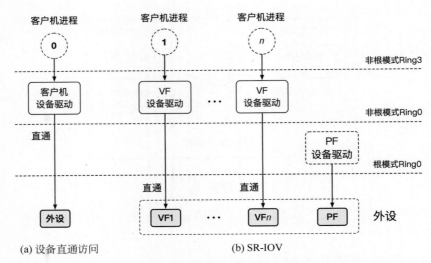

图 4-4　设备直通访问模型与 SR-IOV

VT-d 技术是 Intel 为了提升 I/O 虚拟化性能提出的硬件方案，与 2.2 节介绍的 VT-x 技术同属于 Intel 硬件虚拟化技术。如图 4-4(a) 所示，VT-d 方案直接将物理设备分配给特定的虚拟机，使得客户机操作系统中的原生驱动程序可以通过外设接口直通访问并操作物理外设，该过程无须下陷到 Hypervisor 中处理。同时由于 I/O 路径长度几乎等同于非虚拟化环境下的 I/O 路径长度，因此虚拟机能够获得与裸机一致的 I/O 性能。在引入 VT-d 技术的 CPU 上，Hypervisor 无须模拟客户机操作系统发起的 I/O 操作，这极大地降低了 Hypervisor 设计的复杂度。例如完全采用设备直通访问的方式为虚拟机分配物理外设资源的 Jailhouse[①]（西门子开发的 Hypervisor），其代码行数只有不到 4 万行，而同为 Type I 型 Hypervisor 的 Xen，由于同时还支持设备模型，其代码行数远超 Jailhouse，约为 30 万行[18]。

2. SR-IOV

设备直通访问虽然能够将一个物理设备分配给虚拟机独占使用，但这种设备独占的方式降低了设备的利用率，会大幅增加设备的硬件成本，在某种程度上"违背"了虚拟化的初衷，并且不具备可扩展性。例如，目前市面上的网卡设备一般都拥有较高的带宽，同时正常情况下系统并不会一直使用网络功能。如果使用设备直通方式，很容易造成网卡带宽资源的浪费。

为了解决这一问题，设备厂商在硬件层面将一个物理设备虚拟成多个设备，然后将虚拟出来的设备分配给虚拟机，使得物理设备可以同时被多个虚拟机共享。出于兼容性考虑，PCI-SIG 制定了 SR-IOV 规范。SR-IOV 规范允许虚拟机能够在没有软件参与的情况下共享设备 I/O 端口的物理功能，同时可以获得媲美非虚拟化环境 I/O 性能。

---

① 　Jailhouse 是一种对硬件资源静态分区的 Hypervisor，开源仓库地址：https://github.com/siemens/jailhouse。

4.2　I/O 虚拟化的实现方式

4.1 节介绍了 I/O 虚拟化的基本概念,并概述了纯软件实现的 I/O 虚拟化和硬件辅助 I/O 虚拟化的基本原理。与 CPU 和内存相比,外设的种类繁多,不同设备遵循的总线协议也有所不同。常见的设备有 PCI 设备、ISA 设备、USB 设备等。目前 PCI 设备是应用最广泛的设备,几乎所有主板都支持 PCI 设备,所以本节将基于 x86 架构,以 PCI 设备为例介绍设备模拟、半虚拟化、设备直通访问、SR-IOV 这四种 I/O 虚拟化方式的具体实现。

4.2.1　PCI 设备简介

PCI 总线可以被看作系统总线的延展,同时作为 CPU 的局部总线连接外部设备。PCI 总线是一个典型的树结构。PCI 主桥(PCI Host Bridge)可以被视作根节点,与 HOST 主桥直接连接的 PCI 总线通常被命名为 PCI 总线 0。其他 PCI 桥(PCI-PCI 桥、PCI-ISA 桥)充当叶子节点,用于引出次一级 PCI 总线或 ISA 总线,这样便形成了 PCI 设备树的层级结构。在每一级 PCI 总线上可以挂载多个 PCI 设备和 PCI 桥设备,但每一级 PCI 总线只允许挂载一个 PCI 主设备,其他 PCI 设备均为从设备。从设备之间的数据交换需要通过主设备中转。

一个插入在 PCI 插槽中的物理 PCI 设备可能具有多个功能单元,其中每个功能单元用功能号(Function Number)表示。操作系统会将某一物理 PCI 设备的不同逻辑设备视作多个独立的逻辑设备。本质上,CPU 通过 I/O 访问的是 PCI 设备的某个逻辑设备。通过 PCI 总线的分层结构可以根据总线号和设备号确定某个物理 PCI 设备,进而一个 PCI 逻辑设备可以由总线号、设备号、功能号三个参数唯一确定,这三个参数就构成了 PCI 设备标识符。

操作系统通过每个 PCI 设备的配置空间识别和访问 PCI 设备。PCI 配置空间的大小为 256 字节,实际上是一组连续的设备寄存器。如图 4-5 所示,其中前 64 字节称为配置头,由 PCI 标准统一规定格式和用途。配置头的主要功能是识别设备、定义主机访问 PCI 卡的方式,例如设备号(Device ID)和厂商号(Vendor ID)用于表示设备的类型和生产该设备的厂商。PCI 配置空间的剩余 192 字节由 PCI 设备自己定义。

PCI 配置空间有 6 个 BAR(Base Address Registers,基地址寄存器),即 PCI BAR,代表每个 PCI 设备最多能映射 6 段地址空间,编号分别为 $i=0,1,2,\cdots,5$。BAR 记录设备所需要的地址空间的类型(内存空间或者 I/O 空间,用 BAR 的最后一位区分)、基地址以及其他属性。

PCI 配置空间的初始值是由厂商预设在设备中的,可能造成不同 PCI 设备所映射地址空间之间的冲突,因此在 PCI 设备枚举(也叫总线枚举,由 BIOS 或者 OS 在系统启动时完成)的过程中,会在发现全部 PCI 设备后,重新为每个 PCI BAR 分配地址,然后写入 PCI 配置空间中。最后外设会根据 PCI BAR 建立端口和物理地址与自身设备接口之间的映射,这

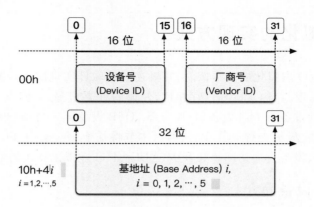

图 4-5   PCI 配置空间的配置头

样 CPU 便能通过端口号或者物理地址访问外设。

PCI 设备标识符可以被视为设备 PCI 配置空间地址的一部分，主桥能够根据 PCI 设备标识符选择对应 PCI 设备并根据寄存器偏移地址获取设备配置空间的信息。PCI 配置空间地址的结构如图 4-6 所示。其中[23∶8]为设备标识符，高 8 位总线编号（Bus number）字段代表设备所在的总线，中间 5 位设备编号（Device number）字段指示总线上的具体某个物理设备，最后 3 位功能编号（Function number）字段标识物理设备上的某个逻辑设备。根据每个字段的位数，系统最多可以有 256 条 PCI 总线，每条总线上最多有 32 个物理设备，同时每个设备最多拥有 8 个功能单元，即逻辑设备。为了方便表达，本书以 3 个字段的首字母缩写 BDF 代表 PCI 设备标识符。

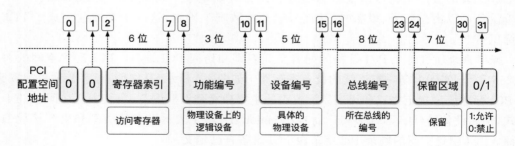

图 4-6   PCI 配置空间地址的结构

4.2.2   设备模拟

4.1.3 节介绍了设备模拟的基本流程以及设备模型等概念。由于外设的种类繁多，设备模型需要模拟每个设备拥有的不同接口和功能，并且提供多种设备访问方式，这导致设备模型的实现十分复杂。但是总体来看，虽然每个设备的接口数量以及内部逻辑有所差异，但 CPU 本质上都是通过读写一组设备寄存器或设备 RAM 实现对设备的访问，这就使不同虚拟设备的底层实现之间具有相似性。本节将从 PIO、MMIO、DMA 和 PCI 配置空间访问四个方面介绍设备模拟的实现。

（1）**PIO**：x86 架构提供了 IN/OUT、INS/OUTS 等指令访问与设备寄存器相关的 I/O 端口。Hypervisor 将这四条指令设定为会触发 VM-Exit 的敏感指令，当客户机通过发起这四条指令进行端口 I/O 操作时会触发 VM-Exit，陷入 Hypervisor。同时 Hypervisor 会保存访问的端口号、访问数据宽度、数据传输方向等相关信息，以达到截获客户机端口 I/O 操作的目的。图 4-7 展示了 Hypervisor 模拟虚拟机发起一次 PIO 访问的过程。

设备模型在初始化阶段会将虚拟设备涉及的 PIO 处理函数在 Hypervisor 中进行注册，并以数组的形式存储 I/O 处理函数的指针。Hypervisor 会根据截获的端口号和访问的数据宽度与相应的 PIO 处理函数进行匹配，找到相关函数的指针后，交由 PIO 处理函数进行进一步的模拟过程。

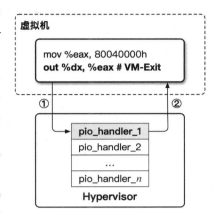

注：①out 指令触发 VM-Exit；
②模拟 out 指令并返回客户机。

图 4-7　端口 I/O 模拟过程

（2）**MMIO**：内存映射 I/O 相较于端口 I/O 是一种应用更加广泛的 I/O 形式。MMIO 地址空间属于物理地址空间中的高地址部分，程序可以使用内存访问指令进行 MMIO。与端口 I/O 涉及的 IN/OUT 指令不同的是，内存访问指令并不属于 MMIO 的专属指令，Hypervisor 不能将其设为敏感指令。为了截获客户机的 MMIO 操作，Hypervisor 不会将虚拟机中 MMIO 所在的物理地址范围映射到主机的物理地址空间，即影子页表中不存在相应的页表项。每次当客户机操作系统发起 MMIO 时，都会产生一个缺页异常，产生 VM-Exit，这样就可以截获客户机的 MMIO 访问并交由相关处理函数模拟。

MMIO 相关的处理函数的组织形式通常不采用 PIO 中的数组形式。这是因为 MMIO 占用的内存区域较大，一般有上百兆字节，如果使用数组保存每个端口的处理函数会导致巨大的内存占用。通常每个 MMIO 相关的处理函数能够处理对某一片内存区域发起的 MMIO 访问，这样就大大减少了处理函数的数量，从而降低了对内存的占用。设备模型首先会向 Hypervisor 申请 MMIO 区域并注册该 MMIO 的处理函数，之后当虚拟机发起 MMIO 访问时，Hypervisor 会根据产生异常的内存地址找到对应的 MMIO 区域，最后该 MMIO 区域注册的处理函数会定位到要访问的 I/O 端口并执行相关软件模拟过程。

（3）**DMA**：与 ISA 设备不同的是，PCI 设备架构中并不存在 DMA 控制器，任何一个 PCI 设备都可以向 PCI 总线控制器发起总线请求，获得对总线的控制权。PCI 设备发起 DMA 的过程是由操作系统中的设备驱动程序访问与 DMA 操作相关的特定硬件寄存器组实现的。设备驱动不仅可以通过写入相关硬件寄存器设置 DMA 操作的目的地址，而且可以通过向 DMA 命令寄存器写入 DMA 命令发起 DMA 请求。

设备驱动程序只能以 PIO 或 MMIO 的方式访问外设寄存器，所以 Hypervisor 通过截获客户机操作系统发起的 PIO 和 MMIO 即可实现对客户机 DMA 请求的拦截。之后 Hypervisor 会执行 DMA 相关处理流程。首先，设备模型会借助 Hypervisor 的内存管理子系统，将客户机操作系统指定的 DMA 内存映射到自身的地址空间中。之后设备模型会执行相应的系统调用，将数据以 DMA 的方式读写到 Hypervisor 映射的 DMA 内存。最后当数据传输完毕，设备模型会通过虚拟中断控制器将对应的虚拟设备中断注入到虚拟机中，虚拟机结束此次 DMA 操作。

（4）PCI 配置空间：x86 架构在 I/O 地址空间提供了两个 32 位寄存器，用于访问 PCI 设备的配置空间。config_address 寄存器（端口地址为 0xcf8）用于存放目标 PCI 设备的设备标识符，以及要访问的设备寄存器在配置空间的字节偏移。config_data 寄存器（端口地址为 0xcfc）用于存放设备寄存器的数据。CPU 读取配置空间时，CPU 首先将 PCI 配置空间地址写入 config_address，之后 PCI 主桥把设备号（config_address[11:15]）转译到 PCI 总线并通知对应 PCI 设备，PCI 设备会把对应寄存器数据放入地址总线，之后 PCI 主桥读回数据，放到 config_data 中，最后 CPU 便可以通过 config_data 访问配置空间的内容。由于访问过程涉及 IN/OUT 这两个端口访问指令，所以可以通过与 PIO 一样的形式模拟客户机对 PCI 配置空间的访问。

4.2.3 I/O 半虚拟化

4.1.2 节已经初步介绍了 I/O 半虚拟化的相关概念。设备前后端分离是 I/O 半虚拟化的核心思想。在该方法下，虚拟机使用专门的前端驱动程序，通过特定数据传输接口与特权虚拟机或 Hypervisor 中的后端设备交互，后端设备则通过物理驱动程序完成对外设的访问。在 I/O 半虚拟化领域，一些知名的 Hypervisor 都推出了自己的解决方案，例如 Xen 提供的半虚拟化驱动、VMware 提供的 guest tools，本节将介绍一种被广泛使用的半虚拟化方案——virtio。

Linux 作为使用最广泛的开源操作系统，能够被众多虚拟化方案支持，例如 Xen、KVM、VMware 等。虽然这些 Hypervisor 都支持 Linux，但是在 virtio 出现之前，众多 Hypervisor 内都拥有属于自己的块设备、网络设备驱动，而且还需要维护功能重叠但实现又有所不同的设备模型，这就给日常维护以及性能优化带来了很大的麻烦。

为了解决上述问题，IBM 推出了 virtio，virtio 的主要目标是为半虚拟化提供一个统一的前后端设备接口标准。virtio 将一组高效且通用的 Linux 前端 virtio 驱动加入 Linux 源码树中，并提供了一系列能够应用于不同 Hypervisor 的后端 virtio 设备，这样显著降低了日常维护的成本。其中 virtio 驱动程序是虚拟机中的软件部分，它依据 virtio 规范与 virtio 设备进行通信，主要作用是发现 virtio 设备并在虚拟机中分配用于前后端通信的共享内存。virtio 设备会公开 virtio 接口，用于管理和交换信息。virtio 接口一般包括设备状态（Device Status）、设备支持的特性（Virtio Feature）以及前后端数据传输的通道（Virtqueue 队列）。前后端消息通知机制（Notification）同样也属于 virtio 接口的一部分，用于提醒前后端处理到来的信息。

virtio 作为一个通用半虚拟化框架,可以在不同类型设备总线之上实现,本书将基于最普遍的 PCI 总线介绍 virtio 的具体实现。

为了支持 PCI 总线,每种 virtio 设备需要对应一个 virtio-pci 代理设备。virtio-pci 代理设备能够通过与 PCI 设备相似的方式被虚拟机中的 BIOS 或客户机操作系统识别,并挂载到 PCI 总线。virtio-pci 代理设备的一个重要作用是提供 virtio 设备的访问接口,它会创建一条 virtio 总线,并将 virtio 设备挂载到 virtio 总线,这样 virtio 驱动便能够访问 virtio 设备。virtio-pci 设备拥有专属的厂商号(0x1a4)以及特定的设备号的区间(0x1000-0x10ff)。系统可以通过厂商号识别出该 PCI 设备为 virtio-pci 设备。子系统厂商号(Subsystem Vendor ID)和设备号可以用于指示该 virtio-pci 设备支持的 virtio 设备类型。

系统通常会使用 virtio-pci 设备的第一个 BAR 指示的 I/O 空间对 virtio-pci 设备进行配置。该 I/O 区域包括一个 virtio-header 结构,用于存放 virtio 设备的通用配置项以及设备的专属配置。图 4-8 展示了 virtio-header 中的通用配置项,由于篇幅有限,每个字段的具体含义在此不再赘述,感兴趣的读者可以查询 virtio 技术手册。

位数	32	32	32	16	16	16	8	8
可读/可写	可读	可读+可写	可读+可写	可读	可读+可写	可读+可写	可读+可写	可读
目的	设备特征位(0:31)	客户机特征位(0:31)	队列地址(Queue Address)	队列大小(Queue Size)	队列选择(Queue Select)	队列通知(Queue Notify)	设备状态(Device Status)	ISR状态(ISR Status)

图 4-8　virtio-header 结构

由于 virtio 设备需要挂载到 virtio-pci 设备提供的 virtio 总线,所以 virtio 设备探测与驱动加载需要在 virtio-pci 初始化完成的前提下进行。因此整个 virtio 前端初始化过程可以分为 virtio-pci 设备探测和驱动加载、virtio 设备初始化和驱动加载两个阶段。

virtio-pci 设备作为 PCI 设备的一种,可以通过与其他 PCI 设备一样的方式被探测。虚拟机启动时,虚拟 BIOS 和客户机操作系统会扫描 PCI 总线,进行 PCI 设备枚举过程。该过程会探测到 virtio-pci 设备,并将 virtio-pci 设备注册到 PCI 总线。之后,与设备和驱动匹配相关的 match 函数将根据 PCI 配置空间中的厂商号、设备号、子系统厂商号和子设备号为设备绑定对应驱动。PCI 设备和驱动匹配的依据通常是驱动中的一个由 pci_device_id 组成的 id_table 数组。在 virtio-pci 设备驱动中,将厂商号设置为 0x1a4,而设备号、子系统厂商号、子设备号都被置为 PCI_ANY_ID,表示可以匹配任何 ID。这样无论是哪一种 virtio-pci 设备,都能与共用的 virtio-pci 设备驱动绑定。virtio-pci 设备与 virtio-pci 设备驱动绑定后,会进入 virtio-pci 设备探测阶段。

virtio-pci 设备探测阶段通常使用 virtio_pci_device 结构体表示 virtio-pci 设备。该阶段会使能 virtio-pci 设备并初始化相应的 virtio 设备和 virtio 总线。最后 virtio 设备会被注册到 virtio 总线上,该过程会触发 virtio 总线上 virtio 设备与 virtio 驱动之间的匹配操作。匹配操作成功之后,virtio 驱动会进行 virtio 设备探测过程(例如 virtioblk_probe)。virtio

设备探测的主要任务是读取 virtio-pci 配置空间中关于 virtio 设备配置的内容（virtio-header），之后按照 virtio 配置初始化 virtqueue，并根据 virtio 设备的特性初始化对应的物理设备。

图 4-9 展示了 virtio 前后端架构。前端驱动位于客户机操作系统内部，包括 virtio 设备驱动和virtio-pci 设备驱动，其作用是接收用户态请求，然后根据传输协议将封装后的 I/O 请求放入virtqueue，并向后端发送一个通知。后端设备位于 QEMU 或主机内核中，包括 virtio-pci 设备和virtio 设备。后端设备从 virtqueue 中接收前端驱动发出的 I/O 请求的基本信息，然后调用相关函数完成 I/O 操作，最后向客户机中的前端驱动发起中断。不同 virtio 设备可能拥有不同数量的 virtqueue，例如 virtio 块设备只有一个 virtqueue，而 virtio 网卡设备则有两个 virtqueue，一个用于发送数据另一个用于接收数据。

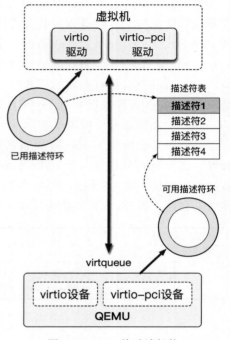

图 4-9　virtio 前后端架构

vring 是 virtqueue 机制的具体实现。vring 在虚拟机和 QEMU 之间引入一段共享的环形缓冲区作为前后端数据通信的载体。相较于传统的 I/O 方式，环形缓冲区的引入使得可以一次处理多个 I/O 请求，提高了每次 I/O 传递的数据量，并且显著减少了上下文切换的次数。virtqueue 传输机制是virtio 框架能够提升 I/O 虚拟化性能的关键。

vring 主要由三个部分组成：描述符表（descriptor table）、可用的描述符环（availablering）和已用描述符环（used ring）。

描述符表：描述符表用于保存一系列描述符，每一个描述符都被用来描述客户机内的一块内存区域。客户机中的前端驱动负责管理这些内存区域的分配和回收。描述符通过如下字段指定内存区域的各项属性。

（1）addr：该字段表示内存区域在客户机物理内存空间中的起始地址。

（2）flag：该字段用来标识描述符自身的特性，一共有三种可选值。VRING_DESC_F_WRITE 表示当前内存区域是只写的，即该内存区域只能被后端设备用来向前端驱动传递数据。VRING_DESC_F_NEXT 表明该描述符的 next 字段是否有效。VRING_DESC_F_INDIRECT 表明该描述符是否指向一个中间描述符表。

（3）len：该字段的意义取决于该内存区域的读写属性。如果该区域是只写的，数据传递方向只能从后端设备到前端驱动，此时 len 表示设备最多可以向该内存块写入的数据长度。反之，如果该区域是只读的，此时 len 表示后端设备必须读取的来自前端驱动的数据量。

（4）next：在 virtio 中，一次前、后端的数据交互请求往往会包含多个 I/O 请求合并，而且一个 I/O 合并也可能涉及多个不连续的内存区域。通常的做法是将描述符组织成描述符链表的形式来表示所有的内存区域。next 字段便是用来指向下一个描述符。通过 flag 字段中的值 VRING_DESC_F_NEXT，就可以间接地确定该描述符是否为描述符链表的最后一个。

可用描述符环（available ring）：可用描述符环是 virtqueue 中的一块区域，用于保存前端驱动提供给后端设备且后端设备可以使用的描述符。可用描述符环由一个 flags 字段、idx 索引字段以及一个以数组形式实现的环组成。其中 flags 字段有 0 和 1 两种取值，1 表明后端设备使用完前端驱动分配的描述符时无须向虚拟机发送中断。idx 用来索引数组 ring 中下一个可用的位置。数组 ring 中存放的是描述符链表中作为链表头的描述符在描述符表中的索引，所以可以通过数组 ring 中元素的值找到对应描述符链表。当前端驱动为后端设备组织好一个可用描述符链表时，前端驱动会根据 idx 的值将该可用描述符链表头在描述符表中的索引加入数组 ring 的相应位置。

每次后端设备取用可用描述符时，需要知道剩余可用描述符在数组 ring 中的起始位置。后端设备会维护一个变量 last_avail_idx，用来标记这个位置。当切换到主机中时，后端设备将检查 last_avail_idx 和 idx 的值，数组 ring 中位于 last_avail_idx 和 idx-1 之间的部分就是可供后端设备使用的区域。

已用描述符环（used ring）：已用描述符环的组成结构与可用描述符环类似，用于保存后端驱动已经处理过并且尚未反馈给驱动的描述符。与可用描述符环不同的是，已用描述符环中数组 ring 的每个元素不仅包含后端设备已经处理的描述符链表的头部描述符在描述符表中的索引，而且由于后端设备可能会向前端驱动写回数据或需要告知驱动写操作的状态，还需要包括一个 len 字段来记录设备写回数据的长度。当后端设备处理完一个来自可用描述符数组的描述符链表后，需要将链表头的描述符在描述符表中的索引以及写回数据的长度一起加入数组 ring 中。idx 在该过程中的作用与在可用描述符环中相同。

同样的，当设备驱动回收已用的设备描述符时，需要知道剩余已用标识符在数组 ring 中的起始位置，前端驱动会维护一个变量 last_used_idx，用来标记这个位置。当切换到虚拟机中时，前端驱动将检查 last_used_idx 和 idx 的值，数组 ring 中位于 last_used_idx 和 idx-1 之间的部分便是可供前端驱动回收的区域。

在前端驱动发起 I/O 操作前，驱动作为 virtqueue 的所有者需要初始化将要用到的 virtqueue。下面是 virtqueue 初始化的具体过程。

（1）在 virtio 框架下，virtqueue 的相关参数（例如地址和大小）都保存在上文中提到的 virtio-header 中。virtio-header 存放在 virtio-pci 设备配置空间第一个 BAR 指向的 I/O 区域，所以将该区域映射进内核可以获得 virtqueue 相关属性。

（2）根据后端设备种类不同，一个前端驱动可能拥有多个队列。可以将 virtqueue 的索引写入 virtio-header 中的 Queue Select 寄存器来通知设备所要初始化的具体队列。

（3）为了给 virtqueue 分配空间，驱动还需要知道 virtqueue 的大小。前端驱动通过读 virtio-header 中的 Queue Size 寄存器，获得 virtqueue 内描述符的数量。

（4）根据描述符数量计算并为 virtqueue 分配内存空间，并将内存空间的起始地址除以 4096，转换成以页为单位的地址后写入 virtio-header 中的 Queue Address 寄存器。后端设备收到该地址后，将该地址左移 12 位获得 virtqueue 的 GPA，最后将该 GPA 转换为 HVA。

virtio 能够支持各种不同的设备，其中虚拟网卡设备是 virtio 中比较复杂的设备。基于 virtio 实现的网络架构通常被称为 virtio-net。图 4-10 描述了 virtio-net 的一次网络包发送过程，具体过程如下所述。

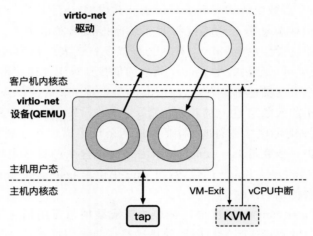

图 4-10　virtio-net 架构[①]

（1）运行在客户机内核空间的 virtio-net 驱动会将要发送的数据包放置在虚拟机的内存缓冲区中。

（2）virtio-net 驱动为数据包所在的内存缓冲区创建一系列描述符，并组织成描述符链加入可用描述符环中。

（3）virtio-net 驱动以 MMIO 的方式写特定地址，造成 VM-Exit，陷入 KVM 中。

（4）KVM 分析 VM-Exit 的原因，将控制流转发给 QEMU 中的 virtio-net 后端设备。

（5）virtio-net 后端设备从可用描述符环中获得数据包所在的客户机物理地址。由于虚拟机的内存空间由 QEMU 分配，所以 QEMU 能够将客户机物理地址转换为 QEMU 在主机操作系统中的虚拟地址。

（6）virtio-net 后端设备根据上一步转化得到的主机虚拟地址得到网络包数据。

（7）virtio-net 后端设备以系统调用的方式将网络包通过内核网络栈发出，之后将描述符加入已用描述符环中。

（8）QEMU 以中断注入的形式向虚拟机发送 I/O 完成通知，并最终将控制流交还给虚拟机。

上文主要介绍了后端设备位于用户态 QEMU 进程中的情况。如图 4-10 所示，在该模

---

①　https://www.redhat.com/en/blog/introduction-virtio-networking-and-vhost-net。

式下，一次 virtio 访问会涉及虚拟机内核与主机 KVM 模块之间、KVM 模块与主机用户态 QEMU 进程之间、QEMU 进程与主机内核中的驱动程序之间的多次特权级切换。每次特权级切换都需要保存上下文，造成了极大的性能损失。

4.1 节介绍了一种将设备模型置于 Hypervisor 的设备模拟方式，该方式避免了系统调用所产生的大量上下文切换，缩短了虚拟机 I/O 的模拟路径，提高了 I/O 的性能。如图 4-11 所示，vhost 采用了与之类似的方式优化传统的 virtio。vhost API 是一个基于消息的协议，它允许 Hypervisor 将数据交互的工作卸载到运行在宿主机内核态的另一个组件——handler。handler 能够将数据转发的任务从 QEMU 的设备模型中解耦。使用此协议，Hypervisor(QEMU)需要向 handler 发送 Hypervisor 的内存布局(MemoryLayout)和一对文件描述符 ioeventfd/irqfd。内存布局用于定位 virtqueue 队列和数据缓存在 QEMU 内存中的位置。文件描述符用于 handler 发送和接收通知。这些文件描述符在 handler 和 KVM 之间共享，因此 handler 可以和 KVM 直接通信，不需要 QEMU 的干预。

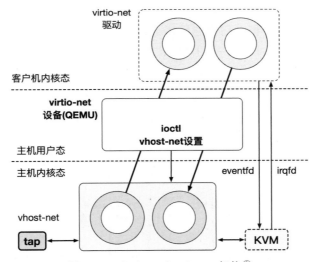

图 4-11　vhost-net/virtio-net 架构[①]

vhost-net 是一个内核驱动程序，是一种 vhost 协议处理程序，用于实现数据包的快速转发。加载 vhost-net 内核驱动程序时，会在/dev/vhost-net 上公开一个字符设备。当 QEMU 在 vhost-net 的支持下启动时，QEMU 会使用几个 ioctl 调用来初始化 vhost-net。在初始化过程中，QEMU 进程会与 vhost-net 相关联，并将 virtio feature、用于发送和接收通知的文件描述符、物理内存映射传递给 vhost-net。vhost-net 内核驱动程序会为客户机创建对应内核线程。这个线程称为"vhost 工作线程"。

QEMU 分配文件描述符 ioeventfd 并将其注册到 vhost 和 KVM，该文件描述符负责传递 I/O 事件通知。当虚拟机访问特定端口时，KVM 向 ioeventfd 写入与该访问相关的内

---

①　图片来源：https://www.redhat.com/en/blog/deep-dive-virtio-networking-and-vhost-net。

容，同时 vhost 内核线程会不断轮询 ioeventfd 并立即获得通知。因此对特定客户机内存地址（例如 MMIO 内存区域）的读/写操作不需要切换到 QEMU 中，可以直接路由到 vhost 工作线程，这样就实现了异步处理，不需要终止 vCPU 的执行，避免了上下文切换的开销。另外，QEMU 分配另一个文件描述符 irqfd 并再次将其注册到 KVM 和 vhost 上，该文件描述符负责传递 vCPU 中断消息。vhost 工作线程完成数据包读写之后，会对 irqfd 进行写操作，之后 KVM 从 irqfd 中读取与 vCPU 相关的信息，最后将 vCPU 中断注入客户机。该过程也是异步的，这种异步通知机制使得在数据处理过程中，vCPU 可以继续运行，显著减少了性能损失。vhost 的引入改变了发生 VM-Exit 之后 KVM 和 QEMU 的工作流程，但并不影响前端驱动的固有设计，vhost 对前端驱动来说是透明的。

上文的 vhost-net 方案比较适合客户机与主机网络控制器之间的通信或者客户机与外设之间的通信。在这种情况下，客户机与后端设备的通信只发生一次数据复制与用户态切换。但是 vhost-net 并不适用于客户机与主机上的某些用户态程序交互。因为如果使用 vhost-net 方案，客户机和 KVM 模块之间、用户态程序与后端设备之间都会产生上下文切换以及数据复制。由于客户机和用户态程序都位于用户态，数据可以直接在用户态进行传递，无须经过"用户态——内核态——用户态"这两次复制过程。因此如图 4-12 所示，一种将 vhost 从内核态迁移到用户态的 vhost-user 方案应运而生。

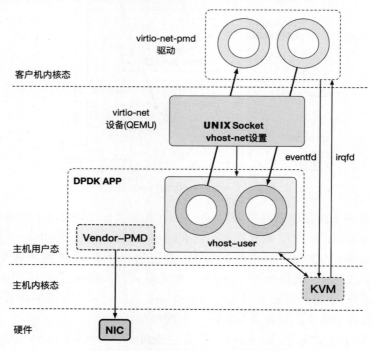

图 4-12　vhost-user/virtio-pmd 架构[1]

---

[1]　vhost-user/virtio-pmd 架构地址：https://www.redhat.com/en/blog/journey-vhost-users-realm。

vhost-user 使用了和 vhost-net 一样的 vhost 协议，即都使用了 vring 完成前后端数据交互，而且还使用了相同的事件通知机制。不同的是，vhost 将后端实现在内核态而 vhost-user 实现在用户空间中，用于用户空间中两个进程之间的通信。而且事件通知和数据交互的具体实现方式两者也有所不同。vhost-user 基于客户/服务的模式，采用 UNIX 域套接字（UNIX domain socket）来建立 QEMU 进程与 vhost-user 之间的联系，进而将 virtio feature、用于发送和接收通知的文件描述符、物理内存映射传递给 vhost-user，而 vhost-net 中使用的是 ioctl 的方式。vhost-user 采用套接字的方式大大简化了操作。vhost-user 基于 vring 这套通用的共享内存通信方案，只要客户端和服务端按照 vring 提供的接口实现所需功能即可。常见的实现方案是将客户端集成在客户机的 virtio 驱动上，服务端实现在 DPDK（Data Plane Development Kit，数据平面开发套件）①等用于网络加速的用户态应用中。

图 4-12 展示了 vhost-user/virtio-net-pmd 架构下一次网络包的发送过程，具体过程如下。

（1）虚拟机中与 DPDK 库链接的应用程序通过用户态 virtio-pmd 驱动发送数据包。首先将数据包写入缓冲区，并在可用的描述符环中添加它们对应的描述符。

（2）主机中的 vhost-user PMD（Poll Mode Driver，轮询模式驱动）会不断轮询 virtqueue，因此它会立即检测到新的描述符，并进行处理。

（3）对于每个描述符，vhost-user PMD 通过查询设备 TLB 获得缓冲区的 HVA。如果发生 TLB 未命中，将发送一个对 QEMU 的请求更新设备 TLB。这种情况并不多见，因为 DPDK 使用了大页机制，TLB 未命中的概率很低。

（4）vhost-user PMD 将缓冲区的数据复制到 mbuf（DPDK 应用程序使用的消息缓冲区）。缓冲区描述符被 vhost-user 添加到 used 描述符环中。这时虚拟机中同样一直在轮询 virtqueue 的 virtio-net-pmd 驱动会立即回收 used 描述符。

（5）最后主机中的 DPDK APP（应用程序）处理 mbuf。DPDK 绕过 Linux 内核网络栈，直接将数据包发送到 NIC（Network Interface Controller，网络接口控制器）中，实现数据包的快速转发。

容器作为一种进程级别的虚拟化技术在 NFV（Network Functions Virtualization，网络功能虚拟化）领域具有很大的应用潜力。容器通常使用宿主机操作系统内核的网络栈来实现网络数据包转发。然而出于中断处理、网络包复制等原因，内核网络栈每秒最多只能环回 1 百万～2 百万个数据包，并不能满足 NFV 在吞吐量、延迟和性能抖动等方面的要求。为了解决这一问题，绕过 Linux 网络栈，提升容器中的网络性能，Intel 在 2017 年将 vhost 协议移植到了容器[19]，提出了如图 4-13 所示的 virtio-user 解决方案。

virtio-user 方案在 DPDK 框架中添加了一个新型的虚拟设备 virtio-user，该设备有两种不同类型的网络接口。vhost-kernel 接口用于连接主机内核中的 vhost-net 模块。vhost-user 接口遵循上文提到的 vhost-user 规范，与运行在用户空间的虚拟机交换机连接，并通

---

① DPDK 旨在为运行在用户态的应用提供一个简单而完整的快速数据包处理框架。DPDK 官方网址：https://www.dpdk.org/。

过虚拟机交换机直接与网卡交互。与 QEMU/KVM 不同的是，QEMU 将整个内存空间布局与 vhost 后端共享，vhost-user 只与 vhost 后端共享容器内存空间中由 DPDK 应用程序管理的区域。

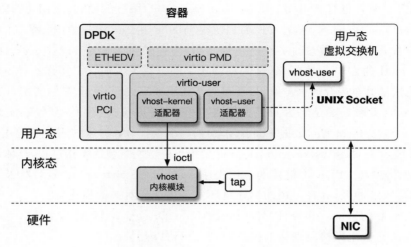

图 4-13　virtio-user 架构

4.2.4　设备直通访问

前文曾提到，I/O 虚拟化的一个最基本要求是能够限制和隔离虚拟机访问不属于自身的 I/O 设备。在设备直通访问中为了满足这一要求，Hypervisor 会将外设分配给不同的虚拟机，这些设备称为该虚拟机的指定设备。虚拟机中的 vCPU 无法访问到其他虚拟机的设备。指定设备的驱动程序只在拥有该设备的虚拟机中运行，并且能在不发生或发生少量 VM-Exit 情况下直接与设备硬件交互。同时，一个虚拟机的指定设备只能访问属于该虚拟机的物理内存，而且必须将中断发送给虚拟机的中断控制器。

如 4.1.1 节所述，CPU 通过 PCI 配置空间中的 BAR 获取 I/O 空间地址或物理地址来访问外设提供的 I/O 资源。一般情况下，客户机中的驱动程序使用的只是虚拟的外设 I/O 地址或物理地址空间，如果直接使用该地址访问设备会产生一系列问题。例如，当一个虚拟机中的物理驱动程序为 I/O 设备指定一块用于 DMA 操作的内存区域时，驱动使用的 DMA 地址并不是实际的物理内存地址，如果设备直接使用该地址可能会访问到属于其他虚拟机的物理内存，甚至是 Hypervisor 所在内存区域，给整个系统带来风险。设备模拟和半虚拟化等软件方案可以通过执行对应的 I/O 处理函数，将虚拟机中驱动程序使用的地址转换为实际的物理地址，并能够对地址的合法性进行检查。而在设备直通访问方案中，Hypervisor 并不会参与 I/O 操作的模拟，也就无法帮助虚拟机完成地址转换过程，这就给虚拟机直接访问物理 I/O 设备带来了三个问题。第一个问题是如何保证虚拟机的原生驱动能够直接通过真实的 I/O 地址空间来操作 I/O 设备；第二个问题是在 DMA 过程中，如何控制外设访问到虚拟机所在的物理内存地址；第三个问题是如何将设备产生的中断发送到虚拟机的中断控制器中。其中第三个问题前文已经做出解释，下面将从 PIO、MMIO、DMA 三个方面回答前两个问题。

PIO：回顾内存虚拟化章节中的内容，在内存虚拟化中，客户机操作系统的页表中存放的是虚拟机物理内存地址（GPA），需要通过一定方式（例如影子页表、EPT 等）将虚拟机物理内存地址转换为主机物理内存地址（HPA），从而实现各虚拟机之间内存的隔离。设备直通访问同样也需要建立虚拟机 I/O 地址空间与实际外设 I/O 地址空间的映射。

在 CPU 硬件辅助虚拟化中提到了 VMCS 里的 I/O 位图这一概念，I/O 位图的一个作用是决定虚拟机是否可以直接访问某个端口，使得 Hypervisor 能够细粒度地管控 I/O。在 VM-Excution 控制域内有一个 I/O 位图地址字段（I/O bitmap Addresses）。该字段包括两个 64 位的物理地址，这两个地址分别指向两个大小为 4KB 的 I/O 位图。I/O 位图中的每个位对应一个 I/O 端口。当 Hypervisor 将 VM-Excution 控制域中的启用 I/O 位图（Use I/O bitmaps）字段置 1 时，意味着 Hypervisor 会使用 I/O 位图控制虚拟机中的 I/O 指令。当客户机发起对某个物理端口的 I/O 操作时，如果该端口在 I/O 位图中对应的位值为 0，此时不会发生 VM-Exit，客户机会直接访问该物理端口。

目前很多 Hypervisor（例如 Xen、Xvisor 等）都支持多种 I/O 虚拟化方式。根据应用场景的需要，虚拟机拥有的 I/O 设备，其中部分是设备模拟技术提供的虚拟设备，另一部分则是 Hypervisor 直接分配的物理设备。在这种情况下，虚拟设备的 PCI BAR 由客户机中的虚拟 BIOS 配置，可能会与直接分配的物理设备的 PCI BAR 产生冲突，所以不能直接使用上文介绍的直接访问物理端口的方式。Hypervisor 会维护一个直通设备的虚拟 PCI BAR 与真实 PCI BAR 之间的映射表，并将虚拟 PCI BAR 中的端口在 I/O 位图中对应的位置为 1。这样虚拟机通过直通设备的虚拟 PCI BAR 发起 I/O 访问时会产生 VM-Exit 陷入 Hypervisor 中，然后 Hypervisor 会根据映射表将访问请求发送给直通设备的真实 I/O 端口。

MMIO：由于内存与 MMIO 同属于物理地址空间，且 MMIO 使用与内存访问相同的访存指令通过物理地址完成对 I/O 资源的访问，所以理论上可以使用内存虚拟化的相关机制解决 MMIO 问题。

在内存虚拟化章节中，介绍了 Intel VT 提供的内存虚拟化支持，扩展后的 MMU 能够查询 EPT，以硬件实现的方式完成 GPA 到 HPA 的映射过程。在开启 EPT 功能的物理机上，Hypervisor 可以在客户机私有的 EPT 中建立反映虚拟 MMIO 物理地址与实际 MMIO 物理地址之间映射关系的页表项。之后当客户机以 MMIO 的方式访问那些分配给它的物理外设时，EPT 机制会在不产生 VM-Exit 的情况下（假设不发生 EPT Misconfiguration 和 EPT Violation）完成对物理外设的访问。

DMA：为了解决第二个问题，将 DMA 过程中对内存的访问限制在发起 DMA 的设备所在虚拟机的物理内存区域，Intel 的 VT-d 技术提供了 DMA 重映射机制，在位于 PCI 总线树根部的北桥芯片中引入了 DMA 重映射硬件。在启动 DMA 重映射硬件的系统上，当根节点下的 PCI 设备尝试通过 DMA 的方式访问内存时，DMA 重映射硬件会拦截该访问，并通过查询 I/O 页表的方式来确定本次访问是否被允许，并重映射到内存访问的实际位置。I/O 页表是与分页机制类似的页表结构，I/O 页表的创建和维护由 Hypervisor 负责，后面将会详细介绍 I/O 页表。

在 I/O 虚拟化中，每个虚拟机都拥有与主机物理地址空间不同的物理地址空间视图。DMA 重映射硬件将从 I/O 设备发过来的访问请求中包含的地址看作是 DMA 地址。根据不同的使用配置，设备的 DMA 地址可以是分配给它的虚拟机的 GPA、发起 DMA 请求的宿主机进程的 HVA、客户机进程的 GVA 以及 IOVA。根据 DMA 地址空间的不同，DMA 重映射硬件将来自 I/O 子系统的 DMA 访问请求分为如下两类。

（1）不带 PASID（Process Address Space Identifier，进程地址空间标识符）的请求：这类请求使用的 DMA 地址一般是 GPA 和 IOVA，并且通常会表明该请求的类型（读、写或原子操作）、DMA 目标的地址、大小和发起请求的源设备的 ID 等信息。

（2）带有 PASID 的请求：这类请求使用的 DMA 地址一般是 GVA 和 HVA，只有具有虚拟地址功能（Virtual Address Capability）的 PCI 设备才能发出这类请求。除了上文提到的信息之外，这类请求还带有用于定位进程地址空间的 PASID 和一些其他信息。

虽然 I/O 子系统的内存访问请求有不同种类，DMA 地址的类型也有所不同，但重映射硬件的最终任务都是要将 DMA 地址转换成 HPA，并实现对物理地址的访问。DMA 地址重映射发生在地址解码、查询处理器缓存或转发到内存控制器等进一步的硬件操作之前。图 4-14 是 DMA 地址重映射的一个例子。首先，I/O 设备 1 和 I/O 设备 2 分别被分配给虚拟机 1 和虚拟机 2。之后，Hypervisor 为两个虚拟机分配系统物理内存，并开启 DMA 地址重映射功能。设备 1 和设备 2 分别发起与目的物理地址相同的 DMA 请求，但由于设备分属于不同的虚拟机，DMA 重映射硬件会将其分别转换为设备所在虚拟机的实际物理地址。

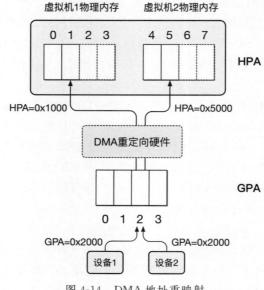

图 4-14　DMA 地址重映射

　　DMA 重映射硬件每次捕获设备 DMA 请求时，需要先识别发起该请求的外设。一般使用源标识符（Source Identifier）标识发起 DMA 操作的设备。重映射硬件可以根据设备的类别以及 I/O 事务的具体实现方式确定外设的源标识符。例如，一些 I/O 总线协议中，源标识符是 I/O 事务的一个组成部分。对于 PCI 设备，参考 4.2.1 节的内容，PCI 设备标识符能够唯一确定某个 PCI 设备，因此 PCI 总线使用 PCI 设备标识符作为源标识符。

　　在 x86 架构下，内存的页表基地址会存储在 CR3 寄存器中，CPU 通过读取 CR3 的值即可获得当前进程的页表。之后，通过查询页表过程即可以完成虚拟地址与物理地址的转换。设备的 I/O 地址转换过程则较为复杂，DMA 重映射硬件支持两层地址转换，第一级转换（First-level Translation）负责将 GVA 重新映射到 GPA，第二级转换则将 GPA 重新映射到 HPA。I/O 设备的 DMA 请求有两种——不带 PASID 和带有 PASID，由于前者使用的是 GPA，所以只需要第二级转换，而后者使用的是 GVA，则需要两层地址转换过程。VT-d 提供两种地址翻译模式，传统（Legacy）地址转换模式与可扩展（Scalable）地址转换模式。传统模式仅支持第二级地址转换，所以只能应用于不带 PASID 的请求。可扩展模式支持两层地址转换，能够同时支持不带 PASID 和带有 PASID 的 DMA 请求。下文分别介绍这两种模式。

　　在传统模式中，如图 4-15 所示，根条目表作为最顶层的结构将设备映射到各自的虚拟机，所以根条目表也是 DMA 地址转换的起点。根条目表在系统内存中的位置是由根条目表地址寄存器（RTADDR_REG）决定的。图 4-16 描述了 RTADDR_REG 的字段分布情

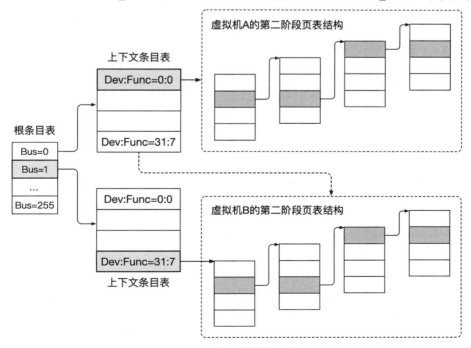

图 4-15　传统地址转换模式

况。根条目表地址寄存器的转换表模式字段(RTADDR_REG.TTM)用于表示目前所使用的地址翻译模式。当 RTADDR_REG 的 TTM 字段为 00 时，代表处于传统模式，RTADDR_REG 的根条目表地址字段(RTADDR_REG.RTA)保存的是指向根条目表的指针。

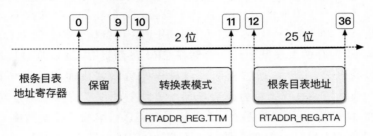

图 4-16　根条目表地址寄存器

　　根条目表(Root Table)的大小为 4KB，包含 256 个根条目，每个根条目对应一条 PCI 总线。在检索根条目表时，使用源标识符字段中的总线号(高 8 位)作为索引定位到发起 DMA 的设备所在总线对应的根条目。根条目中包含一个上下文条目表的指针，该指针用于获取总线上所有设备共同的上下文条目表。每个上下文条目表包含 256 个条目，每个条目对应于总线上的某个 PCI 设备。对于 PCI 设备，将使用源标识符的设备号和功能号(较低的 8 位)索引上下文条目表，以获得目标设备对应的上下文条目。上下文条目中保存有一个第二级转换页表的基地址。使用 DMA 地址查询该转换页表时，会依次映射到 I/O 页表的多级地址转换结构，并最终将 DMA 请求中的 GPA 转换为 HPA。

　　当 RTADDR_REG.TTM 为 01b 时，此时 DMA 重映射硬件处于图 4-17 所示的可扩展地址转换模式，RTADDR_REG 的 RTA 字段保存指向可扩展模式下根条目表的指针。可扩展模式根条目表与根条目表类似，大小都是 4KB，并且同样包含 256 个根条目，每个根条目对应一条 PCI 总线。与根条目中将[64：127]设为保留字段不同的是，每个可扩展模式根条目分为[0：63]与[64：127]两部分。如图 4-18 所示，低 64 位中的 LCTP(Lower Context Table Pointer，低上下文表指针)字段指向下半部(lower)上下文条目表，高 64 位中的 UCTP(Upper Context Table Pointer，高上下文表指针)字段指向上半部(upper)上下文条目表。

　　下半部上下文条目表的大小为 4KB，包含 128 个可扩展模式上下文条目，对应总线上设备号在 0～15 的 PCI 设备。上半部上下文条目表的大小也是 4KB，包含 128 个可伸缩模式上下文条目，对应总线上设备号在 16～31 的 PCI 设备。在可扩展模式下，处理不带 PASID 的请求与带有 PASID 的请求类似，一样可以从可扩展模式上下文条目的 RID_PASID 字段中获得 PASID 值。可扩展模式上下文条目的 PASIDDIRPTR 字段包含指向可扩展模式 PASID 目录的指针。请求的 PASID 值的高 14 位(19：6)会用于索引可伸缩模式的 PASID 目录。每个现有的可伸缩模式 PASID 目录条目的 SMPTBLPTR 字段都包含一个指向可伸缩模式 PASID 表的指针。请求的 PASID 值的较低 6 位(5：0)被用于索引可伸缩模式的 PASID 表。PASID 表条目的 FLPTPTR 字段和 SLPTR 字段分别包含第一级地

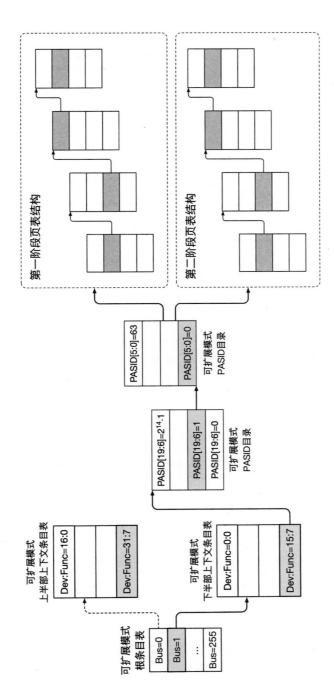

图 4-17 可扩展地址转换模式

址转换和第二级转换页表的指针。同时，PASID 表条目的 PGTT 字段表明需要进行哪些地址转换过程，PGTT 为 001b 时代表只进行第一阶段地址转换，010b 代表只进行第二阶段地址转换，011b 则意味着需要执行嵌套转换以达到双层地址转换的目的。

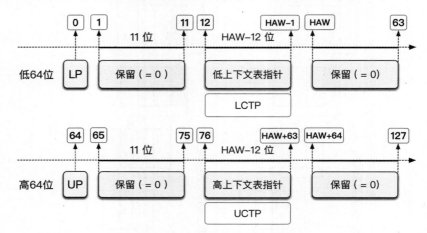

图 4-18　可扩展模式根条目表

DMA 重映射在第一级地址转换和第二级地址转换中都使用了多级页表结构。第一级地址转换支持 4 级结构或 5 级结构。第二级地址转换支持 N 级结构，其中 N 的值取决于由 Capability 寄存器支持的 GAW（Guest Address Width，客户机地址宽度）。每级页表的大小都为 4KB，拥有 512 个页表项。页表的翻译过程与内存分页机制类似，在此不再过多介绍。I/O 页表同样支持 4KB、2MB、1GB 等粒度的页面大小。通过 Capability 寄存器可以查询系统支持页面大小的粒度信息。

在内存分页机制中，CPU 能够借助缓存、TLB 等缓存机制来加速 CPU 对内存的访问过程。重映射硬件也可以通过缓存与重映射地址转换相关的数据结构来加速地址转换过程。

下面是重映射硬件地址翻译缓存（Translation Cache）的几种类型。

（1）上下文条目缓存：该缓存的作用是缓存上下文条目，用于地址翻译请求。翻译请求中的源标识符用于索引对应的缓存条目。

（2）PASID 缓存：该缓存的作用是缓存可伸缩模式的 PASID 表条目，这些条目用于地址转换。该缓存只在启用可缩放模式转换时使用。

（3）IOTLB：IOTLB（I/O Translation Lookaside Buffer，I/O 翻译后备缓存器）中的每个条目负责保存请求地址的页号与对应物理页之间的映射。

（4）分页结构缓存：该缓存的作用是缓存经常使用的分页结构条目，这些条目用于引用其他分页结构条目。缓存的分页结构条目可以是 PML5 缓存、PML4 缓存、PDPE 缓存或 PDE 缓存。

在重映射硬件上，翻译缓存可以支持多个外部设备的请求。缓存效率取决于平台中同时活动的 DMA 流的数量和 DMA 访问的地址局部性。重映射硬件持有的翻译缓存资源十分有限,某些情况下可能无法满足设备使用需求。一种扩展缓存资源的方式是让外设参与重映射过程,将翻译缓存实现在外设中。设备上的这些翻译缓存称为设备 TLB。设备 TLB 减轻了北桥芯片中翻译缓存的压力,同时使设备在发起 DMA 请求之前,通过翻译缓存使实现地址转换成为可能。设备 TLB 可以用于对访问延迟要求较高的设备(如实时设备),以及具有高 DMA 工作负载或多个 DMA 流的设备。

4.2.5　VFIO

由于 Linux 遵循 GPL(General Public License,通用公共许可证)开源协议,根据 GPL 协议内容,所有基于内核的驱动程序同样应该遵守 GPL 开源协议。一些商业公司推出的设备驱动会采用闭源策略,例如英伟达公司的 GPU 驱动基本是闭源的。AMD 公司虽然积极参与 Linux GPU 驱动开源工作,但是 AMD 闭源 GPU 驱动的性能通常优于开源驱动。为了绕过 Linux 的 GPL 协议,厂商通常使用用户态驱动框架来达到在 Linux 上闭源的目的,例如英伟达公司将 CUDA 驱动和 OpenGL 驱动实现在用户态。除了能够绕开开源协议,这种 UIO(Userspace I/O,用户空间 I/O)拥有开发工作量少、易于调试以及能够集成到特定应用程序(例如前文提到的 DPDK)中等优势。

UIO 虽然拥有上述诸多优势,但是作为一个运行在用户态的驱动它有一个致命的缺点,就是无法动态申请 DMA 区域。因为如果 UIO 可以随意发起 DMA 请求,那么意味着普通用户可以读写任何物理地址的内容,这样就会给系统的安全性造成极大的威胁。幸运的是该问题能够被上文介绍的 VT-d 技术解决,因此基于 IOMMU 的另外一套用户态驱动框架——VFIO(Virtual Function I/O,虚拟功能 I/O)应运而生。

VFIO 会为用户态进程提供一系列交互接口。同 UIO 一样,VFIO 使用一个非常简单的内核模块为用户提供名为/dev/vfio/ $ Group 的用于设备访问的文件接口。用户进程可以通过一组 ioctl 与 VFIO 进行交互,例如 ioctl 函数可以配置 IOMMU,并将 DMA 地址映射到进程地址空间,从而允许用户态驱动发起 DMA 操作,除此之外,还可以通过 ioctl 配置对应的 PCI 配置空间、获取相关中断信息并注册中断处理函数。VFIO 相较于 UIO 更加安全,能够限制用户态驱动对内存地址的访问,这一特性使得 VFIO 能够应用于虚拟化环境。同时 VFIO 也可以被集成在 DPDK 等特定应用程序中,相较于 UIO,VFIO 的使用优先级更高。

4.2.6　SR-IOV

4.1 节已经介绍了 SR-IOV 的基本概念和 SR-IOV 的应用场景。下文将对 SR-IOV 做简要介绍。

为了理解图 4-19 所示的 SR-IOV 架构,首先介绍 PF 以及 VF 的概念。PF 是一种支持 SR-IOV 功能的 PCI 功能,它可以对设备所有的物理资源进行配置,将其划分为多个资源子集,并在资源子集之上虚拟出 VF。VF 是一种轻量级 PCIe 功能,可以看作是从 PF 中分离出来的部分 I/O 功能，它与 PF 相关联，拥有属于自己的一组用于数据交互的资源。这些资源包括用于数据传输的内存地址空间、中断以及 I/O 端口等，这些资源会记录在 VF 专属的配置空间中。在 SR-IOV 标准下，Hypervisor 或者某一特权虚拟机通过调用 PF 驱动，开启设备的 SR-IOV 功能，并创建和管理多个 VF 设备。之后使用类似于直通访问的模式，将 VF 设备分配给其他虚拟机。虚拟机无须通过 Hypervisor 提供虚拟设备来访问 I/O 设备，可以通过 PIO、MMIO、DMA 等方式直接与 VF 交互。

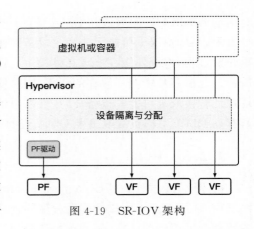

图 4-19　SR-IOV 架构

　　在系统启动时，物理 BIOS 会自行为 VF 分配配置空间并初始化，并将分配给设备的内存地址、I/O 端口地址记录在 BAR 中。出于安全性和隔离性等方面的考虑，客户机并不能直接使用 BAR 中保存的 HPA，也不能直接修改 VF 配置空间。Hypervisor 需要为客户机提供虚拟的 VF 配置空间，将配置空间的地址信息替换为 GPA，同时建立并维护 GPA 到 HPA 的映射表。Hypervisor 会截获客户机对 VF 的访问请求，然后根据 GPA 与 HPA 的映射关系定位到实际的地址空间执行。

4.3　QEMU/KVM 虚拟设备的实现

　　4.1 与 4.2 节介绍了 I/O 虚拟化的基本原理以及四种不同的实现方式，本节将以 QEMU/KVM 为基础，深入代码层面介绍 I/O 虚拟化在 Hypervisor 中的实现。本节选择 Masaryk 大学编写的 edu 设备作为示例，edu 设备属于 PCI 设备，设备源代码位于 QEMU 的 /hw/misc 路径下。edu 设备结构比较简单，并且不与实际的物理设备交互，是一个纯粹的"虚拟"设备，但它的功能较为全面，以该设备为例能够清晰地展示在 QEMU 中实现一个虚拟设备的整个过程。为了帮助读者理解，本节首先会通过描述 QEMU 中的 QOM（QEMU Object Model，QEMU 对象模型）机制来展示 edu 设备对象的注册与创建过程，之后会介绍主板芯片的模拟和 PCI 总线结构的创建与初始化过程，接着在第 2 章和第 3 章的基础上介绍 PIO 和 MMIO 在 QEMU 中的处理过程。最后，本节以实验的形式为 edu 设备编写配套的设备驱动，来展示在 QEMU 中如何模拟一个虚拟 PCI 设备，包括模拟虚拟设备的访问接口、实现设备 DMA 以及自定义的设备功能、完成设备中断发送等过程。

4.3.1　QEMU 对象模型

　　2.3 节给出了 QEMU/KVM 的架构图，根据架构图，QEMU 在整个架构中作为一个用户态进程运行在 VMX 根模式的 Ring3 特权级，与 vCPU 创建和设备模拟相关的内容由 QEMU 负责。经过多年的发展，QEMU 能够模拟多种架构的 CPU 和大量的设备。不同架构的 CPU 之间以及同种架构不同型号 CPU 之间拥有通用属性同时也有自身的特性。对于设备来说也存在这种情况。例如网卡作为一种 PCI 设备,拥有自己的功能,也遵循 PCI 通用标准,同样 PCI 设备也属于设备的一种类别。熟悉面向对象编程语言的读者应该会想到这种情况适合面向对象的思想,可以将不同类型设备之间的共性抽象成一个设备父类,某一类设备同时也是特定设备的父类。

C 语言本身并不支持面向对象,早期 QEMU 的每种设备都有不同的表示方式,无法利用不同设备之间的共性,导致代码混乱且冗余。为了改变这一情况,QEMU 推出了 QOM。从某种程度上来说,QOM 也可以看作 QEMU 在 C 语言的基础上实现的一套面向对象机制,负责将 CPU、内存、总线、设备等都抽象为对象,其中总线和设备模拟占了很大的比重。所以在讲总线和设备初始化之前,首先以 edu 设备对象的初始化为例介绍 QOM。

在 QOM 中,一类设备被抽象为一个对象类,一个设备实例被抽象为一个对象实例,对象和对象实例均存在继承关系,其中 ObjectClass 是所有对象类的基类,Object 是所有对象实例的基对象,有点类似于 C++ 中的类和对象。除了上述对象类和对象实例外,QOM 对象初始化还涉及 TypeInfo 和 TypeImpl 两个数据结构。TypeInfo 是对对象类的描述,往往包含类名、父类名、类初始化函数、类实例大小等描述性信息。TypeImpl 由 TypeInfo 注册得到,存储在全局 type_table 中。TypeImpl 与 TypeInfo 最大的不同在于,TypeImpl 持有对其对象类的引用,因此要从 TypeInfo 得到 ObjectClass,必须先将 TypeInfo 转化为 TypeImpl。QOM 中对象的初始化可分为四步:①将 TypeInfo 注册为 TypeImpl;②创建对象类;③创建对象实例;④具现对象实例。

TypeInfo 注册为 TypeImpl 包含两个步骤,首先将 TypeInfo 转换为 ModuleEntry,然后通过 ModuleEntry 存储的初始化函数将 TypeInfo 转换为 TypeImpl,并添加到全局 type_table 中。以 edu 设备为例,TypeInfo 转换为 ModuleEntry 的具体代码如下。

qemu‑4.1.1/hw/misc/edu.c

```
static void pci_edu_register_types(void)
{
    static InterfaceInfo interfaces[] = {
        { INTERFACE_CONVENTIONAL_PCI_DEVICE },
        { },
    };
    static const TypeInfo edu_info = {
        .name          = TYPE_PCI_EDU_DEVICE,
        .parent        = TYPE_PCI_DEVICE,
        .instance_size = sizeof(EduState),
        .instance_init = edu_instance_init,
        .class_init    = edu_class_init,
        .interfaces = interfaces,
    };
    type_register_static(&edu_info);
}
type_init(pci_edu_register_types)
```

edu 设备代码中会静态定义 TypeInfo（即 edu_info），type_init 函数则是由 CRT（Crun-time）负责执行。type_init 函数接受一个初始化函数指针作为参数，创建一个 ModuleEntry 存储初始化函数指针及 ModuleEntry 的类型。QEMU 定义了几种不同类型的 ModuleEntry 结构体，同一种类型的 ModuleEntry 链接为 ModuleTypeList，全部 ModuleTypeList 则存储于全局数组 init_type_list 中。组织结构如图 4-20 所示。

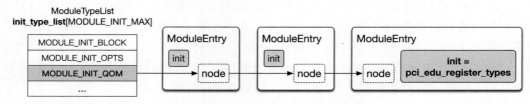

图 4-20　模块类型链表结构

edu_info 注册的 ModuleEntry 对应的类型为 MODULE_ININ_QOM，其余类型还有 MODULE_INIT_BLOCK、MODULE_INIT_OPTS 等。为 edu_info 注册对应的 ModuleEntry 后，通过 module_call_init 函数便可以将 edu_info 转换为 TypeImpl，整个函数的调用流程如图 4-21 所示。

module_call_init 函数遍历 ModuleTypeList 中的 ModuleEntry 并执行其存储的初始化函数。对于 edu_info 而言，其对应的初始化函数就是 type_init 函数传入的函数指针，即 type_register_static(&edu_info) 函数。type_register_static 函数通过 type_register 调用 type_register_internal 函数注册 edu 设备的 TypeInfo。type_register_internal 函数调用 type_new 函数将 TypeInfo 转换为 TypeImpl，并调用 type_table_add 函数将得到的 TypeImpl 添加到全局的 type_table 中。

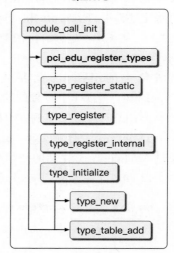

图 4-21　TypeInfo 转化为 TypeImpl

完成 edu 设备对象类注册之后还需要创建该对象类。创建对象类有两种方式，一种是主动调用 object_class_get_list 接口函数，比如 object_class_get_list(TYPE_DEVICE，false) 函数，创建 TYPE_DEVICE 类型的 ObjectClass。另一种是被动调用，如 object_class_by_name 函数、object_class_get_parent 函数、object_new_with_type 函数，object_initialize_with_type 函数。无论是主动调用还是被动调用，这些接口最终都会调用 type_initialize 函数，type_initialize 的调用过程如图 4-22 所示。

type_initialize 函数接受一个 TypeImpl 结构体作为参数，首先为该 TypeImpl 对应的对象类分配内存空间，并将 TypeImpl 的 class 成员指向该内存区域。然后调用 type_get_parent 函数获取其父对象类的 TypeImpl。type_get_parent 函数最后会调用 type_get_by_name 函数，而前面提到 type_get_by_name 函数最终也会调用 type_initialize 函数，从而实现对父类的初始化。这样就形成了递归调用,逐级向上初始化父对象类,直至到达根对象类 ObjectClass。type_initialize 函数随后调用 memcpy 函数将父对象类复制到其内存空间的前面,这样只要知道父对象类和子对象类的大小,就可以轻松实现父类和子类之间的转换。最后 type_initialize 函数将调用父类的 class_base_init 函数和该 TypeImpl 的 class_init 函数进行初始化。edu_info 定义 edu 对象类的 class_init 函数为 edu_class_init 函数。edu_class_init 函数设置了 edu 设备的 realize 函数,该函数用于下文提到的 edu 对象实例具现化,同时还设置了 edu 设备的厂商号与设备号等设备属性。edu_class_init 函数的具体代码如下。

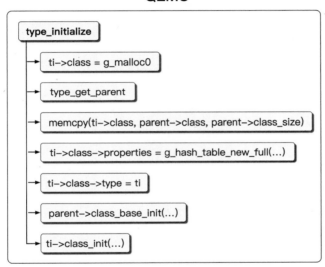

图 4-22　type_initialize 函数调用过程

qemu - 4.1.1/hw/misc/edu.c

```
static void edu_class_init(ObjectClass * class, void * data)
{
    DeviceClass * dc = DEVICE_CLASS(class);
    PCIDeviceClass * k = PCI_DEVICE_CLASS(class);
    k - > realize = pci_edu_realize;
    k - > exit = pci_edu_uninit;
    k - > vendor_id = PCI_VENDOR_ID_QEMU;
    k - > device_id = 0x11e8;
    k - > revision = 0x10;
    k - > class_id = PCI_CLASS_OTHERS;
    set_bit(DEVICE_CATEGORY_MISC, dc - > categories);
}
```

QOM 将一个具体的设备抽象为一个对象实例,每个对象实例都对应一个 XXXState 结构体，记录设备自身信息。在 edu 设备源码中定义了 edu 设备对象的结构体 EduState，EduState 中包含 MMIO 内存区域信息、设备状态、中断返回状态、DMA 相关信息等属性。定义 EduState 的具体代码如下。

qemu‑4.1.1/hw/misc/edu.c

```
struct EduState {
    PCIDevice pdev;
    MemoryRegion mmio;
    uint32_t addr4;
    uint32_t fact;
#define EDU_STATUS_COMPUTING        0x01
#define EDU_STATUS_IRQFACT          0x80
    uint32_t status;
    uint32_t irq_status;
#define EDU_DMA_RUN                 0x1
#define EDU_DMA_DIR(cmd)            (((cmd) & 0x2) >> 1)
#define EDU_DMA_FROM_PCI            0
#define EDU_DMA_TO_PCI              1
#define EDU_DMA_IRQ                 0x4
    struct dma_state {
        dma_addr_t src;
        dma_addr_t dst;
        dma_addr_t cnt;
        dma_addr_t cmd;
    } dma;
    QEMUTimer dma_timer;
    char dma_buf[DMA_SIZE];
    uint64_t dma_mask;
};
```

对象实例与对象类类似，也存在继承关系，Object 数据体是所有对象实例的根对象实例。定义 Object 的具体代码如下。

qemu‑4.1.1/include/qom/object.h

```
struct Object
{
    /* < private > */
    ObjectClass * class;
    ObjectFree * free;
    GHashTable * properties;
    uint32_t ref;
    Object * parent;
};
```

根据上述定义，对象实例持有对其所述对象类的引用。因此在创建对象实例时，需要创建相应的对象类，也就是上文提到的被动创建对象类。在完成 edu 设备对象类的初始化后,QEMU 已经能够创建 edu 设备对象实例。一般的做法是在 QEMU 启动命令行中添加-device edu 参数。QEMU 在检查到该参数后,会调用 qdev_device_add 函数添加 edu 设备。用于创建对象实例的接口包括 object_new 函数和 object_new_with_props 函数,它们最终都会调用 object_new_with_type 函数,qdev_device_add 函数使用的是 object_new 接口函数。object_new_with_type 函数的调用路径如图 4-23 所示。

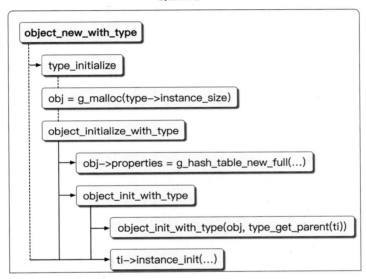

图 4-23 object_new_with_type 函数调用

object_new_with_type 函数接收 edu 设备的 TypeImpl 结构体作为参数,首先调用 type_initialize 函数确保 edu 设备对象类被初始化,然后为 edu 对象实例分配大小为 sizeof(EduState)的内存空间,最后调用 object_initialize_with_type 函数初始化对象实例。object_initialize_with_type 函数首先为 EduState 中的属性分配 Hash 表,然后调用 object_init_with_type 函数。object_init_with_type 函数首先判断该实例对象是否有父实例对象,若有,则递归调用 object_init_with_type 函数对其父实例对象进行初始化,最后调用 TypeImpl 的 instance_init 函数。TypeImpl 中的 instance_init 函数在 TypeInfo 注册为 TypeImpl 时设置,edu 设备在 edu_info 中将该函数设置为 edu_instance_init 函数,该函数将初始化 EduState 并设置 edu 设备的 DMA 掩码。edu 设备的 DMA 掩码默认为 28 位,即只支持 256MB 地址范围。edu_instance_init 函数的具体代码如下。

```
qemu - 4.1.1/hw/misc/edu.c
```

```
static void edu_instance_init(Object * obj)
{
    EduState * edu = EDU(obj);
    edu -> dma_mask = (1UL << 28) - 1;
```

```
object_property_add_uint64_ptr(obj, "dma_mask",
                               &edu->dma_mask, OBJ_PROP_FLAG_READWRI);
}
```

前面提到，所有对象实例的根对象实例都是 Object，各对象实例之间的继承关系如图 4-24 所示，此处仅列出它们的类型。

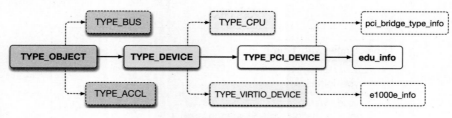

图 4-24　部分对象继承关系

此时已经创建了 edu 设备对象实例并调用了实例初始化函数 edu_instance_init，但由于此时 EduState 里的属性并未分配，所以并不能立即使用，必须具现化该对象实例。所谓具现对象实例是指调用设备对象实例的 realize 函数（如创建一个磁盘设备对象实例）后，它仍不能使用，只有在 realize 函数中将其挂载到总线上后，相应的 I/O 指令才能真正访问到该设备，此处仍以 edu 设备为例进行说明。TYPE_DEVICE 类型的对象实例对应的 TypeInfo 结构体为 device_type_info，其定义如下。

qemu - 4.1.1/hw/core/qdev.c

```
static const TypeInfo device_type_info = {
    .name = TYPE_DEVICE,
    .parent = TYPE_OBJECT,
    .instance_size = sizeof(DeviceState),
    .instance_init = device_initfn,
    .instance_post_init = device_post_init,
    .instance_finalize = device_finalize,
    .class_base_init = device_class_base_init,
    .class_init = device_class_init,
    .abstract = true,
    .class_size = sizeof(DeviceClass),
};
```

根据上述定义，设备对象实例对应的结构体为 DeviceState，它的 instance_init 函数为 device_initfn 函数。前面提到创建对象实例时会逐级向上递归调用其父类型的 instance_init 函数，所以在创建 edu 设备对象实例时会调用 device_initfn 函数。device_initfn 函数则会调用 object_property_add_bool 函数为设备对象实例添加一个名为 realized 的属性。与属性名一同传入的还有两个回调函数，device_get_realized 函数和 device_set_realized 函数，它们分别为 realized 属性的 getter/setter 函数。若后续调用 object_property_get_bool/

object_property_set_bool 函数读取/设置 realized 属性时最终会调用到 device_get_
realized/device_set_realized 函数，device_set_realized 函数则会调用 DeviceState 中存储的
realize 成员。因此每次调用 object_set_property_bool 设置 realized 属性时会触发设备的
realize 回调。具体代码如下。

qemu - 4.1.1/hw/core/qdev.c

```
        object_property_add_bool(obj, "realized",
                                 device_get_realized, device_set_realized, NULL);
object_property_add_bool(obj, "hotpluggable",
                                 device_get_hotpluggable, NULL, NULL);
        object_property_add_bool(obj, "hotplugged",
                                 device_get_hotplugged, NULL,
                                 &error_abort);

static void device_set_realized(Object * obj, bool value, Error * * errp)
{
    if (dc - > realize) {
        dc - > realize(dev, &local_err);
    }
}
```

不同设备对象实例对应的 realize 函数不同，上文提到，edu 设备对象实例在其类实例初
始化函数 edu_class_init 中将 realize 函数设置为 pci_edu_realize 函数。在此简要介绍该函
数的功能。pci_edu_realize 函数具体代码如下。

qemu - 4.1.1/hw/misc/edu.c

```
static void pci_edu_realize(PCIDevice * pdev, Error * * errp){
    EduState * edu = EDU(pdev);
    uint8_t * pci_conf = pdev - > config;
    pci_config_set_interrupt_pin(pci_conf, 1);
    if (msi_init(pdev, 0, 1, true, false, errp)) {
        return;
    }
    timer_init_ms(&edu - > dma_timer, QEMU_CLOCK_VIRTUAL, edu_dma_timer, edu);
    qemu_mutex_init(&edu - > thr_mutex);
    qemu_cond_init(&edu - > thr_cond);
    qemu_thread_create(&edu - > thread, "edu", edu_fact_thread,
                        edu, QEMU_THREAD_JOINABLE);

    memory_region_init_io(&edu - > mmio, OBJECT(edu), &edu_mmio_ops, edu,
                    "edu - mmio", 1 * MB);
    pci_register_bar(pdev, 0, PCI_BASE_ADDRESS_SPACE_MEMORY, &edu - > mmio);
}

static const MemoryRegionOps edu_mmio_ops = {
    .read = edu_mmio_read,
    .write = edu_mmio_write,
```

```
    .endianness = DEVICE_NATIVE_ENDIAN,
    .valid = {
        .min_access_size = 4,
        .max_access_size = 8,
    },
    .impl = {
        .min_access_size = 4,
        .max_access_size = 8,
    },
};
```

pci_edu_realize 函数会初始化 edu 设备配置空间中的部分数据并设置设备的功能。该函数首先调用 pci_config_set_interrupt_pin 函数，将 PCI 配置空间中 Interrupt Pin 寄存器（0X3D）的值设置为 1，这意味着 edu 设备使用 INTA♯ 脚申请中断。之后调用 msi_init 函数设置 PCI 配置空间以开启 MSI 功能。timer_init_ms 函数用于注册定时器，不间断地查看是否有 DMA 传送需求。qemu_thread_create 函数用于创建一个线程，该线程用于阶乘计算，属于 edu 设备的一个特定功能。memory_region_init_io 函数初始化一个 MMIO 内存区域，该内存区域大小为 1MB，并指定该 MMIO 内存区域的读写函数 edu_mmio_ops。在 edu_mmio_ops 函数中指定 edu_mmio_read 函数与 edu_mmio_write 函数作为 MMIO 读写回调函数，该回调函数就是 4.2.2 节中提到的 MMIO 处理函数，负责模拟虚拟设备的 MMIO 访问。pci_register_bar 函数把上一步设置好的 MMIO 参数注册到设备配置空间的第 0 号 BAR。至此 edu 设备的具现化便完成了，此时用户或客户机可以通过设备驱动使用该设备。

本节通过 edu 设备这一例子，介绍了 QEMU 中使用的 QOM 工作机制，阐述了一个 PCI 设备在 QEMU 中注册并初始化对象类、创建和初始化对象实例以及最终具现化对象实例的过程。但本节并未涉及与 PCI 设备在总线上注册相关的内容，这部分内容会在 4.3.2 节介绍。

4.3.2　主板芯片组与总线模拟

在虚拟机启动之前，QEMU 会模拟并初始化主板上的芯片组，例如南北桥芯片。在命令行输入 qemu-system-x86_64-machine help，终端会显示 QEMU 支持 i440FX＋PIIX 与 Q35＋ICH9 这两种芯片组。QEMU 最初只提供 I440FX＋PIIX 架构，该架构诞生年代久远，不支持 PCIe、AHCI 等特性，为了顺应芯片组的发展，Jason Baron 在 2012 年的 KVM forum 上为 QEMU 加入 Q35 芯片组支持。本书仅介绍 QEMU 默认的 I440FX 架构，对 QEMU 中与 Q35 架构相关内容感兴趣的读者可以阅读 QEMU 提供的文档与源码。

I440FX 是 Intel 公司在 1996 年推出的第一款能够支持 Pentium Ⅱ 的主板芯片，它集成了多种系统功能，在主板上作为北桥，负责与主板上高速设备以及 CPU 的连接。PIIX（PCI ISA IDE Xcelerator，南桥芯片）本质上是一个多功能 PCI 设备，被称作南桥，PIIX 由 I440FX 引出，负责与主板上低速设备的连接。图 4-25 是 QEMU 中模拟的 I440FX 主板架构,该图所示的架构与芯片组实际架构基本对应。I440FX 中的 PMC(PCI Bridge and Memory Controller,PCI 桥内存控制器)提供了控制内存访问的接口,PCI 主桥则作为控制和连接 PCI 总线系统的 PCI 根总线接口,因此 I440FX 可以向下连接内存并且可以通过 PCI 根总线接口扩展出整个 PCI 设备树,其中 PIIX 南桥芯片位于 PCI 0 号总线。I440FX 同时还可以通过连接 HOST 总线向上与多个 CPU 相连。如图 4-25 所示,PIIX 作为南桥可以与 IDE 控制器、MA 控制器、USB 控制器、SMBus 总线控制器、X-Bus 控制器、USB 控制、PIT、RTC(Real Time Clock,实时时钟)、PIC 设备相连,同时 PIIX 还提供了 PCI-ISA 桥,用于连接 ISA 总线进而实现与传统 ISA 设备的连接。

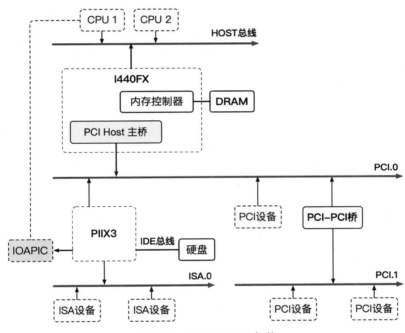

图 4-25　I440FX-PIIX 架构

4.3.1 节提到,在 QOM 工作机制中,QEMU 的所有设备都被抽象为对象,对于整个机器来说也不例外,虚拟机同样拥有属于自己的对象类型。在 QEMU 中定义了机器的对象类型,使用 MachineClass 数据结构表示。MachineClass 的类别与主板芯片类型相关联,通常由特定的宏来定义。例如 DEFINE_Q35_MACHINE 和 DEFINE_I440FX_MACHINE 分别定义了 Q35 主板架构与 I440FX 主板架构的机器。下面将介绍 I440FX 架构初始化过程,部分代码如下。

```
qemu - 4.1.1/hw/i386/pc_piix.c
```

```
# define DEFINE_I440FX_MACHINE(suffix, name, compatfn, optionfn) \
    static void pc_init_ # # suffix(MachineState * machine) \
    { \
```

```
        void ( * compat)(MachineState * m) = (compatfn); \
        if (compat) { \
            compat(machine); \
        } \
        pc_init1(machine, TYPE_I440FX_PCI_HOST_BRIDGE, \
                TYPE_I440FX_PCI_DEVICE); \
    } \
    DEFINE_PC_MACHINE(suffix, name, pc_init_ ## suffix, optionfn)
```

DEFINE_I440FX_MACHINE 宏由两部分组成。首先该宏定义了 I440FX 虚拟机的初始化函数 pc_init_ ## suffix，其中 suffix 代表 I440FX 的版本，该函数通过调用 pc_init1 函数来完成对整个虚拟机的初始化。pc_init1 函数是整个虚拟机初始化的核心，涵盖虚拟机的方方面面，I440FX 主板芯片组的初始化也由该函数负责。第二部分也是一个宏，在不同主板架构的机器间通用，负责虚拟机对象类型的注册与初始化。具体代码如下。

qemu - 4.1.1/include/hw/i386/pc.h

```
# define DEFINE_PC_MACHINE(suffix, namestr, initfn, optsfn) \
    static void pc_machine_ ## suffix ## _class_init(ObjectClass * oc, void * data) \
    { \
        MachineClass * mc = MACHINE_CLASS(oc); \
        optsfn(mc); \
        mc -> init = initfn; \
    } \
    static const TypeInfo pc_machine_type_ ## suffix = { \
        . name       = namestr TYPE_MACHINE_SUFFIX, \
        . parent     = TYPE_PC_MACHINE, \
        . class_init = pc_machine_ ## suffix ## _class_init, \
    }; \
    static void pc_machine_init_ ## suffix(void) \
    { \
        type_register(&pc_machine_type_ ## suffix); \
    } \
    type_init(pc_machine_init_ ## suffix)
```

该宏定义了虚拟机对应的 TypeInfo，即 pc_machine_type_ ## suffix ，并将父类型设置为 TYPE_PC_MACHINE，同时把 class_init 函数设置为 pc_machine_ ## suffix ## _class_init 函数。该函数负责创建虚拟机对象类型，并把类的初始化函数设置为上文提到的 pc_init_ ## suffix 函数。之后 type_init(pc_machine_init_ ## suffix) 函数负责注册虚拟机对象类型，注册的具体过程上文已经介绍，不再赘述。

在虚拟机初始化过程中，之前提到的 pc_init1 函数会对 I440FX 主板进行初始化。其中 i440fx_init 函数和 piix3_create 函数分别是 I440FX 北桥芯片和 PIIX3 南桥芯片的初始化函数。pc_init1 函数的部分代码如下。

qemu - 4.1.1/hw/i386/pc_piix.c

```
/* PC hardware initialisation */
static void pc_init1(MachineState *machine,
                const char *host_type, const char *pci_type)
{
    pci_bus = i440fx_init(host_type,
                          pci_type,
                          &i440fx_state, &piix3_devfn, &isa_bus, pcms->gsi,
                          system_memory, system_io, machine->ram_size,
                          pcms->below_4g_mem_size,
                          pcms->above_4g_mem_size,
                          pci_memory, ram_memory);
        pcms->bus = pci_bus;
}
```

i440fx_init 函数需要传入多个参数,这里主要关注前三个参数。其中 host_type 与 pci_type 参数对应于 pc_init1 函数的后两个宏定义参数。这两个宏定义表明 host_type 代表 I440FX 芯片的 PCI 主桥部分,pci_type 代表 I440FX 芯片在 PCI 总线上的部分,该 PCI 设备的设备实例用 PCII440FXState 表示。&i440fx_state 参数传入的是 pc_init1 函数中定义的 PCII440FXState 类型指针。宏定义的具体代码如下。

qemu - 4.1.1/include/hw/i386/pc.h

```
#define TYPE_I440FX_PCI_HOST_BRIDGE "i440FX - pcihost"
#define TYPE_I440FX_PCI_DEVICE "i440FX"
```

与 I440FX 芯片的结构相对应,I440FX 芯片初始化分为 PCI 主桥(即北桥)和 PCII440FX 初始化两部分。i440fx_init 函数的核心代码如下。

qemu - 4.1.1/hw/pci - host/piix.c

```
PCIBus *i440fx_init(const char *host_type, const char *pci_type,
                PCII440FXState **pi440fx_state,
                MemoryRegion *address_space_mem,
                MemoryRegion *address_space_io,
                ram_addr_t ram_size,
                ram_addr_t below_4g_mem_size,
                ram_addr_t above_4g_mem_size,
                MemoryRegion *pci_address_space,
                MemoryRegion *ram_memory)
{
    DeviceState *dev;
    PCIBus *b;
    PCIDevice *d;
    PCIHostState *s;
    PCII440FXState *f;
    unsigned i;
```

```
    I440FXState * i440fx;

    dev = qdev_new(host_type);
    s = PCI_HOST_BRIDGE(dev);
    b = pci_root_bus_new(dev, NULL, pci_address_space,
                         address_space_io, 0, TYPE_PCI_BUS);
    s->bus = b;
    object_property_add_child(qdev_get_machine(), "i440fx", OBJECT(dev), NULL);
    qdev_init_nofail(dev);

    d = pci_create_simple(b, 0, pci_type);
    * pi440fx_state = I440FX_PCI_DEVICE(d);
    f = * pi440fx_state;
    f->system_memory = address_space_mem;
    f->pci_address_space = pci_address_space;
    f->ram_memory = ram_memory;
}
```

　　qdev_new(host_type)函数的作用是创建 PCI 主桥,该函数与添加 edu 设备时调用的 qdev_device_add 函数类似,都是通过调用 object_new 接口函数,根据传入的设备类型创建设备对象实例。4.2.2 节提到,x86 架构在 PCI 主桥提供 config_address 寄存器(端口地址为 0xCF8)与 config_data 寄存器(端口地址为 0xCFC)这两个 32 位寄存器,用于访问 PCI 设备的配置空间。在 PCI 主桥设备实例创建和具现化过程中完成对这两个寄存器的初始化,并将其加入 I/O 地址空间中。在 pci_host.c 文件中定义了函数 pci_host_config_write、pci_host_config_read、pci_host_data_write 和 pci_host_data_read。这四个函数负责 config_address 寄存器和 config_data 寄存器的读写。PCI 主桥设备实例创建和具现化的具体代码如下。

qemu - 4.1.1/hw/pci - host/piix.c

```
static void i440fx_pcihost_initfn(Object * obj)
{
    PCIHostState * s = PCI_HOST_BRIDGE(obj);
    memory_region_init_io(&s->conf_mem, obj, &pci_host_conf_le_ops, s,
                          "pci - conf - idx", 4);
    memory_region_init_io(&s->data_mem, obj, &pci_host_data_le_ops, s,
                          "pci - conf - data", 4);
}
```

qemu - 4.1.1/hw/pci - host/piix.c

```
static void i440fx_pcihost_realize(DeviceState * dev, Error * * errp)
{
    PCIHostState * s = PCI_HOST_BRIDGE(dev);
    SysBusDevice * sbd = SYS_BUS_DEVICE(dev);

    sysbus_add_io(sbd, 0xcf8, &s->conf_mem);
```

```
  sysbus_init_ioports(sbd, 0xcf8, 4);

  sysbus_add_io(sbd, 0xcfc, &s->data_mem);
  sysbus_init_ioports(sbd, 0xcfc, 4);

  memory_region_set_flush_coalesced(&s->data_mem);
  memory_region_add_coalescing(&s->conf_mem, 0, 4);
}
```

然后 pci_root_bus_new 函数会调用 qbus_create 函数创建一条 PCI 总线,该总线也称为 0 号总线,之后调用 pci_root_bus_init 函数对总线进行初始化并将其挂载到 PCI 主桥。然后从 pci_root_bus_new 函数退出,执行 i440fx_init 函数中的 qdev_init_nofail 函数,该函数最终会调用 object_property_set_bool(OBJECT(dev),"realized",true,errp)函数。object_property_set_bool 函数会将北桥设备的 realized 属性设置为 true,触发北桥设备具现化函数的回调。至此,I440FX 芯片第一阶段的 PCI 主桥初始化结束。pci_root_bus_new 函数的具体代码如下。

qemu-4.1.1/hw/pci/pci.c

```
PCIBus * pci_root_bus_new(DeviceState * parent, const char * name,
                          MemoryRegion * address_space_mem,
                          MemoryRegion * address_space_io,
                          uint8_t devfn_min, const char * typename)
{
    PCIBus * bus;
    bus = PCI_BUS(qbus_create(typename, parent, name));
    pci_root_bus_init(bus, parent, address_space_mem, address_space_io,
                      devfn_min);
    return bus;
}
```

在 I440FX 初始化第二阶段,pci_create_simple 函数直接调用 pci_create_simple_multifunction 接口函数,并最终调用 object_new 函数与 object_property_set_bool 函数完成 PCI I440FX 设备的创建和具象化过程。最终 PCI I440FX 设备会被挂载到 PCI 0 号总线(根总线)的 0 号插槽。

在较新版本的 QEMU 源码中,I440FX 和 PIIX3 的初始化由 pc_init1 函数中的两个 i440fx_init 函数和 piix3_create 函数分别执行。i440fx_init 执行结束后会把 PCI 根总线返回给 pc_init1 函数,随后 pc_init1 函数会将 PCI 根总线作为参数传入 piix3_create 函数。然而在 QEMU 4.1.1 版本,PIIX3 设备的创建过程也由 i440fx_init 函数执行,i440fx_init 函数使用与 PCI I440FX 设备相同的 pci_create_simple_multifunction 接口创建和具现化 PIIX3 设备。在 PIIX3 设备对象的具现化函数 piix3_realize 中,会通过 isa_bus_new 函数创建一条 ISA 总线,该 ISA 总线会挂载到 PIIX3 下。最后 pci_bus_irqs 函数和 pci_bus_set_route_irq_fn 函数会设置 PCI 根总线的中断路由信息。QEMU 4.1.1 版本 PIIX3 设备创建

的部分代码如下。

qemu - 4.1.1/hw/pci - host/piix.c

```
PCIDevice * pci_dev = pci_create_simple_multifunction(b,
                         - 1, true, TYPE_PIIX3_DEVICE);
piix3 = PIIX3_PCI_DEVICE(pci_dev);
pci_bus_irqs(b, piix3_set_irq, pci_slot_get_pirq, piix3,
        PIIX_NUM_PIRQS);
pci_bus_set_route_irq_fn(b, piix3_route_intx_pin_to_irq);
piix3 -> pic = pic;
* isa_bus = ISA_BUS(qdev_get_child_bus(DEVICE(piix3), "isa.0"));
* piix3_devfn = piix3 -> dev.devfn;
```

回顾 4.2.1 节介绍的 PCI 总线结构。PCI 总线是一个多级结构，PCI 设备、PCI-PCI 桥、PCI-ISA 桥设备会注册到总线上。桥设备会扩展 PCI 总线结构，例如 PCI-PCI 桥设备会创建下一级 PCI 总线。这样就形成了总线—设备—总线—设备树形结构。目前 pci_root_bus_new 函数已经在主桥下创建了 PCI 根总线，pc_init1 函数之后会将系统默认的一些 PCI 设备（例如 e1000 网卡、VGA 控制器）注册到 PCI 根总线上。PCI 设备的注册是在 PCI 设备具现化过程中完成的。下文仍以 edu 设备为例介绍 PCI 设备的具现化过程。

4.3.1 节提到，edu 设备初始化过程会调用父类型的实例初始化函数。edu 设备属于 PCI 设备，其父类型为 PCIDeviceClass，该类型的初始化函数为 pci_device_class_init 函数。pci_device_class_init 函数会将 PCIDeviceClass 的 realize 函数设为默认的 pci_qdev_realize 函数。pci_device_class_init 函数的具体代码如下。

qemu - 4.1.1/hw/pci/pci.c

```
static void pci_device_class_init(ObjectClass * klass, void * data)
{
    DeviceClass * k = DEVICE_CLASS(klass);
    k -> realize = pci_qdev_realize;
    k -> unrealize = pci_qdev_unrealize;
    k -> bus_type = TYPE_PCI_BUS;
    device_class_set_props(k, pci_props);
}

static void pci_qdev_realize(DeviceState * qdev, Error * * errp)
{
    pci_dev = do_pci_register_device(pci_dev,
                           object_get_typename(OBJECT(qdev)),
                           pci_dev -> devfn, errp);
    if (pc -> realize) {
        pc -> realize(pci_dev, &local_err);
        if (local_err) {
            error_propagate(errp, local_err);
            do_pci_unregister_device(pci_dev);
            return;
```

```
        }
    }
    pci_add_option_rom(pci_dev, is_default_rom, &local_err);
}
```

pci_qdev_realize 函数首先会调用 do_pci_register_device 函数执行通用的 PCI 设备初始化流程，包括设置 edu 设备在对应总线上的插槽号、初始化 edu 设备的地址空间、分配 edu 设备的配置空间并初始化配置空间里的部分寄存器、设置配置空间的读写函数、将 edu 设备加入所在总线的 devices 数组中。具体代码如下。

qemu‑4.1.1/hw/pci/pci.c

```
static PCIDevice * do_pci_register_device(PCIDevice * pci_dev,
                                          const char * name, int devfn,
                                          Error * * errp)
{
    PCIDeviceClass * pc = PCI_DEVICE_GET_CLASS(pci_dev);
    PCIConfigReadFunc * config_read = pc -> config_read;
    PCIConfigWriteFunc * config_write = pc -> config_write;
    Error * local_err = NULL;
    DeviceState * dev = DEVICE(pci_dev);
    PCIBus * bus = pci_get_bus(pci_dev);
    pci_dev -> devfn = devfn;
    memory_region_init(&pci_dev -> bus_master_container_region, OBJECT(pci_dev),
                   "bus master container", UINT64_MAX);
    address_space_init(&pci_dev -> bus_master_as,
                   &pci_dev -> bus_master_container_region, pci_dev -> name);

    if (phase_check(PHASE_MACHINE_READY)) {
        pci_init_bus_master(pci_dev);
    }
    pci_dev -> irq_state = 0;
    pci_config_alloc(pci_dev);
    pci_config_set_vendor_id(pci_dev -> config, pc -> vendor_id);
    pci_config_set_device_id(pci_dev -> config, pc -> device_id);
    pci_config_set_revision(pci_dev -> config, pc -> revision);
    pci_config_set_class(pci_dev -> config, pc -> class_id);
    pci_init_cmask(pci_dev);
    pci_init_wmask(pci_dev);
    pci_init_w1cmask(pci_dev);
    pci_init_multifunction(bus, pci_dev, &local_err);
    if (!config_read)
        config_read = pci_default_read_config;
    if (!config_write)
        config_write = pci_default_write_config;
    pci_dev -> config_read = config_read;
    pci_dev -> config_write = config_write;
    bus -> devices[devfn] = pci_dev;
}
```

之后 pci_qdev_realize 函数会执行 edu 设备的 realize 函数,该函数的作用 4.3.1 节已经介绍,此处不再赘述。部分 PCI 设备可能会有专属的设备 ROM,在 pci_qdev_realize 函数中,最后会执行 pci_add_option_rom 函数将 ROM 文件注册到 PCI 设备的 BAR 中。如果 edu 设备不存在 ROM,进入 pci_add_option_rom 函数后会直接返回。至此,edu 设备便被完全初始化并挂载到对应的 PCI 总线之上。

4.3.3 QEMU/KVM 设备访问的模拟

第 2 章与第 3 章已经简要介绍了虚拟机发起 PIO 与 MMIO 时,KVM 中的部分处理过程。这里将完整介绍 QEMU/KVM 架构处理虚拟机发起的 PIO 与 MMIO 请求过程。

在 QEMU/KVM 架构下,KVM 会将 x86 架构提供的用于端口访问的 IN/OUT、INS/OUTS 指令设置为敏感指令,使得虚拟机在发起 PIO 时会产生 VM-Exit,进而陷入 KVM 和 QEMU 中进行处理。在介绍 QEMU/KVM 如何将上述指令设置为敏感指令之前,首先回顾一下 I/O 位图的相关概念。VM-Excution 控制域的 I/O 位图地址字段会包含两个 64 位的物理地址,这两个物理地址分别指向两个大小为 4KB 的 I/O 位图 A 和 I/O 位图 B。两个 I/O 位图中的每位都对应一个 I/O 端口,其中 I/O 位图 A 包含的 I/O 端口地址范围为 0x0000 ~ 0x7fff,I/O 位图 B 包含的 I/O 端口地址范围为 0x8000 ~ 0xffff。当某个 I/O 端口在 I/O 位图中的对应位为 1 时,代表当虚拟机访问该端口时会发生 VM-Exit。因此,KVM 通过将 VMCS 中的 I/O 位图全部置为 1,便可以实现对虚拟机中端口访问指令的截获。

当 vCPU 因虚拟机执行 PIO 指令发生 VM-Exit 时,vmx_vcpu_run 函数将 vmx-> exit_reason 设置为 EXIT_REASON_IO_INSTRUCTION 后会返回至 vcpu_enter_guest 函数。之后 vcpu_enter_guest 函数通过 kvm_x86_ops 的 handle_exit 成员调用 vmx_handle_exit 函数。vmx_handle_exit 函数根据前面的 vmx-> exit_reason 为 EXIT_REASON_IO_INSTRUCTION,进而调用全局数组 kvm_vmx_exit_handlers 中用于处理 PIO 产生的 VM-Exit 的处理函数 handle_io。该过程的具体代码如下。

linux - 4.19.0/arch/x86/kvm/vmx.c

```
static void __ noclone vmx_vcpu_run(struct kvm_vcpu * vcpu)
{
    vmx - > exit_reason = vmx - > fail  ? 0xdead : vmcs_read32(VM_EXIT_REASON);
    if (vmx - > fail || (vmx - > exit_reason & VMX_EXIT_REASONS_FAILED_VMENTRY))
        return;
}
```

linux - 4.19.0/arch/x86/kvm/vmx.c

```
static int vcpu_enter_guest(struct kvm_vcpu * vcpu)
{
    kvm_x86_ops - > run(vcpu);
```

```
        vcpu -> arch.gpa_available = false;
        r = kvm_x86_ops -> handle_exit(vcpu);
        return r;
}
```

linux - 4.19.0/arch/x86/kvm/vmx.c

```
static int vmx_handle_exit(struct kvm_vcpu * vcpu)
{
    if (exit_reason < kvm_vmx_max_exit_handlers
        && kvm_vmx_exit_handlers[exit_reason])
        return kvm_vmx_exit_handlers[exit_reason](vcpu);
    else {
        vcpu_unimpl(vcpu, "vmx: unexpected exit reason 0x % x\n",
                exit_reason);
        kvm_queue_exception(vcpu, UD_VECTOR);
        return 1;
    }
}
```

handle_io 函数首先会调用 vmcs_readl 函数从 VMCS 中读取 VM-Exit 相关信息,包括端口访问方式 in(读或写)、访问数据大小 size 以及端口号 port。然后 handle_io 函数会将上述信息作为参数传递给 kvm_fast_pio 函数做进一步处理,具体代码如下。

linux - 4.19.0/arch/x86/kvm/vmx.c

```
static int handle_io(struct kvm_vcpu * vcpu)
{
    unsigned long exit_qualification;
    int size, in, string;
    unsigned port;
    exit_qualification = vmcs_readl(EXIT_QUALIFICATION);
    string = (exit_qualification & 16) != 0;
    ++vcpu -> stat.io_exits;

    if (string)
        return kvm_emulate_instruction(vcpu, 0) == EMULATE_DONE;

    port = exit_qualification >> 16;
    size = (exit_qualification & 7) + 1;
    in = (exit_qualification & 8) != 0;
    return kvm_fast_pio(vcpu, size, port, in);
}
```

kvm_fast_pio 函数根据 in 的值调用 kvm_fast_pio_in 函数或 kvm_fast_pio_out 函数。在此以 kvm_fast_pio_out 函数为例,kvm_fast_pio_out 函数首先会调用 kvm_register_read 函数获取要写入的数据,之后进入 emulator_pio_out_emulated 函数将写入的数据复制到 vcpu-> arch.pio_data 中。最终控制流会进入 emulator_pio_in_out 函数,emulator_pio_in_ out 函数首先调用 kernel_pio 函数，尝试在 KVM 中处理该 PIO 请求，若 KVM 无法处理，它将 vcpu-> run-> exit_reason 设置为 KVM_EXIT_IO 并最终返回 0，这导致 vcpu_run 函数退出循环并返回至 QEMU 中进行处理。具体代码如下。

linux - 4.19.0/arch/x86/kvm/x86.c

```
int kvm_fast_pio(struct kvm_vcpu * vcpu, int size, unsigned short port, int in)
{
    int ret = kvm_skip_emulated_instruction(vcpu);
    if (in)
        return kvm_fast_pio_in(vcpu, size, port) && ret;
    else
        return kvm_fast_pio_out(vcpu, size, port) && ret;
}
```

linux - 4.19.0/arch/x86/kvm/x86.c

```
static int kvm_fast_pio_out(struct kvm_vcpu * vcpu, int size,
            unsigned short port)
{
    unsigned long val = kvm_register_read(vcpu, VCPU_REGS_RAX);
    int ret = emulator_pio_out_emulated(&vcpu -> arch.emulate_ctxt,
                    size, port, &val, 1);
    /* do not return to emulator after return from userspace */
    vcpu -> arch.pio.count = 0;
    return ret;
}
```

linux - 4.19.0/arch/x86/kvm/x86.c

```
static int emulator_pio_out_emulated(struct x86_emulate_ctxt * ctxt,
                int size, unsigned short port,
                const void * val, unsigned int count)
{
    struct kvm_vcpu * vcpu = emul_to_vcpu(ctxt);

    memcpy(vcpu -> arch.pio_data, val, size * count);
    trace_kvm_pio(KVM_PIO_OUT, port, size, count, vcpu -> arch.pio_data);
    return emulator_pio_in_out(vcpu, size, port, (void * )val, count, false);
}
```

linux - 4.19.0/arch/x86/kvm/x86.c

```
static int emulator_pio_in_out(struct kvm_vcpu * vcpu, int size,
                unsigned short port, void * val,
                unsigned int count, bool in)
{
    vcpu -> arch.pio.port = port;
    vcpu -> arch.pio.in = in;
```

```
    vcpu - > arch. pio. count  = count;
    vcpu - > arch. pio. size = size;

    if (!kernel_pio(vcpu, vcpu - > arch. pio_data)) {
        vcpu - > arch. pio. count = 0;
        return 1;
    }

    vcpu - > run - > exit_reason = KVM_EXIT_IO;
    vcpu - > run - > io. direction = in  ? KVM_EXIT_IO_IN : KVM_EXIT_IO_OUT;
    vcpu - > run - > io. size = size;
    vcpu - > run - > io. data_offset = KVM_PIO_PAGE_OFFSET * PAGE_SIZE;
    vcpu - > run - > io. count = count;
    vcpu - > run - > io. port = port;
    return 0;
}
```

3.3 节对 QEMU/KVM 架构通过 EPT 机制实现内存虚拟化的过程进行了介绍。由于 MMIO 需要将 I/O 端口和设备 RAM 映射到物理地址空间，并且 CPU 需要使用内存访问指令进行对设备进行 MMIO 访问，所以 QEMU/KVM 架构下对 MMIO 的模拟也需要利用 EPT 机制。与 PIO 的处理过程类似，当虚拟机发起 MMIO 访问时，同样会发生 VM-Exit 陷入 KVM 和 QEMU 中进行处理。但与 PIO 不同的是，MMIO 是通过缺页异常产生 VM-Exit，以下是 QEMU/KVM 中的具体实现过程。

首先 QEMU 在设备初始化的过程中，会通过前文 edu 设备具现化中介绍的 memory_region_init_io 函数初始化一个 MMIO 内存区域。在如下的 memory_region_init_io 函数的原型中，该函数并未调用 memory_region_init_ram 设置 mr-> ram，因此该 MemoryRegion 并未实际分配内存。此时，该 MemoryRegion 被加入 MemoryRegion 树，会触发 KVM 的 listener，从而调用 listener 的 kvm_region_add 函数。然后 kvm_region_add 函数会调用 kvm_set_phys_mem 函数，该函数会检查 MemoryRegion 的类型，如果不是 RAM 类型，则直接返回。

qemu - 4.1.1/memory.c

```
void memory_region_init_io(MemoryRegion * mr,
                           Object * owner,
                           const MemoryRegionOps * ops,
                           void * opaque,
                           const char * name,
                           uint64_t size)
{
    memory_region_init(mr, owner, name, size);
    mr - > ops = ops  ? ops : &unassigned_mem_ops;
    mr - > opaque = opaque;
    mr - > terminates = true;
}
```

qemu‑4.1.1/accel/kvm/kvm‑all.c

```
static void kvm_region_add(MemoryListener * listener,
                    MemoryRegionSection * section)
{
    KVMMemoryListener * kml = container_of(listener, KVMMemoryListener, listener);

    memory_region_ref(section‑>mr);
    kvm_set_phys_mem(kml, section, true);
}
```

qemu‑4.1.1/accel/kvm/kvm‑all.c

```
static void kvm_set_phys_mem(KVMMemoryListener * kml,
                    MemoryRegionSection * section, bool add)
{
    KVMSlot * mem;
    int err;
    MemoryRegion * mr = section‑>mr;
    bool writeable = !mr‑>readonly && !mr‑>rom_device;
    hwaddr start_addr, size;
    void * ram;

    if (!memory_region_is_ram(mr)) {
        if (writeable || !kvm_readonly_mem_allowed) {
            return;
        } else if (!mr‑>romd_mode) {
            /* If the memory device is not in romd_mode, then we actually want
             * to remove the kvm memory slot so all accesses will trap. */
            add = false;
        }
    }
}
```

　　在 KVM 初始化过程中，会执行 kvm_arch_hardware_setup 函数进行硬件设置。该函数会通过 kvm_x86_ops 的 hardware_setup 函数最终调用 vmx.c 中的 ept_set_mmio_spte_mask 函数，将全局变量 shadow_mmio_mask 的最低三位设置为 110b。具体代码如下。

linux‑4.19.0/arch/x86/kvm/vmx.c

```
static void ept_set_mmio_spte_mask(void)
{
    /*
     * EPT Misconfigurations can be generated if the value of bits 2:0
     * of an EPT paging‑structure entry is 110b (write/execute).
     */
    kvm_mmu_set_mmio_spte_mask(VMX_EPT_RWX_MASK,
```

```
                VMX_EPT_MISCONFIG_WX_VALUE);
}
```

linux‐4.19.0/arch/x86/kvm/mmu.c

```
void kvm_mmu_set_mmio_spte_mask(u64 mmio_mask, u64 mmio_value)
{
    BUG_ON((mmio_mask & mmio_value) != mmio_value);
    shadow_mmio_value = mmio_value | SPTE_SPECIAL_MASK;
    shadow_mmio_mask = mmio_mask | SPTE_SPECIAL_MASK;
}
```

当虚拟机第一次访问虚拟设备的 MMIO MemoryRegion 时,由于先前没有给该 MR 分配 RAM,因此会产生一个 EPT Violation 缺页异常。3.3.3 节提到,在 EPT 页表缺页的情况下,KVM 会调用缺页异常处理函数 tdp_page_fault,完善 EPT。tdp_page_fault 函数会调用 try_async_pf 函数,该函数会检查参数 gfn 是否在 KVM 的 memslots 的范围中。如果不在,则向 pfn 中写入 KVM_PFN_NOSLOT。最后 tdp_page_fault 函数会进入 __direct_map 函数,并经过 mmu_set_spte‐> set_spte‐> set_mmio_spte 函数调用链最终进入 set_mmio_spte 函数。set_mmio_spte 函数会检查当前 pfn 中是否被写入 KVM_PFN_NOSLOT,如果被写入,则将 EPT 中这段客户机物理内存(即 gfn)对应的 EPT 页表属性标记上代表 MMIO 的特殊值——shadow_mmio_mask,以后的读写都会引起 EXIT_REASON_EPT_MISCONFIG 类型的 VM-Exit。具体代码如下。关于处理 EPT 缺页异常涉及的函数,读者可以查阅 3.3.3 节。

linux‐4.19.0/arch/x86/kvm/mmu.c

```
static bool set_mmio_spte(struct kvm_vcpu * vcpu, u64 * sptep, gfn_t gfn,
            kvm_pfn_t pfn, unsigned access)
{
    if (unlikely(is_noslot_pfn(pfn))) {
        mark_mmio_spte(vcpu, sptep, gfn, access);
        return true;
    }

    return false;
}
```

在全局数组 kvm_vmx_exit_handlers 中,EXIT_REASON_EPT_MISCONFIG 对应的 VM-Exit 处理函数为 handle_ept_misconfig。该函数会先尝试调用 kvm_io_bus_write 函数,在 KVM 中寻找能够处理本次 MMIO 请求的设备,如果 KVM 无法处理,则会调用 kvm_mmu_page_fault 函数,从而进入 handle_mmio_page_fault 函数中处理。具体代码如下。

linux - 4.19.0/arch/x86/kvm/vmx.c

```
static int handle_ept_misconfig(struct kvm_vcpu * vcpu)
{
    gpa_t gpa;
    gpa = vmcs_read64(GUEST_PHYSICAL_ADDRESS);
    if (!is_guest_mode(vcpu) &&
        !kvm_io_bus_write(vcpu, KVM_FAST_MMIO_BUS, gpa, 0, NULL)) {
        trace_kvm_fast_mmio(gpa);
        if (!static_cpu_has(X86_FEATURE_HYPERVISOR))
            return kvm_skip_emulated_instruction(vcpu);
        else
            return kvm_emulate_instruction(vcpu, EMULTYPE_SKIP) ==
                            EMULATE_DONE;
    }

    return kvm_mmu_page_fault(vcpu, gpa, PFERR_RSVD_MASK, NULL, 0);
}
```

linux - 4.19.0/arch/x86/kvm/mmu.c

```
int kvm_mmu_page_fault(struct kvm_vcpu * vcpu, gva_t cr2, u64 error_code,
            void * insn, int insn_len)
{
    r = RET_PF_INVALID;
    if (unlikely(error_code & PFERR_RSVD_MASK)) {
        r = handle_mmio_page_fault(vcpu, cr2, direct);
        if (r == RET_PF_EMULATE)
            goto emulate;
    }

emulate:
    if (unlikely(insn && !insn_len))
        return 1;
    er = x86_emulate_instruction(vcpu, cr2, emulation_type, insn, insn_len);
    switch (er) {
    case EMULATE_DONE:
        return 1;
    case EMULATE_USER_EXIT:
        ++vcpu -> stat.mmio_exits;
        /* fall through */
    case EMULATE_FAIL:
        return 0;
    default:
        BUG();
    }
}
```

handle_mmio_page_fault 函数的处理主要有两个阶段。第一个阶段是通过 mmio_info_in_cache 函数检查 MMIO 对应的地址是否在缓存中存在，如果存在，则立即返回到 kvm_mmu_page_fault 函数，返回值为 RET_PF_EMULATE。如果第一阶段未返回，则进入第

二阶段，该阶段会通过 walk_shadow_page_get_mmio_spte 函数获取 MMIO 地址对应的
spte，并通过 check_mmio_spte 函数判断该地址是否代表 MMIO 区域，如果是，则返回
RET_PF_EMULATE。返回到在 kvm_mmu_page_fault 函数之后，该函数会检查 handle_
mmio_page_fault 函数的返回值。如果返回值为 RET_PF_EMULATE，则跳转到 x86_
emulate_instruction 函数并最终进入 QEMU 中处理。具体代码如下。

linux-4.19.0/arch/x86/kvm/mmu.c

```
static int handle_mmio_page_fault(struct kvm_vcpu * vcpu, u64 addr, bool direct)
{
    u64 spte;
    bool reserved;

    if (mmio_info_in_cache(vcpu, addr, direct))
        return RET_PF_EMULATE;

    reserved = walk_shadow_page_get_mmio_spte(vcpu, addr, &spte);
    if (WARN_ON(reserved))
        return - EINVAL;

    if (is_mmio_spte(spte)) {
        gfn_t gfn = get_mmio_spte_gfn(spte);
        unsigned access = get_mmio_spte_access(spte);
        if (!check_mmio_spte(vcpu, spte))
            return RET_PF_INVALID;
        if (direct)
            addr = 0;
        trace_handle_mmio_page_fault(addr, gfn, access);
        vcpu_cache_mmio_info(vcpu, addr, gfn, access);
        return RET_PF_EMULATE;
    }
    return RET_PF_RETRY;
}
```

当 KVM 将控制流交给 QEMU 后，重新进入 qemu_kvm_cpu_thread_fn 函数执行 kvm_
cpu_exec 函数。vCPU 中用于保存 VM-Exit 相关信息的 run 成员变量会通过 mmap 映射
到 QEMU 所在的内存空间，所以 QEMU 中的 kvm_cpu_exec 函数可以通过检查 kvm_run
结构中的 exit_reason，根据其退出原因进行进一步处理。下面是 kvm_cpu_exec 函数中的
相关代码，KVM_EXIT_IO 与 KVM_EXIT_MMIO 分别代表 PIO 与 MMIO 的 exit_
reason，kvm_handle_io 函数与 address_space_rw 函数分别用于模拟 PIO 与 MMIO 请求。

qemu-4.1.1/accel/kvm/kvm-all.c

```
switch (run->exit_reason) {
        case KVM_EXIT_IO:
            DPRINTF("handle_io\n");
            kvm_handle_io(run->io.port, attrs,
                    (uint8_t *)run + run->io.data_offset,
```

```
                              run -> io. direction,
                              run -> io. size,
                              run -> io. count);
                ret = 0;
                break;
         case KVM_EXIT_MMIO:
                DPRINTF("handle_mmio\n");
                address_space_rw(&address_space_memory,
                              run -> mmio. phys_addr, attrs,
                              run -> mmio. data,
                              run -> mmio. len,
                              run -> mmio. is_write);
                ret = 0;
                break;
```

在 vCPU 中的 run 成员中包含 io 与 mmio 这两个数据结构，用于描述 PIO 与 MMIO 相关信息。io 中定义了数据传输的方向，0 代表读端口，1 代表写端口，方向信息保存在 direction 成员中。size、port 和 count 成员分别定义了每次读写的数据长度、端口号、数据读写次数等信息。data_offset 中保存了数据在 kvm_run 中的偏移地址。这些信息都会作为参数传递给 kvm_handle_io 函数，用于进一步的 PIO 模拟。mmio 结构相对简单，phys_addr 用于保存 64 位目的物理地址，data 用于保存读写的数据，len 代表数据长度，is_write 函数确定是读还是写。这些信息同样会作为参数传入 mmio 处理函数 address_space_rw 中。具体代码如下。

qemu - 4. 1. 1/linux - headers/linux/kvm. h

```
struct {
# define KVM_EXIT_IO_IN   0
# define KVM_EXIT_IO_OUT 1
            __ u8 direction;
            __ u8 size;
            __ u16 port;
            __ u32 count;
            __ u64 data_offset;
        } io;

struct {
            __ u64 phys_addr;
            __ u8   data[8];
            __ u32 len;
            __ u8   is_write;
        } mmio;
```

在 QEMU 4. 1. 1 版本中，PIO 的处理函数 kvm_handle_io 本质上调用了与 MMIO 一样的 address_space_rw 接口，区别在于 PIO 传入的是 I/O 地址空间 address_space_io 函数，而 MMIO 传入的是内存地址空间 address_space_memory 函数。之后 address_space_rw 会完成对相应地址的读写操作。具体过程在内存虚拟化章节中已经介绍，这里不再赘述。具体代码如下。

qemu - 4.1.1/accel/kvm/kvm - all.c

```
static void kvm_handle_io(uint16_t port, MemTxAttrs attrs, void * data, int direction,
                    int size, uint32_t count)
{
    int i;
    uint8_t * ptr = data;

    for (i = 0; i < count; i++) {
        address_space_rw(&address_space_io, port, attrs,
                    ptr, size,
                    direction == KVM_EXIT_IO_OUT);
        ptr += size;
    }
}
```

4.1 节提到,驱动程序通过访问设备提供的寄存器接口来使用设备的特定功能,所以 QEMU 不仅要实现对虚拟设备的端口和设备内存的读写,同时需要模拟虚拟设备的功能。下面仍以 edu 设备为例介绍虚拟设备的功能实现。

与 edu 设备具象化相关的章节提到了 memory_region_init_io 函数,该函数会初始化一个大小为 1MB 的 MMIO 内存区域,并为该 MMIO 内存区域注册读写函数 edu_mmio_ops。edu_mmio_ops 是一个 MemoryRegionOps 类型的结构体,作为成员变量保存在 edu 设备对应的 MMIO MemoryRegion 中。edu_mmio_ops 中注册的 edu_mmio_read 函数与 edu_mmio_write 函数会根据每次 MMIO 访问的位置和数据长度执行对应的功能函数,具体功能会在后文介绍。图 4-26 展示了向 edu 设备 MMIO 内存区域发起读访问时的函数调用流程,包括:①QEMU 执行 ioctl 函数进入 KVM;②KVM 退出到 QEMU,执行 QEMU 的 MMIO 模拟函数。

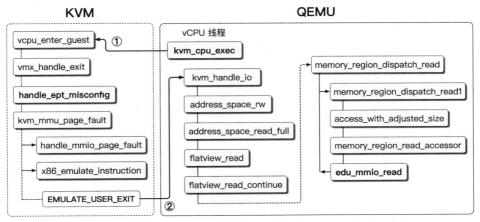

注:①QEMU 进行 ioctl 系统调用,进入 KVM;②从 ioctl 系统调用返回到 QEMU。

图 4-26　QEMU/KVM 中 MMIO 处理过程

address_space_rw 函数经过层层调用最终会进入 memory_region_read_accessor 函数，memory_region_read_accessor 函数通过 **mr-> ops-> read**(mr-> opaque，addr，size)会引起 edu 设备中 edu_mmio_read 函数的回调。具体代码如下。

qemu - 4.1.1/memory.c

```
static MemTxResult  memory_region_read_accessor(MemoryRegion * mr,
                                                hwaddr addr,
                                                uint64_t * value,
                                                unsigned size,
                                                signed shift,
                                                uint64_t mask,
                                                MemTxAttrs attrs)
{
    uint64_t tmp;

    tmp = mr - > ops - > read(mr - > opaque, addr, size);
    if (mr - > subpage) {
        trace_memory_region_subpage_read(get_cpu_index(), mr, addr, tmp, size);
    } else if (mr == &io_mem_notdirty) {

        trace_memory_region_tb_read(get_cpu_index(), addr, tmp, size);
    } else if (TRACE_MEMORY_REGION_OPS_READ_ENABLED) {
        hwaddr abs_addr = memory_region_to_absolute_addr(mr, addr);
        trace_memory_region_ops_read(get_cpu_index(), mr, abs_addr, tmp, size);
    }
    memory_region_shift_read_access(value, shift, mask, tmp);
    return MEMTX_OK;
}
```

4.3.4 实验：为 edu 设备添加设备驱动

Masaryk 大学编写 edu 设备的初衷是用于内核设备驱动的教学，Linux 内核中并不存在 edu 设备的驱动程序。本节将以实验的形式为 edu 设备编写相应的驱动程序，目的是为了更加清晰直观地展示虚拟设备背后的运行原理。本节分为三部分：第一部分分析与 edu 设备功能相关的寄存器；第二部分介绍在驱动中如何访问 edu 设备的配置空间和 MMIO 空间、发起 DMA 请求以及处理设备中断；第三部分演示实验的整体流程。

上文提到的 edu_mmio_read 函数和 edu_mmio_write 函数是 edu 设备的核心，当访问的地址在 MMIO 内存区域的偏移小于 0x80 时，只允许 4 字节大小的访问；当地址偏移大于或等于 0x80 时，允许 4 字节或 8 字节的数据访问。edu 设备在 MMIO 内存区域内会设置一些特殊的地址并赋予这些地址不同的读写权限，驱动读写这些地址时会触发相应的功能。下文会介绍这些特殊的地址。具体代码如下。

qemu - 4.1.1/hw/misc/edu.c

```
static uint64_t edu_mmio_read(void * opaque, hwaddr addr, unsigned size)
```

```
{
    EduState * edu = opaque;
    uint64_t val = ~0ULL;

    if (addr < 0x80 && size != 4) {
        return val;
    }
    if (addr >= 0x80 && size != 4 && size != 8) {
        return val;
    }
    switch (addr) {
    case 0x00:              // 返回 edu 设备的标识符
        val = 0x010000edu;
        break;
    case 0x04:              // 返回 edu 设备中 addr4 成员变量的值
        val = edu->addr4;
        break;
    case 0x08:              // 用于阶乘计算, 返回 edu 设备中用于表示阶乘结果的 fact 成员变量
        qemu_mutex_lock(&edu->thr_mutex);
        val = edu->fact;
        qemu_mutex_unlock(&edu->thr_mutex);
        break;
    case 0x20:              // 返回 edu 设备的 status
        val = atomic_read(&edu->status);
        break;
    case 0x24:              // 返回代表 edu 设备中断产生原因的 irq_status
        val = edu->irq_status;
        break;
    case 0x80:              // 返回代表 DMA 的源地址的 dma.src
        dma_rw(edu, false, &val, &edu->dma.src, false);
        break;
    case 0x88:              // 返回代表 DMA 的目的地址的 dma.dst
        dma_rw(edu, false, &val, &edu->dma.dst, false);
        break;
    case 0x90:              // 返回代表 DMA 传输字节数的 dma.cnt
        dma_rw(edu, false, &val, &edu->dma.cnt, false);
        break;
    case 0x98:              // 返回代表 DMA 命令寄存器的 dma.cmd
        dma_rw(edu, false, &val, &edu->dma.cmd, false);
        break;
    }

    return val;
}
```

qemu - 4.1.1/hw/misc/edu.c

```
static void edu_mmio_write(void * opaque, hwaddr addr, uint64_t val,
                unsigned size)
{
```

```
        EduState * edu = opaque;
        if (addr < 0x80 && size != 4) {
            return;
        }
        if (addr >= 0x80 && size != 4 && size != 8) {
            return;
        }
        switch (addr) {
        case 0x04:                  // 将写入的数据取反后赋值给 addr4
            edu->addr4 = ~val;
            break;
        case 0x08:                  // 将写入的数据赋值给 fact,并将 status 与 EDU_STATUS_COMPUTING 或
                                    // 运算的结果赋值给 status
            if (atomic_read(&edu->status) & EDU_STATUS_COMPUTING) {
                break;
            }
            qemu_mutex_lock(&edu->thr_mutex);
            edu->fact = val;
            atomic_or(&edu->status, EDU_STATUS_COMPUTING);
            qemu_cond_signal(&edu->thr_cond);
            qemu_mutex_unlock(&edu->thr_mutex);
            break;
        case 0x20:                  // 写 status 的第 7 位,该位决定每次阶乘后是否向虚拟机发送中断
            if (val & EDU_STATUS_IRQFACT) {
                atomic_or(&edu->status, EDU_STATUS_IRQFACT);
            } else {
                atomic_and(&edu->status, ~EDU_STATUS_IRQFACT);
            }
            break;
        case 0x60:          // 向虚拟机发起中断
            edu_raise_irq(edu, val);
            break;
        case 0x64:          // 清除 irq_status,用于虚拟机中断应答
            edu_lower_irq(edu, val);
            break;
        case 0x80:          // 将写入数据赋值给代表 DMA 的源地址的 dma.src
            dma_rw(edu, true, &val, &edu->dma.src, false);
            break;
        case 0x88:          // 将写入数据赋值给代表 DMA 的目的地址的 dma.dst
            dma_rw(edu, true, &val, &edu->dma.dst, false);
            break;
        case 0x90:          // 将写入数据赋值给代表 DMA 传输字节数的 dma.cnt
            dma_rw(edu, true, &val, &edu->dma.cnt, false);
            break;
        case 0x98:          // 将写入数据赋值给代表 DMA 命令寄存器的 dma.cmd
            if (!(val & EDU_DMA_RUN)) {
                break;
            }
            dma_rw(edu, true, &val, &edu->dma.cmd, true);
            break;
        }
    }
```

（1）0x00（RO）:0x00 权限为只读,读 0x00 时会返回 edu 设备的标识符 0x010000edu。

（2）0x04（RW）:0x04 权限为可读可写,读 0x04 时会返回 edu 设备中 addr4 成员变量的值,写 0x04 时会将写入的数据取反之后赋值给 addr4。

（3）0x08（RW）：0x08 用于阶乘计算,权限为可读可写。读 0x08 时会返回 edu 设备中 fact 成员变量的值,fact 表示阶乘结果。写 0x08 时,会将写入的数据赋值给 fact,然后 edu 设备的 status 会与宏变量 EDU_STATUS_COMPUTING 做或运算,并将运算结果赋值给 status。这个宏变量的值为 0x1,代表此时 edu 设备处于阶乘计算状态。之后会通过 qemu_cond_signal 函数唤醒在 edu 设备具象化时创建的 edu_fact_thread 线程,该线程用于阶乘计算。edu_fact_thread 函数在阶乘计算结束后会执行 atomic_and(&edu-> status, ~EDU_STATUS_COMPUTING),改变 edu 设备的 status。之后 edu_fact_thread 函数会检查 status 和 EDU_STATUS_IRQFACT(0x80)与运算的结果,等价于检查 status 的第 7 位是否为 1。若为 1,代表 edu 设备被设置为执行完一次阶乘后需要发送中断,此时 edu_fact_thread 函数会调用 edu_raise_irq 函数向虚拟机发送中断。具体代码如下。

qemu - 4.1.1/hw/misc/edu.c

```
static void * edu_fact_thread(void * opaque)
{
    EduState * edu = opaque;
    while (1) {
        uint32_t val, ret = 1;
        qemu_mutex_lock(&edu -> thr_mutex);
        while ((atomic_read(&edu -> status) & EDU_STATUS_COMPUTING) == 0 &&
                    !edu -> stopping) {
            qemu_cond_wait(&edu -> thr_cond, &edu -> thr_mutex);
        }
        val = edu -> fact;
        qemu_mutex_unlock(&edu -> thr_mutex);
        while (val > 0) {
            ret *= val -- ;
        }
        qemu_mutex_lock(&edu -> thr_mutex);
        edu -> fact = ret;
        qemu_mutex_unlock(&edu -> thr_mutex);
        atomic_and(&edu -> status, ~EDU_STATUS_COMPUTING);
        if (atomic_read(&edu -> status) & EDU_STATUS_IRQFACT) {
            qemu_mutex_lock_iothread();
            edu_raise_irq(edu, FACT_IRQ);
            qemu_mutex_unlock_iothread();
        }
    }
    return NULL;
}
```

（4）0x20（RW）：0x20 权限为可读可写。读 0x20 时会返回 edu 设备的 status。对

0x20 写时，会将写入数据第 7 位的值赋给 status 的第 7 位，用于决定每次阶乘后是否向虚拟机发送中断。

（5）0x24（RO）：0x24 权限为只读。对 0x24 读时会返回 edu 设备的 irq_status，代表中断产生的原因。驱动中的中断处理程序可以通过读 0x24 来获取 irq_status。

（6）0x60（WO）：0x60 权限为只写。向 0x60 写数据时，会调用 edu_raise_irq 函数，edu_raise_irq 函数通过 pci_set_irq 接口向虚拟机发送中断，同时会把 irq_status 和写入数据的或运算结果赋值给 irq_status。具体代码如下。

qemu‑4.1.1/hw/misc/edu.c

```
static void edu_raise_irq(EduState * edu, uint32_t val)
{
    edu -> irq_status |= val;
    if (edu -> irq_status) {
        if (edu_msi_enabled(edu)) {
            msi_notify(&edu -> pdev, 0);
        } else {
            pci_set_irq(&edu -> pdev, 1);
        }
    }
}
```

（7）0x64（WO）：0x64 权限为只写。0x64 用于中断应答，将中断在 irq_status 中清除，停止生成该中断。向 0x64 写数据时，会调用 edu_lower_irq 函数。edu_lower_irq 函数会把写入的数据取反后和 irq_status 进行与运算，并将最终结果赋值给 irq_status。通常驱动中的中断处理程序向 0x64 端口写入的值为 irq_status，这样便可以将 irq_status 的值置零。具体代码如下。

qemu‑4.1.1/hw/misc/edu.c

```
static void edu_lower_irq(EduState * edu, uint32_t val)
{
    edu -> irq_status &= ~val;
    if (!edu -> irq_status && !edu_msi_enabled(edu)) {
        pci_set_irq(&edu -> pdev, 0);
    }
}
```

（8）0x80（RW）：0x80 的权限为可读可写。读 0x80 时，会返回 edu 设备的 dma.src。对 0x80 写时，会将写入数据赋值给 edu 设备的 dma.src。dma.src 代表 DMA 的源地址。

（9）0x88（RW）：0x88 的权限为可读可写。读 0x88 时，会返回 edu 设备的 dma.dst。对 0x88 写时，会将写入数据赋值给 edu 设备的 dma.dst。dma.dst 代表 DMA 的目的地址。

（10）0x90（RW）：0x90 的权限为可读写。读 0x90 时，会返回 edu 设备的 dma.cnt。对 0x90 写时，会将写入数据赋值给 edu 设备的 dma.cnt。dma.cnt 代表 DMA 传输的字

节数。

（11）0x98（RW）：0x98 的权限为可读可写，被用作 DMA 命令寄存器。第 0 位为 1 代表开始 DMA 传输。第 1 位决定 DMA 数据传输的方向，0 代表从 RAM 到 edu 设备，1 代表 edu 设备到 RAM。第 2 位决定是否在 DMA 结束之后向虚拟机发起中断，并将 irq_status 设置为 0x100。

下文将介绍如何在虚拟机中为 edu 设备添加相应的设备驱动，并设计测试程序使用 edu 设备。当加载 edu 设备驱动模块时，PCI 总线会遍历总线上已经注册的设备，调用总线的 match 函数判断是否有匹配的设备，匹配的依据是驱动提供的 pci_device_id。edu 设备源码中定义的 vendor id 和 edu 设备 id 会被加入驱动代码中的 pci_device_id 数组 pci_ids[]中，以实现驱动和 edu 设备的匹配。具体代码如下。

edu_driver.c

```
static struct pci_device_id pci_ids[] = {
    { PCI_DEVICE(QEMU_VENDOR_ID, EDU_DEVICE_ID), },
    { 0, }
};
MODULE_DEVICE_TABLE(pci, pci_ids);
```

为 edu 设备驱动编写 file_operations 中的 write 函数和 read 函数可以按照 PCI 设备驱动编写的一般方法，在此不对 write 函数和 read 函数作过多介绍。由于 edu 设备的特殊性，edu 设备驱动需要为 edu 设备设计专门的中断处理函数与 probe 函数以及用于控制 edu 设备的多种功能的 ioctl 函数。

当驱动和设备完成匹配之后会调用 probe 函数执行设备的相关初始化工作。pci_probe 函数中首先使用 register_chrdev 函数来注册 edu 设备，第一个参数为 0 代表使用系统动态分配的主设备号。pci_iomap 函数会返回用于表示 edu 设备的 PCI BAR 的 I/O 地址空间的 __iomem 类型指针。后续 iowrite * 和 ioread * 函数会通过获得的 __iomem 地址对 edu 设备的 MMIO 区域进行读写。pci_probe 函数最后会向内核注册 edu 设备的中断服务函数 irq_handler，该函数是一个回调函数。当中断注入虚拟机时会调用 irq_handler 函数，并将设备号传递给它。具体代码如下。

edu_driver.c

```
static int pci_probe(struct pci_dev * dev, const struct pci_device_id * id)
{
    dev_info(&(dev -> dev), "pci_probe\n");
    major = register_chrdev(0, CDEV_NAME, &fops);
    pdev = dev;
    mmio = pci_iomap(dev, BAR, pci_resource_len(dev, BAR));
    // IRQ setup.
    if (request_irq(dev -> irq, irq_handler, IRQF_SHARED, "pci_irq_handler0", &major) < 0) {
        dev_err(&(dev -> dev), "request_irq\n");
        return 1;
```

```
    }
        return 0;
    }
```

pci_probe 函数注册了 irq_handler 函数用于中断处理。该函数首先根据主设备号判断中断是否属于 edu 设备，之后 irq_handler 函数会读取 edu 设备的 irq_status 并判断产生该中断的原因。为了区分 DMA 读中断、DMA 写中断以及阶乘运算产生的中断，edu 设备源码需要被修改。具体改动如下，当产生 DMA 读中断时会将 edu 设备的 irq_status 设置为 0x100，当产生 DMA 写中断时会将 irq_status 设置为 0x101，当 irq_status 等于 0x1 时代表阶乘运算中断。打印出 edu 设备中断的原因后，irq_handler 函数会调用 iowrite32 函数，将 irq_status 写入上文提到的 x64 寄存器，以此向 edu 设备发送一个中断应答。edu 设备会按照上文介绍的方式将 irq_status 置零，并拉低中断线电平。具体代码如下。

edu_driver.c

```
static irqreturn_t irq_handler(int irq, void * dev)
{
    int devi;
    irqreturn_t ret;
    u32 irq_status;

    devi = * (int * )dev;
    if (devi == major) {
        irq_status = ioread32(mmio + IO_IRQ_STATUS);
        if(irq_status == 0x100){
            pr_info("receive a DMA read interrupter!\n");
        }else if(irq_status == 0x101){
            pr_info("receive a DMA write interrupter!\n");
        }
        pr_info("irq_handler irq = % d dev = % d irq_status = % llx\n",
                irq, devi, (unsigned long long)irq_status);
        iowrite32(irq_status, mmio + IO_IRQ_ACK);
        ret = IRQ_HANDLED;
    } else {
        ret = IRQ_NONE;
    }
    return ret;
}
```

edu 设备的特殊功能较多，为了使代码结构更清晰，需要设计 edu_ioctl 函数对 edu 设备的特性进行控制。用户程序的 ioctl 函数与驱动层的 edu_ioctl 函数配合，实现向设备传递控制命令。ioctl 函数的 cmd 参数具有以下五种控制命令，每条命令分别控制 edu 设备的一项功能。DMA_WRITE_CMD 代表发起一次 DMA 写操作，主要设置 DMA 的源地址、DMA 的目的地址、DMA 传输的数据长度以及 edu 设备定义的 DMA 组合指令。DMA_CMD|DMA_TO_MEM|DMA_IRQ 这一组合指令代表进行 DMA 写，并且在 DMA 结束后

向虚拟机发送中断。DMA_READ_CMD 代表发起一次读操作,过程与 DMA_WRITE_CMD 类似。PRINT_EDUINFO_CMD 代表打印 edu 设备的基本信息,包括 edu 设备 MMIO 区域的大小、配置空间前 64 字节的信息、edu 设备申请的硬件中断号、MMIO 区域部分初始化的值。SEND_INTERRUPT_CMD 命令会写 0x60 寄存器,此时 edu 设备会发送中断,并将 irq_status 设置为 0x12345678。FACTORIAL_CMD 命令代表发起一次阶乘运算,首先 edu 驱动会向 0x20 寄存器写入 0x80,这步的作用是设置 edu 设备在阶乘结束后发送中断。之后用于阶乘运算的值会被写入 0x8 寄存器,实验中用于阶乘计算的值是 10。具体代码如下。

edu_driver.c

```
static long edu_ioctl(struct file * file, unsigned int cmd, unsigned long arg)
{
    unsigned i;
    u8 val;
    switch(cmd) {
        case DMA_WRITE_CMD:        // 发起一次 DMA 写操作
            iowrite32(mmio + 0x100, mmio + IO_DMA_DST);
            iowrite32(DMA_BASE, mmio + IO_DMA_SRC);
            iowrite32(4, mmio + IO_DMA_CNT);
            iowrite32(DMA_CMD|DMA_FROM_MEM|DMA_IRQ,mmio + IO_DMA_CMD);
            msleep(1000);
            break;
        case DMA_READ_CMD:         // 发起一次读操作
            iowrite32(DMA_BASE, mmio + IO_DMA_DST);
            iowrite32(mmio + 0x104, mmio + IO_DMA_SRC);
            iowrite32(4, mmio + IO_DMA_CNT);
            iowrite32(DMA_CMD|DMA_TO_MEM|DMA_IRQ, mmio + IO_DMA_CMD);
            msleep(1000);
            break;
        case PRINT_EDUINFO_CMD:     // 打印 edu 设备的基本信息
            if ((pci_resource_flags(pdev, BAR) & IORESOURCE_MEM) != IORESOURCE_MEM) {
                dev_err(&(pdev->dev), "pci_resource_flags\n");
                return 1;
            }
            resource_size_t start = pci_resource_start(pdev, BAR);
            resource_size_t end = pci_resource_end(pdev, BAR);
            pr_info("length %llx\n", (unsigned long long)(end + 1 - start));
            for (i = 0; i < 64u; ++i) {
                pci_read_config_byte(pdev, i, &val);
                pr_info("config %x %x\n", i, val);
            }
            pr_info("dev->irq %x\n", pdev->irq);
            for (i = 0; i < 0x98; i += 4) {
                pr_info("io %x %x\n", i, ioread32((void *)(mmio + i)));
            }
            break;
        case SEND_INTERRUPT_CMD:     // 写 0x60 寄存器,edu 设备发送中断请求
```

```
            iowrite32(0x12345678, mmio + IO_IRQ_RAISE);
            break;
    case FACTORIAL_CMD:            // 发起一次阶乘运算
            iowrite32(0x80, mmio + IO_FACTORIA_IRQ);
            iowrite32(0xA, mmio + FACTORIA_VAL);
            msleep(1000);
            pr_info("computing result % x\n", ioread32((void *)(mmio + FACTORIA_VAL)));
    }
    return 0;
}
```

为了更好地展示实验结果，本节设计了一个简单的用户态测试程序，并在 edu 设备源码的关键位置添加了相应的输出信息。这部分较为简单，读者可以根据自己的习惯自行编写或直接使用本书给出的参考示例。

实验第一步是在 QEMU 中启动带有 edu 设备的虚拟机，本次实验的启动参数如下。

boot. sh

```
    qemu - system - x86_64  - smp 2  - m 4096  - enable - kvm ubuntu. img - cdrom ./ubuntu - 16.04.7. iso
 - device edu, dma_mask = 0xFFFFFFFF  - net nic  - net user, hostfwd = tcp::2222 - :22
```

进入虚拟机后，在终端输入 lspci 命令，根据 edu 的设备号以及 vendor ID 在 PCI 设备列表中可以查询到 edu 设备被挂载到了 0 号总线的 04 号槽。

lspci

```
    00:04.0 Unclassified device [00ff]: Device 1234:11e8 (rev 10)
```

接着输入 lspci-s 00:04.0 -vvv -xxxx 命令，会显示 edu 设备的基本信息，包括 edu 设备的中断信息、MMIO 地址空间信息以及设备配置空间信息等。

lspci - s 00:04.0 - vvv - xxxx

```
00:04.0 Unclassified device [00ff]: Device 1234:11e8 (rev 10)
        Subsystem: Red Hat, Inc. Device 1100
        Physical Slot: 4
        Interrupt: pin A routed to IRQ 10
        Region 0: Memory at fea00000 (32 - bit, non - prefetchable) [size = 1M]
        Capabilities: [40] MSI: Enable-  Count = 1/1 Maskable-  64bit +
                Address: 0000000000000000   Data: 0000
        Kernel driver in use: edu_pci
00: 34 12 e8 11 03 01 10 00 10 00 ff 00 00 00 00 00
10: 00 00 a0 fe 00 00 00 00 00 00 00 00 00 00 00 00
20: 00 00 00 00 00 00 00 00 00 00 00 00 f4 1a 00 11
30: 00 00 00 00 40 00 00 00 00 00 00 00 0b 01 00 00
40: 05 00 80 00 00 00 00 00 00 00 00 00 00 00 00 00
```

上文介绍了 edu_mmio_read 函数的回调过程，所以实验的第一步首先对 edu_mmio_read 函数的调用过程进行验证。具体过程如下，在 QEMU 中启动虚拟机后，打开另外一个超级终端，通过 ps-aux|grep qemu 命令来查询 QEMU 的进程号。之后在终端中启动 GDB 调试，在 GDB 命令行中输入 attach＋QEMU 进程号，调试正在运行的 QEMU 程序。接着在 GDB 中为 edu_mmio_read 函数设置断点，输入 c 继续执行 QEMU 程序。然后在虚拟机中加载 edu 设备的驱动模块，此时 GDB 会显示 QEMU 的执行停在了 edu_mmio_read 函数处。GDB 中提供了 backtrace 命令用于查看函数的调用栈。最后输入 backtrace 命令，GDB 会显示以下结果。

GDB backtrace

```
(GDB) backtrace
# 0  edu_mmio_read (opaque = 0x564479cde500, addr = 0, size = 4) at hw/misc/edu.c:206
# 1  0x0000564476dddab6 in memory_region_read_accessor (mr = 0x564479cdede0,
      addr = 0, value = 0x7f6c53ffe848, size = 4, shift = 0, mask = 4294967295, attrs = ...)
      at /home/zzj/qemu－test/qemu－4.1.1/memory.c:444
# 2  0x0000564476dddf90 in access_with_adjusted_size (addr = 0,
      value = 0x7f6c53ffe848, size = 4, access_size_min = 4, access_size_max = 8,
      access_fn = 0x564476ddda78 < memory_region_read_accessor >, mr = 0x564479cdede0,
      attrs = ...) at /home/zzj/qemu－test/qemu－4.1.1/memory.c:574
# 3  0x0000564476de0c0c in memory_region_dispatch_read1 (mr = 0x564479cdede0,
      addr = 0, pval = 0x7f6c53ffe848, size = 4, attrs = ...)
      at /home/zzj/qemu－test/qemu－4.1.1/memory.c:1425
# 4  0x0000564476de0cd4 in memory_region_dispatch_read (mr = 0x564479cdede0,
      addr = 0, pval = 0x7f6c53ffe848, size = 4, attrs = ...)
      at /home/zzj/qemu－test/qemu－4.1.1/memory.c:1452
# 5  0x0000564476d7fe79 in flatview_read_continue (fv = 0x7f6c582413c0,
      addr = 4271898624, attrs = ..., buf = 0x7f6c67a42028 "", len = 4, addr1 = 0, l = 4,
      mr = 0x564479cdede0) at /home/zzj/qemu－test/qemu－4.1.1/exec.c:3398
# 6  0x0000564476d7ffcc in flatview_read (fv = 0x7f6c582413c0, addr = 4271898624,
      attrs = ..., buf = 0x7f6c67a42028 "", len = 4)
      at /home/zzj/qemu－test/qemu－4.1.1/exec.c:3436
# 7  0x0000564476d80042 in address_space_read_full (
      as = 0x564477c8d640 < address_space_memory >, addr = 4271898624, attrs = ...,
      buf = 0x7f6c67a42028 "", len = 4) at /home/zzj/qemu－test/qemu－4.1.1/exec.c:3449
# 8  0x0000564476d8011d in address_space_rw (
      as = 0x564477c8d640 < address_space_memory >, addr = 4271898624, attrs = ...,
      buf = 0x7f6c67a42028 "", len = 4, is_write = false)
      at /home/zzj/qemu－test/qemu－4.1.1/exec.c:3479
# 9  0x0000564476df8db8 in kvm_cpu_exec (cpu = 0x564478ffa000)
      at /home/zzj/qemu－test/qemu－4.1.1/accel/kvm/kvm－all.c:2286
#10 0x0000564476dceeea in qemu_kvm_cpu_thread_fn (arg = 0x564478ffa000)
      at /home/zzj/qemu－test/qemu－4.1.1/cpus.c:1285
```

backtrace 的输出结果展示了地址转换的过程，有兴趣的读者可以将该过程与内存虚拟化章节介绍的 QEMU 中内存地址转换过程对比。经过对比可以发现，GDB 中显示的 edu_mmio_read 函数的函数调用栈与上节描述的一致。

　　然后将在 GDB 中设置的断点取消，继续运行 QEMU 进程。虚拟机随后运行先前编写的用户态测试程序，虚拟机的 dmesg 输出显示 edu 设备的配置空间信息与 lspci -s 00:04.0 -vvv -xxxx 打印的结果一致。以下是 dmesg 中的部分信息。

dmesg

```
[14410.274286] length 100000
[14410.274488] config 0 34
[14410.274514] config 1 12
[14410.274554] config 2 e8
[14410.274579] config 3 11
[14410.276934] dev -> irq a
[14410.277161] io 0 10011ed
[14410.277269] io 4 0
[14410.277374] io 8 375f00
[14410.277631] io 20 80
[14410.277668] io 24 0
[14410.277716] io 28 ffffffff
[14410.285905] irq_handler irq = 10 dev = 245 irq_status = 12345678
[14411.303295] receive a FACTORIAL interrupter!
[14411.303362] irq_handler irq = 10 dev = 245 irq_status = 1
[14412.325635] computing result 375f00
[14412.427807] receive a DMA write interrupter!
[14412.427878] irq_handler irq = 10 dev = 245 irq_status = 101
[14414.453155] receive a DMA read interrupter!
[14414.453192] irq_handler irq = 10 dev = 245 irq_status = 100
```

　　dmesg 的最后几条输出信息展示了 edu 功能的执行结果。驱动首先接收到了 irq_status 为 0x12345679 的设备中断，irq_status 与 pci_ioctl 函数中设置的一致。QEMU 输出了以下对应信息，包括 irq_status 的设置以及中断状态清除等。

Log in QEMU

```
edu_raise_irq, irq_status = 12345678, device_status = 80
edu raise a irq
irqstatus is accessed irqstatus = 12345678
edu_lower_irq
edu lower a irq
```

　　然后驱动再次接收到了 irq_status 为 0x1 的设备中断，并判断该中断为阶乘计算产生的，最后输出了阶乘计算的结果 0x375f00。在 QEMU 中的信息展示了设置设备状态、分配阶乘对象 fact 以及发出阶乘运算中断的过程。

Log in QEMU

```
edu -> status is been assigned a value
edu -> fact is been assigned a value
edu -> status is or 81 edu_raise_irq, irq_status = 1, device_status = 80
```

```
irqstatus is accessed irqstatus = 1
edu_lower_irq
edu lower a irq
edu - > fact is accessed edu - > fact = 375f00
```

　　紧接着测试程序会发起 DMA 命令,会在 edu 设备中设置与 DMA 相关的信息。edu 设备的 edu_timer 定时器检测到 dma. cmd 被设置为可运行状态后,会先根据 dma. cmd 第 1 位的值判断出 DMA 数据的传输方向,之后会检查 DMA 操作是否越界,如果未越界,则将 DMA 信息传入 pci_dma_read/pci_dma_write 函数发起 DMA 操作。pci_dma_read/pci_dma_write 函数的返回值用于判断 DMA 操作是否成功完成。当 DMA 操作完成后,edu 设备会返回相应的 DMA 中断。如下 QEMU 中的输出信息展示了这一系列过程。

Log in QEMU

```
edu - dst set a value
edu - src set a value
edu - cnt set a value
edu - cmd set a value
edu_dma_timer
---------- Dma write successfully -------------
edu_raise_irq, irq_status = 101, device_status = 80
irqstatus is accessed irqstatus = 101
edu_lower_irq
edu lower a irq
```

Log in QEMU

```
edu - dst set a value
edu - src set a value
edu - cnt set a value
edu - cmd set a value
edu_dma_timer
---------- Dma read successfully -------------
edu_raise_irq, irq_status = 100, device_status = 80
irqstatus is accessed irqstatus = 100
edu_lower_irq
edu lower a irq
```

4.4　GiantVM 中的 I/O 处理

　　在传统的"一虚多"虚拟化技术中,I/O 虚拟化的主要目的是实现多个虚拟机复用外设,以提高设备的利用率。但在某些应用场景下,用户需要借助大量的外部 I/O 设备进行运算,比如需要 GPU 进行图像处理或深度学习、需要 FPGA 进行专有加速。由于单台物理机的 PCIe 数据通路(Lane)数目受到芯片组的限制往往十分有限,导致不能无限制挂载外设,限制了外设的可扩展性。针对上述应用场景,GiantVM 可以聚合多个物理机上的 I/O 设备。图 4-27 展示了 GiantVM I/O 聚合模型。

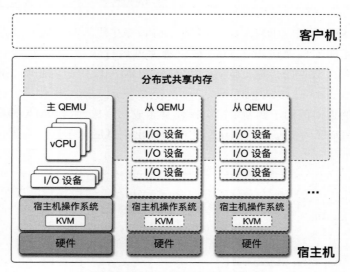

图 4-27　GiantVM I/O 聚合模型

从 QEMU(Slave QEMU)所在的物理机作为 I/O 设备的提供者,可以维护少量 vCPU 甚至不维护。GiantVM 管理的 I/O 设备会全部注册到主 QEMU(Master QEMU)上,为主 QEMU 提供相应的处理能力。主 QEMU 的 I/O 请求会被路由到物理设备所在的 QEMU 上进行处理。因此在该场景中,从 QEMU 本质上只是提供自己所拥有的 I/O 设备资源,帮助在主 QEMU 上运行的虚拟机进行 I/O 处理。本节将从 PIO、MMIO、DMA 三个方面介绍 GiantVM 是如何在"多虚一"场景下处理 I/O 请求的。

4.4.1　PIO 转发

前文曾介绍,当虚拟机发生 VM－Exit 退出到 KVM 时,一旦发现退出原因为 EXIT_REASON_IO_INSTRUCTION,则会从 VMCS 中取出相关的数据,如端口号、数据、长度、方向等,对该 PIO 进行处理,如果该设备由 QEMU 模拟,则将这些数据返回给 QEMU。当控制流切换回 QEMU 时,QEMU 会对退出原因做检查,如果是 KVM_EXIT_IO,则调用 kvm_handle_io 函数来处理 PIO。该函数可以对相应的 PIO 进行转发,如果 PIO 操作的设备不属于当前 QEMU,则将其转发给设备所在的 QEMU 进行处理,如图 4-28 所示。

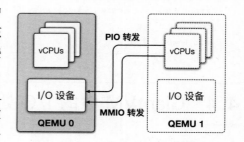

图 4-28　PIO 与 MMIO 转发过程

　　kvm_handle_io 函数首先会根据 local_cpu_start_index 判断本次 PIO 操作是否需要转发到其他 QEMU，如果需要转发，则调用 pio_forwarding 函数进一步处理。pio_forwarding 函数根据端口号、数据、长度、方向等格式化出一条网络消息发送给目的设备所在的物理节点。部分代码如下。

giantvm‑qemu/kvm‑all.c

```
static void kvm_handle_io(uint16_t port, MemTxAttrs attrs, void * data, int direction, int
size, uint32_t count)
{
    int i;
    uint8_t * ptr = data;
    if (local_cpus != smp_cpus)
    {
        if (local_cpu_start_index != 0)
        {
            pio_forwarding(port, attrs, data, direction, size, count, false);
            return;
        }
        for (i = 0; i < count; i++) {
            address_space_rw(&address_space_io, port, attrs,
                        ptr, size,
                        direction == KVM_EXIT_IO_OUT);
            ptr += size;
        }
        if ((port == 0xCF8 || port == 0xCFC || port == 0xCFE || port == 126) && direction ==
KVM_EXIT_IO_OUT) {
            pio_forwarding(port, attrs, data, direction, size, count, true);
        }
        return;
    }
}
```

giantvm‑qemu/interrupt‑router.c

```
void pio_forwarding(uint16_t port, MemTxAttrs attrs, void * data, int direction,
                    int size, uint32_t count, bool broadcast)
{
    qemu_mutex_lock(&io_forwarding_mutex);
    QEMUFile * io_connect_file;
    QEMUFile * io_connect_return_file;
    if (broadcast) {
        int i;
        for (i = 0; i < qemu_nums; i++) {
            io_connect_file = req_files[i];
            io_connect_return_file = rsp_files[i];

            if (io_connect_file && io_connect_return_file) {
                qemu_put_be16(io_connect_file, PIO);
                qemu_put_sbe32(io_connect_file, current_cpu -> cpu_index);
                qemu_put_be16(io_connect_file, port);
```

```
                        qemu_put_buffer(io_connect_file, (uint8_t *)&attrs, sizeof(attrs));
                        qemu_put_sbe32(io_connect_file, direction);
                        qemu_put_sbe32(io_connect_file, size);
                        qemu_put_be32(io_connect_file, count);
                        qemu_put_buffer(io_connect_file, data, count * size);
                        qemu_fflush(io_connect_file);
                        if (direction == KVM_EXIT_IO_IN) {
                            qemu_get_buffer(io_connect_return_file, data, count * size);
                        }

                    }
                }
        } else {
            io_connect_file = req_files[0];
            io_connect_return_file = rsp_files[0];
            qemu_put_be16(io_connect_file, PIO);
            qemu_put_sbe32(io_connect_file, current_cpu->cpu_index);
            qemu_put_be16(io_connect_file, port);
            qemu_put_buffer(io_connect_file, (uint8_t *)&attrs, sizeof(attrs));
            qemu_put_sbe32(io_connect_file, direction);
            qemu_put_sbe32(io_connect_file, size);
            qemu_put_be32(io_connect_file, count);
            qemu_put_buffer(io_connect_file, data, count * size);
            qemu_fflush(io_connect_file);

            if (direction == KVM_EXIT_IO_IN) {
                qemu_get_buffer(io_connect_return_file, data, count * size);
            }
        }
        qemu_mutex_unlock(&io_forwarding_mutex);
}
```

然而对于某些特殊的 PIO,单纯的转发是不够的。其中最典型的就是对 PAM 的操作。在 Intel Q35 架构中,PICe 有 PAM0～PAM6 共 7 个 PAM(Programmable Attribute Map,可编程属性图)寄存器来控制 BIOS 区域的 shadowing 特性。根据 Intel3 系列 Express 芯片组家族规格书(Intel 3 Series Express Chipset Family Datasheet),shadowing 特性可以控制这段区域是属于 PCI 区域(pci_address_space)还是内存区域(ram_memory)。在初始化过程中,QEMU 会先将其设置为 ROM shadow,随后会去掉 shadow 使其变为可以利用的内存。在 QEMU 中,PAM 包含四个别名内存区域,当执行 PCI config_write(mch_write_config)函数时,如果发现落在[MCH PAM0, MCH PAM0+MCH PAM SIZE]的范围内,则调用函数,触发 pam_update 函数,根据传入参数,将原来的内存区域关掉,启用新的内存区域。此时 memslot 的属性被改变,于是 QEMU 将信息更新到 KVM 中,引发内存区域的变化。这些 shadow 操作都是通过 PIO 操作实现的,并且这些操作只会在主 QEMU 上触发。这就导致在虚拟机初始化后,不同 QEMU 的内存区域将出现差异,于是 KVM 中内存信息将不一致,进而产生奇怪的错误。为了解决这个问题,一个可行的方案是对这类特殊的 PIO 操作进行广播,保证所有 QEMU 都能收到 shadow 操作,从而保证内存区域的一致性。相关代码如下。

giantvm - qemu/hw/pci - host/pam.c

```
void pam_update(PAMMemoryRegion * pam, int idx, uint8_t val)
{
    assert(0 <= idx && idx <= 12);

    memory_region_set_enabled(&pam -> alias[pam -> current], false);
    pam -> current = (val >> ((!(idx & 1)) * 4)) & PAM_ATTR_MASK;
    memory_region_set_enabled(&pam -> alias[pam -> current], true);
}
```

4.4.2　MMIO 转发

与 PIO 类似,当虚拟机发生 VM-Exit 退出到 KVM 时,一旦发现退出原因为 EXIT_REASON_IO_INSTRUCTION,则会从 VMCS 中取出相关的数据(如 MMIO 的起始地址、数据、长度、方向等)对该 MMIO 进行处理。如果设备由 QEMU 模拟,则将这些数据返回给 QEMU。于是 QEMU 中 vCPU 线程的 ioctl 调用返回,检查退出原因发现是 EXIT_REASON_EPT_MISCONFIG,因此将 MMIO 转换为对内存区域的读写,这通过 address_space_rw 函数进行处理,而不是像 PIO 那样由专有的函数进行处理。

为了实现 MMIO 的转发,判断 MMIO 操作的地址范围是很有必要的。如果 MMIO 操作地址区域所属外设不在当前 QEMU 节点,则由 mmio_forwarding 函数将其转发给设备所在的 QEMU 进行处理,如图 4-28 所示。然而类似于 PIO,简单的转发会产生奇怪的错误,因为有一些特殊的地址范围需要专门处理。其中最典型的是地址在[APIC_DEFAULT_ADDRESS, APIC_DEFAULT_ADDRESS+APIC_SPACE_SIZE]范围内的 MMIO。这段地址属于 APIC,对该地址进行写入实际上是对本地的 APIC 进行操作,因此不应该对该MMIO 进行转发。同理,对于 APIC_BASE 区域的 MMIO 同样也是对 APIC 进行配置,因此同样无须进行转发。这些不进行转发的操作之后会由调用链中的 apic_io_ops 函数进行处理,如果产生了中断且目标为远程 vCPU,则交由中断转发机制进行处理。具体代码如下。

giantvm - qemu/kvm - all.c

```
case KVM_EXIT_MMIO:
            DPRINTF("handle_mmio\n");
            if (local_cpus != smp_cpus && local_cpu_start_index != 0) {
                if (((APIC_DEFAULT_ADDRESS <= run -> mmio.phys_addr) &&
                        (run -> mmio.phys_addr <
                    APIC_DEFAULT_ADDRESS + APIC_SPACE_SIZE)) ||
                        (((apic -> apicbase & MSR_IA32_APICBASE_BASE) <=
                    run -> mmio.phys_addr) &&
                        (run -> mmio.phys_addr < ((apic -> apicbase &
                    MSR_IA32_APICBASE_BASE) + 0x1000))))
                {
                    address_space_rw(&address_space_memory,
```

```
                                         run->mmio.phys_addr, attrs,
                                         run->mmio.data,
                                         run->mmio.len,
                                         run->mmio.is_write);
                } else {
                    mmio_forwarding(run->mmio.phys_addr, attrs,
                                    run->mmio.data,
                                    run->mmio.len,
                                    run->mmio.is_write);
                }
            }
            break;
```

giantvm-qemu/interrupt-router.c

```
void mmio_forwarding(hwaddr addr, MemTxAttrs attrs, uint8_t * data, int len, bool is_write)
{
    qemu_mutex_lock(&io_forwarding_mutex);
    QEMUFile * io_connect_file = req_files[0];
    QEMUFile * io_connect_return_file = rsp_files[0];
    qemu_put_be16(io_connect_file, MMIO);
    qemu_put_sbe32(io_connect_file, current_cpu->cpu_index);
    qemu_put_be64(io_connect_file, addr);
    qemu_put_buffer(io_connect_file, (uint8_t * )&attrs, sizeof(attrs));
    qemu_put_sbe32(io_connect_file, len);
    if (is_write) {
        qemu_put_sbe32(io_connect_file, 1);
    }
    else {
        qemu_put_sbe32(io_connect_file, 0);
    }
    qemu_put_buffer(io_connect_file, data, len);
    qemu_fflush(io_connect_file);
    if (!is_write) {
        qemu_get_buffer(io_connect_return_file, data, len);
    }
    qemu_mutex_unlock(&io_forwarding_mutex);
}
```

4.4.3 DMA 的处理

I/O 操作不仅包括 CPU 发送的 PIO 和 MMIO，还包括设备主动发起的 DMA。具体而言，通常是 CPU 通过 PIO 或 MMIO 为设备配置好地址区域，随后由设备发起 DMA 操作，最后向 CPU 发送中断告知 I/O 操作完成。在 DMA 期间，I/O 设备将直接对内存进行操作，而无须 CPU 的参与。这在单机场景下没有任何问题，而对于运行在多台物理机上的 dQEMU 将是一场灾难。dQEMU 中为了实现在多台物理机上运行同一台虚拟机，使用了分布式共享内存。该分布式共享内存的权限管理是由 EPT 控制的，然而对于 DMA 来说，对内存的访问不受 EPT 的控制，这将导致 DMA 在访问内存时，不会考虑 EPT 中维护的分布式共享内存的状态。比如,某台物理机分布式共享内存中某个页的状态是无效,因为当前该页被其他物理机所拥有,所以当前物理机不能对该页进行读写操作。当虚拟机尝试对内存进行读写时,受到 EPT 的控制将触发 EPT Violation,然后依照分布式共享内存的协议获取该页。然而在 DMA 操作中,该页将直接被 I/O 设备修改,这就破坏了分布式共享内存的一致性。

解决该问题需要针对不同 DMA 采取不同方案。对于来自 QEMU 模拟设备的中介 DMA(Mediated DMA),它的 DMA 本质上不是真正的 DMA,而是通过 QEMU 对内存修改实现的模拟 DMA。由于 DMA 是模拟的,对 DMA 操作内存的检查可以在调用的路径上进行。如果发现 DMA 要操作的内存不属于本地 QEMU,则手动获取并锁定这块内存的控制权,该操作称为锁定(pin)。在进行 DMA 操作时,保证该操作需要访问的全部内存都固定在本地,其他 QEMU 无法夺取该内存区域的控制权。在 DMA 操作完成后,执行解锁(unpin)操作解除对这块的内存的锁定,此后其他 QEMU 将可以正常获取这块内存的控制权。这样保证了中介 DMA 操作时内存的一致性。对于由真正的 I/O 设备发出的 DMA(直通 DMA),它直接修改物理机的物理内存。这种 DMA 之所以存在于虚拟化场景下,是因为为了提高 I/O 效率,QEMU 将 I/O 设备直接分配给虚拟机以实现直通。在这种场景下,拦截 DMA 操作需要借助 vIOMMU。vIOMMU 通过在启动虚拟机时添加 intel-iommu 设备开启,能够对直通 DMA 进行权限控制,避免其为所欲为地操作虚拟机的内存。vIOMMU 可以对直通 DMA 进行拦截,得知其具体要读写的内存区域范围,并将该区域内存升级为独占内存。一旦升级为独占内存,整块内存的所有者将固定为当前 QEMU。其他 QEMU 虽然也可以访问这块内存,但需要通过该 QEMU 代为执行。在该模式下,当前 QEMU 成为了这块内存的代理,保证本地 QEMU 对该内存区域访问的独占性,流程如图 4-29 所示。

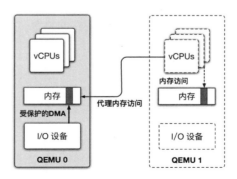

图 4-29 直通 DMA 操作流程

以上方式实现了对中介 DMA 和直通 DMA 的处理,保证 dQEMU 在 DMA 操作下依然能够保持内存的一致性。

本章小结

　　本章首先简要介绍了非虚拟化情况下的 I/O 过程、I/O 虚拟化所要遵循的基本模型以及几种不同类型的 I/O 虚拟化的基本思想。4.2 节从 PIO、MMIO、DMA、PCI 配置空间访问这四个方面介绍了设备模拟的实现方式，随后概述了 I/O 半虚拟化中广泛使用的 virtio 协议，以及几种常见的 virtio 后端实现，最后介绍了 Intel 推出的 VT−d 设备直通访问技术以及 SR−IOV 技术这两种常见的 I/O 硬件虚拟化技术。4.3 节以 edu 设备为例介绍了 QEMU/KVM 中设备模拟的实现过程。本章最后简要介绍了 GiantVM 中 I/O 虚拟化的实现。GiantVM 中主要以转发访问请求的方式实现 I/O 资源的聚合，并通过 pin/unpin 机制以及 vIOMMU 来控制 DMA 操作，维护分布式共享内存的一致性。

## 第 5 章

鲲鹏虚拟化

前几章介绍了 Intel x86 架构中硬件辅助虚拟化的设计与实现。本章将目光聚焦于另一种主流架构——ARMv8 的虚拟化硬件支持。本章同样涵盖虚拟化的四个基本要素：CPU、内存、I/O 和时钟。5.1 节简要介绍 ARM 虚拟化架构，5.2 和 5.3 节分别介绍 ARMv8 CPU 虚拟化以及中断虚拟化，5.4 节简要介绍 ARMv8 架构下的内存虚拟化，5.5 节主要介绍 ARMv8 架构下的 I/O 虚拟化，5.6 节简要介绍 ARMv8 架构下的时钟虚拟化。

5.1 鲲鹏虚拟化框架

鲲鹏系列处理器是基于 ARMv8 架构设计的面向服务器市场的处理器，下面先简要介绍 ARMv8 对于虚拟化的支持。

5.1.1 鲲鹏虚拟化简介

由于 ARMv8 需要对 ARMv7 进行兼容和升级，所以先介绍 ARMv7 的特权级和工作模式，并和 ARMv8 以及 x86 进行对比。

ARMv7 是 ARM 的 A 系列处理器对应的 32 位 ARM 架构。该架构提供了 7 种工作模式，分别是用户（USR）模式、系统（SYS）模式、一般中断（IRQ）模式、快速中断（FIQ）模式、管理（SVC）模式、中止（ABT）模式和未定义指令终止（UND）模式。七种模式中，用户模式称为非特权模式，其他模式称作特权模式，有权访问所有的系统资源。特权模式中除系统模式外的其余五种模式又称为异常模式。在这七种模式中用户模式的特权级最低，用户的应用程序运行在此模式下，无权访问硬件资源，只能通过模式切换、软中断或者异常等方式使 CPU 进入特权模式对硬件资源进行间接访问。ARMv8 架构在 ARMv7 的基础上进行了升级，支持 64 位架构并增加了异常级。

类似于 x86 架构的 Ring0～Ring3 特权级，ARMv8 提供了 EL0～EL3 四个异常级（Exception Level）。不同的是，在 ARM 中 EL0 的权限级别最低，而 EL3 权限级别最高。相比于 ARMv7 只有非特权模式和特权模式的两种特权级别，ARMv8 的四个异常级实际上是对特权级的一种扩充，用户程序运行在 EL0 异常级，操作系统则运行在 EL1 异常级。为了兼容 v7 运行模式，v8 将 v7 中的特权模式映射在 EL1 异常级。而更高的异常级 EL2 和 EL3 则分别运行 Hypervisor 和安全监视器（Secure Monitor）。ARMv8 整体异常级架构与对应的模式分布如图 5-1 所示。

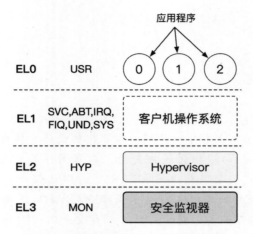

图 5-1　ARMv8 异常级与工作模式分布

ARMv8 还为各异常级增加了对应的寄存器（如 ＊_EL1、＊_EL2 等），并将 Hypervisor 运行在比客户机操作系统更高一级的 EL2 异常级上，为 ARM 虚拟化提供了硬件支持。EL2 异常级的存在也实现了 x86 架构特权级"-1 级"的预想方案。

5.1.2　EL2 虚拟化框架

类似于 x86 的虚拟化框架模型，ARMv8 虚拟化也有两种类型：Type Ⅰ 和 Type Ⅱ。Type Ⅰ 类似于 Hypervisor 模型，Type Ⅱ 类似于宿主机模型。

（1）**Type Ⅰ**：在这种模型中，Hypervisor 运行在 EL2 异常级，控制运行在 EL1 异常级中的虚拟机，对虚拟机进行隔离和必要的资源共享管理，如图 5-2 所示。在这种模式下，虚拟机要想获取全局资源就需要产生异常从而陷入位于 EL2 中的 Hypervisor 进行处理。这样虽然对虚拟机进行了有效的隔离，但是特权级切换时引入的上下文切换造成了虚拟机的性能损耗。ARM 为此设计了 VHE（Virtualization Host Extensions，虚拟化主机拓展）技术，也就是 Type Ⅱ 模型。

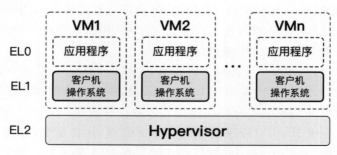

图 5-2　ARMv8 的 Type Ⅰ 虚拟化模型

（2）**Type Ⅱ**：与 Type Ⅰ 不同的是，在 Type Ⅱ 模型中 EL2 异常级上运行的是宿主机操作系统，Hypervisor 则依赖于宿主机操作机系统，利用宿主机操作系统运行环境来管理虚拟机。当发生异常时，异常级会直接由 EL0 切换到 EL2，略去了到 EL1 的切换步骤，节省了上下文切换的开销，提升了虚拟化性能，详见 5.2.3 小节 VHE 虚拟化。

5.2　鲲鹏 CPU 虚拟化

第 2 章提出了 CPU 虚拟化所面临的三个挑战以及 Intel VT-x 相应的解决方案，在某种程度上，这也是 ARMv8 硬件辅助虚拟化需要解决的问题。本节将介绍 ARMv8 的解决方案以及在设计上与 Intel VT-x 的不同之处。

5.2.1　CPU 虚拟化

如前所述，CPU 虚拟化本质上通过创建 QEMU 线程来创建 vCPU。那么 vCPU 是如何运行以达到和真正的 CPU 一样的效果呢？鲲鹏处理器使用 VHE 扩展，将 KVM 和 Linux 内核代码直接运行在 EL2，管理控制运行在 EL0 中的 QEMU 线程，对外呈现出独立的 CPU 特性，其具体实现如下。

首先是 Hypervisor 初始化，设置一些与虚拟化相关的寄存器并开启虚拟化模式，然后开始运行 vCPU。vCPU 的主要任务是模拟真实的 CPU，在鲲鹏虚拟化中采取的是 QEMU 和 KVM 相结合的方式。为了隔离多个虚拟机的运行环境，vCPU 执行的指令将受到 Hypervisor 的管理与限制。但是如果每一条指令都要经过 Hypervisor 处理必然会造成性能损耗。因此将指令分为敏感指令和非敏感指令。非敏感指令交由运行在 EL0 级别的 QEMU 线程直接执行，敏感指令则交由 Hypervisor 进行处理。敏感指令的识别交由硬件完成，CPU 自动识别指令是否是敏感指令。对于普通的指令（用户 ISA），CPU 可以直接运行，而对于敏感指令的执行（系统 ISA），vCPU 处理较为复杂，下面举例说明。当执行到一条敏感指令时，CPU 会自动识别这条指令，然后触发指令陷入。由于鲲鹏处理器支持 VHE 技术，所以敏感指令将会直接陷入 EL2 级别的 Hypervisor 中。在陷入的过程中，CPU 需要依次完成如下工作。

（1）**保存上下文**。在虚拟机退出之前要保存上下文，以便执行完敏感指令之后继续运行虚拟机。

（2）**执行敏感指令**。为了保证虚拟机之间的隔离性，敏感指令不能在 EL2 级直接执行，而是通过模拟的方式执行。以关机、休眠等指令为例，Hypervisor 会通过模拟的方式使虚拟机关机或者休眠，而不会影响主机。

（3）**恢复上下文**。将第一步中保存的上下文恢复到相应的寄存器中，具体过程不再赘述。

经过上述三个步骤，vCPU 可以模拟敏感指令的执行。然而，CPU 虚拟化技术不仅仅是提供指令的执行单元这么简单，还可以使 vCPU 数目超过物理 CPU 的数量。Hypervisor 通过调度不同的 vCPU 来使用物理 CPU 完成对 CPU 的虚拟，类似于操作系统调度任务时采用的分时复用思路。vCPU 的数量可以超出真实 CPU 的数量，因为 vCPU 就是 QEMU

中的一个线程。但是如果 vCPU 的数量过多，反而会降低整个虚拟机的性能，因为
Hypervisor 在调度 vCPU 时，上下文切换会带来一定的时间损耗。

5.2.2　EL2 异常级

继 Intel 和 AMD 相继推出硬件辅助虚拟化拓展后，ARM 于 2012 年推出了自己的硬件
虚拟化拓展。与 Intel VT－x 类似，ARMv8 硬件辅助的 CPU 虚拟化旨在解决"虚拟化漏
洞"问题，使所有的敏感指令都能触发虚拟机下陷，从而使 Hypervisor 能够截获并模拟敏感
非特权指令的执行。Intel VT-x 通过引入根模式与非根模式两种操作模式，并改变非根模
式下敏感非特权指令的语义使其触发 VM-Exit，解决了"虚拟化漏洞"问题。ARMv8 则引
入了 EL2 来解决上述问题，ARMv8 异常级架构如图 5-3 所示。

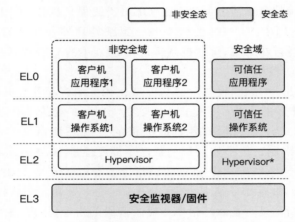

图 5-3　ARMv8 异常级架构

为了保障系统的安全，ARMv8 引入了安全状态（Security State）这一概念。处理器可
以处于安全态（Secure State）或非安全态（Non-secure State），二者都有 EL0～EL2[1] 异常级
以及独立的物理地址空间，安全状态与异常级别共同组成了处理器的当前状态。对于安全
态，它拥有完整的物理资源控制权限，可以访问两种状态下的地址空间以及系统寄存器，而
非安全态只能访问自己的地址空间以及部分系统寄存器。通常将可信的操作系统和应用
运行在安全态，普通的操作系统和应用，如 Linux 和 Android 操作系统，则运行在非安全态，
从而避免了不可信应用带来的安全隐患。异常级则类似于 x86 中特权级的概念，其中 EL0
异常级最低，EL3[2] 异常级最高。当 ARMv8 未开启虚拟化拓展时，应用程序运行在 EL0，
操作系统则运行在 EL1，有权访问所有的硬件资源。而当开启了虚拟化拓展后，Hypervisor
运行在 EL2，客户机操作系统运行在 EL1，客户机应用程序运行在 EL0。ARMv8 提供了
HCR_EL2 寄存器，用于控制虚拟机行为，类似于 x86 VMCS 中的 VM-Execution 控制域。

---

① 　ARMv8.4 引入了安全态 EL2（Secure EL2），将 SCR_EL3.EEL2 置 1 开启安全态 EL2。
② 　认为 EL3 始终处于安全态，安全态的切换由 EL3 完成。

以 HCR_EL2. TWI 为例,在 EL0 和 EL1 中执行 WFI 指令会导致其陷入 EL2 中。在物理环境下,WFI 指令会使当前 CPU 进入低功耗状态;而在虚拟环境下执行 WFI 指令将会令 Hypervisor 调度另一个 vCPU 运行。尽管硬件辅助虚拟化已大大减少了虚拟化的开销,但是频繁的虚拟机下陷引起的异常级切换仍会引入巨大的虚拟化开销。ARMv8 对操作系统频繁访问的寄存器进行了进一步优化,如 MIDR_EL1 和 MPIDR_EL1 寄存器。MIDR_EL1 保存着处理器的类型,MPIDR_EL1 则保存着处理器亲和性相关的信息。对于这两个寄存器,Hypervisor 更希望客户机操作系统能够直接读取到虚拟机中相应寄存器的值,而无须陷入 Hypervisor 中。故 ARMv8 提供了 VPIDR_EL2 和 VMPIDR_EL2 寄存器,Hypervisor 在运行虚拟机之前配置好这两个寄存器的值,当虚拟机读取 MIDR_EL1/MPIDR_EL1 时,会自动返回 VPIDR_EL2/VMPIDR_EL2 的值。此外,不同于 Intel VT-x 使用 VMCS 保存虚拟机上下文,ARMv8 直接为 EL1 和 EL2 提供了两套系统寄存器,这样虚拟机下陷时便无须保存虚拟机寄存器状态,降低了上下文切换的开销。而运行在 EL2 中的 Hypervisor 可以直接读写 EL0/EL1 中的寄存器。

即便如此,当运行在 EL2 的 Hypervisor 需要操作系统内核服务时,仍需切换到 EL1 异常级进行操作,这样还是会有大量的异常级切换损耗。为此在 ARMv8.1 中新增了虚拟化主机扩展 VHE。

5.2.3　VHE

硬件层面上,VHE 主要增加了以下几个部分。

(1) 在 EL2 级别的 Hypervisor 配置寄存器中增加了用于指示是否开启 VHE 的控制位 E2H。

(2) 在 EL2 级别新增了 TTBR1_EL2、CONTEXTIDT_EL2 寄存器供宿主机操作系统使用。

(3) 增加了新的虚拟计时器。

当宿主机内核启动后,首先会调用 stext,stext 调用 el2_setup 根据内核是否配置了 CONFIG_ARM64_VHE 来决定是否开启了 VHE。开启 VHE 后,宿主机操作系统会直接运行在 EL2。当产生虚拟机下陷时,由于宿主机运行在 EL0(宿主机应用程序)和 EL2(宿主机操作系统)两个异常级,所以会直接从虚拟机运行的 EL0 异常级直接切换为 EL2 异常级。

图 5-4 展现了 ARMv8 虚拟化架构,Hypervisor 运行在 EL2 异常级,虚拟机则运行在 EL0/EL1 异常级,但是该架构只支持 Type Ⅰ 类型的虚拟机,不支持 Type Ⅱ 类型的虚拟机。这是因为 Linux 等操作系统开发时假定其运行在 EL1 异常级,部分 EL1 的寄存器在 EL2 中并不存在;而在 Type Ⅱ 类型的虚拟机中,Hypervisor 很大程度上依赖于宿主机操作系统提供的接口,因此就出现了宿主机操作系统运行在 EL1,而 Hypervisor 运行在 EL2,二者异常级不一致的问题。以 KVM 为例,为了解决上述问题,系统开发人员提出将 KVM 划分为上层监控器(Highvisor)和底层监控器(Lowvisor)两部分,其中底层监控器运行在 EL2,上层监控器运行在 EL1,架构如图 5-4 所示。

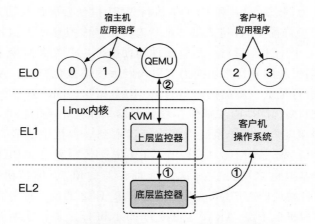

注：①超级调用（hypercall）；②系统调用（syscall）。

图 5-4　ARM KVM 架构图

　　当发生虚拟机下陷时，首先会进入 EL2 中，底层监控器进行必要的处理，当它需要使用 Linux 内核的功能时，则切换到 EL1 中的上层监控器进行处理。通常底层监控器相对精简，只进行必需的处理，将大部分工作留给上层监控器处理。分离模式虚拟化解决了在 ARMv8 上运行 Type Ⅱ 类型虚拟机的问题，但是这种分层模式造成了大量的上下文切换，严重影响虚拟化性能，于是 VHE 应运而生，它允许宿主机操作系统运行在 EL2，从硬件层面解决了上述问题。引入 VHE 前后 Type Ⅱ 类型虚拟机运行如图 5-5 所示。VHE 由 HCR_EL2. E2H 和 HCR_EL2. TGE 控制，E2H 用于使能 VHE，而 TGE 用于在使能 VHE 时区分虚拟机应用程序和物理机应用程序。

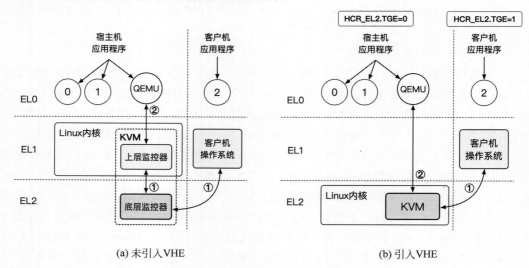

注：①超级调用（hypercall）；②系统调用（syscall）。

图 5-5　引入 VHE 前后的虚拟化架构

在 ARMv8 的虚拟化中,虚拟化组件有两个:一个是运行在 EL0 异常级的 QEMU,另一个是运行在 EL2 异常级的 KVM。类似于 x86 下的 KVM 架构,ARM 的虚拟化也是通过 QEMU 线程来模拟 vCPU,通过 ioctl 命令在 QEMU 和 KVM 之间交互。在 QEMU 需要获取全局资源的时候,执行 VM-Exit 操作切换到 EL2 异常级进行全局资源的处理。同时 ARM 在虚拟化设计中也有自己独特之处。

在 VHE 中,由于宿主机操作系统需要运行在 EL2 异常级,所以就需要访问 EL2 的寄存器。但是由于现有的操作系统都是运行在 EL1 异常级上面的,它们会默认访问 EL1 的寄存器。为了能够不加修改地在 EL2 级运行现有的操作系统内核,就需要对宿主机操作系统进行寄存器重定向操作。具体的方法为:根据是否开启 VHE 的标志位 E2H,来判断是否需要对寄存器进行重定向。当 E2H 为 1 时,运行在 EL2 异常级的指令进行寄存器重定向,而当 E2H 为 0 时则不用重定向。

但是重定向又引入了一个新的问题:如果运行在 EL2 异常级的 Hypervisor 确实需要访问 EL1 的寄存器,那么重定向就会将其定向到 EL2 的寄存器上。为此 ARM 架构引入了新的别名机制:以_EL12 或者_EL02 结尾。当访问这些别名时,就可以正常访问 EL1 的寄存器。

5.3　鲲鹏中断虚拟化

由于鲲鹏服务器搭载 ARM 架构的芯片,所以其使用的中断控制器为 ARM 架构采用的 GIC(Generic Interrupt Controller,通用中断控制器)。GIC 发展至今已历经四代,本节主要侧重于最新的 GICv3/GICv4 架构,将不会深入讲述 GICv1/GICv2 架构。

5.3.1　GICv1

GICv1 是 ARM 最早推出的中断控制器,现在已经弃用,其架构如图 5-6 所示。GICv1 最多支持 8 个 PE(Processing Element,处理器单元)和 1020 个中断源。中断控制器的加入使得处理器可以及时地响应外部设备发送的请求。当外围设备发送中断请求时,中断控制器可以及时捕获并在经过仲裁后将中断信号发送给 CPU,然后等待 CPU 对于中断的处理结果。遗憾的是 GICv1 并不支持中断虚拟化。

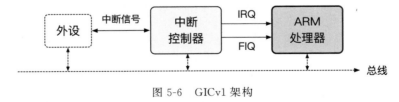

图 5-6　GICv1 架构

5.3.2　GICv2

GICv2 增加了对中断虚拟化的支持,但是仍只支持 8 个 PE,其架构如图 5-7 所示。

上面的中断控制器主要分为以下几个部分：中断分发器（Distributor）、CPU 接口（CPU Interface）和 CPU 虚拟接口（CPU Virtual Interface），其中 CPU 虚拟接口主要用于中断的虚拟化。各部分的主要功能如下。

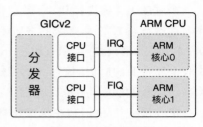

图 5-7　GICv2 架构

（1）分发器：主要用于处理中断的优先级，并将中断分发给对应的 CPU 接口。

（2）CPU 接口：主要用来处理中断相关事务，如中断优先级屏蔽、中断抢占以及与 CPU 之间的通信等。每个 CPU 核都有一个 CPU 接口。

（3）CPU 虚拟接口：主要用在虚拟化环境，是虚拟 CPU 的 CPU 接口。在虚拟化场景中，需要将 HCR_EL2.IMO 设置为 1，此时所有的中断信号都将会陷入 Hypervisor 中，并由 Hypervisor 判断是否将该中断信号插入 vCPU 中。

GICv2 共支持 1020 个中断源，根据中断的编号将中断分为以下三类。

（1）SGI（Software Generated Interrupt，软件生成中断）：由编号为 0 到编号为 15 的中断源组成。这种中断由 CPU 直接写对应的寄存器触发，而非硬件触发，所以叫作软件产生的中断。这种中断主要用于 ARM 核间通信。

（2）PPI（Private Peripheral Interrupt，私有设备中断）：由编号为 16 到编号为 31 的中断源组成。该中断源为 CPU 私有的中断源，类似于 x86 中的 LAPIC。

（3）SPI（Shared Peripheral Interrupt，共享设备终端）：由编号为 32 到编号为 1019 的中断源组成。该中断源是所有 CPU 共享的中断源，类似于 x86 中的 IOAPIC。而编号为 1020 到编号为 1023 的中断源预留做其他用途。

5.3.3　GICv3/GICv4

相较于 GICv2，GICv3 增加了许多新功能，而 GICv4 相较于 GICv3 则变化不大。在后文中，未经特殊说明，GIC 都是指 GICv3 架构。图 5-8 中不同颜色的矩形表示 GIC 架构中的组件，箭头则表示中断传递的流程。GICv3 架构主要包括四个组件：中断分发器（Distributor）、中断再分发器（Redistributor）、CPU 接口（CPU Interface）和 ITS。在正式介绍这四个组件的功能之前，需要先了解 GIC 中的一些基本概念和机制。

1. 中断类型

除了 GICv2 定义的三种中断类型外，GICv3 还引入了一种新的中断类型 LPI（Locality－specific Peripheral Interrupt，特殊设备中断）。LPI 是 GICv3 引入的一种新的基于消息的中断类型，可以兼容 PCIe 总线的 MSI 和 MSI－X 机制。

2. 中断 ID

GIC 为每个中断指定一个 INTID（Interrupt ID，中断 ID），类似于 x86 的中断向量号。但是不同于 x86 中段向量号暗含中断优先级，GIC 显式地为每个中断都指定了一个中断优

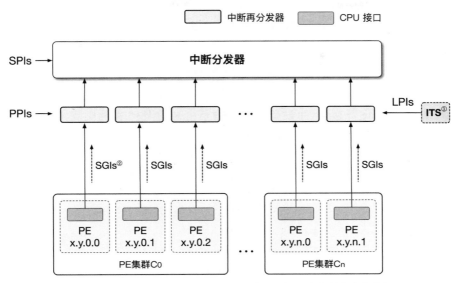

注：①可能存在 0 个或多个 ITS；②SGIs 由 PE 产生，由中断分发器路由。

图 5-8   GICv3 中断架构

先级号。通常中断优先级号越小，优先级越高。GIC 允许高优先级中断抢占低优先级中断。GIC 将中断优先级号分为两部分：优先级组号（Group Priority）和次优先级号（Sub-Priority），中断抢占需要满足以下两个条件。

（1）阻塞中断的优先级组号小于 CPU 当前的运行优先级组号，即当前正在被处理的最高优先级中断的优先级组号。

（2）阻塞中断的优先级组号小于当前 CPU 的屏蔽优先级组号（Priority Mask）。

SGI/PPI 类型中断的优先级号保存在中断再分发器的相关寄存器中，SPI 类型中断的优先级号保存在中断分发器的相关寄存器中，LPI 类型中断的优先级号则保存在内存中的 LPI 配置表中。

3．中断分组

GIC 还引入了中断分组（Interrupt Grouping）机制使得特定的中断只能被特定的异常级处理，从而保障系统安全。为了兼容如图 5-1 所示的异常级架构，GICv3 引入了中断分组机制，它将物理中断分为三组。

（1）组 0（Group 0）：ARMv8 期望这些中断在 EL3 处理。

（2）安全组 1（Secure Group 1）：ARMv8 期望这些中断在安全态 EL1（Secure EL1）中处理。

（3）非安全组 1（Non-secure Group 1）：在虚拟化环境下，ARMv8 期望这些中断在非安全态（Non-secure EL2）中处理；在非虚拟化环境下，ARMv8 期望这些中断在非安全态 EL1（Non－secure EL1）中处理。

SGI/PPI 类型中断的分组保存在中断再分发器的相关寄存器中，SPI 类型中断的分组保存在中断分发器的相关寄存器中，而 LPI 类型中断一定属于非安全组 1。

4. ITS

ITS 是 GICv3 新引入的组件，它输出 LPI 类型的物理中断。外设只需要提供设备号（Device ID）和事件号（Event ID）就能触发一个 LPI 中断，其中事件号需要写入 ITS 中的 GITS_TRANSLATER 寄存器，而设备号的传输是由架构具体实现所定义的。ITS 在内存中维护了四种类型的表：DT（Device Table，设备表）、ITT（Interrupt Translation Table，中断翻译表）、CT（Collection Table，集合表）和 vPE Table（Virtual PE Table，虚拟 PE 表）。其中 vPE Table 是 GICv4 添加的支持，使得 ITS 还可以输出 LPI 类型的虚拟中断，且无需 Hypervisor 介入便可以将虚拟 LPI 中断注入 vCPU。各表之间的关联如图 5-9 所示。

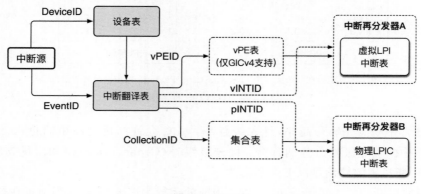

图 5-9　ITS 表

各类型表的主要功能如下。

（1）设备表：维护了设备号和中断翻译表基地址的映射，ITS 为每个设备单独维护一个中断翻译表。

（2）中断翻译表：中断翻译表可以维护两种类型的映射。对于物理环境而言，中断翻译表通过事件号得到该事件对应的物理 LPI 中断的 INTID 和 ICID（Interrupt Collection ID，中断集合 ID），然后 ITS 用 ICID 索引集合表得知该中断的目的中断再分发器。对于虚拟环境而言，中断翻译表通过事件号得到该事件对应的虚拟 LPI 中断的 INTID 和 vPEID，然后 ITS 用 vPEID 索引虚拟 PE 表得知该虚拟中断的目的 vCPU，将该虚拟中断发送至 vCPU 所在物理 CPU 对应的中断再分发器。若当前 vCPU 没有运行，ITS 将给物理 CPU 发送一个门铃中断（Doorbell Interrupt），使其调度 vCPU 运行。

（3）集合表：如上所述，维护 ICID 和中断再分发器的映射。

（4）虚拟 PE 表：如上所述，维护 vPEID 和中断再分发器的映射。

5. GIC 组件

前面提到，GIC 中断架构主要包括四个部分：中断分发器、中断再分发器、CPU 接口和

ITS。其中中断分发器、中断再分发器和 ITS 实现在 GIC 内部,故 CPU 通过 MMIO 的方式访问其内部寄存器。而 CPU 接口则位于 CPU 核内部,可以直接通过系统寄存器访问。中断分发器和 ITS 由所有 CPU 核共享,中断再分发器则与 CPU 核一一对应,每一个 CPU 接口都有一个中断再分发器与其相连,各部分具体功能如下。

（1）中断分发器:主要维护 SPI 类型中断的相关信息,如中断优先级、中断分组、中断路由信息和中断状态等。此外,SGI 类型中断也通过中断分发器路由。GICv3 引入了亲和性路由（Affinity Routing）机制,使得 SPI 路由至指定 CPU 或指定 CPU 集合中的某一个,而 SGI 则会被路由至指定 CPU 集合中的每一个 CPU。

（2）中断再分发器:维护 PPI/SGI 类型中断的相关信息,如中断状态、中断优先级、中断触发方式等。

（3）ITS:ITS 是 GICv3 新引入的组件,它输出 LPI 类型的中断。外设只需要向 ITS 的 GITS_TRANSLATER 寄存器写入一个事件号（EventID）就能触发一个 LPI 中断。而在 GICv4 架构中,ITS 还提供了 Virtual LPI 直接注入机制,类似于 APICv 提供的分布-中断机制,无需 Hypervisor 参与便能直接注入虚拟中断。

（4）CPU 接口:主要负责中断优先级检测、优先级仲裁（选择优先级最高的中断处理）和中断应答等。

6. GIC 中断处理

在 GIC 中断架构中,中断存在以下四种状态。

（1）非活跃态（Inactive）:当前没有待处理或正在处理的中断。

（2）阻塞态（Pending）:当前中断正在等待 CPU 处理。

（3）活跃态（Active）:当前中断已经被 CPU 响应,该中断正在被 CPU 处理。

（4）活跃阻塞态（Active and Pending）:当前中断正在被处理时,又收到一个相同 INTID 的中断。

四种中断状态在中断处理过程中的变化如下所述。

（1）**中断产生**:外部设备或系统程序通过中断连接线或写入 GIC 相关寄存器触发中断,此时中断从非活跃态变为阻塞态。

（2）**中断分发**:GIC 通过前述寄存器或内存控制结构确定该中断的优先级、中断分组等信息,并通过亲和性路由机制将中断发送给目标 CPU 接口。

（3）**中断交付**:CPU 接口将中断递交给 CPU。

（4）**中断激活**:CPU 应答该中断,表明该中断正在被处理,该中断由阻塞态变为活跃态。在此过程中如果有相同 INTID 的中断到达,则中断变为活跃阻塞态。

（5）**运行优先级降低**:CPU 处理完该中断后,首先修改当前的运行优先级,使得低优先级中断可以被响应,此时中断仍处于活跃态。

（6）**中断无效**:将当前中断状态置为非活跃态,使得后续处于阻塞态的同 INTID 中断能够被处理。

5.3.4 GICv3/GICv4 中断虚拟化

GIC 为中断虚拟化提供了以下硬件支持：虚拟 CPU 接口寄存器直接访问、虚拟中断注入以及虚拟 LPI 中断直接注入。

1. 虚拟 CPU 接口寄存器直接访问

在早期 GIC 架构中，CPU 接口也位于 GIC 内部，同中断分发器等组件一样，CPU 通过 MMIO 的方式访问其内部寄存器。而在虚拟环境中，为了避免虚拟机直接写入 CPU 接口中的寄存器，Hypervisor 通常会将接口寄存器映射区域设置为不可访问，从而截获所有访问并陷入 Hypervisor 中进行相应的模拟。这一处理方式同前述早期 x86 中断控制器的访问类似。而 GICv3 将 CPU 接口移入 CPU 内部并提供相关的系统寄存器（ICC_*）供 CPU 使用，大大提升了中断响应速度。而为了应对虚拟化环境，GICv3 还为这些系统寄存器提供了相应的虚拟 CPU 接口寄存器（ICV_*），当 Hypervisor 将 HCR_EL2.IMO 和 HCR_EL2.FMO 设置为 1 时，运行在 EL1 中的虚拟机操作系统对 CPU 接口系统寄存器（ICC_*）的访问将被重定向到相应的 ICV_* 寄存器，从而避免了中断处理过程中访问 CPU 接口寄存器造成的虚拟机下陷。

2. 虚拟中断注入

GICv3 可以配置使得所有的物理中断路由到 EL2，此时 Hypervisor 对该中断进行检查，若该物理中断的目标为 Hypervisor，则 Hypervisor 按照前述流程处理该物理中断；若该中断目标为 vCPU，则 Hypervisor 会向 vCPU 中注入一个虚拟中断。GICv3 提供了寄存器（ICH_LR<n>_EL2）保存虚拟中断的 INTID、中断优先级、中断状态以及相关联的物理中断 INTID 等。当 vCPU 恢复运行时，硬件将根据这些寄存器中的信息向 vCPU 注入一个虚拟中断，并调用相应的中断处理函数。

3. 虚拟 LPI 中断直接注入

GICv4 引入了虚拟 LPI 中断注入机制，无需 Hypervisor 参与便可以将虚拟 LPI 中断注入 vCPU，这是通过前述 GIC 的 ITS 组件完成的。ITS 通过查询设备表、中断翻译表和虚拟 PE 表得到虚拟中断目的 vCPU 所处的物理 CPU 所对应的中断再分发器，将虚拟 LPI 中断信息插入位于内存中的虚拟 LPI 配置表（Virtual LPI Configuration Table）和虚拟 LPI 状态表（Virtual LPI Pending Table）中。然后 vCPU 会将表中记录的虚拟 LPI 中断与前述 ICH_LR<N<_EL2 寄存器中记录的虚拟中断进行比较，选择最高优先级的中断进行处理。

5.4 鲲鹏内存虚拟化

ARM 架构借鉴了 Intel 系列架构演进过程的"前车之鉴"，在 ARMv7 架构中就包含了对双层页表的支持，保证了内存虚拟化的性能；而 Intel 在较晚的虚拟化版本中才支持扩展页表，在此之前只能使用软件实现的影子页表，性能较差。ARM 架构也为内存管理增加了更多的寄存器,用于保存多类页表的基地址。Intel 系列仅有一个 CR3,并使用 VMCS 结构保存 EPT 页表基地址;而 ARM 架构为操作系统的用户态和内核态各准备了一个寄存器,用于保存页表基地址,增强了用户态空间和内核态空间的隔离性。下面从与 Intel 架构类似的地址翻译概念讲起,并逐步介绍 ARM 中出现的新概念。

5.4.1　VMSAv8-64 架构概述

在 ARM 处理器中,VMSA(Virtual Memory System Architecture,虚拟内存系统架构)给在 ARMv8 处理器的 AArch64 模式下运行的 PE 提供了虚拟内存管理功能。具体而言,VMSAv8-64 为 PE 提供了 MMU,当 PE 进行内存访问时,MMU 可以完成地址翻译、权限检查以及内存区域类型判断等功能。对于 PE 而言,它访问内存时使用的是 VA,MMU 可以:①将 VA 映射到 PA,用于访问物理内存系统中的资源。完成地址映射时,MMU 会使用保存着页表基地址的寄存器;②如果由于一些原因,无法将 VA 映射到 PA,则会引起异常(Exception),称为 MMU 异常(MMU Fault)。系统寄存器负责保存引起 MMU 异常的原因,供软件使用。

ARM 内存管理中的概念和 Intel 系列处理器中的大致相同。但如 5.1.2 节所述 ARM 异常级架构的介绍,ARM 中 PE 执行的异常级主要分为 EL0、EL1、EL2 等,此处仅考虑非安全状态下操作系统以及 Hypervisor 所运行的异常级。相应的,地址翻译系统相对于 Intel 系列有所改变。ARM 架构中提出了一个通用的概念,即翻译流程(Translation Regime),用来概括物理机环境和虚拟化环境下的内存翻译流程。ARM 中包括两类翻译流程:①单阶段的地址翻译,即 VA 翻译为 PA,是在物理机上运行的操作系统中发生的地址翻译流程;②两个连续阶段的地址翻译,即客户机虚拟地址翻译为客户机物理地址,进而翻译为宿主机物理地址,而 ARM 架构为了与前一种翻译流程的说法统一,将客户机虚拟地址依然称为 VA,客户机物理地址称为 IPA(Intermediate Physical Address,中间物理地址),宿主机物理地址称为 PA,阶段-1 的地址翻译将 VA 翻译为 IPA(Stage-1),阶段-2 的地址翻译将阶段-1 得到的 IPA 作为输入,翻译为 PA(Stage-2)。一个翻译流程定义了某异常级下地址翻译使用的页表基地址寄存器和控制寄存器,每个异常级各有其如下翻译流程。

(1) EL0&EL1:关闭 EL2 时,系统中不运行 Hypervisor,也不存在虚拟化的概念。EL0&EL1 异常级上的内存访问共用同一个单阶段的翻译流程,只进行单阶段的地址翻译,将 VA 翻译为 PA。EL1 运行着操作系统内核,EL0 运行着应用程序,均使用 VA 访问内存,需要翻译为 PA。此时在 TLB 中查找地址翻译缓存时,VMSA 系统需要根据 ASID 进行匹配,ASID 为每个进程标识了其独占的 TLB 表项,于是进程切换时无须清空 TLB,加快了地址翻译的速度。

(2) EL0&EL1:开启 EL2 时,运行在 EL1 的操作系统成为客户机操作系统,于是 EL0&EL1 异常级上的内存访问共用一个两阶段的翻译流程,即前文所述的 VA→IPA→PA。在 TLB 中查找地址翻译缓存时,VMSA 首先匹配相同的 VMID,筛选当前客户机独占的 TLB 缓存,在 vPE 切换时无须清空 TLB;然后匹配 ASID,筛选当前客户机进程的

TLB 缓存。

（3）其他异常级（如 EL2、EL3）也可以使用 VA 访问内存。此时没有客户机的概念，故只需要单阶段的翻译流程将 VA 翻译为 PA。

如 5.1.2 节所述，与异常级正交的概念是安全状态，即每个 EL0、EL1、EL2 异常级都有安全态和非安全态，但与地址翻译的关系不大，故不做赘述，详细内容请参看 ARMv8 架构说明手册。ARM 架构在不开启虚拟化和开启虚拟化的情况下使用了类似的名词描述地址翻译过程，即阶段-1 和阶段-2，而 Intel 架构使用 EPT 指代阶段-2 使用的页表。ARM 提供了更多寄存器用于保存页表起始地址，这也和 Intel 架构形成了鲜明对比，下文将介绍。

5.4.2　地址空间与页表

在 ARM 虚拟化设计中，虚拟机应用要想访问物理内存必须经过两级转换：VM 维护一套地址转换表，Hypervisor 控制最终的转换结果。在第一级转换的过程中，虚拟机将其虚拟地址（VA）转化为虚拟机视角下的物理地址（IPA），然后由 Hypervisor 最终控制转化为实际的物理内存地址。因此 Hypervisor 可以控制虚拟机访问特定大小的内存，并且指定被访问内存的空间位置。而其他的内存对于虚拟机来说都是不可见的，虚拟机无法访问。这种设计增强了虚拟机之间的隔离，保证了虚拟机的安全性。

IPA 作为中间物理地址的时候，不仅存在内存区，它还包含了外围设备区域。虚拟机可以通过 IPA 的外围设备区域来访问虚拟机可见设备。而设备又包括两种：直通设备和虚拟的外围设备。当一个直通设备被分配给虚拟机以后，该设备就会被映射到 IPA 地址空间，然后 VM 通过 IPA 直接访问物理设备。而当虚拟机需要使用虚拟的外围设备时，在地址转换的阶段-2，也就是从 IPA 转换到设备空间的时候会触发错误。当错误被 Hypervisor 捕获后由 Hypervisor 对设备进行模拟。

在实际的使用中，会给每个虚拟机都分配一个 ID 称为 VMID，用以标记特定 TLB 项和 VM 之间的对应关系。这样不同的 VM 就可以使用同一块 TLB 缓存。除此之外，TLB 也可以使用 ASID（Address Space Identification，地址空间标识符）来标记。每个应用分配一个 ASID，使得不同的应用之间也可以共享同一块 TLB 缓存。

VMSA 中支持三种类型的地址：VA、IPA 以及 PA。在 AArch64 执行模式下，内存访问的地址 VA 共 64 位，但查询页表时，仅使用其中的 48 位，故虚拟地址空间共 48 位。有了 Intel 架构中用户、内核页表隔离需要软件实现的前车之鉴[①]，VMSA 为 VA 提供两套页表，支持两个 VA 地址范围的地址翻译。由于查询页表仅使用 VA 中的前 48 位，剩余的 16 位可以用于标记属于两个 VA 地址范围中的哪一个。其中，在内核 VA 的范围内（Kernel Space），所有 VA 的高 16 位均设为 1，故内核可以使用的范围是 0xffff000000000000～0xffffffffffffffff；在用户 VA 的范围内（User Space），所有 VA 的高 16 位均设为 0，故用户空间可以使用的范围是 0x0000000000000000～0x0000ffffffffffff。

---

① 即 KPTI 补丁，由 Linux 内核实现，为了修复 Intel x86 处理器的 Meltdown 漏洞，性能开销较大。

VMSA 为内核 VA 空间和用户 VA 空间都提供了一个页表基地址寄存器,分别命名为 TTBR1_ELx 和 TTBR0_ELx,即翻译表基地址寄存器(Translation Table Base Register), 后缀代表在 ELx 异常级下的 PE 有权限操作。这样,每当 PE 访问了一个 VA,首先需要确定其高 16 位是否为 0,MMU 才能确定使用哪个寄存器作为页表基地址寄存器。然而只有 EL0 和 EL1 拥有两段 VA 空间,并具有 TTBR{0,1}_EL{0,1};对于 EL2 和 EL3 而言,只有较低段的 VA 空间,以及 TTBR0_EL{2,3},故 EL2、EL3 只能访问 0x0000000000000000~ 0x0000ffffffffffff 的 VA。

如 5.1.2 节所述,由于 ARM 提供了 EL0、EL1、EL2 的异常级模式,操作系统运行在 EL1,Hypervisor 运行在 EL2,这样软件上只能实现 Type Ⅰ 类型的 Hypervisor。而依赖于 Linux 内核的 KVM 这类 Type Ⅱ 类型的 Hypervisor 将无法正确运行在 EL2,于是只能实现为上层监控器结合底层监控器的模式,这样上下文切换会过于频繁,影响性能。为此, ARMv8.1 提出了 VHE,使得宿主机操作系统可以经过最少的修改量即可运行在 EL2。在内存管理方面,VHE 为 EL2 引入了用户态、内核态两套页表,以及 TTBR{0, 1}_EL2。对于操作系统原有的访问 TTBR{0, 1}_EL1 的代码,VHE 将该访问重定向到 TTBR{0, 1}_ EL2。于是操作系统可以在 EL2 中透明地访问 EL1 寄存器,减少了操作系统的复杂度。

介绍完阶段-1 中的两段 VA 机制,下面继续介绍阶段-2 页表与相关寄存器。根据上文对于翻译流程的介绍,当运行在 EL2 的 Hypervisor 开启了阶段-2 的地址翻译时,所有 EL0、EL1 中的内存翻译均需要两个阶段,其中阶段-1 完成 VA 到 IPA 的翻译,使用的页表基地址寄存器为 TTBR{0, 1}_EL{0, 1},阶段-2 完成 IPA 到 PA 的翻译,使用的寄存器为 VTTBR0_EL2,保存着第二层页表的基地址。与 Intel 架构相同,两阶段地址翻译使用的两层页表在 TLB 不命中时也会产生大量的内存访问。

ARMv8 中实现的翻译流程以及使用的页表基地址寄存器如图 5-10 所示。其中,有两个阶段的翻译流程使用了 TTBR{0, 1}_EL1 以及 VTTBR0_EL2,可以实现内存虚拟化; 单阶段的翻译流程仅使用 TTBR{0, 1}_EL{0, 1}以及 TTBR0_EL{2,3},可以实现虚拟内存以及用户、内核虚拟内存隔离。在 EL2 运行的 Hypervisor 将 HCR_EL2 的第 0 位设置为 1 时,则开启了第二阶段地址翻译,此后在 EL0 和 EL1 执行的访存指令中的 VA 都要经过两阶段的地址翻译,从而获得对应的 IPA。在开启第二阶段地址翻译之前, Hypervisor 需要将第二阶段页表的基地址写入 VTTBR0_EL2 中,从而正确地完成第二阶段地址翻译。

除了页表基地址寄存器外,ARMv8 还提供了翻译控制寄存器用于控制 MMU 地址翻译的行为。阶段-1 的地址翻译由 TCR_EL{0, 1, 2, 3}(Translation Control Register,翻译控制寄存器)控制,而阶段-2 的地址翻译由 VTCR_EL2(Virtual Translation Control Register,虚拟翻译控制寄存器)控制。这些地址翻译控制寄存器的作用包括指定当前的 ASID/VMID、地址翻译的粒度大小以及各类地址的宽度,详细内容请查阅 ARMv8 架构说明手册。

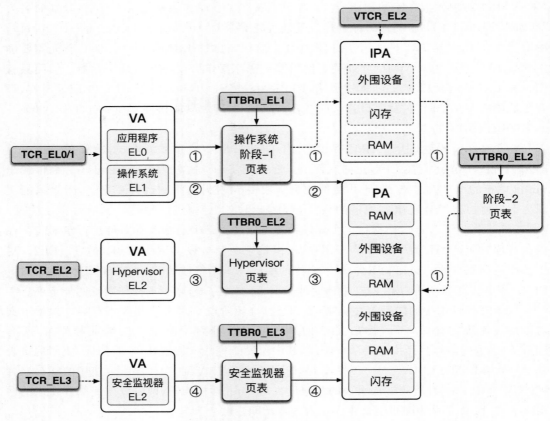

注：①VA→IPA→PA；②③④VA→PA。

图 5-10　ARM KVM 架构图

5.4.3　内存属性、访问权限与缺页异常

对于所有的翻译流程，完成页表的查询后，可以得到三个结果：VA 对应的 PA、PA 对应的内存区域的**内存属性**以及**访问权限**，具体如下所述。

（1）访问权限大致包括可读、可写和可执行，这和 Intel x86 架构中页表项包含的访问权限类似。其区别是，每个访问权限是针对一个特定的异常级的，如标记为只能被运行在 EL2 的 PE 执行的内存区域，则不能被 EL0 和 EL1 异常级执行。

（2）内存属性包括对缓存行为的控制信息以及内存类型的信息，其中缓存行为包括：该段内存对应的缓存采用写穿（Write-Through）方式更新、或使用写回（Write-Back）方式更新、或该段内存不可缓存。

（3）内存类型包括普通内存，包括共享（Sharable，可在多个 PE 间共享）和不可共享（Non-sharable，只能被单一的 PE 访问）的普通内存，它支持预取、乱序访问、非对齐访问。例如，RAM、闪存等均属于普通内存。另一种类型是设备内存，即映射到物理地址空间内的

外围设备内存,或称为 MMIO 对应的物理内存区域。在图 5-10 中,外围设备代表了这类内存区域:它不支持预取、乱序访问、非对齐访问。回忆在第 3 章讲述 QEMU 内存虚拟化源代码时的 MemoryRegion,ARM 中实现的不同内存区域的内存类型和 MemoryRegion 的类型相似,即分为普通内存和设备内存。其他的内存属性和访存顺序相关,ARM 中实现了一种较弱的内存模型,需要控制 PE 的访存顺序,这部分内容较为复杂,本节不做讲述。

下面介绍地址翻译时可能出现的缺页异常。当 MMU 查询页表时,也会存在查询不成功的情况,此时会产生 MMU 异常,包括同步异常和异步异常。产生异常后,CPU 将跳转到相关的异常处理函数中,可以在处理函数中完成页表的填充。发生异常的原因将会记录在 ESR_EL{0, 1, 2}(Exception Syndrome Register,异常特征寄存器)中,它提供了异常的类型等信息,供软件使用。除 ESR 外,系统中还有 FAR_EL{0,1,2}(Fault Address Register,错误地址寄存器),其作用和 Intel x86 架构下的 CR2 相同,它记录了导致缺页异常的 VA。

对于两阶段的翻译流程,MMU 异常可能发生在两个阶段中的任何一个阶段,而阶段-1 中引起的异常则会跳转到客户机异常处理函数,无须退出到 Hypervisor;阶段-2 中引起的异常则会退出到 Hypervisor,这和 Intel 架构下的扩展页表原理相类似。对于阶段-2 中的缺页异常,ARMv8 提供了 HPFAR_EL2(Hypervisor IPA Fault Address Register,Hypervisor IPA 错误地址寄存器),它记录了引起阶段-2 缺页异常的 IPA,而 Intel 架构将引起 EPT 缺页异常的 GPA 记录在 VMCS 中,这有所不同。

第二阶段的缺页异常还被用来模拟 MMIO,详见 5.5.1 节的介绍。

5.4.4　MPAM

MPAM(Memory System Resource Partitioning and Monitoring,内存系统资源分割和监控)是一种通过确定性流控针对 CPU 访问系统资源隔离的技术手段,旨在解决大规模云部署时由于共享资源竞争带来的性能下降问题。下面将具体介绍 MPAM 在虚拟化中对于访存资源的隔离与应用。

MPAM 的系统架构可参考图 5-11,从图中可以看到,L3 缓存是被各个 CPU 所共享的。在 L3 高速缓存容量有限的情况下,如果某台虚拟机使用了过多的缓存,则会导致其他的虚拟机的缓存较少,使得其他虚拟机发送 TLB 命中失败的概率增大,从而影响其他虚拟机的访存性能。为了解决这个问题,在鲲鹏虚拟化中使用了 MPAM 来对访存资源进行隔离。MPAM 对访存的隔离有如图 5-12 所示的两种配置方式。

第一种(图 5-12(b))是通过优先级来配置,这种情况会给不同的虚拟机配置不同的优先级。优先级高的虚拟机可以优先取得对于共享缓存资源的使用权。这种配置方式可以确保运行重要任务的虚拟机能够优先使用共享缓存资源。

第二种(图 5-12(a))是以高速缓存的路(Cache Way)为粒度,使用位图来对资源进行分割,隔离不同虚拟机对于访存资源的使用。这也是目前鲲鹏 920 所使用的方案。

MPAM 在对不同业务流/虚拟机的访存控制上可以确保有一个明确的上下限。当虚拟机对访存资源的使用超过上限时则限制虚拟机的访存到上限以下;当虚拟机对于访存资

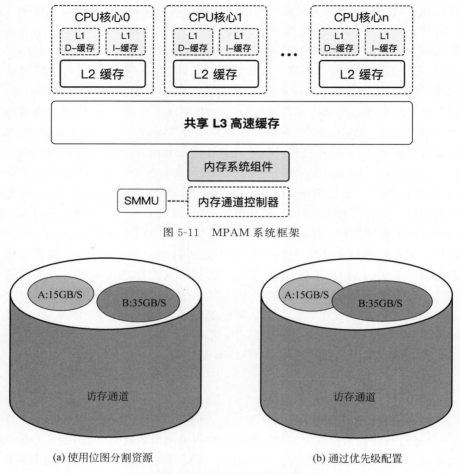

图 5-11　MPAM 系统框架

（a）使用位图分割资源　　　　　　　　　（b）通过优先级配置

图 5-12　MPAM 配置方式

源的使用低于下限时则赋予其对于访存资源使用的优先权。在鲲鹏服务器的实际使用中，MPAM 能够有效降低在 CPU 访存过程中因虚拟机竞争带来的性能下降。

5.5　鲲鹏 I/O 虚拟化

5.5.1　MMIO 的模拟

与 x86 架构不同的是，ARM 架构的 CPU 对外设的访问只存在 MMIO 这一种方式。在 ARM－V8 架构下，当虚拟机向设备发起 MMIO 访问请求时，由于物理内存空间对虚拟机透明，虚拟机使用的是中间物理地址（IPA），该地址并不能直接用于外设的访问，此时就需要 Hypervisor 的介入。Hypervisor 会对 IPA 进行阶段-2 的地址转换，将 IPA 转换为能够用于 MMIO 访问的真实物理地址。

虚拟机通常可以拥有两种类型的外设，一种是直接分配给虚拟机的物理设备，一种是 Hypervisor 提供的虚拟设备，Hypervisor 会采用不同的方式来实现对这两种设备的 MMIO 访问模拟。对分配给虚拟机的物理设备的 MMIO 访问的处理过程比较简单，如图 5-13 所示，阶段-2 的页表项中会包含物理设备的物理空间地址与虚拟机 IPA 之间的映射，运行在虚拟机中的驱动程序可以通过 IPA 直接访问该物理设备。与访问直接分配的物理设备不同的是，每次虚拟机向虚拟设备发起 MMIO 访问时，都会触发阶段-2 缺页异常，之后 Hypervisor 会在异常处理程序中对该 MMIO 访问进行模拟。

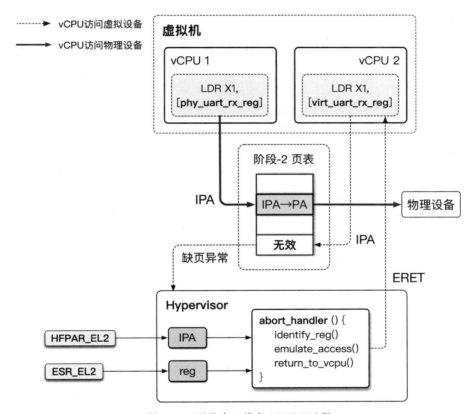

图 5-13 两种串口设备 MMIO 过程

在模拟 MMIO 访问之前，Hypervisor 需要知道虚拟机访问的具体虚拟设备，并定位该设备中被访问的寄存器，同时 Hypervisor 还需要知道与访问相关的信息，例如方式是读还是写、访问的大小以及用于传输数据的寄存器。图 5-13 展示了虚拟机访问虚拟串口设备的模拟过程，具体如下所述。

（1）vCPU 执行指令 LDR x0，[virt_uart_rx_reg]，向虚拟串口发起 MMIO 读访问。

（2）该访问在阶段-2 翻译过程中会产生缺页异常，并触发中止（abort）异常。中止异常会将 IPA 地址填充到 HPFAR_EL2 寄存器中，并将上文提到的访问相关信息［Read，4 bytes，x0］填充到 ESR_EL2 寄存器中。

（3）由于 Hypervisor 负责分配和管理虚拟机的中间物理地址空间，Hypervisor 可以通过 HPFAR_EL2 中记录的 IPA 来确定 vCPU 访问的虚拟设备。Hypervisor 还可以通过特定函数获取 ESR_EL2 中记录的用于模拟 MMIO 访问的相关信息，如图 5-13 中的 identify_reg 函数会返回访问的虚拟设备寄存器。接下来，Hypervisor 会利用 IPA 信息和寄存器信息调用 emulate_access 函数，完成 MMIO 的模拟。之后，Hypervisor 通过 ERET 指令将控制流返回给 vCPU，vCPU 会继续执行下一条指令。

5.5.2　DMA 重映射——SMMUv3

常用的 I/O 虚拟化框架主要有两种：一种是半虚拟化场景下使用的 virtio 框架，该虚拟化框架是一种纯软件实现，与硬件无关，前面章节已经讨论过，这里就不再赘述；另一种就是设备直通的虚拟化方案。设备直通的一个关键点就是要解决 DMA 重映射问题，本节主要介绍 ARM 平台中的 SMMU（System Memory Management Unit，系统内存管理单元）。

在非虚拟化环境下，运行在内核态的设备驱动程序通过 DMA 相关的 API 接口完成 DMA 数据传输。在发起 DMA 请求时，驱动程序会在操作系统层面对访问的内存地址加以限制，确保应用程序内存访问的安全性。

然而在虚拟化环境下，虚拟机内的设备驱动可以与分配给该虚拟机的物理设备直接交互，但是驱动程序和物理设备却拥有不同的内存视图，驱动程序会将中间物理地址空间视为"真实"的物理地址空间，同时物理设备访问的则是实际主机物理地址空间，这就会给 DMA 传输带来问题。如图 5-14 所示，由于 DMA 控制器并不受内存阶段-2 翻译控制，物理设备会将驱动程序传入的 IPA 当作主机物理地址进行 DMA 传输，导致的后果是虚拟机可能会读写到属于其他虚拟机的物理内存地址甚至是 Hypervisor 所在的物理内存区域，破坏了系统的安全性和隔离性。

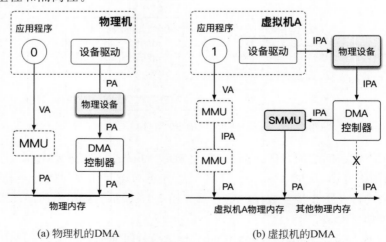

(a) 物理机的DMA　　　　　(b) 虚拟机的DMA

图 5-14　非虚拟化与虚拟化环境下的地址翻译过程

为了解决 DMA 地址翻译问题,将 DMA 重映射到对应主机物理地址,各大厂商都推出了各自的硬件解决方案。4.2 节中介绍了 Intel 提出的 VT-d 技术,ARM 同样也提出了 SMMU。物理设备可以使用虚拟地址、IPA 或其他总线地址执行 DMA,SMMU 可以通过类似于 PE 中内存地址阶段-2 转换的方式将这些地址转换为 PA。

在 ARM 架构不断演进的过程中,ARM 推出了很多新的特性,为了支持这些特性,SMMU 也在不断演进。SMMUv1 主要支持 ARMv7 的页表格式,使用寄存器配置少量的设备流。SMMUv2 对 ARMv8.1-A 的页表格式提供了支持,并扩展了 SMMUv1,支持 64 位地址,同样使用寄存器配置少量的设备流。SMMUv1 和 SMMUv2 将传入的设备流映射到某个基于寄存器的上下文,该上下文会指向要使用的转换表和转换配置。该上下文还可以指示第二个上下文,用于阶段-2 的嵌套翻译。受寄存器数量的限制,使用基于寄存器的配置限制了上下文的可扩展性,并且不可能支持数千个并发的上下文。为了解决这一问题,SMMUv3 使用基于内存的配置结构。相较于使用寄存器,基于内存的配置结构可以支持大量的设备流,这也是 SMMUv3 相较于 SMMUv1 和 SMMUv2 最大的不同点。本节将对最新的 SMMUv3 进行介绍。

SMMU 的设计理念与 VT-d 有很多相似之处,在直通设备分配给虚拟机之前,Hypervisor 会为该设备建立阶段-2 地址翻译页表。阶段-2 地址翻译页表与 VT-d 中第二级(Second-level)地址翻译页表的作用类似,但 SMMU 与 VT-d 的不同之处是,SMMU 与 MMU 共用一套阶段-2 页表,而 VT-d 使用的是专用的 I/O 页表。Hypervisor 在阶段-2 地址翻译页表中会建立 IPA 与主机 PA 的映射关系,并限制设备所能访问的物理地址范围。图 5-15 展示了与 SMMU 相关的数据结构以及各配置结构之间的关系,下面对各配置结构分别进行介绍。

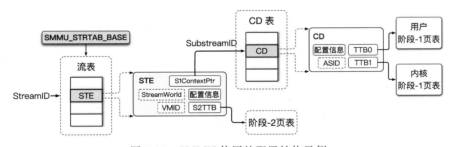

图 5-15　SMMU 使用的配置结构示例

SMMU 内有一个名为流表(Stream Table)的表,用于记录与每个设备阶段-1 和阶段-2 翻译页表基地址相关的信息。流表由 Hypervisor 维护,并且 Hypervisor 会将流表的基地址保存在 SMMU_STRTAB_BASE 寄存器中。流表由多个 STE(Stream Table Entry,流表项)构成,每个表项 STE 会记录一个发起 DMA 传输的设备的相关信息。值得注意的是,在 SMMU 中,阶段-1 转换和阶段-2 转换的使用是相互独立的,即 SMMU 可以只进行某一阶段翻译,也可以同时进行两个阶段翻译,这由 STE 中保存的配置信息决定。

STE 中有三个主要的成员:VMID、S2TTB(Stage-2 Translate Table Base,阶段-2 转换

表基）和 S1 上下文指针（S1ContextPtr）。VMID 属性代表设备所属的虚拟机。S2TTB 属性会指向此设备所属虚拟机的阶段-2 转换页表基地址。由于多个设备可能会同属于一个虚拟机，因此多个 STE 可以共享同一个阶段-2 转换表。此外，虚拟机中的多个进程可能同时使用虚拟机的某个设备，设备需要获得当前与自己交互的进程的相关信息，例如每个进程各自的阶段-1 页表。CD（Context Descriptor，上下文描述符）正是为描述进程信息而引入的数据结构。CD 中的 ASID 属性用于标识进程的地址空间，TTB0 和 TTB1 分别保存用户空间阶段-1 页表基地址和内核空间阶段-1 页表基地址（与 AArch64 中的寄存器 TTBR0 和 TTBR1 类似）。同一设备对应的全部 CD 构成了一个 CD 表，STE 中的 S1ContextPtr 成员会保存一个指向该 CD 表基地址的指针。

SMMU 使用流 ID（StreamID）来索引流表，并规定 StreamID 的大小为 0～32 位，但是 StreamID 使用的位数以及 StreamID 的构成都要依据具体实现决定。对于 PCI 设备来说，一般情况下 SMMU 会使用 PCI 设备标识符来填充 StreamID 的低 16 位，如果系统中存在多个根组件（Root Complex），则会使用高于 16 的位来扩展现有的 16 位 StreamID。在开启阶段-1 地址转换的情况下，SMMU 规定使用下一级流编号（SubstreamID）识别发起 DMA 请求的进程，并用于索引上下文描述表来选择使用的阶段-1 翻译页表。与 StreamID 类似，SubstreamID 被 SMMU 限定了大小范围为 0～20 位，SubstreamID 使用的位数以及 StreamID 的构成同样也要依据具体实现来决定。在 PCIe 系统中，SubstreamID 等价于 PASID，这与 VT-d 的可扩展模式中使用 PASID 获取第一级（First-level）翻译页表类似。

SMMU 中允许流表拥有如图 5-16 和图 5-17 所示的两种不同类型的组织形式。图 5-16 展示了所有 SMMU 都支持的流表的线性结构。线性流表是一个连续的 STE 数组，通过 StreamID 从 0 进行索引。线性流表包含 2n 个 STE，其中 n 最大可取到 SMMU 中支持的 StreamID 位数。图 5-17 展示了 StreamID 为 10 位这一条件下的两级流表结构。其中第一级流表包含多个描述符，使用 StreamID 的最高两位[9：8]检索第一级流表，每个描述符指向包含 STE 的第二级线性流表，StreamID 的低 8 位[7：0]用于索引第二级流表。每个第二级流表包含的 STE 数量可以根据需要灵活配置，以达到减

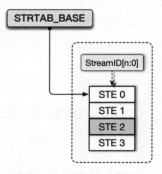

图 5-16　线性流表结构

少连续内存空间占用的目的。当线性流表中包含超过 64 个 STE 时，流表大小会超过 4KB，这意味着无法将流表存放在一个单独的内存页。所以 SMMU 中规定，当 StreamID 的位数大于 6 位时，必须使用两级流表结构。

与流表类似，SMMU 同样支持线性 CD 表和两级 CD 表结构。如图 5-18 所示，在使用两级 CD 表的情况下，STE 中的 S1ContextPtr 指向的是由多个 L1CD（Level 1 Context Descriptor，第一级上下文描述符）组成的第一级 CD 表。

SMMU 使用子流 ID（SubstreamID）的高位数据索引第一级 CD 表中的 L1CD。每个 L1CD 中的 L2Ptr 成员会指向某个第二级线性 CD 表的基地址。SMMU 使用 SubstreamID 的低位数据索引第二级线性 CD 表中的 CD，进而获取阶段-1 的地址转换页表。

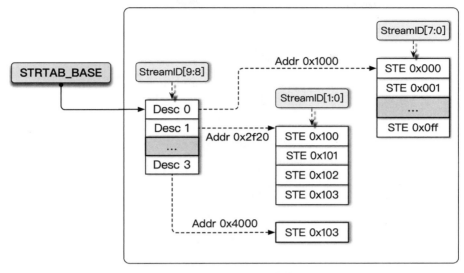

图 5-17　两级流表结构

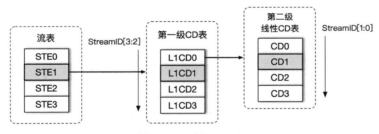

图 5-18　两级 CD 表

5.5.3　SMMUv3 中的缓存机制

4.2.4 节中介绍了 Intel VT-d 技术通过引入翻译缓存(Translation Cache)机制缓存与重映射地址转换相关的数据结构来加速地址转换过程,ARM 在 SMMU 中同样也引入了缓存机制。

SMMU 中 TLB 机制与前文介绍的 MMU 中的 TLB 机制类似,但不同之处在于 SMMU 查询 TLB 的过程除了 VMID、ASID、地址之外,还需要流世界(Stream World)参与。流世界主要用来描述设备数据流的安全状态和控制设备的进程所处的异常级。流世界的引入可以区分在不同异常级上运行的以及拥有不同安全状态的进程在 SMMU 中对应的 TLB 条目。例如,在输入地址都为 0x1000、ASID 都等于 3 的情况下,流世界可以判断发起本次访问的是运行在 EL1 中的安全进程还是非安全进程,进而查找到不同的 TLB 条目。关于流世界的更详细介绍,读者可以自行查阅 ARM 技术手册。

如图 5-19 展示了 SMMU 中在 TLB 参与下的地址翻译过程。该过程主要包含配置信息读取(步骤 1~3)和 DMA 地址翻译(步骤 4~5)两个阶段,流程如下。

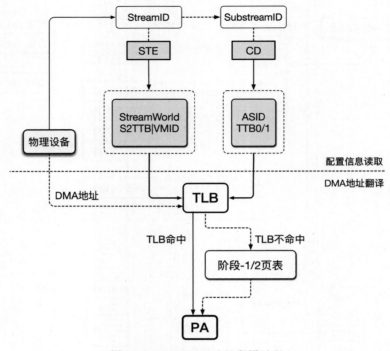

图 5-19   SMMU 地址翻译过程

(1) SMMU 从 I/O 事务中获取设备标识符,即 StreamID。

(2) SMMU 从 SMMU_STRTAB_BASE 寄存器中获取流表的基地址,并通过 StreamID 获取对应的 STE。

(3) 在开启阶段-1 转换的情况下,通过 SubstreamID 定位到对应的 CD,进而获取 ASID 和阶段-1 页表基地址。在开启阶段-2 转换的情况下,在 STE 中获取 VMID 和阶段-2 页表基地址以及流世界配置信息。

(4) SMMU 根据 DMA 地址、ASID、VMID 和流世界查询 TLB。如果 TLB 命中,可以直接获得目标物理地址以及访问权限信息。如果 TLB 未命中,则需要根据 DMA 地址通过相应地址翻译过程获得对应的目标物理地址,并将映射关系填充到 TLB 中。

(5) 设备根据目标物理地址进行数据传输。

SMMU 中缓存机制的引入使得在 TLB 命中的情况下,SMMU 可以直接从 TLB 中获取目标物理地址,同时并不需要经历“漫长”的阶段-1 和阶段-2 页表查询过程,从而提升 SMMU 的地址转换效率。

5.6　鲲鹏时钟虚拟化

在操作系统和应用程序中,对于时间的获取是非常必要且频繁的操作。如操作系统需要获取时间来提供日期显示、需要通过计时器来进行进程之间的调度、也需要通过周期性的时钟信号来实现看门狗功能等,所以时钟虚拟化尤为重要。下面将通过对比 x86 平台和鲲鹏的时钟虚拟化来理解时钟虚拟化。

与 x86 平台不同,ARM 平台对于时钟的虚拟化设计更为灵活。ARM 的时钟名称为 ARM 通用计时器(ARM Generic Timer)。该计时器直接加入了对时钟虚拟化的支持,由两部分组成:一个是由多个处理器共享的位于 SoC(System on Chip,片上系统)的系统计数器(System Counter);另一个是每个处理器上的计时器。通用计时器由一系列的比较器组成,与公共的系统计数器进行比较。当比较器中的数据小于或者等于系统计数器的时候,比较器就会产生一个中断。图 5-20 展示了鲲鹏的通用计数器的组成部分和工作原理。

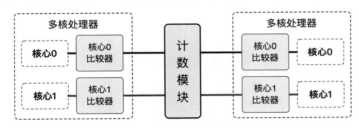

图 5-20　鲲鹏通用计数器组成

由于在实际使用中可能存在一个物理机上运行多个虚拟机的情况,当进行 vCPU 调度的时候,被调度的 vCPU 就会处于挂起状态,那么处于挂起状态的 vCPU 是如何计算并获取实时时钟的呢?

假设 Hypervisor 调度 vCPU 的时间可以忽略不计。如图 5-21 所示,在 4ms 的时间里,vCPU0 和 vCPU1 各自运行了 2ms。但是如果 vCPU0 在 T=0 时刻设置了一个 3ms 的计时器,而此时 Hypervisor 已经通过调度将运行环境和运行权限交给了 vCPU1,那么此时的中断将会如何触发? 除此之外还有一个问题:由于 Hypervisor 的调度,vCPU0 和 vCPU1 各自只有一半的时间在使用 CPU 资源,那么设置的 3ms 计时器是 vCPU0 里的虚拟 3ms 还

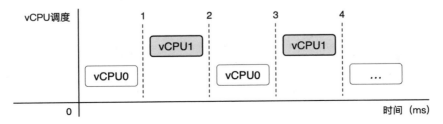

图 5-21　vCPU 调度

是实际中的 3ms(也就是 wall-clock 时间里面的 3ms)?

为了支持虚拟化,ARM 又加入了两个新的概念:虚拟计数器(Virtual Counter)和虚拟计时器(Virtual Timer)。也就是说,在鲲鹏中,既有物理计数器(Physical Counter)又有虚拟计数器。值得注意的是,虽然名为虚拟计数器,但是该计数器确是实际存在的计数器而不是软件模拟。由于是两种不同的计数器,所以在访问计数器的数据的时候所读取的寄存器也不同。对于物理计数器,读取数据时要访问的寄存器为 CNTPCT,虚拟计数器对应的寄存器则为 CNTVCT。vCPU 中的程序可以访问两个计数器:EL1 物理计数器和 EL2 虚拟计数器。其中 EL1 的物理计数器与系统计数器产生的计数做比较,虚拟计数器则是物理计数器减去一个偏移量。由于这个偏移量保存在寄存器中,Hypervisor 通过寄存器来读取偏移量的大小,这样就可以在 vCPU 被调度器挂起的时候将时间透传给 vCPU。虚拟计数器和物理的计数器关系如图 5-22 所示

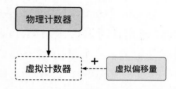

图 5-22　虚拟计数器与物理计数器关系

那么这样的设计在实际调度中是如何工作的呢? 可以用图 5-23 来表示。

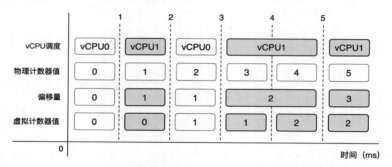

图 5-23　时钟虚拟化在 vCPU 调度时的工作原理

这幅图清晰地展示了鲲鹏使用虚拟计数器来保证多个虚拟机计时器时间同步的工作原理。如图 5-23 所示,第一行展示了两个虚拟 CPU:vCPU0 和 vCPU1 的实际调度时间;第二行展示了物理计时器以 1ms 的周期记录时间的流逝;第三行则是偏移量的值,由于是两个虚拟的 CPU,所以需要两个不同的偏移量:vCPU0 的 offset0(图 5-23 中偏移量中浅色的值)和 vCPU1 的 offset1(图 5-23 中偏移量中深色的值)。在 T=0 时刻,由于虚拟机刚刚启动,所以 offset0 和 offset1 均为 0。T=1 时切换到 vCPU1 运行,由于第 1ms 都是 vCPU0 在占用,所以 offset1 的值为 1。T=2 时由于 vCPU1 也只运行了 1ms ,所以 offset0 的值为1,后面的 offset 同理。

有了偏移量的存在,vCPU 在切换的时候也可以获取到实时的时间,保证了多个 vCPU 运行场景中对于时间的正确获取。

这种使用虚拟计数器的设计给鲲鹏的时钟虚拟化带来了较强的竞争力。在实际使用中,Hypervisor 会被配置去使用物理计时器,而虚拟机则被设置去使用虚拟计时器。这样就可以使 Hypervisor 和虚拟机使用不同的计时器,在使用中就不存在冲突了。在虚拟机使

用计时器的时候,不用通过陷出到 EL2 异常级访问计时器的数值,减少了异常级切换带来的损耗,提高了时钟虚拟化的效率。但是值得注意的是,如果在一个平台上运行了多台虚拟机,在虚拟机切换的时候还是要将虚拟计时器的数据保存起来。

下面结合代码深入分析鲲鹏虚拟化的实现。

首先是虚拟时钟的初始化,初始化动作在内核启动时进行。初始化时会创建一个 arch_timer_kvm_info 结构体来记录中断和计时器,代码如下[①]。

linux - 5.10/include/clocksource/arm_arch_timer.h

```
struct arch_timer_kvm_info {
    struct timecounter timecounter;
    int virtual_irq;
    int physical_irq;
};
```

然后在 KVM 启动时,调用 kvm_timer_hyp_init 函数初始化中断号和读取虚拟计数器的函数。之后就是在 QEMU 创建虚拟机时调用 kvm_timer_init 函数来读取 CPU 的虚拟计数器,重点是初始化 vCPU。上面提到过,在多个虚拟机的场景下,如果需要切换虚拟机,就要对时钟的上下文环境进行保存。所以在初始化 vCPU 时,每个 vCPU 都会为自己维护一个和时钟虚拟化相关的结构体,用来保存时钟虚拟化的上下文环境,代码如下。

linux - 5.10/include/kvm/arm_arch_timer.h

```
struct arch_timer_cpu {
    struct arch_timer_context timers[NR_KVM_TIMERS];
    /* Background timer used when the guest is not running */
    struct hrtimer          bg_timer;
    /* Is the timer enabled */
    bool            enabled;
};
```

然后在第一次运行 vCPU 的时候通过调用 vgic 函数创建中断映射,此时时钟虚拟化的初始化动作完成。完成初始化之后虚拟时钟就可以正常工作了。

本章小结

本章主要围绕鲲鹏平台介绍了 ARM 虚拟化的一些相关原理,包括 CPU、内存、I/O、中断以及时钟虚拟化。前面的第 2、3、4 章分别介绍了 CPU、内存和 I/O 在 x86 下的虚拟化实现以及 x86 和 ARM 下的通用实现方式,本章则着重介绍鲲鹏平台中 ARM 虚拟化特有的虚拟化技术,如 CPU 部分的 GIC 中断、内存的阶段-2 转换、I/O 部分的 SMMU 以及鲲鹏的时钟虚拟化。

---

① Linux kernel 5.10 源码下载地址:https://github.com/torvalds/linux,下载时须选用 v5.10 标签。

## 第 6 章

轻量级虚拟化平台 StratoVirt

StratoVirt 是计算产业中面向云数据中心的企业级虚拟化平台,实现了一套统一架构,支持虚拟机、容器和 Serverless 三种场景,在轻量低噪、软硬协同、安全等方面具备关键技术竞争优势。StratoVirt 在架构设计和接口上预留了组件化拼装的能力和接口,因此 StratoVirt 可以按需灵活组装高级特性,直至演化到支持标准虚拟化,在特性需求、应用场景和轻快灵巧之间找到最佳的平衡点。

本章 6.1 节介绍 StratoVirt 的基本能力与特性,使读者了解 StratoVirt 的使用场景以及技术特点。6.2 节介绍虚拟机技术的演进。6.3 节开始介绍 StratoVirt 虚拟化技术原理,为后续实现做理论铺垫。6.4 节开始结合代码讲解 StratoVirt 的基本实现,读者可以借助本书从零开始打造一个具备基本功能的轻量级虚拟化平台,有助于深入理解虚拟化技术。

6.1　StratoVirt 概述

Strato 取自地球大气层中的平流层(stratosphere)。大气层可以保护地球不受外界环境侵害,平流层则是大气层中最稳定的一层;类似的,虚拟化层是比操作系统更为底层的隔离层,既能保护操作系统平台不受上层恶意应用的破坏,又能为正常应用提供稳定可靠的运行环境。StratoVirt 中的 Strato 寓意其为保护 openEuler 平台上业务平稳运行的轻薄保护层;同时,它也承载了项目的愿景与未来:轻量、灵活、安全和完整的保护能力。

StratoVirt 是 openEuler 平台依托于虚拟化技术打造的稳定和坚固的保护层,它重构了 openEuler 虚拟化底座,具有以下六大技术特点。

(1) **强安全性与隔离性**。采用内存安全语言 Rust 编写,保证语言级安全性;基于硬件辅助虚拟化实现安全多租户隔离,并通过 seccomp 进一步约束非必要的系统调用,减小系统攻击面。

(2) **轻量低噪**。轻量化场景下冷启动时间<50ms,内存开销<4MB。

(3) **高速稳定的 I/O 能力**。具有精简的设备模型,并提供了稳定高速的 I/O 能力。

(4) **资源伸缩**。具有毫秒级别的设备伸缩时延,为轻量化负载提供灵活的资源伸缩能力。

(5) **全场景支持**。目前支持 x86 和 ARM 平台。x86 支持 VT、鲲鹏支持 Kunpeng-V,实现多体系硬件加速;可与容器 Kubernetes 生态无缝集成,在虚拟机、容器和 Serverless 场景有广阔的应用空间。

（6）**扩展性**。架构设计完备，各个组件可灵活地配置和拆分；设备模型可扩展，可以扩展 PCIe 等复杂设备规范，向通用标准虚拟机演进。

6.2　发展背景

在开源虚拟化技术的发展历程中，QEMU/KVM 一直是整个虚拟化产业发展的基石和主线。随着多年的发展和迭代，QEMU 也沉积了庞大的代码基线和繁多的历史设备。据统计 QEMU 已有 157 万行代码，而且其中很大一部分代码是用于历史遗留（legacy）功能或者设备的，功能和设备严重耦合在一起，导致在轻量化场景中无法轻装上阵。StratoVirt 采用精简的设备模型，提供高速稳定的 I/O 能力，做到轻量低噪，达到毫秒级的资源伸缩能力，同时架构设计预留了组件化能力，支撑向标准虚拟化方向演进。

另一方面，在过去十几年 QEMU 的 CVE（Common Vulnerabilities & Exposures，通用漏洞披露）安全问题中，发现其中有将近一半是因为内存问题导致的，例如缓冲区溢出、内存非法访问等。如何有效避免产生内存问题，成为编程语言选型方面的重要考虑。因此，专注于安全的 Rust 语言脱颖而出。Rust 语言拥有强大的类型系统、所有权系统、借用和生命周期等机制，不仅保证内存安全，还保证并发安全，极大地提升软件的质量。在支持安全性的同时，具有零成本抽象的特点，既提升代码的可读性，又不影响代码的运行时性能。同时，Rust 语言拥有强大的软件包管理器和项目管理工具——Cargo，不仅能够方便、统一和灵活地管理项目，还提供了大量的代码扫描工具，能进一步提升开发者的编码风格和代码质量。

业界有很多厂商也在尝试使用 Rust 语言发展虚拟化技术。谷歌公司是最早尝试使用 Rust 语言进行虚拟化开发的厂商之一，推出了 CrosVM 项目，它是 Chrome 操作系统中用于创建虚拟机的应用。后来亚马逊公司基于谷歌公司开源的 CrosVM 项目的部分功能，也推出了基于 Rust 语言的轻量级虚拟化项目 Firecracker。两个厂商在开发的过程中，将虚拟化软件栈所需的基础组件进行解耦化设计，却发现了很多重复的通用组件，为了不重复造轮子，成立了 Rust-VMM 开源社区，用于管理所有通用的基础组件，便于构建自定义的 Hypervisor。英特尔公司主导的 Cloud Hypervisor 项目也是基于 Rust-VMM 来实现对标准虚拟化的支持。StratoVirt 项目同样也是基于 Rust-VMM 开发的，旨在实现一套架构既能满足轻量级虚拟化场景，又能满足标准虚拟化场景的使用。

6.3　StratoVirt 架构设计

如图 6-1 所示，StratoVirt 核心架构自顶向下分为以下三层。

（1）OCI（Open Container Initiative，开放容器倡仪）兼容接口。兼容 QMP（QEMU Monitor Protocol，QEMU 监控协议），具有完备的 OCI 兼容能力。

（2）引导加载程序（BootLoader）。抛弃传统的 BIOS + GRUB（GRand Unified

Bootloader，多重操作系统启动管理器）启动模式，实现了更轻更快的 BootLoader，并达到极限启动时延。

（3）轻量级虚拟机（MicroVM）。充分利用软硬件协同能力，精简化设备模型，低时延资源伸缩能力。

如图 6-2 所示，StratoVirt 源码主要分为四个部分，可参考 StratoVirt 网站主页（https://gitee.com/openeuler/stratovirt 中的标签 v0.2.0 之前代码）具体如下。

（1）**address_space**：地址空间模拟，实现地址堆叠等复杂地址管理模式。

（2）**boot_loader**：内核引导程序，实现快速加载和启动功能。

（3）**device_model**：仿真各类设备，可扩展、可组合。

（4）**machine_manager**：提供虚拟机管理接口，兼容 QMP 等常用协议，可扩展。

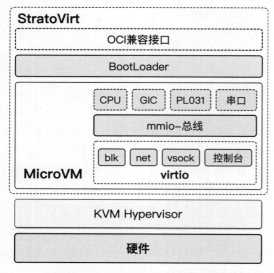

图 6-1　StratoVirt 核心架构设计

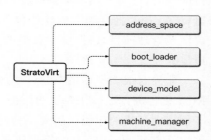

图 6-2　StratoVirt 源码结构

当前 StratoVirt 开源代码中实现的是轻量化虚拟机模型，是能实现运行业务负载的最小设备集合，但已经包括本书提及的虚拟化三大子系统：CPU 子系统、内存子系统、I/O 设备子系统（包括中断控制器和各类仿真设备、例如 virtio 设备、串行设备等）。下面分别介绍其基本功能和特性。

6.3.1　CPU 子系统

StratoVirt 是一套软硬件结合的虚拟化解决方案，其运作依赖于硬件辅助虚拟化的能力（如 VT-x 或 Kunpeng-V）。CPU 子系统的实现也是紧密依赖于硬件辅助虚拟化技术（内核 KVM 模块），例如对于 x86 架构的 CPU 而言，硬件辅助虚拟化为 CPU 增加了一种新的模式，即非根模式，在该模式下，CPU 执行的并不是物理机的指令，而是虚拟机的指令。这种指令执行方式消除了大部分性能开销，非常高效。但是敏感指令（如 I/O 指令）不能通过这种方式执行,而且还是强制将 CPU 退出到根模式下交给 Hypervisor 程序(内核态 KVM 模块/用户态 StratoVirt)去处理,处理完再重新返回到非根模式,执行下一条虚拟机的指令。

而 StratoVirt 中的 CPU 子系统主要围绕着 KVM 模块中对 CPU 的模拟来实现,为了支持 KVM 模块中对 CPU 的模拟,CPU 子系统主要负责处理退出到根模式的事件,以及在客户机操作系统内核开始运行前对 vCPU 的寄存器等虚拟硬件的状态进行初始化。整个 CPU 子系统的设计模型如图 6-3 所示。

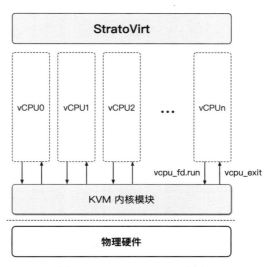

图 6-3　StratoVirt CPU 模型

StratoVirt 为每个 vCPU 创建了一个独立的线程,用来处理退出到根模式的事件,包括 I/O 的下发、系统关机事件、系统异常事件等,这些事件的处理以及 KVM 对 vCPU 接口的 run 函数独占一个单独线程,用户可以自己通过对 vCPU 线程进行绑核等方式让虚拟机的 vCPU 获取物理机 CPU 近似百分之百的性能。

在客户机操作系统的内核运行前,对 vCPU 寄存器虚拟硬件状态信息的初始化则是与 StratoVirt 的另一个模块 BootLoader 相互结合,在 BootLoader 中实现了一种快速引导启动 Linux 内核镜像的方法。在这套启动流程中,BootLoader 将主动完成传统 BIOS 对一些硬件信息的获取,将对应的硬件表保存在虚拟机内存中,同时将提供一定的寄存器设置信息,这些寄存器设置信息将传输给 CPU 模块,通过设置 CPU 结构中的寄存器值,让虚拟机 CPU 跳过实模式直接进入保护模式运行,这样内核就能直接从保护模式的入口开始运行,从而让 StratoVirt 的启动流程更轻量快速。

CPU 子系统另一大职责就是管理 vCPU 的生命周期,包括创建(new)、使能(realize)、运行(run)、暂停(pause)、恢复(resume)和销毁(destroy)。创建和使能过程就是结构体创建和寄存器初始化的流程,运行过程即实现 KVM 中 vCPU 运作和 vCPU 退出事件处理的流程。

同时,得益于 Rust 语言对线程并发和同步的精密控制,CPU 子系统用一种简单的方式实现了暂停与恢复的功能。任意 vCPU 线程收到暂停或恢复的命令后,就会通过改变信号量的方式,将该线程 vCPU 的状态变化传递到所有的 vCPU 线程,实现整台虚拟机的暂停或恢复,流程如图 6-4 和图 6-5 所示。

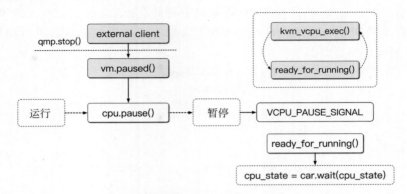

图 6-4　vCPU 暂停流程

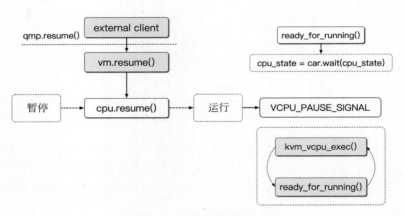

图 6-5　vCPU 恢复流程

当虚拟机的生命周期结束时,同样要从对 vCPU 的销毁开始实现,在 StratoVirt 中,vCPU 销毁分为两种情况。

（1）**客户机内部正常关机**：将通过对 VM-Exit 事件中的客户机关机（GUEST_SHUTDOWN）事件进行捕获,执行销毁并传递到所有的 vCPU。

（2）**通过外部的 QMP 接口执行销毁**：接收到 QMP 下发的命令后,将遍历每一个 vCPU,依次执行销毁函数。

两种方式最终都会调用每个 vCPU 实例的 destroy 函数,让 vCPU 发生从 Running 到 Stopping 的状态转换,同步所有的 vCPU 状态后,再进入 Stopped 状态,完成关机流程。正常关机后,所有的 vCPU 都会处于 Stopped 状态,非此状态的生命周期结束则是异常关机,将进入错误处理流程。

StratoVirt 的 CPU 模型较为精简,许多 CPU 特性以及硬件信息都将直接透传到虚拟机中,之后将在现有架构的基础上实现更多的高级 CPU 特性。

6.3.2　内存子系统

StratoVirt 进程运行在用户态,StratoVirt 会完成虚拟机启动之前的准备工作,包括虚拟机内存初始化、CPU 寄存器初始化、设备初始化等。其中,内存初始化工作和虚拟机的地址空间管理都是由 StratoVirt 的内存子系统完成的。

1．相关概念

（1）**地址空间**（**AddressSpace**）：是地址空间模块的管理结构,负责整个虚拟机的物理地址空间管理。

（2）**内存区域**（**Region**）：代表一段地址区间,根据这段地址区间的使用者,可以分为表 6-1 中的类型。

表 6-1　StratoVirt 内存区域类型

类　　型	说　　明
RAM	虚拟机内存使用该段地址区间
I/O	虚拟机设备使用该段地址区间
Container	作为容器使用,可以包含多个子内存区域。如描述 PCI 总线域的地址管理就可以使用类型为 Container 的内存区域,它可以包含 PCI 总线域下 PCI 设备使用的地址区间。该类型的内存区域可以帮助管理并区分存储器域、PCI 总线域的地址管理

（3）**平坦地址空间**（**FlatRange**）：如图 6-6 所示,是根据树状拓扑结构中内存区域的地址范围和优先级（priority）属性形成的线性视图。在树状拓扑结构中,每个内存区域都会对应一个优先级属性,如果低优先级和高优先级的内存区域占用的地址区间重叠,则低优先级的内存区域的重叠部分将会被覆盖,即在平坦视图中不可见,具体体现为在平坦视图中没有对应的平坦地址空间。

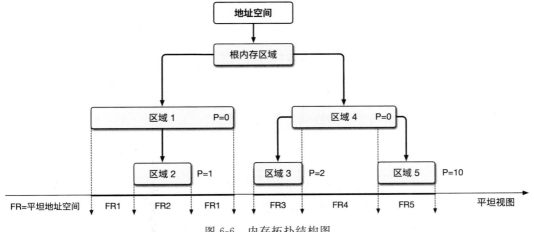

图 6-6　内存拓扑结构图

（4）**平坦视图**（**FlatView**）：其中包含多个平坦地址空间。在通过地址空间管理结构地址空间访问设备或者内存时，使用平坦视图可以找到对应的平坦地址空间，平坦地址空间中有指向其所属内存区域的指针。

StratoVirt 地址空间模块的设计采用树状结构和平坦视图结合的方案。通过树状结构可以快速了解到各个内存区域之间的拓扑结构关系，这种分层、分类的设计，可以管理并区分存储器域与 PCI 总线域的地址管理，并形成与 PCI 设备树相呼应的树状管理结构。平坦视图则是根据这些内存区域的地址范围和优先级属性形成的线性视图，在通过地址空间管理结构内存地址空间访问设备或者内存时，使用平坦视图可以更加方便快捷地找到对应的内存区域。

树状拓扑结构的更新很大可能会带来平坦视图的更新，一些设备或者模块需要获取最新的平坦视图并执行一些相应的操作。例如 vhost 设备，需要将平坦视图中的全部内存信息同步到内核 vhost 模块，以便通过共享内存的方式完成消息通知的流程。另外，也需要将已经分配并映射好的 GPA 和 HVA 信息注册到 KVM 模块，这样可以借助硬件辅助虚拟化加速内存访问的性能。基于以上需求，引入了地址空间监听函数链表，该链表允许其他模块添加一个自定义的回调函数，被注册到该链表中的函数将在平坦视图更新后被依次调用，这样即可方便地完成信息同步。

2．虚拟机物理内存初始化

StratoVirt 作为用户态虚拟机监控器，实际是运行在宿主机上的用户态进程。在 StratoVirt 进程的虚拟地址空间中，存在多段 StratoVirt 进程本身使用的地址区间，该地址区间是宿主机上的 VMA（Virtual Memory Area，虚拟内存区间）。

在虚拟机启动前，StratoVirt 会初始化一段内存给虚拟机使用，这段虚拟内存区间也是 StratoVirt 进程的虚拟地址空间中的一段 VMA。StratoVirt 使用 mmap 系统调用来实现虚拟机内存资源的分配，得到的内存映射关系如图 6-7 所示。

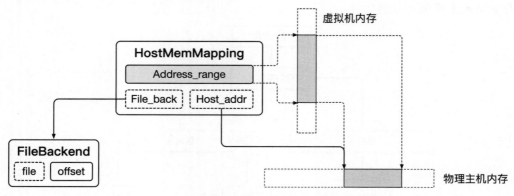

图 6-7　内存映射关系图

mmap 映射有两种方式：匿名映射和文件映射。文件映射是将一个文件映射到真实的内存中，通过读写内存的方式直接读写文件。文件映射需要建立 FileBackend 结构体，包括文件 std::fs::File 和文件内偏移量两个成员。匿名映射则不需要文件,直接分配宿主机上的一段虚拟内存给虚拟机使用。StratoVirt 现在支持匿名映射和文件映射两种方式,并利用文件映射的机制实现了大页特性。

前面提到内存映射的信息需要同步到 KVM,在 StratoVirt 内存子系统中同步的方式为:在内存地址空间初始化时,添加默认的监听回调函数 KvmMemoryListener。KvmMemoryListener 的功能为:当图 6-6 中的树状拓扑发生变化从而引起平坦视图变化时,KvmMemoryListener 中的回调函数被调用,将新增或者删除的内存映射信息同步到 KVM。

6.3.3　I/O 子系统

I/O 子系统负责前端虚拟机内部和后端主机交互,如果把虚拟机当作一个黑盒,那么 I/O 子系统就是这个黑盒和外界连通的管道。一台物理主机通常会包含基本的 I/O 设备,如保存数据的磁盘、与外部进行通信的网卡、进行登录操作的串口设备等,这些都是主机与外部进行交互的必要设备。与物理机类似,虚拟机要实现基本的交互功能,也需要实现块设备、网络设备、串口设备等。虚拟这些设备是虚拟化技术 I/O 子系统的职责,称为 I/O 虚拟化。

StratoVirt 作为一款轻量级的虚拟化软件,也实现了基本的设备交互功能。这些设备除了磁盘(virtio-block)、网卡(virtio-net)、串口(serial)之外,还有用作特定用途的 virtio-vsock、virtio-console 等设备。按照之前所述的 I/O 虚拟化方式,分为完全设备模拟、半虚拟化模拟、设备直通和单根 I/O 虚拟化,StratoVirt 采用的是完全设备模拟和半虚拟化模拟的方式虚拟出各个 I/O 设备。完全设备模拟主要用在串行设备的模拟上,半虚拟化模拟用在磁盘、网卡等设备的模拟上,下文就以串口和磁盘为例分别介绍这两种方式。

1. 完全设备模拟 —— 串口

串口设备主要是管理员或操作人员与虚拟机进行交互的手段,如登录到虚拟机内部执行命令等。StratoVirt 实现了对 UART(Universal Asynchronous Receiver Transmitter,通用异步收发传输器)16550A 串口设备的模拟,该设备在计算机发展历史上出现较早,设备功能比较简单。在物理主机场景,由 CPU 访问 16550A 的寄存器实现 OS 和外界的串口通信,这些寄存器被映射到特定的 CPU 地址空间,如 x86 架构下,串口设备被映射到 0x3f8 起始的 8 字节的 PIO 地址空间。16550A 设备的寄存器如表 6-2 所示。在虚拟化场景中,I/O 虚拟化技术负责完全模拟相应 PIO 端口的寄存器访问,这种模拟方法不需要修改任何前端客户机操作系统代码,虚拟机无感知,所以称为完全设备模拟方式。在 6.4.6 节的实验中会详细介绍 16550A 各寄存器的作用,以及 StratoVirt 如何通过软件模拟该设备。

表 6-2　16550A 寄存器

地址偏移	DLAB=0		DLAB=1	
	读	写	读	写
0x0	RBR	THR	DLL	
0x1	IER	IER	DLM	

地址偏移	DLAB＝0		DLAB＝1	
	读	写	读	写
0x2	IIR	FCR	IIR	FCR
0x3	LCR	—	—	—
0x4	MCR	—	—	—
0x5	LSR	—	LSR	—
0x6	MSR	—	MSR	—
0x7	SCR			

2. 半虚拟化模拟 —— 磁盘

磁盘设备的作用是存放数据，这个数据可以是 OS 必需的镜像文件，也可以是用户数据，如物理主机上的 SATA 盘。StratoVirt 模拟的是 virtio-block 设备，它是一种基于 virtio 前后端协议的块设备，在虚拟机内部呈现的是 vda、vdb 等盘符，虚拟机内部可以格式化、读写这些设备，就像在物理主机上操作一样。与物理主机使用的设备驱动不同（如 SATA 盘驱动），StratoVirt 模拟的磁盘设备基于 virtio 驱动，这种驱动是专门针对 I/O 虚拟化设计的，所以要求虚拟机内部安装 virtio 驱动，这种行为会造成虚拟机感知到自己处于虚拟化环境，所以是种半虚拟化的设备模拟方式。virtio 驱动是对 virtio 协议的实现，该协议的作用是将前端的 I/O 请求发送到后端用户态 Hypervisor，即 StratoVirt，然后由 StratoVirt 代替前端做真正的 I/O 执行，这样就可以控制前端的 I/O 行为，避免造成逃逸等安全问题。

virtio 协议是 I/O 虚拟化技术中常用的一种协议，本质上是种无锁的前后端数据共享方案，它实现了非常高效的前后端数据传递，当前主流的几种虚拟化软件（如 QEMU）都支持 virito 协议，常见的设备包含 virito-block、virito-net、virtio-gpu 等。与上面介绍的基于 PCI 协议的 virito 不同，StratoVirt 基于 MMIO 协议，MMIO 协议定义了设备寄存器的 MMIO 地址。virtio-mmio 部分寄存器如表 6-3 所示。

表 6-3　virtio-mmio 部分寄存器

地址偏移	读写权限	说　　明
0x0	RO	固定字符 0x74726976
0x10	RO	设备支持的特性位
0x30	WO	用于选择 virtio 队列
0x34	RO	最大 virtio 队列大小
0x50	W	前端通知后端地址
0x60	R	标记是配置中断还是数据中断
0x64	W	中断应答
0x70	RW	设备状态
0x80、0x84	W	描述符（descriptor）队列地址（GPA）
0x90、0x94	W	可用（available）队列的地址（GPA）
0xa0、0xa4	W	已使用（used）队列的地址（GPA）

StratoVirt 实现了最基本的基于 MMIO 协议的 virtio-block 设备，相对于标准的 PCI 协议，MMIO 协议具有启动速度快的特点，符合轻量化的使用场景。在实现中，虚拟出一个 MMIO 总线，所有设备都挂在 MMIO 总线下。当前端 CPU 线程访问设备时，经过 MMIO 总线的读写函数，再到具体设备（virtio-block）的读写函数，然后在 virtio-block 中模拟各个寄存器的访问。virito 协议规定，前端驱动准备就绪后，会往 0x70 寄存器写入 DRIVER_OK 标记，当 StratoVirt 收到该标记时会做磁盘的初始化动作，比如监听前端事件、异步 I/O 完成事件等。当前端有磁盘 I/O 需要下发时，会通知到后端，后端将这些 I/O 请求下发到异步 I/O 模块（aio），aio 封装请求再通过系统调用接口（io_submit）下发到主机内核。当异步 I/O 完成后，主机内核会通知 StratoVirt 给虚拟机内部发送中断，一次完整的 I/O 流程就完成了。这样就完成了磁盘设备的模拟。

6.4　从零开始构建 StratoVirt

6.4.1　总体介绍

从现在开始，将通过一系列的动手实践构建一个精简版 StratoVirt，其架构如图 6-8 所示。精简虚拟化实践旨在使用 Rust 语言指导零基础开发一个基本功能完备的用户态虚拟机监控软件，基于 Linux 提供的硬件辅助虚拟化能力，实现在多平台（x86 和鲲鹏平台）的运行。预期的实现结果为用户可以通过串口登入虚拟机内部并执行基本的 Linux 命令。精简虚拟机实践主要包括 KVM 模型实现、内存模型实现、CPU 模型实现、BootLoader 实现以及串口设备实现。下面涉及的代码存放在 openEuler 社区 StratoVirt 仓库中，对应的分支为 mini_stratovirt_edu，该分支的各个提交分别对应 6.4.2～6.4.8 小节中的内容。

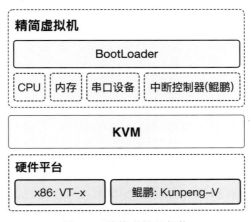

图 6-8　精简虚拟机架构

6.4.2　KVM 模型

Linux 提供的 KVM 模块可以充分利用硬件辅助虚拟化的特性，并提供了 CPU、内存和中断的虚拟化支持。构建一个完整的虚拟机需要 CPU 模型构建、设备模拟等。为简单起见，本节将借助 KVM API，构建一个最小化且可运行的虚拟机，运行一段汇编代码。具体流程为：创建虚拟机和 vCPU 线程，提供一段汇编指令让 vCPU 线程执行，并捕获和处理虚拟机退出事件。

在开始前，先用 Rust 的构建系统和包管理器 Cargo 来创建一个新项目——StratoVirt-mini：cargo new StratoVirt-mini，这行代码新建了一个名为 StratoVirt-mini 的目录，该目录名也作为项目的名字。进入目录，可以看见 Cargo 生成了两个文件和一个目录：一个 Cargo.toml 文件，一个 src 目录用来存放代码，当前仅有一个 main.rs 文件，它还在项目目录下初始化了一个 git 仓库，便于管理代码。

1. 定义汇编指令

最小化模型暂时并不运行一个操作系统内核，而是提供一段指令给 vCPU 执行，执行完毕后，vCPU 退出。本书 2.3.5 小节中也提供了一个用 C 语言编写的虚拟机执行代码，可以将两者结合起来看。提供给 vCPU 执行的汇编指令定义在如下 src/main.rs 中。

StratoVirt‒mini_stratovirt_edu①/src/main.rs

```
fn main() {
    let mem_size = 0x10000;
    let guest_addr = 0x1000;

    let asm_code: &[u8] = &[
        0xba, 0xf8, 0x03,                       // mov $ 0x3f8, % dx
        0x00, 0xd8,                             // add % bl, % al
        0x04, b'0',                             // add $ '0', % al
        0xee,                                   // out % al, ( % dx)
        0xb0, b'\n',                            // mov $ '\n', % al
        0xee,                                   // out % al, ( % dx)
        0xf4,                                   // hlt
    ];
}
```

这段代码的逻辑为：将 0x3f8 存在寄存器 DX 中；将 AL 寄存器和 BL 寄存器中的值相加，输出到 0x3f8 端口；并将换行符"\n"输出到 0x3f8 端口，最后执行 HLT 指令停止虚拟机的运行。

2. 打开 KVM 模块，创建虚拟机

在打开 KVM 模块之前，需要引入 Rust 的第三方库 kvm-bindings 和 kvm-ioctls。其中

---

① StratoVirt Edu 源码下载地址：https://gitee.com/openeuler/stratovirt/tree/mini_stratovirt_edu，下载时选择 mini_stratovirt_edu 分支，该分支的各个提交分别对应 6.4.2～6.4.8 小节中的内容．

kvm-bindings 使用 Rust 语言对 KVM 模块使用的结构体进行封装，kvm-ioctls 库对 KVM API 进行封装。引入的方法为：① 在项目 Cargo.toml 的［dependencies］中描述第三方库的版本信息；②在需要使用库的文件头部处，通过 use 来引入需要使用的第三方库中对应的结构体或函数。代码如下。

StratoVirt － mini_stratovirt_edu/Cargo.toml

```
[dependencies]
kvm - ioctls = "0.6.0"
kvm - bindings = "0.3.0"
```

StratoVirt － mini_stratovirt_edu/src/main.rs

```
use kvm - bindings::kvm_userspace_memory_region;
use kvm_ioctls::{Kvm, VcpuExit};
```

引入第三方库 kvm-bindings 和 kvm-ioctls 之后，调用 kvm_ioctls::Kvm 的构造函数打开/dev/kvm 模块，该函数会返回一个 Kvm 对象。通过调用该对象的 create_vm 成员函数，可以得到所创建虚拟机的句柄。代码如下。

StratoVirt － mini_stratovirt_edu/src/main.rs

```
fn main() {
    let asm_code: &[u8] = &[
        ...
    ];
    // 1. 打开 kvm 文件句柄，创建 kvm 虚拟机
    let kvm = Kvm::new().expect("Failed to open /dev/kvm");
    let vm_fd = Arc::new(kvm.create_vm().expect("Failed to create a vm"));
    ...
}
```

3. 初始化虚拟机内存

在第 3 章内存虚拟化原理一节中介绍了客户机虚拟地址、客户机物理地址和宿主机虚拟地址之间的映射关系，以及客户机内部的进程如何访问物理内存。那么在启动虚拟机之前，如何配置虚拟机的内存大小呢？

本节固定分配 64KB 的内存给虚拟机使用。下面的介绍中，用 GPA 代表客户机物理地址，用 HVA 代表宿主机虚拟地址。首先在 StratoVirt-mini 进程中使用 mmap 系统调用分配一段宿主机上的虚拟地址资源，并得到对应的 HVA。值得注意的是，Rust 语言中对 mmap 系统的调用需要使用第三方库 libc，为此在 Cargo.toml 中的［dependencies］后面添加 libc 第三方库以及它的版本信息 libc＝">＝0.2.39"。

如图 6-9 所示，得到 HVA 之后，需要将 HVA 与 GPA 的映射关系，以及配置的客户机内存大小通知给 KVM。其中映射关系和内存大小的信息保存在 kvm-binding 提供的 kvm

_userspace_memory_region 结构体中，然后通过步骤 2 中得到的虚拟机句柄 vm_fd 的 set_user_memory_region 成员方法，将内存映射信息通知 KVM。

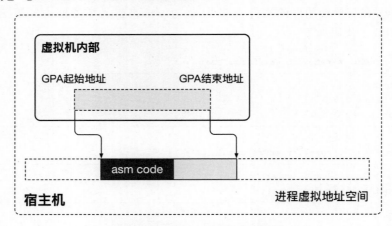

图 6-9　Hypervisor 进程内存布局

最后将已定义的汇编机器码写入 HVA 起始地址，vCPU 在运行时，会退出到 KVM，KVM 借助硬件辅助虚拟化技术建立页表，从而 vCPU 可以执行这段内存中保存的汇编指令。代码如下。

StratoVirt – mini_stratovirt_edu/src/main.rs

```
fn main() {
    let mem_size = 0x10000;                    // 设定虚拟机内存大小
    let guest_addr = 0x1000;                   // 设定虚拟机物理内存起始地址
    ...
    // 2. 初始化虚拟机内存
    let host_addr: * mut u8 = unsafe {
        libc::mmap(
            std::ptr::null_mut(),
            mem_size,
            libc::PROT_READ | libc::PROT_WRITE,   // 映射的虚拟机内存需要可读可写
            libc::MAP_ANONYMOUS | libc::MAP_PRIVATE,
            - 1,                                  // 不使用文件映射,入参 fd 设为 - 1
            0,                                    // 不使用文件映射,因此 offset 设为 0
        ) as * mut u8
    };

    let kvm_region = kvm_userspace_memory_region {
        slot: 0,
        guest_phys_addr: guest_addr,
        memory_size: mem_size as u64,
        userspace_addr: host_addr as u64,
        flags: 0,
    };
    unsafe {
```

```
        vm_fd
            .set_user_memory_region(kvm_region)
            .expect("Failed to set memory region to KVM")
    };
    unsafe {
        let mut slice = std::slice::from_raw_parts_mut(host_addr, mem_size);
        // 将汇编代码写入 mmap 分配的虚拟机内存中
        slice
            .write_all(&asm_code)
            .expect("Failed to load asm code to memory");
    }
    ...
}
```

4. 创建虚拟机和 vCPU 并初始化寄存器

接下来使用虚拟机句柄 vm_fd 的 create_vcpu 成员函数来创建 vCPU。通过得到的 vCPU 句柄设置通用寄存器和段寄存器。其中 CS(Code Segment,代码段)寄存器设置为 0,IP(Instruction Point,指令指针)寄存器为虚拟机内存起始地址,RAX 寄存器设置为 2,RBX 寄存器设置为 3,这些寄存器的具体功能将在 6.4.4 节中介绍。代码如下。

StratoVirt - mini_stratovirt_edu/src/main.rs

```
fn main() {
    ...
    // 3. 创建虚拟机 VCPU,初始化寄存器
    let vcpu_fd = vm_fd.create_vcpu(0).expect("Failed to create vCPU");
    #[cfg(target_arch = "x86_64")]
    {
        // 获取 VCPU 段寄存器数值
        let mut vcpu_sregs = vcpu_fd
            .get_sregs()
            .expect("Failed to get special registers");
        vcpu_sregs.cs.base = 0;
        vcpu_sregs.cs.selector = 0;
        // 设置修改后的段寄存器数值
        vcpu_fd
            .set_sregs(&vcpu_sregs)
            .expect("Failed to set special registers");

        // 获取 VCPU 通用寄存器数值
        let mut vcpu_regs = vcpu_fd
            .get_regs()
            .expect("Failed to get general purpose registers");
        vcpu_regs.rip = guest_addr;
        vcpu_regs.rax = 2;
        vcpu_regs.rbx = 3;
        vcpu_regs.rflags = 2;
        // 设置修改后的段寄存器数值
```

```
        vcpu_fd
            .set_regs(&vcpu_regs)
            .expect("Failed to set general purpose registers");
    }
    ...
```

5. 处理 vCPU 退出事件

在 vCPU 执行步骤 1（定义汇编指令）中定义的汇编指令时，会访问 I/O 端口 0x3f8，该端口资源没有被映射，因此虚拟机退出，进入 KVM，KVM 同样无法处理该访问请求，进一步退出到 Hypervisor 程序中。在收到 VcpuExit::IoOut 的 vCPU 退出事件时，将访问请求的信息以一定格式打印出来。代码如下。

StratoVirt – mini_stratovirt_edu/src/main.rs

```
fn main() {
    ...
    // 4. 处理 VCPU 退出事件.
    loop {
        // 通过 KVM 提供的 run()函数来运行虚拟机 vCPU,该函数的返回值就是 vCPU 的退出事件
        match vcpu_fd.run().expect("run failed") {
            VcpuExit::IoIn(addr, data) => {
                println!("VmExit IO in: addr 0x{:x}, data is {}", addr,
data[0])
            }
            VcpuExit::IoOut(addr, data) => {
                println!("VmExit IO out: addr 0x{:x}, data is {}", addr,
data[0])
            }
            VcpuExit::MmioRead(addr, _data) => println!("VmExit MMIO
read: addr 0x{:x}", addr),
            VcpuExit::MmioWrite(addr, _data) => println!("VmExit MMIO
write: addr 0x{:x}", addr),
            VcpuExit::Hlt => {
                println!("KVM_EXIT_HLT");
                break;
            }
             // 未知的退出事件,暂时不进行处理,直接让程序 panic
            r => panic!("Unexpected exit reason: {: }", r),
        }
    }
}
```

编写完最小化虚拟机模型后，执行 cargo run 可以编译并运行工程，可以得到以下运行结果。

Terminal

```
cargo run
```

```
    Finished dev [unoptimized + debuginfo] target(s) in 0.01s
    Running ˜target/debug/stratovirt˜
VmExit IO out: addr 0x3f8, data is 53
VmExit IO out: addr 0x3f8, data is 10
KVM_EXIT_HLT
```

根据运行结果共发生了三次虚拟机 VM 退出事件。前两次虚拟机退出均为访问 I/O
端口 0x3f8。其中,数据 53 为步骤 5 中设置的 RAX 寄存器、RBX 寄存器以及数字 0 的
ASCII 码相加得到的结果;数据 10 为换行符对应的 ASCII 码。最后一次虚拟机退出为
HLT 指令,虚拟机结束运行,Hypervisor 进程退出。

6.4.3　内存模型

6.4.2 节介绍了创建简单虚拟机的方法,并执行了一段简单的汇编指令。为将这段汇
编指令保存到虚拟机内存中,分配了 64KB 的地址资源来存放这段汇编指令代码。但是,若
要支持 StratoVirt 项目的进一步扩展,src/main.rs 文件中的内存实现存在如下很多不足。

(1) 在 6.4.5 节中,将删去测试使用的这段汇编代码,而启动一台标准的虚拟机。如果
运行客户机内核,那么 64KB 的虚拟机内存资源远远不够。如果新增内存热插拔特性,则需
要新增多段内存映射关系。

(2) 在 Intel Q35 芯片组的地址空间布局中,4GB 以下的一部分地址资源被固定分配给
Flash、中断控制器、PCI 设备等,因此内存可占用的地址资源被分割成多个区间。

考虑到以上限制,以及增强地址资源管理灵活性的需求,本节新增了 memory 子模块,
并在 src/main.rs 头部中声明:mod memory。memory 子模块中主要包含地址资源管理、
虚拟机内存管理、内存读写等功能。

1. 地址空间布局

StratoVirt 设置的客户机物理地址空间布局如图 6-10 所
示,内存占用 0~3GB、4GB 以上的地址资源,3~4GB 的地址资
源提供给设备、中断控制器使用。图 6-10 中内存的 0~1MB 空
间内,固定存放启动客户机内核的相关配置内容,这部分内容将
在 6.4.5 节详细介绍。

为支持更大的虚拟机内存规格、模拟更多的设备类型,将
StratoVirt 项目中各个组件用到的地址资源范围定义在常量
中,当新增其他类型的设备时,可以在全局变量中动态添加设备
使用的地址资源。图 6-10 中定义的客户机物理地址空间布局
定义在 src/memory/mod.rs 中,其中资源类型定义在
LayoutEntryType 枚举结构体中,每个资源的范围定义在常量
MEM_LAYOUT 中。代码如下。

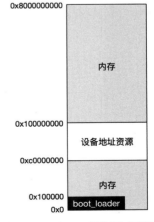

图 6-10　x86_64 架构下虚拟机
地址空间布局

StratoVirt - mini_stratovirt_edu/src/memory/mod.rs

```
// x86_64 架构下资源对应所有者的类型
#[repr(usize)]
pub enum LayoutEntryType {
    MemBelow4g = 0_usize,
    Mmio,
    IoApic,
    LocalApic,
    MemAbove4g,
}

// x86_64 架构下的地址资源分配
pub const MEM_LAYOUT: &[(u64, u64)] = &[
    (0, 0xC000_0000),                      // 3GB 以下的内存
    (0xF010_0000, 0x200),                  // Mmio
    (0xFEC0_0000, 0x10_0000),              // IoApic
    (0xFEE0_0000, 0x10_0000),              // Local Apic
    (0x1_0000_0000, 0x80_0000_0000),       // 4GB 以上的内存
];
```

2. 内存地址映射管理

6.4.2 节构造最小化 KVM 模型时，初始化了一段宿主机虚拟内存提供给虚拟机使用，并将内存信息注册到 KVM。但是，src/main.rs 中的实现方式不能够满足项目的可扩展需求，例如添加一个 virtio 设备。4.2 节介绍了 virtio 设备在和前端驱动交互过程中遵循 virtio 协议，通过前后端共享内存的方式通信，后端 virtio 设备需要从 virtqueue 取出前端驱动下发的事件处理请求，其中 virtqueue 就存放在内存中。因此，内存管理模块不仅需要为 HVA 和 GPA 映射关系建立管理结构，而且需要提供访问接口供其他模块使用。

如图 6-11 所示，管理一段内存映射的结构体定义为 HostMemMapping，该结构体通过 mmap 系统调用分配宿主机虚拟内存，并与客户机物理地址空间建立映射。映射关系会保

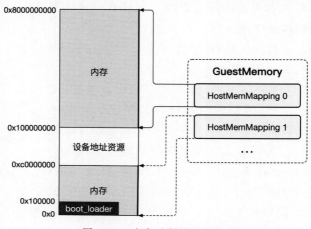

图 6-11　内存映射管理结构

存在 HostMemMapping 结构体中。在 HostMemMapping 结构体的析构函数中,会通过 unmap 系统调用释放这段宿主机虚拟内存资源。

作为内存子模块对外的接口,GuestMemory 结构体保存所有的内存映射关系。例如, 当设置虚拟机内存规格高于 3GB 时,内存将被分割为两部分:0～3GB 和高于 4GB 的部 分。这两部分的映射关系将分别保存在两个 HostMemMapping 对象中,这两个 HostMemMapping 对象将保存在 GuestMemory 结构体的成员中。

StratoVirt – mini_stratovirt_edu/src/memory/guest_memory.rs

```
impl GuestMemory {
    // GuestMemory 结构的构造函数
    pub fn new(vm_fd: &Arc < VmFd >, mem_size: u64) –> Result < GuestMemory > {
        let ranges = Self::arch_ram_ranges(mem_size);

        let mut host_mmaps = Vec::new();
        for (index, range) in ranges.iter().enumerate() {
            let host_mmap = Arc::new(HostMemMapping::new(range.0, range.1) );
            host_mmaps.push(host_mmap.clone());

            // 构造结构体,该结构体用于将内存映射信息注册到 KVM
            let kvm_region = kvm_userspace_memory_region {
                slot: index as u32,
                guest_phys_addr: host_mmap.guest_address(),
                memory_size: host_mmap.size(),
                userspace_addr: host_mmap.host_address(),
                flags: 0,
            };
            // 将内存映射信息注册到 KVM
            unsafe {
                vm_fd
                    .set_user_memory_region(kvm_region)
                    .map_err(Error::KvmSetMR) ;
            }
        }

        Ok(GuestMemory { host_mmaps })
    }
}
```

GuestMemory 提供的构造函数需要传入的参数为创建的客户机句柄、客户机内存规 格,该构造函数会根据地址空间布局和内存大小来建立 HVA 和 GPA 映射关系,并注册 到 KVM。

3. 内存访问管理

内存访问接口是其他模块访问内存的方式,需要达到简单易用的目的。首先,先实现 最基本的接口。

（1）写接口：将长度已知的字节流写入客户机物理内存中的指定地址处，地址在函数参数中指定。

（2）读接口：从客户机物理内存的指定地址处读出一段字节流，并保存在输入参数中。

StratoVirt – mini_stratovirt_edu/src/memory/guest_memory.rs

```
impl GuestMemory {
    pub fn read(&self, dst: &mut [u8], addr: u64) –> Result<()> {
        let count = dst.len() as u64;
        //根据客户机物理地址找到对应的 HostMemMapping 结构
        let host_mmap = self.find_host_mmap(addr, count);
        let offset = addr – host_mmap.guest_address();
        let host_addr = host_mmap.host_address();
        let slice = unsafe {
            std::slice::from_raw_parts((host_addr + offset) as * const u8, count as usize)
        };
        dst.write_all(slice).map_err(Error::IoError);
        Ok(())
    }
    pub fn write(&self, src: &[u8], addr: u64) –> Result<()> {
        let count = dst.len() as u64;
        let host_mmap = self.find_host_mmap(addr, count);
        let offset = addr – host_mmap.guest_address();
        let host_addr = host_mmap.host_address();
        let slice = unsafe {
            std::slice::from_raw_parts_mut((host_addr + offset) as * mut u8, count as usize)
        };
        slice.write_all(src).map_err(Error::IoError);
        Ok(())
    }
}
```

在 6.4.5 节中，BootLoader 模块将使用 read/write 接口访问客户机内存，并将客户机内核文件保存在内存中。使用上面代码中的接口，示例代码如下。

StratoVirt – mini_stratovirt_edu BootLoader 对内存模块的调用

```
fn load_kernel(kernel_path: &Path, start_addr: u64, sys_mem: &GuestMemory) {
    let mut kernel_file = File::open(kernel_path).unwrap();
    let mut buf = vec![0_u8; kernel_file.metadata().unwrap().len()];
    // 将 File 中内容复制到 Vector 中
    kernel_file.read_exact(buf.as_mut_slice()).unwrap();
    // 将 Vector 中的内容复制到内存中
    sys_mem.write(buf, start_addr).unwrap();
}
```

这段代码会将内核的数据保存在一个 Vec（Rust 语言定义的数据结构，表示数组）中，然后将 Vec 中的数据写入内存。这里共存在两次复制，如果文件过大，复制的时间和空间开销都不容忽视。那么,内存模块的访问接口参数能否更加灵活,从而支持更多的参数类型?一个可行的方法是使用 trait(Rust 语言中的类型,为一组方法的集合)和 trait 对象(trait object,Rust 语言中实现了一组 traits 的数据对象)接口优化的实现,可以参考 StratoVirt 项目 mini_stratovirt_edu 分支中 GuestMemory 的 read/write 成员函数。

内存访问 read/write 接口优化后,仍存在一个问题,对于如下代码中的 SplitVringDesc 数据结构,如果想将类型为 SplitVringDesc 的数据对象写入内存,仍需要先转换为 Vec,再将其写入内存。读者可以思考如何优化 GuestMemory 的访问接口,增强易用性。针对这个问题的接口优化,可以参考 StratoVirt 项目 mini_stratovirt_edu 分支中 GuestMemory 的 read_object/write_object 成员函数,以及 src/helper/byte_code.rs 子模块的实现。

StratoVirt – mini_stratovirt_edu VirtQueue 中 Vring 的 Descriptor 结构体

```
#[repr(C)]
#[derive(Default, Clone, Copy)]
pub struct SplitVringDesc {
    pub addr: GuestAddress,
    pub len: u32,
    pub flags: u16,
    pub next: u16,
}
```

ByteCode trait 定义在 src/helper/byte_code 子模块中,该 trait 主要实现数据结构和 slice(Rust 语言中的数据类型,数组)的相互转换。

4. 错误处理

Rust 语言使用 Result(Rust 语言中的数据类型,表示函数执行结果)进行错误处理和传递,错误类型可以自定义。在 src/memory/lib.rs 文件中定义了 memory 子模块相关的错误类型。通过为 Error 枚举类型实现 std::fmt::Display trait,可以自定义每种错误发生时的输出信息。通过定义 Result < T >的别名,在本模块或者其他模块中可以直接通过 use crate::memory::Result 引入并使用该 Result 类型。代码如下。

StratoVirt – mini_stratovirt_edu/src/memory/mod.rs

```
#[derive(Debug)]
pub enum Error {
    Overflow(u64, u64, u64),
    HostMmapNotFound(u64),
    Mmap(std::io::Error),
    IoError(std::io::Error),
    KvmSetMR(kvm_ioctls::Error),
}

impl std::fmt::Display for Error {
    ......
}
```

```
// 通过 type 定义已存在数据类型的别名
pub type Result < T > = std::result::Result < T, Error >;
```

6.4.4　CPU 模型

在之前的章节学习了如何使用 kvm_ioctls 来调用系统的 KVM 接口，以完成硬件辅助虚拟化的基本功能，实践了如何使用 Rust 语言对虚拟机内存子系统进行设计和抽象。在这一节的实验中，将继续构建 StratoVirt-mini 虚拟化程序，对虚拟机的 CPU 进行进一步的设计和抽象。

在正式开始之前，先在项目的 src 目录下创建一个名为 cpu 的文件夹，文件夹下创建一个名为 mod.rs 的文件，本节的主要编程将在 mod.rs 文件中进行。

1．CPU 基本结构的抽象

首先要先确定 CPU 子模块的功能界限。对于物理机来说，CPU 的功能主要是解释计算机指令以及处理计算机软件中的数据；而在虚拟化程序中，CPU 应该被抽象为两个基本功能：**完成对计算机指令的模拟**和**处理一定的寄存器数据**。

计算机指令模拟的部分主要在内核 KVM 模块中进行处理，在虚拟化程序的 CPU 模块中，主要负责对 VM-Exit 退出事件的处理，也就是上一节中对 vcpu_fd.run 事件的处理，这部分代码将会全部封装在 CPU 模块中。

同时在虚拟化程序的 CPU 子模块中，还需要进行一定寄存器数据的处理为了便于操作，这些寄存器相关的数据，将被直接保存在抽象出的 CPU 数据结构中，可以通过 KVM 提供的相关接口，完成内核 KVM 模块中模拟的 vCPU 和 Hypervisor 中 CPU 结构寄存器信息的同步。

沿着上面的思路，可以简单抽象出 CPU 的基本数据结构，代码如下。

StratoVirt‐mini_stratovirt_edu/src/cpu/mod.rs

```
pub struct CPU {
    // 虚拟 VCPU 的 id 号
    pub id: u8,
    // 调用 KVM 模块中 VCPU 接口所用的句柄
    fd: VcpuFd,
    // 表示该 VCPU 的通常寄存器信息
    pub regs: kvm_regs,
    // 表示该 VCPU 的段寄存器信息
    pub sregs: kvm_sregs,
}
```

虽然目前 CPU 中的成员还比较少，但已经基本可以把 CPU 数据结构中的成员分为三类，之后对 CPU 结构的一切扩展都是围绕着这三类进行的。

（1）**该 vCPU 本身的相关信息**：如该 vCPU 的 ID 号等。

（2）**与内核 KVM 模块进行交互的接口**：如该 vCPU 的 VcpuFd，通过这个抽象出的文件描述符，可以直接调用到内核 KVM 模块所提供的 vCPU 相关接口。

（3）**寄存器的相关信息**：如目前保存的通用寄存器和段寄存器的相关信息，可以根据运行程序的需要，对这些寄存器的信息自由进行修改。

接下来为抽象出的 CPU 结构添加成员函数。

首先需要添加一个构造函数（new）对 CPU 结构进行初始化，代码如下。

StratoVirt－mini_stratovirt_edu/src/cpu/mod.rs

```
impl CPU {
    // VcpuFd 代表打开的 VCPU 句柄
    pub fn new(vcpu_fd: VcpuFd, vcpu_id: u8) -> Self {
     Self {
         id: vcpu_id,
         fd: vcpu_fd,
         regs: kvm_regs::default(),
         sregs: kvm_sregs::default(),
     }
    }
}
```

在 Rust 语言的习惯中，new 一般意味着对数据结构的直接创建，作为单纯的构造函数而不包含别的逻辑，所以直接传入已经初始化完成的 VcpuFd 和 vcpu_id。初始化函数运行后，可以直接获得一个初始化完成的 CPU 数据结构。

此时对于该 CPU 数据结构而言，已经有了 vCPU 的唯一标识符——ID 号，和内核中 KVM 模块的接口 VcpuFd，但是寄存器状态还都是初始值，没有和内核 KVM 模块中的 vCPU 寄存器数值完成初始化，所以还需要另一个函数来完成与 KVM 模块中寄存器数值的同步，代码如下。

StratoVirt－mini_stratovirt_edu/src/cpu/mod.rs

```
impl CPU {
    pub fn realize(&mut self) {
        // 获取 KVM vCPU 中通常寄存器的数值
        self.regs = self.fd.get_regs().expect("Failed to get common registers");
        // 获取 KVM vCPU 中段寄存器的数值
        self.sregs = self.fd.get_sregs().expect("Failed to get special registers");
    }
}
```

简单将设备的生命周期中设备正式启动前的部分分为两个阶段，第一个阶段是初始化阶段（new），包含最基本的数据结构的创建；第二个阶段是使能阶段（realize），包含对设备状态的使能，在 CPU 结构中，设备状态的使能主要包含 CPU 中寄存器信息的设置。在 realize 函数中，将获取内核 KVM 模块中的寄存器数值，并同步到 CPU 结构的寄存器中。

同步完成后，在此基础上对 CPU 寄存器进行应用程序运行所需要的修改，以前文那段汇编程序为例，需要对通用寄存器和段寄存器中的一些值进行相关设置，代码如下。

StratoVirt - mini_stratovirt_edu/src/main.rs

```
fn main {
    ...
    let vcpu_fd = vm_fd.create_vcpu().expect("Failed to create vCPU");
    let mut vcpu = CPU::new(vcpu_fd, 0);
    vcpu.readlize();

    vcpu.sregs.cs.base = 0;              // 代码段寄存器寻址设置 base = 0
    vcpu.sregs.cs.selector = 0;          // 代码段寄存器寻址设置 selector = 0
    vcpu.regs.rip = guest_addr;          // 地址寄存器设置
    vcpu.regs.rax = 2;                   // 数据寄存器 RAX
    vcpu.regs.rbx = 3;                   // 数据寄存器 RBX
    vcpu.regs.rflags = 2;                // 标志位寄存器
}
```

为了成功运行写入内存的汇编代码，对于通用寄存器而言，会将地址寄存器（RIP）设置为该汇编代码在内存中的客户机物理地址，这样，CPU 就会沿着地址寄存器设置的地址开始执行指令；标志寄存器（RFLAGS）用于指示处理器状态并控制其操作，标志寄存器一共 32 位，其中第 2 位必须为 1，其他位均不需要设置，所以将标志寄存器设置为 2；RAX 和 RBX 是两个数据寄存器，在汇编代码中将会把 RAX 的值和 RBX 的值进行加法计算，这两个寄存器设置的值将会和程序最后的输出结果直接相关，这里设置成 2 和 3，输出结果就将是 5。对于段寄存器而言，需要设置它的代码段寄存器，该寄存器和运行代码的寻址相关，此处用最简单的寻址方式即可，base 和 selector 均设置为 0。

在设置完 CPU 实例中寄存器的数值之后，还需要将设置完成的寄存器数值同步回内核的 KVM 模块，代码如下。

StratoVirt - mini_stratovirt_edu/src/cpu/mod.rs

```
impl CPU {
        pub fn reset(&self) {
            // 设置 KVM vCPU 中通常寄存器的数值
            self.fd.set_regs(&self.regs).expect("Failed to set common registers");
            // 设置 KVM vCPU 中段寄存器的数值
            self.fd.set_sregs(&self.sregs).expect("Failed to set special registers");
        }
    }
}
```

该函数将 CPU 模块中修改的寄存器值重新设置到了内核 KVM 模块中，这样在虚拟机 vCPU 正式运行之前，所有的准备都完成了。（严格来说，CPU 的使能步骤应该包括：获取 kvm_vcpu 中的寄存器值、修改 kvm_vcpu 中的寄存器值和设置 kvm_vcpu 中的寄存器值三个过程，为了便于说明，此处分为三个步骤来完成）。

下一步就能正式运行抽象出的 CPU 了,运行中最主要的部分还是内核 KVM 模块中 vCPU 的指令模拟和对陷出事件的处理,代码如下。

StratoVirt – mini_stratovirt_edu/src/cpu/mod.rs

```
impl CPU {
    pub fn kvm_vcpu_exec(&self) {
        match self.fd.run().unwrap() {
            VcpuExit::IoIn(addr, data) => {
                println!(
                    "vCPU{} VmExit IO in: addr 0x{:x}, data is {}",
                        self.id, addr, data[0]
                )
            }
            VcpuExit::IoOut(addr, data) => {
                println!(
                    "vCPU{} VmExit IO out: addr 0x{:x}, data is {}",
                        self.id, addr, data[0]
                )
            }
            VcpuExit::MmioRead(addr, _data) => {
                println!("vCPU{} MMIO read: addr 0x{:x}", self.id, addr)
            }
            VcpuExit::MmioWrite(addr, _data) => {
                println!("vCPU{} VmExit MMIO write: addr 0x{:x}", self.id, addr)
            }
            VcpuExit::Hlt => {
                println!("KVM_EXIT_HLT");
                return false;
            }
            r => panic!("Unexpected exit reason: {: }", r),
        }

        true
    }
}
```

将 CPU 模块抽象完成后,将 kvm_vcpu_exec 函数整合进 main.rs 中运行,可以得到如下和 6.4.2 小节末尾相同的结果:

Terminal

```
cargo run
    Finished dev [unoptimized + debuginfo] target(s) in 0.01s
    Running `target/debug/stratovirt`
VmExit IO out: addr 0x3f8, data is 53
VmExit IO out: addr 0x3f8, data is 10
KVM_EXIT_HLT
```

至此，成功把 CPU 最基本的功能封装到了 CPU 子模块中。

2. CPU 并发运行多个任务

在完成 CPU 基本功能的抽象后，继续对比虚拟机 CPU 和物理机 CPU 会发现，在实际的物理机中，一般不只有一个 CPU，常常会有一个以上 CPU 的场景，这些 CPU 可以独立地运行程序指令，它们可以运行不同的程序，也可以运行同一个程序，利用并行计算能力加快程序运行的速度。

为了充分发挥硬件本身的计算能力，需要添加对多 CPU 并行任务的支持。在新的 CPU 运行模型中，CPU 的指令模拟和对陷出事件的处理将不在主线程中进行，每个 vCPU 都会对应一个单独的线程，通过分时复用的方式共享物理 CPU。

Rust 中同样也对多线程并发编程提供了很好的支持，主要包括 std::thread 和 std::sync 两个基本模块，thread 模块中定义了管理线程的各种函数，sync 模块中则定义了并发编程中常用的锁、条件变量和屏障。

将 CPU 创建线程并运行指令模拟和处理陷入陷出事件的操作封装起来，代码如下。

StratoVirt – mini_stratovirt_edu/src/cpu/mod.rs

```rust
impl CPU {
    pub fn start(&self) -> std::thread::JoinHandle<()> {
        thread::Builder::new()
        .name(format!( "CPU {}/KVM", self.id))
        .spawn(move || {
            loop {
                if !self.kvm_vcpu_exec() { break; }
            }
        }).expect(&format!( "Failed to create thread for CPU {}/KVM", self.id))
    }
}
```

StratoVirt – mini_stratovirt_edu/src/main.rs

```rust
fn main() {
    ...
    let cpu_task = cpu.start();
    cpu_task.join().expect("Failed to join thread task for cpu 0");
}
```

修改完成后尝试通过 cargo run 运行却失败了，发现如下报错信息。

Terminal

```
cargo run
  impl CPU {
    pub fn start(&self) -> std::thread::JoinHandle<()> {
        thread::Builder::new()
        .name(format!( "CPU {}/KVM", self.id))
```

```
                .spawn(move || {
                    loop {
error[E0495]: cannot infer an appropriate lifetime due to conflicting requirements

                   .spawn(move || {
   _____^
  |                      loop {
  |                          if !self.kvm_vcpu_exec() {
  |                              break;
  |                          }
  |                      }
  |                  })
  |_____^
  |
note: first, the lifetime cannot outlive the anonymous lifetime #1 defined on the
dy at 72:5...
  |
  | /     pub fn start(&self) -> std::thread::JoinHandle<()> {
  | |                                            //let cpu_id = arc_cpu.id;
  | |         thread::Builder::new()
  | |             .name(format!("CPU {}/KVM", self.id))
 ...|
  | |             .expect(&format!("Failed to create thread for CPU {}/KVM", self.id))
  | |     }
  | |_____^
note: ...so that the types are compatible
```

这是 Rust 编程中一个常见的静态生命周期检查失败的错误,原因是在创建进程时使用了一个闭包。闭包在一般情况下会按引用来捕获变量,因为添加了 move 关键字,会将 &self 的所有权转移到闭包中,而 &self 只是一个临时借用,无法通过生命周期检查,所以要将传入函数的参数 &self 改为 self 才能通过检查。确定了问题后,对该函数进行如下修改。

StratoVirt - mini_stratovirt_edu/src/cpu/mod.rs

```
impl CPU {
 pub fn start(self) -> thread::JoinHandle<()> {
     let cpu_id = self.id;
     thread::Builder::new()
         .name(format!("CPU {}/KVM", self.id))
         .spawn( move || {   // move 将所有权转移
             loop {
                 if !self.kvm_vcpu_exec() {
                     break;
                 }
             }
         })
         .expect(&format!("Failed to create thread for CPU {}/KVM", cpu_id))
 }
```

编译通过，程序成功执行。但是这样改动也会带来一个问题：CPU 实例的所有权将完全转移到自己的 CPU 线程中，在主线程将再也无法获取到 CPU 实例的所有权，无法对它进行任何查询和访问。这对之后查询和管理 CPU 信息是极为不利的，例如想在 CPU 开始指令模拟后得到 CPU 对应的 ID 信息，直接获取 CPU 实例的 id 号后，将会得到如下报错：value borrowed here after move。该报错意思是该 CPU 实例的所有权已经被转移到了 CPU 线程中，在主线程中因为没有获取到该 CPU 的所有权，将再无法获取实例的任何信息。那么有没有一种方法可以安全地在主线程和 CPU 线程中共享 CPU 实例呢？Rust 提供了一种很强大的线程安全同步机制：**Arc < T >**。

Arc < T >意思是多线程引用计数指针，是一个线程安全的类型，允许它被传递和共享给别的线程，可以直接通过 clone 方法来共享所有权，此时的 clone 方法并不是深复制，只是简单地共享所有权的计数。

再次对分离 CPU 线程的代码进行如下修改。

StratoVirt - mini_stratovirt_edu/src/cpu/mod.rs

```
// cpu/mod.rs
use std::sync::Arc;
...
impl CPU {
    pub fn start(arc_cpu: Arc < CPU >) -> std::thread::JoinHandle <()> {
        let cpu_id = arc_cpu.id;
        thread::Builder::new()
            .name(format!("CPU {}/KVM", cpu_id))
            .spawn(move || {
                arc_cpu.reset();
                loop {
                    if !arc_cpu.kvm_vcpu_exec() {   break;   }
                }
            })
            .expect(&format!("Failed to create thread for CPU {}/KVM",
  cpu_id))
    }
}
```

StratoVirt - mini_stratovirt_edu/src/main.rs

```
fn main() {
    ...
    let arc_cpu = Arc::new(cpu);
    let cpu_task = CPU::start(arc_cpu.clone());
    cpu_task.join().expect("Failed to join thread task for cpu {}", arc_cpu.id);
id);
}
```

同时将前面的 reset 步骤也加入 CPU 线程中来并发进行，以减少主线程中的时间损耗,提升程序运行的效率。

当实现了多个 CPU 线程同时运行的方式后,可以支持用多个 CPU 来执行不同的任务。读者可以尝试同时运行两段代码,每段代码由各自的 CPU 线程并发运行。在上一节汇编代码的基础上添加第二段汇编代码,简单地对 0x8000 地址进行 mmio 读写后,该 vCPU 执行 HLT 指令。代码如下。

StratoVirt - mini_stratovirt_edu/src/main.rs

```
fn main() {
    ...
    let asm_code_02: &[u8] = &[
        0xc6, 0x06, 0x00, 0x80, 0x00,     // movl $ 0, (0x8000); This generates a MMIO Write.
        0x8a, 0x16, 0x00, 0x80,           // movl (0x8000), % dl; This generates a MMIO Read.
        0xf4,                             // hlt
    ];
}
```

修改程序让两个 vCPU 运行各自的汇编代码,成功运行后将得到以下输出。

Terminal

```
cargo run
   Finished dev [unoptimized + debuginfo] target(s) in 0.01s
   Running target/debug/stratovirt
vCPU0 VmExit IO out: addr 0x3f8, data is 53
vCPU0 VmExit IO out: addr 0x3f8, data is 10
vCPU1 VmExit MMIO write: addr 0x8000
KVM_EXIT_HLT
vCPU1 MMIO read: addr 0x8000
KVM_EXIT_HLT
```

以上就是一个简单的虚拟机 CPU 模型的全部内容,介绍了 CPU 模块的设计思路和功能抽象,以及在 StratoVirt 程序中 CPU 线程模型的简单实现。下面将不再运行简单的汇编小程序,而是通过对 BootLoader 模块的实现来启动一个完整的 Linux 标准内核。

6.4.5　BootLoader 实现

前文中已经实现了对 CPU 模型的抽象,可以通过启动更多的 vCPU 线程来并行执行更多的任务。那么是否可以通过它来运行更复杂的程序,而不只是简单的汇编代码,比如一个完整的 Linux 内核?下面将逐步构建启动引导模块 BootLoader,直到能启动一个完整的 Linux 内核。

1. 内核文件读入内存

有了之前章节中运行汇编代码的经验,可以简单总结出通过 KVM 模块模拟出的 vCPU 和虚拟机内存来运行代码的方法:①将要运行的代码读进虚拟机内存;②设置 **vCPU**

中的相关寄存器支持代码运行。

　　首先获取一个标准 PE 格式的 Linux 内核镜像 vmlinux.bin[①]，通过 Rust 中的文件操作打开内核镜像并读入内存中。代码如下。

StratoVirt - mini_stratovirt_edu/src/main.rs

```
fn main() {
    let mem_size = 512 * 1024 * 1024; // 定义 512MB 虚拟机内存
    ... // 初始化 KVM 和虚拟机内存
    let mut kernel_file = fs::File::open("/path/to/vmlinux.bin")
        .expect("Failed to init guest memory");
    let kernel_size = fs::metadata("/path/to/vmlinux.bin")
        .expect("Failed to acquire kernel size").len();
    guest_memory(&mut kernel_file, 0x1000, kernel_size)
        .expect("Failed to load kernel to memory");
    ... // 初始化 VCPU
    vcpu.regs.rip = 0x1000;
    vcpu_0.regs.rflags = 2;
    ...
}
```

　　Rust 标准库中有对文件操作的封装，封装了打开、关闭、获取文件元数据信息等一系列文件操作，通过引入 std::fs 进行使用。上面这段代码中使用了 fs 的两个函数，分别是打开内核镜像文件和获取镜像的大小，通过 fs::File::open 函数打开的文件为 File 类型，该类型默认直接实现了标准库中的 Read trait，所以可以直接被虚拟机内存模块的 GuestMemory 的 write 函数调用写入虚拟机内存中，通过调用该函数可以把整个内核镜像写入虚拟机内存中 0x1000 处，并将 vCPU0 通用寄存器中地址寄存器的值改为内核代码的起始地址 0x1000，开始运行。

　　运行后却发现屏幕上没有任何输出，这代表内核镜像在启动后没有任何的 VM-Exit 陷出，这显然并不符合 Linux 内核正常启动的情形，到底是哪一步出了问题呢？

2. Linux 内核引导流程

　　要想回答这个问题，需要先简单梳理一下由 Linux 启动协议[②]规定的内核在物理机 Intel x86_64 平台上的**引导-启动**流程。

　　当硬件电源打开后，8086 结构的 CPU 会自动进入实模式，此时仅能访问 1MB 的内存，并且会加载 BIOS 到 0xffff0 到 0xfffff 的位置，CPU 自动从 0xffff0 开始执行代码运行 BIOS，BIOS 将会执行某些硬件检测，初始化某些硬件相关的重要信息，并从物理地址 0 处开始初始化中断向量，在 BIOS 执行完成后，该区域已经填充了内核头部所需的所有参数，常见的 BIOS 执行完成后实模式低地址位 1MB 内存布局如表 6-4 所示。

---

① vmlinux.bim 下载地址：https://repo.openeuler.org/openEuler-21.03/stratovirt_img/x86_64/vmlinux.bin。
② Linux 启动协议参考地址：https://www.kernel.org/doc/html/latest/x86/boot.html。

表 6-4　BIOS 执行完成后实模式低地址位 1MB 内存布局

开始地址	结束地址	名　　　称	功　　　能
0xffff0	0xfffff	BIOS 启动区域（BIOS Boot Block）	BIOS 入口地址及代码
0xb8000	0xbffff	彩色图形适配器/增强型图形适配器区域（CGA/EGA Chroma text video buffer）	用于文本模式显示适配器
0xb0000	0xb7fff	黑白图形适配器区域（Mono text video buffer）	用于黑白显示适配器
0xa0000	0xaffff	视频图形阵列区域（VGA Graphic video buffer）	用于彩色显示适配器
0x9fc00	0x9ffff	BIOS 扩展数据区域（Extended BIOS Data Area）	EBDA 扩展 BIOS 数据区
0x7c00	0x7dff	启动分区信息（Boot Sector）	启动分区相关信息被 BIOS 加载到此处
0x400	0x4ff	BIOS 数据区域	存放 BIOS 获取的一些硬件信息
0x000	0x3ff	中断向量表（Interrupt Vector Table）	用于存放中断向量表

　　BIOS 执行完成后就到了跳转至内核的入口点，此时内核将会执行两个函数：go_to_protected_mode 和 protected_mode_jump。前者会将 CPU 设置为保护模式，在实模式下，处理器的中断向量表总是保存在物理地址 0 处，但是在保护模式下，中断向量表将存储在 CPU 寄存器 IDTR 中，同时两种模式的内存寻址模式也是不同的，保护模式需要使用位于 CPU 中 GDTR 寄存器中的全局描述符表，所以在进入保护模式前还需要调用 setup_idt 和 setup_gdt 函数来安装临时中断描述符表和全局描述符表。完成后调用 protected_mode_jump 函数正式进入保护模式，该函数将设置 CPU CR0 寄存器中的 PE 位来启用保护模式，此时最多可以处理 4GB 的内存。之后将会跳转到 32 位内核入口点 startup_32，正式进行 Linux 内核的启动流程，引导完成。

　　了解了 Linux 内核的基本引导流程后，就可以知道之前内核启动失败的原因了，StratoVirt-mini 在执行内核时缺少了引导的步骤，也就是类似于物理机启动流程中 BIOS 功能的模块，没有引导 Linux 内核在实模式下配置内核头部所需的参数，也没有进行一些重要寄存器的设置，Linux 内核当然无法启动。

　　接下来需要设计并实现一个 BootLoader 模块，引导标准 PE 格式的 Linux 内核启动，实现将内核镜像加载进内存并根据启动协议设置启动所必需的内存布局，并设置相应的 CPU 寄存器，以跳过实模式直接进入保护模式启动 Linux 内核。

　　在正式编码前，先在项目的 src 目录下创建一个名为 boot_loader 的文件夹作为模块目录，本节的主要编码将在该目录下进行。

　　首先根据 Linux x86 启动协议[①]来设计 boot_loader 的内存布局，详见表 6-5 所示。

　　内存布局中 1MB 以下的部分主要还是内核启动的相关配置，对照 BIOS 执行后的 1MB 内存布局做了相当多的简化，1MB 以上的部分开始读入内核保护模式的入口代码，而在内存末尾将存入一个简易文件系统 initd，作为内核启动后的内存文件系统来使用。

---

　　①　Linux x86 启动协议参考地址：https://www.kernel.org/doc/Documentation/x86/boot.txt。

表 6-5   简易 boot_loader 内存布局

开始地址	结束地址	名　　称	功　　能
～	内存上限	内存文件系统（Initrd Ram）	存放 initrd
0x100000	～	内核启动函数（Kernel _setup）	内核保护模式入口
0xf0000	0xfffff	BIOS 启动区域（BIOS Boot Block）	留空给 BIOS
0xa0000	0xeffff	视频图形阵列区域（VGA Graphic video buffer）	用于彩色显示适配器
0x9fc00	0x9ffff	多处理器配置表（MPtable）	EBDA 用于存放 MPtable
0x20000	0x9fbff	内核命令行（Kernel Cmdline）	存放内核命令行
0xb000	0x1ffff	页表索引入口（Page Directory Entry）	存放页表索引入口
0xa000	0xafff	页表索引指针（Page Directory Pointer）	存放页表索引指针
0x9000	0x9fff	四级页表（Page Map Level4）	存放四级页表信息
0x7000	0x8fff	内核配置（Zero Page）	存放内核配置 Zero Page
0x0000	0x6fff	实模式中断向量表（Real Mode Interrupt Vector Table）	存放实模式中断向量表

3. 配置 Zero Page

Zero Page（零页）是 32 位内核启动参数的一部分，用来存放内核启动的各种配置和硬件信息[1]。零页也被称作 Boot Params，它包含了很多配置结构体，在这些结构体中，除了配置一些精简的硬件信息外，还有两个结构体是需要特别处理的，代码如下。

StratoVirt - mini_stratovirt_edu/src/boot_loader/zeropage.rs

```
// 已经省略无关项
#[repr(C, packed)]
#[derive(Copy, Clone)]
pub struct BootParams {
    kernel_header: RealModeKernelHeader,
    e820_table: [E820Entry; 0x80],
    …
}

// 已经省略无关项
#[repc(C, packed)]
#[derive(Debug, Default, Copy, Clone)]
pub struct RealModeKernelHeader {
    boot_flag: u16,
    header: u32,
    type_of_loader: u8,
    ramdisk_image,
    ramdisk_size,
    cmdline_ptr: u32,
    cmdline_size: u32,
}
```

---

[1] 零页参考地址：https://www.kernel.org/doc/html/latest/x86/zero-page.html。

```
#[repr(C, packed)]
#[derive(Debug, Default, Copy, Clone)]
pub struct E820Entry {
    addr: u64,
    size: u64,
    type_: u32,
}
```

KernelHeader 作为实模式下内核镜像的文件头,包含了许多内核的配置信息,其中有几项是需要特别设置的,如表 6-6 所示。

表 6-6　KernelHeader 配置

配 置 项	配 置 值	含 义
boot_flag	0xaa55	内核启动的魔鬼数字
header	0x53726448	内核头部的魔鬼数字
type_of_loader	0xff	boot_loader 的类型,此处选择未定义型
ramdisk_ptr	/	Initrd 的存放地址,由内存容量,即 Initrd 长度计算得到
ramdisk_size	/	Initrd 的长度
cmdline_ptr	0x00020000	内核命令行的存放地址
cmdline_size	/	内核命令行的长度

接下来还需要进行 e820 表的配置。在物理机上,e820 是一个可以探测硬件内存分布的硬件,BIOS 一般会通过 0x15 中断与之通信来获取硬件内存布局,在 boot_loader 中不需要再通过这个流程来获取布局,直接根据对 boot_loader 内存布局中准备好的值来进行 e820 表的配置。

e820 表中的每一项都是一个 E820Entry 数据结构,表示一段内存空间,包含了起始地址、结束地址和类型。这里将根据整个虚拟机的内存布局来进行 e820 表的配置,代码如下。

StratoVirt - mini_stratovirt_edu/src/boot_loader/zeropage.rs

```
const E820_RAM: u32 = 1;
const E820_RESERVED: u32 = 2;
const REAL_MODE_IVT_BEGIN: u64 = 0x0000_0000;
const EBDA_START: u64 = 0x0009_fc00;
const VGA_RAM_BEGIN: u64 = 0x000a_0000;
const MB_BIOS_BEGIN: u64 = 0x000f_0000;
const ZERO_PAGE_START: u64 = 0x0000_7000;

// 添加配置 e820 表的函数
impl BootParams {
    pub fn add_e820_entry(&mut self, addr: u64, size: u64, type_: u32) {

        self.e820_table[self.e820_entries as usize] =
            E820Entry { addr, size, type_ };
        self.e820_entries += 1;
```

```
        }
    }
    // 预留给中断向量表
    boot_params.add_e820_entry(
        REAL_MODE_IVT_BEGIN,
        EBDA_START - REAL_MODE_IVT_BEGIN,
        E820_RAM
    );
    // 预留给 EBDA
    boot_params.add_e820_entry(
        EBDA_START,
        VGA_RAM_BEGIN - EBDA_START,
        E820_RESERVED
    );
    // 预留给 BIOS
    boot_params.add_e820_entry(MB_BIOS_BEGIN, 0, E820_RESERVED);

    let high_memory_start = super::loader::VMLINUX_RAM_START;
    let layout_32bit_gap_end = config.gap_range.0 + config.gap_range.1;
    let mem_end = sys_mem.memory_end_address();
    if mem_end < layout_32bit_gap_end {
        // 客户机物理内存
        boot_params.add_e820_entry
            high_memory_start, mem_end - high_memory_start, E820_RAM
        );
    } else {
        // 客户机物理内存,跳过内存空洞
        boot_params.add_e820_entry(
            high_memory_start,
            config.gap_range.0 - high_memory_start,
            E820_RAM,
        );
        boot_params.add_e820_entry(
            layout_32bit_gap_end,
            mem_end - layout_32bit_gap_end,
            E820_RAM,
        );
    }
```

　　在对 e820 表的配置中,要把虚拟机的内存进行分类,此处的分类较为简单,仅分为两类,一类是可以作为内存使用的 E820_RAM,还有一类是已经保留给特定功能使用的内存(E820_RESERVED)。低地址段的内存布局和前面的内存布局保持一致,高地址段的内存要注意的地方是在 x86_64 架构虚拟机的内存布局中,一般会存在一个内存空洞,内存空洞的详细描述在介绍内存模型中已经介绍,在配置 e820 表时,需要根据虚拟机的内存布局跳过内存空洞进行配置。

　　完成对零页的配置后,将调用 GuestMemory 的 write_object 接口将 BootParams 数据结构整个写入内存中。为了能成功地将这些数据结构写入内存,需要对上述所有的数据结

构都实现 **ByteCode Trait**,写入地址为预设的 0x7000。

4．配置 MPtable

　　Linux 内核通过零页获取到各种硬件、内存信息和配置项之后,还需要通过某种方式来获取处理器和中断控制器的信息。目前共有两种用来获取处理器信息的方式：一种是 Intel x86 平台的 MP Spec[①]（MultiProcessor Specification,多处理器技术规范）约定的方式；另一种是 ACPI 的 MADT 表（Multiple APIC Description Table,多个高级可编程中断控制器描述表）约定的方式。这里选择比较容易实现的 MP Spec 的方式。

　　MP Spec 的核心数据结构主要包含两个部分：MPF（MP Floating Pointer,多处理器浮点数指针）和 MP Table（多处理器结构表）,如图 6-12 所示。

　　例如可以按如下代码直接初始化 MPF。

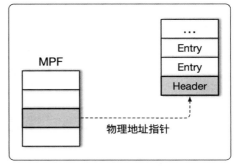

图 6-12　MP Spec 数据结构

StratoVirt - mini_stratovirt_edu/src/boot_loader/mptable.rs

```rust
#[repr(C)]
#[derive(Debug, Default, Copy, Clone)]
pub struct FloatingPointer {
    signature: [u8; 4],
    pointer: u32,
    length: u8,
    spec: u8,
    checksum: u8,
    feature1: u8,
    feature2: u32,
}

impl ByteCode for FloatingPointer {}

impl FloatingPointer {
    pub fn new(pointer: u32) -> Self {
        let mut fp = FloatingPointer {
            signature: [b'_', b'M', b'P', b'_'],
            pointer,
            length: 1, // spec: 01h
            spec: 4,
            checksum: 0,
            feature1: 0,
            feature2: 0,
        };

        let sum = obj_checksum(&fp);
```

---

　　① MP Spec 参考地址：https://pdos.csail.mit.edu/6.828/2014/readings/ia32/MPspec.pdf。

```
        fp.checksum = ( - (sum as i8)) as u8;

        fp
    }
}
```

其中关键字_MP_是固定的，用来搜索 MP 结构表，length 表示整个结构的长度，以 16 字节为单位。spec 规定版本号固定为 1.4 版本，除了传入的 pointer 外，其余项均置为 0。成员 pointer 将直接指向存放 MP Table 的内存地址。

MP Table 结构用来真实反映处理器的硬件信息，它由一个 Header（表头）和若干个 Entry 组成，表头信息内容如表 6-7 所示。

表 6-7　MP Table 的表头信息

位 置	字　　段	长 度	功　　能
00H	SIGNATURE	32	固定为"PCMP"
04H	BASE TABLE LENGTH	16	MP Table 长度
06H	SPEC_REV	8	MP 规格版本号
07H	CHECKSUM	8	MP Table 校验和
08H	OEM ID	64	标识硬件厂商的字符串
16H	PRODUCT ID	96	标识产品类型的字符串
28H	OEM TABLE POINRTER	32	指向 OEM 配置表
32H	OEM TABLE SIZE	16	OEM 配置表大小
34H	ENTRY COUNT	16	MP Table 中 Entry 数目
36H	ADDRESS OF LOCAL APIC	32	处理器访问 APIC 基础地址
40H	EXTENDED TABLE LENGTH	16	扩展配置表长度
42H	EXTENDED TABLE CEHCKSUM	8	扩展配置表校验和

这一步仅输入基本的硬件厂商相关信息〔如 OEM_ID（Original Equipment Manufacturer，原始设备制造商 ID）、PRODUCT_ID（产品 ID）〕，支持自定义，以及固定的 SPEC 版本号、SIGNATURE 字符。BASE_TABLE_LENGTH 以及 CHECKSUM 两项将在 MP Table 整个处理完毕后填入，其余项在 BootLoader 中不用实现，置为 0 即可。

紧跟着 MP Table 表头，是一串 Entry 结构，每个 Entry 都代表一个单独的与处理器相关的硬件信息，每种硬件类型都有其特定的 Entry 结构，它们对应的 Entry Type 号和长度见表 6-8。

表 6-8　MP Table 的 Entry 结构

Entry 种类	Entry Type 号	长　度
处理器（Processor，CPU）	0	20
总线（Bus）	1	8
读/写高级程序中断控制器（I/O APIC）	2	8
读/写中断分配（I/O Interrupt Assignment）	3	8
本地中断分配（Local Interrupt Assignment）	4	8

每个种类的 Entry 都有各自的数据结构，这里给出一份它们的 Rust 实现，代码如下。

StratoVirt – mini_stratovirt_edu/src/boot_loader/mptable.rs

```rust
#[repr(C)]
#[derive(Debug, Default, Copy, Clone)]
struct ProcessEntry {
    type_: u8,
    lapic_id: u8,
    lapic_version: u8,
    cpu_flags: u8,
    cpu_signature: u32,
    feature_flags: u32,
    reserved: u32,
    reserved1: u32,
}

#[repr(C)]
#[derive(Debug, Default, Copy, Clone)]
struct BusEntry {
    type_: u8,
    bus_id: u8,
    bus_type: [u8; 6],
}

#[repr(C)]
#[derive(Debug, Default, Copy, Clone)]
struct IOApicEntry {
    type_: u8,
    ioapic_id: u8,
    ioapic_version: u8,
    ioapic_flags: u8,
    ioapic_addr: u32,
}

#[repr(C)]
#[derive(Debug, Default, Copy, Clone)]
struct IOInterruptEntry {
    type_: u8,
    interrupt_type: u8,
    interrupt_flags: u16,
    source_bus_id: u8,
    source_bus_irq: u8,
    dest_ioapic_id: u8,
    dest_ioapic_int: u8,
}

#[repr(C)]
#[derive(Debug, Default, Copy, Clone)]
struct LocalInterruptEntry {
    type_: u8,
```

```
        interrupt_type: u8,
        interrupt_flags: u16,
        source_bus_id: u8,
        source_bus_irq: u8,
        dest_lapic_id: u8,
        dest_lapic_lint: u8,
}
```

为了成功启动 Linux 内核，这 5 种 Entry 都是必需的，对于每个 CPU，都必须写入一次 ProcessEntry，代码如下。

StratoVirt - mini_stratovirt_edu/src/boot_loader/mptable.rs

```
const CPU_FLAGS_ENABLE: u8 = 0x1;
const CPU_FLAGS_BSP: u8 = 0x2;

impl {
    pub fn new(lapic_id: u8) -> Self {
        let cpu_flags = CPU_FLAGS_ENABLE | CPU_FLAGS_BSP;

        ProcessEntry {
            type_: 0,
            lapic_id,
            lapic_version: APIC_VERSION,
            cpu_flags,
            cpu_signature: 0x600, // Intel CPU Family Number: 0x6
            feature_flags: 0x201, // APIC & FPU
            reserved: 0,
            reserved1: 0,
        }
    }
}
```

其余 Entry 的配置方法大同小异，此处不再额外说明，读者自行查阅相关 SPEC 手册和示例代码来了解各项数值的配置。

将全部的 MP 浮点指针（MP Floating Pointer）和 MP 表（MP Table）都写入内存地址 **0x0009fc00** 后，mptable 部分的配置全部完成。此时内核已经能获取启动所必需的硬件信息、配置信息和处理器相关信息。

5. 配置 Initrd、Kernel 和内核命令行

相关配置全部完成后，还需要将一些启动所必需的资源读入内存，这里主要有三种资源需要被读入内存。

（1）**Initrd**：用来作为内存文件系统，读入内存位置在内存末端。（可以通过在 StratoVirt 项目 Wiki[①] 的 mini_stratovirt_edu/mk_initrd.md 路径下直接获取 initrd 镜像

---

① StratoVirt 项目 Wiki 的地址：https://gitee.com/openeuler/stratovirt/wikis。

的制作教程。)

（2）**Kernel**：PE 格式的 Linux 内核镜像 vmlinux. bin 可以全部读入内存中，读入内存位置为 0x00100000。

（3）**内核命令行**：Kernel 启动额外的配置项作为输入，以字符串的形式传入，读入内存位置为 0x00020000。

内核命令行作为内核启动最后的入参，用来控制一些较为上层的行为，如内核的启动盘、输出设备等，这里给出一个较为简易的支持 Initrd 启动的配置：

console = ttyS0 panic = 1 reboot = k root = /dev/ram rdinit = /bin/sh

其中，console 用来标识该内核的输出设备；panic 和 reboot 定义了内核处理 panic 和 reboot 行为的模式；root 定义了内核的启动盘，这里使用内存文件系统来启动；rdinit 定义了内核启动完成后执行的第一个进程的路径。

6. 进入保护模式

在完成所有的配置后，基本已经做完了一遍内核启动流程中实模式所做的工作，接下来就是让 CPU 从实模式进入保护模式的步骤了。在实模式和保护模式下，CPU 寻址方式是不一样的，在实模式下，内存被划分为不同的段，每个段的大小为 64KB，这样的段地址可以用 16 位来标识，内存段的处理通过和段寄存器关联的内部机制来进行，即将段寄存器本身的值作为物理地址的一部分，此时物理地址＝左移 4 位的段地址＋偏移地址。而在保护模式下，为了能控制更多的内存，内存段被一系列称为**描述符表**的结构所定义，段寄存器由直接存储地址变为了存储指向这些表的指针。这些描述符表中，最重要就是 GDT（Global Descriptor Table，全局描述符表）。GDT 是一个段描述符数组，包含了所有应用程序都可以使用的基本描述符。GDT 必须是存在且唯一的，它的初始化一般是在实模式中由内核来完成的。想要跳过实模式到保护模式，必须完成对 GDT 的配置。

GDT 表的每一项由属性（flags，12 位）、基地址（base，32 位）和段界限（20 位）组成，共 64 位，可以通过 64 位数把它表示出来，相关代码如下。

StratoVirt － mini_stratovirt_edu/src/boot_loader/gdt.rs

```
pub struct GdtEntry(pub u64);

Impl GdtEntry {
    pub fn new(flags: u64, base: u64, limit: u64) -> Self {
        let base = (base & 0xff00_0000) << (56 - 24) | (base & 0x00ff_ffff) << 16;
        let limit = (limit & 0x000f_0000) << (48 - 16) | (limit & 0x0000_ffff);
        let flags = (flags & 0x0000_f0ff) << 40;

        GdtEntry(base | limit | flags)
    }
}

let gdt_table: [u64; 4] = [
```

```
        GdtEntry::new(0, 0, 0).into(),                      // 空
        GdtEntry::new(0, 0, 0).into(),                      // 空
        GdtEntry::new(0xa09b, 0, 0xfffff).into(),           // 代码
        GdtEntry::new(0xc093, 0, 0xfffff).into(),           // 数据
];
```

在整个虚拟机内存中，GDT 表只有一张，并且可以存放在内存的任何位置。但是对 CPU 来说，它必须知道 GDT 表的位置，因此 CPU 中存在一个特定寄存器 GDTR 用来存放 GDT 的入口位置。之后在 CPU 进入保护模式后，它就能根据该寄存器中的值访问 GDT。根据对内存布局的规划，这里将 GDT 表存放在 0x520 处，将用于中断的 IDT 表存放在 0x500 处。但此时 IDT 表的内容并不重要，可以将 64 位全部置 0。

设置完 GDT 表后，需要根据 GDT 表的入口地址和内容来设置 CPU 的寄存器，这里主要设置 GDTR 寄存器的信息，相关代码如下。

StratoVirt - mini_stratovirt_edu/src/boot_loader/gdt.rs

```
impl From(GdtEntry) for kvm_bindings::kvm_segement; {
    fn from(item: GdtEntry) -> Self {
    let base = (item.0 >> 16 & 0x00ff_ffff) | (item.0 >> (56 - 24) & 0xff00_0000);
    let limit = (item.0 >> (48 - 16) & 0x000f_0000) | (item.0 & 0x0000_ffff);
     let flags = (item.0 >> 40) & 0x0000_f0ff;
    kvm_bindings::kvm_segment {
            base,
            limit: limit as u32,
            type_: (flags & 0xf) as u8,
            present: ((flags >> (15 - 8)) & 0x1) as u8,
            dpl: ((flags >> (13 - 8)) & 0x3) as u8,
            db: ((flags >> (22 - 8)) & 0x1) as u8,
            s: ((flags >> (12 - 8)) & 0x1) as u8,
            l: ((flags >> (21 - 8)) & 0x1) as u8,
            g: ((flags >> (23 - 8)) & 0x1) as u8,
            avl: ((flags >> (20 - 8)) & 0x1) as u8,
            ..Default::default()
        }
    }
}

let mut code_seg: kvm_segment = GdtEntry(gdt_table[2 as usize]).into();
code_seg.selector = 2_u16 * 8;
let mut data_seg: kvm_segment = GdtEntry(gdt_table[3 as usize]).into();
data_seg.selector = 3_u16 * 8;
```

根据 GDT 表的内容生成 GDTR 寄存器中代码段和数据段的内容，这些寄存器段信息包装好后将传递到 CPU 模块中，完成相关寄存器的设置。除了 GDTR 寄存器外，针对内存布局，还有一些额外的信息需要传递到 CPU 模块中，需要将这些信息封装起来，作为 boot_loader 整个模块的输出，供别的模块（如 CPU 模块）使用。相关代码如下。

StratoVirt‐mini_stratovirt_edu/src/boot_loader/loader.rs/// 内存中一些启动资源的起始地址以及需要设置的寄存器值

```
pub struct BootLoader {
    // 保护模式下内核入口被加载到内存的地址
    pub kernel_start: u64,
    // initrd 的加载地址
    pub initrd_start: u64,
    // 四级页表的加载地址
    pub boot_pml4_addr: u64,
    // ZeroPage 的存放位置
    pub zero_page_addr: u64,
    // 根据 Gdt 表信息需要设置的寄存器值
    pub segments: BootGdtSegment,
}
```

StratoVirt‐mini_stratovirt_edu/src/boot_loader/loader.rs

```
#[derive(Debug, Default, Copy, Clone)]
pub struct BootGdtSegment {
    pub code_segment: kvm_segment,
    pub data_segment: kvm_segment,
    pub gdt_base: u64,
    pub gdt_limit: u16,
    pub idt_base: u64,
    pub idt_limit: u16,
}
```

BootLoader 结构体将记录 boot_loader 完成的部分内存布局信息和需要的寄存器设置，并传递给 CPU 模块来完成相关寄存器的设置。

和普通汇编程序一样，这里也需要设置地址寄存器来定义程序的入口地址，同时将零页的存放地址告诉 RSI 寄存器，代码如下。

StratoVirt‐mini_stratovirt_edu/src/cpu/mod.rs

```
impl CPU {
    fn setup_regs(&mut self, boot_config: &BootLoader) {
        self.regs = kvm_regs {
            rflags: 0x0002,
            rip: boot_config.kernel_start,
            rsi: boot_config.zero_page,
        };
    }
}
```

为了成功进入保护模式，需要设置段寄存器的相关值，将 GDT 表的信息传递给 GDTR 寄存器和代码段寄存器，让保护模式下的 vCPU 能正确寻址，相关代码如下。

StratoVirt – mini_stratovirt_edu/src/cpu/mod.rs

```
impl CPU {
    fn setup_sregs(&mut self, boot_config: &BootLoader) {
        … …
        // 初始化 GDT 表,GDT 表以及被加载到虚拟机内存空间
        self.sregs.cs = boot_config.code_segment;
        self.sregs.ds = boot_config.data_segment;
        self.sregs.es = boot_config.data_segment;
        self.sregs.fs = boot_config.data_segment;
        self.sregs.gs = boot_config.data_segment;
        self.sregs.ss = boot_config.data_segment;
        self.sregs.gdt.base = boot_config.gdt_base;
        self.sregs.gdt.limit = boot_config.gdt_size;

        // 初始化 IDT 表,IDT 表以及被加载到虚拟机内存空间
        self.sregs.idt.base = boot_config.idt_base;
        self.sregs.idt.limit = boot_config.idt_size;
        …
    }
}
```

此时 CPU 已经可以正常进入保护模式了,并设置好了低地址段的内存布局来引导内核正常运行。在正式开始运行内核前,还需要做两件事。

（1）**初始化更多的 vCPU 寄存器信息**：除了通用寄存器和段寄存器外,为了成功运行 Linux 内核,还需要初始化其他 CPU 寄存器,如 fpu、mp_state、lapic、msr 寄存器以及用来呈现虚拟机 CPU 特性的 cpuid,这部分代码为 CPU 本身硬件信息的初始化被封装在 src/cpu/register.rs 中,可以直接使用。

（2）**通过 0x3f8 端口获取内核的输出**：在内核启动参数中设置了 **console＝ttyS0**,此时内核在启动后,会通过 ISA_SERIAL 标准串口进行输出,该标准串口会在虚拟机退出时通过 0x3f8 串口输出字符信息,可以通过修改 IO_OUT 退出事件的处理函数来捕获这些信息,相关代码如下。

StratoVirt – mini_stratovirt_edu/src/cpu/mod.rs

```
impl CPU {
    fn kvm_vcpu_exec(&self) -> bool {
        match self.fd.run().expect("Unhandled error in vcpu emulation!")
            …
            VcpuExit::IoOut(addr, data) => {
                if addr == 0x3f8 {                  // 判断端口号是否为 0x3f8
                    // 转成字符串输出
                    print!("{}", String::from_utf8_lossy(data));
                }
            }
            …
    }
```

```
      }
  }
```

将 PE 格式内核镜像 vmlinux.bin 和 initrd 文件放在代码中指定的地址,运行程序启动
内核镜像,输出如下。

Terminal

```
cargo run
  Finished dev [unoptimized + debuginfo] target(s) in 0.01s
  Running target/debug/stratovirt
Start to run linux kernel!

[    0.000000] Linux version 5.10.0 (root@ecs-3214-0002) (gcc (GCC)
9.3.1, GNU ld (GNU Binutils) 2.34) #1 SMP Tue Mar 30 11:01:14 UTC 2021
[    0.000000] Command line: console = ttyS0 panic = 1 reboot = k root = /dev/ram rdinit = /
bin/sh
v/ram rdinit = /bin/sh
......
[  420.658971] Run /bin/sh as init process
```

可以发现内核成功启动,顺利进入 initrd 中 init 的步骤,但是却无法输入任何命令。这
是因为对于内核来说,虚拟机只是捕获了 0x3f8 端口的输出,却没有真正实现 ISA_SERIAL
标准串口这一设备,虚拟机中的用户态程序无法识别到这个设备,也没有办法真正输入
命令。

以上就是一个简单的虚拟机 BootLoader 的全部内容。本小节介绍了 Linux 标准内核
引导阶段的流程以及 BootLoader 模块的设计思路和简单实现,成功用简易的 Hypervisor
启动了一个标准 Linux 内核虚拟机。下面将更进一步,完成标准输入输出设备的实现,让
虚拟机真正可用。

6.4.6　串口实现

上文已经实现了 BootLoader 功能,内核与文件系统已经能够正常启动,但是发现启动
信息打印非常慢。原因是当前仅将串口 I/O 端口 0x3f8 的内容使用 println 函数输出,而没
有真正实现串口设备功能。这一小节将会详细介绍串口设备的实现。

首先介绍串口设备使用的所有寄存器,如表 6-9 所示。

表 6-9　串口设备寄存器

名称	读写权限	功 能 说 明
RBR	RO	在 FIFO 没有使能的情况下,该寄存器保存要发送到主机的单个字符;在 FIFO 使能的情况下,每次读取该寄存器返回 FIFO 缓存的一个字符,直到所有 FIFO 缓存被读取完。LSR 寄存器的第 0 位复位表示 RBR 寄存器内容被完全读完,如果为 0 表示没有新数据

名称	读写权限	功　能　说　明
THR	WO	在 FIFO 没有使能的情况下，该寄存器保存由主机发送给外设的单个字符；在 FIFO 使能的情况下，每次 OS 写该寄存器都会将字符写入 FIFO 缓存。LSR 寄存器的第 5 位，指示主机是否可以继续写入。当 THR 为空时，第 5 位置 1，表示可以继续写入
IER	RW	UART 可以产生多个事件，共享一个中断，所以中断发生时需要将额外的事件信息告诉 CPU。IER 寄存器的每位就代表一个特定的事件，提供给主机写入，以决定当事件发生时是否发送中断给 CPU
IIR	RO	UART 支持多个事件发送中断，它们共享同一中断源，所以当主机接收到中断信号时，需要进一步查看是哪种事件
FCR	WO	FCR 寄存器主要用于控制 FIFO 功能，如使能、失能等
LCR	RW	LCR 寄存器用于在设备初始化时，设置一些通信参数，如奇偶校验位、数据位长度等。此外 LCR 还有个重要作用就是决定寄存器基地址的前 2 字节的用途：当 LCR.DLAB=0，这两字节用作 RBR、THR 和 IER 寄存器；当 LCR.DLAB=1，这两字节用作 DLL 和 DLM 寄存器
MCR	RW	UART 除了支持连接普通的串口设备，还支持连接调制解调器。在连接调制解调器时，需要主机和对方进行协商，以保证数据的正常发送和接收。MCR 寄存器由主机设置，告诉调制解调器主机的状态，对应的还有 MSR 寄存器，由调制解调器设置，告诉主机调制解调器的状态
LSR	RO	LSR 寄存器主要用来标记当前通信的状态，包含错误类型、就绪状态等信息
MSR	RO	与 MCR 寄存器对应，MSR 寄存器的内容由调制解调器设置，主机会根据此寄存器内容，决定是否给对方发送数据

　　串口设备的寄存器主要用于初始化协商和串口设备收发数据处理，下面介绍串口设备的初始化过程。

　　首先，创建虚拟机内部通知后端的事件，用于通知虚拟机将内部数据输出到标准输出接口上；其次向 KVM 注册串口设备中断号，中断用于通知虚拟机内部已有接收数据需要处理；然后初始化串口寄存器，例如 LCR 寄存器设置数据长度为 8 位，LSR 寄存器设置发送数据寄存器为空且线路空闲，MSR 寄存器设置发送处理就绪、检测电话响起以及检测已连通，波特率设置为 9600；最后创建线程，监听标准输入接口（终端输入）是否有数据处理，将数据写入缓存中，通过寄存器 RBR 读操作，通知到虚拟机内部。

StratoVirt - mini_stratovirt_edu/src/device/serial.rs

```rust
pub fn new(vm_fd: &VmFd) -> Arc<Mutex<Self>> {
    std::io::stdin()
        .lock()
        .set_raw_mode()
        .expect("Failed to set raw mode to stdin");

    let evt_fd = EventFd::new(libc::EFD_NONBLOCK).unwrap();
    vm_fd
```

```
        .register_irqfd(&evt_fd, MMIO_SERIAL_IRQ)
        .expect("Failed to register irq fd for serial");

    let serial = Arc::new(Mutex::new(Serial {
        rbr: VecDeque::new(),
        ier: 0,
        iir: UART_IIR_NO_INT,
        lcr: 0x03, // 8 位
        mcr: UART_MCR_OUT2,
        lsr: UART_LSR_TEMT | UART_LSR_THRE,
        msr: UART_MSR_DCD | UART_MSR_DSR | UART_MSR_CTS,
        scr: 0,
        div: 0x0c,
        thr_pending: 0,
        interrupt_evt: evt_fd,
        output: Box::new(std::io::stdout()),
    }));

    let serial_clone = serial.clone();
    let _ = thread::Builder::new()
        .name("serial".to_string())
        .spawn(move || loop {
            if serial_clone.lock().unwrap().stdin_exce().is_err() {
                println!("Failed to excecute the stdin");
            }

            thread::sleep(Duration::from_millis(10));
        });

    serial
}
```

接下来介绍寄存器的读操作实现。偏移量 0～7 的值分别对应着 0x3f8～0x3ff 寄存器,各寄存器介绍如表 6-10 所示。

表 6-10　寄存器介绍表

偏移量	寄存器值	寄存器说明
0	0X3F8	当线路控制寄存器(LCR)中的 DLAB 位为 0 时,代表接收缓存寄存器(RBR);DLAB 位为 1 时,代表除数锁存器最低有效位寄存器(DLL),用于获取设备波特率使用
1	0X3F9	当线路控制寄存器(LCR)中的 DLAB 位为 0 时,代表中断使能寄存器(IER);DLAB 位为 1 时,代表除数锁存器最高有效位寄存器(DLM),用于获取设备波特率使用
2	0X3FA	中断定义寄存器(IIR)
3	0X3FB	线路控制寄存器(LCR)
4	0X3FC	模式控制寄存器(MCR)
5	0X3FD	线路状态寄存器(LSR)
6	0X3FE	模式状态寄存器(MSR)
7	0X3FF	捕获寄存器(SCR)

StratoVirt – mini_stratovirt_edu/src/device/serial.rs

```rust
pub fn read(&mut self, offset: u64) -> u8 {
    let mut ret: u8 = 0;
    match offset {
        0 => {
            if self.lcr & UART_LCR_DLAB != 0 {
                ret = self.div as u8;
            } else {
                if !self.rbr.is_empty() {
                    ret = self.rbr.pop_front().unwrap_or_default();
                }
                if self.rbr.is_empty() {
                    self.lsr &= !UART_LSR_DR;
                }
                if self.update_iir().is_err() {
                    println!(
                        "Failed to update iir for reading the register {} of serial",
                        offset
                    );
                }
            }
        }
        1 => {
            if self.lcr & UART_LCR_DLAB != 0 {
                ret = (self.div >> 8) as u8;
            } else {
                ret = self.ier
            }
        }
        2 => {
            ret = self.iir | 0xc0;
            self.thr_pending = 0;
            self.iir = UART_IIR_NO_INT
        }
        3 => {
            ret = self.lcr;
        }
        4 => {
            ret = self.mcr;
        }
        5 => {
            ret = self.lsr;
        }
        6 => {
            if self.mcr & UART_MCR_LOOP != 0 {
                ret = (self.mcr & 0x0c) << 4;
                ret |= (self.mcr & 0x02) << 3;
                ret |= (self.mcr & 0x01) << 5;
            } else {
                ret = self.msr;
```

```
                }
            }
            7 => {
                ret = self.scr;
            }
            _ => {}
        }
        ret
    }
```

最后介绍寄存器的写操作实现。偏移量 0～7 的值分别对应着 0x3f8～0x3ff 寄存器，寄存器介绍如表 6-11 所示。

表 6-11　寄存器介绍表

偏移量	寄存器值	寄存器说明
0	0x3F8	当线路控制寄存器（LCR）中的 DLAB 位为 0 时，代表发送保存寄存器（THR）；DLAB 位为 1 时，代表除数锁存器最低有效位寄存器（DLL），用于设置设备波特率
1	0x3F9	当线路控制寄存器（LCR）中的 DLAB 位为 0 时，代表中断使能寄存器（IER）；DLAB 位为 1 时，代表除数锁存器最高有效位寄存器（DLM），用于设置设备波特率使用
2	0x3FA	先入先出控制寄存器（FCR）
3	0x3FB	线路控制寄存器（LCR）
4	0x3FC	模式控制寄存器（MCR）
5	0x3FD	工厂测试
6	0x3FE	未使用
7	0x3FF	捕获寄存器（SCR）

StratoVirt – mini_stratovirt_edu/src/device/serial.rs

```
pub fn write(&mut self, offset: u64, data: u8) -> Result<()> {
    match offset {
        0 => {
            if self.lcr & UART_LCR_DLAB != 0 {
                self.div = (self.div & 0xff00) | u16::from(data);
            } else {
                self.thr_pending = 1;

                if self.mcr & UART_MCR_LOOP != 0 {
                    // 回环模式
                    if self.rbr.len() >= RECEIVER_BUFF_SIZE {
                        return Err(Error::Overflow(self.rbr.len(), RECEIVER_BUFF_SIZE));
                    }

                    self.rbr.push_back(data);
                    self.lsr |= UART_LSR_DR;
```

```
            } else {
                self.output.write_all(&[data]).map_err(Error::IoError)?;
                self.output.flush().map_err(Error::IoError)?;
            }

            self.update_iir()?;
        }
    }
    1 => {
        if self.lcr & UART_LCR_DLAB != 0 {
            self.div = (self.div & 0x00ff) | (u16::from(data) << 8);
        } else {
            let changed = (self.ier ^ data) & 0x0f;
            self.ier = data & 0x0f;

            if changed != 0 {
                self.update_iir()?;
            }
        }
    }
    3 => {
        self.lcr = data;
    }
    4 => {
        self.mcr = data;
    }
    7 => {
        self.scr = data;
    }
    _ => {}
}
```

详细代码可切换至 StratoVirt 主页 mini_stratovirt_edu 分支中的串口实现。使用此
commit 节点进行编译，执行编译出来的 stratovirt 二进制，结果如下。

Terminal

```
./stratovirt
Start to run linux kernel!
[    0.000000] Linux version 5.10.0+ (root@k8s-master) (gcc (GCC) 9.3.1, GNU ld (GNU
Binutils) 2.34) #17 SMP Thu Jan 7 19:20:32 CST 2021
[    0.000000] Command line: console=ttyS0 panic=1 reboot=k root=/dev/ram rdinit=/bin/sh
[    0.000000] x86/fpu: Supporting XSAVE feature 0x001: 'x87 floating point registers'
[    0.000000] x86/fpu: Supporting XSAVE feature 0x002: 'SSE registers'
[    0.000000] x86/fpu: Supporting XSAVE feature 0x004: 'AVX registers'
[    0.000000] x86/fpu: xstate_offset[2]:  576, xstate_sizes[2]:  256
[    0.000000] x86/fpu: Enabled xstate features 0x7, context size is 832 bytes, using '
standard' format.
[    0.000000] BIOS-provided physical RAM map:
```

此时仍有一个问题，只有在输入字符的时候，串口的输出信息才会显示出来，该问题将在下一小节中进行详细分析。

6.4.7 Epoll 实现

上一小节实现了串口设备，但是运行的结果却还是不如人意，只有在人工输入字符的时候，串口的输出信息才会显示出来。

通过代码逻辑分析，创建 Serial 结构体时使用了互斥（Mutex）锁，当前有两类线程会同时访问 Serial 数据结构：一个是进行虚拟机内部串口数据的输入和输出处理的 vCPU 线程，另一个是串行标准输入（终端输入）处理线程。在串行标准输入处理线程中，首先会持有 Serial 数据结构的互斥锁，然后使用 std::io::stdin().lock().read_raw() 阻塞等待标准输入，此时 vCPU 线程无法获取互斥锁进行虚拟机内的输入和输出处理；当标准输入处理完数据后，才会释放互斥锁，vCPU 线程才能够获取互斥锁进行虚拟机内的输入和输出处理，这就导致只有在人工输入字符才有串口信息输出问题。

解决这个问题核心思路是 Serial 标准输入处理线程不要处于长期阻塞等待处理的状态，导致 Serial 数据结构的互斥锁无法释放给其他线程访问。这就需要引入 Epoll 机制，只有在产生标准输入事件的情况下，才需要进行标准输入的读取操作，这样就能及时让出互斥锁资源。

下面就介绍如何简易实现 Epoll 处理，当前使用的是 Crates.io 中 vmm_sys_util 封装箱，它已经提供了 Epoll[①] 安全 API 接口（new，ctl，wait）。

首先，创建 Epoll 管理结构体内容的对象，用于保存 Epoll 对象、监听事件和事件发生时的闭包处理（事件回调函数处理）。Epoll 管理结构的代码如下。

StratoVirt - mini_stratovirt_edu/src/helper/epoll.rs

```
// Epoll 管理结构内容
pub struct EpollContext {
    // Epoll 文件句柄
    epoll: Epoll,
    // 事件处理闭包保存结构
    events: Arc < Mutex < BTreeMap < RawFd, Box < EventNotifier >>>>,
}
```

事件管理结构的代码如下。

StratoVirt - mini_stratovirt_edu/src/helper/epoll.rs

```
// 监听事件发生时的闭包原型(回调处理函数原型)
pub type NotifierCallback = dyn Fn(EventSet, RawFd) + Send + Sync;
// Epoll 事件管理数据结构,用于保存监听事件文件句柄、监听事件类型以及闭包函数
pub struct EventNotifier {
```

---

① Epoll 参考地址：https://man7.org/linux/man-pages/man7/epoll.7.html/。

```
/// 事件文件句柄
pub raw_fd: RawFd,
/// 监听的事件类型
pub event: EventSet,
/// 事件发生时的闭包
pub handler: Arc < Mutex < Box < NotifierCallback >>>,
}
```

创建 Epoll 管理结构体内容的对象，代码如下。

StratoVirt – mini_stratovirt_edu/src/helper/epoll.rs

```
pub fn new() -> Self {
    EpollContext {
        epoll: Epoll::new().unwrap(),
        events: Arc::new(Mutex::new(BTreeMap::new())),
    }
}
```

其次，需要将监听的文件描述符加入 Epoll 中，传入的参数是上述代码块定义中的 EventNotifier 结构体，将其设置为监听事件的数据指针。代码如下。

StratoVirt – mini_stratovirt_edu/src/helper/epoll.rs

```
pub fn add_event(&mut self, event: EventNotifier) {
    let mut events = self.events.lock().unwrap();
    let raw_fd = event.raw_fd;
    events.insert(raw_fd, Box::new(event));
    let event = events.get(&raw_fd).unwrap();
    self.epoll
        .ctl(
            ControlOperation::Add,
            raw_fd,
            EpollEvent::new(event.event, & * * event as * const _ as u64),
        )
        .unwrap();
}
```

最后，创建一个线程进行事件监听循环处理，当监听事件发生时，获取监听事件的数据指针，调用其存储的闭包函数，进行事件函数处理，以下代码块为事件监听处理函数。

StratoVirt – mini_stratovirt_edu/src/helper/epoll.rs

```
pub fn run(&self) -> bool {
    let mut ready_events = vec![EpollEvent::default(); READY_EVENT_MAX];
    let ev_count = match self.epoll.wait(READY_EVENT_MAX, -1, &mut ready_events[..]) {
        Ok(ev_count) => ev_count,
        Err(e) if e.raw_os_error() == Some(libc::EINTR) => 0,
```

```
            Err(_e) => return false,
        };
    for ready_event in ready_events.iter().take(ev_count) {
        let event = unsafe {
            let event_ptr = ready_event.data() as *const EventNotifier;
            &*event_ptr as &EventNotifier
        };
        let handler = event.handler.lock().unwrap();
        handler(ready_event.event_set(), event.raw_fd);
    }
    true
}
```

以串行设备处理为例,使用 Epoll 机制的如下示例代码。

StratoVirt – mini_stratovirt_edu/src/device/serial.rs

```
let serial_clone = serial.clone();
let mut epoll = EpollContext::new();
let handler: Box<dyn Fn(EventSet, RawFd) + Send + Sync> =
Box::new(move |event, _| {
    if event == EventSet::IN &&
serial_clone.lock().unwrap().stdin_exce().is_err() {
        println!("Failed to excecute the stdin");
    }
});

let notifier = EventNotifier::new(
    libc::STDIN_FILENO,
    EventSet::IN,
    Arc::new(Mutex::new(handler)),
);

epoll.add_event(notifier);

let _ = thread::Builder::new()
    .name("serial".to_string())
    .spawn(move || loop {
        if !epoll.run() {
            break;
        }
    });
```

详细代码可切换至 StratoVirt 主页的 mini_stratovirt_edu 分支中的 Epoll 实现查看。
重新编译运行,就顺利地解决了只有在输入字符的时候,串口的输出信息才会显示出来的
问题。修改完成后,启动信息很快就输出到终端上,运行结果如下。

Terminal

```
./stratovirt
```

```
Start to run linux kernel!
[    0.000000] Linux version 5.10.0 + (root@k8s - master) (gcc (GCC) 9.3.1, GNU ld (GNU
Binutils) 2.34) #17 SMP Thu Jan 7 19:20:32 CST 2021
[    0.000000] Command line: console = ttyS0 panic = 1 reboot = k root = /dev/ram rdinit = /bin/sh
[    0.000000] x86/fpu: Supporting XSAVE feature 0x001: 'x87 floating point registers'
...
[    0.983668] Freeing unused kernel image (initmem) memory: 2632K
[    0.986335] Write protecting the kernel read - only data: 16384k
[    0.989233] Freeing unused kernel image (text/rodata gap) memory: 2040K
[    0.991789] Freeing unused kernel image (rodata/data gap) memory: 1504K
[    0.993164] Run /bin/sh as init process
/bin/sh: can't access tty; job control turned off
/ #
/ #
```

6.4.8　鲲鹏平台支持

6.4.1～6.4.7 节实现了一个精简的 VMM，并且可以在 x86_64 平台上成功启动客户机。本小节将通过扩展现有的模块实现，在鲲鹏服务器上启动客户机。本节扩展内容主要包括中断控制器、BootLoader、CPU 模型和设备树（Device Tree）的实现。

1. 中断控制器

KVM 提供了 AArch64 平台中断控制器 GIC 的模拟能力，因此可以直接创建 VGIC（Virtual General Interrupt Controller，虚拟通用中断控制器），并配置该 KVM 设备的属性。因为在持续迭代过程中，StratoVirt 会逐步增加新特性，MSI 不可或缺，因此中断控制器模块选择 GICv3 版本，并添加 GICv3 ITS 设备。

以下代码描述了 VGIC 的结构体，包含设置 KVM VGIC 设备属性的 DeviceFd、VGIC 中断分发器、VGIC 中断再分发器的地址区间等。

StratoVirt - mini_stratovirt_edu/src/device/gicv3.rs

```
pub struct GICv3 {
    fd: DeviceFd,
    its_dev: GICv3Its,
    // 最大可用的中断号数目
    nr_irqs: u32,
    // GICv3 中断再分发器的基地址
    redist_base: u64,
    // GICv3 中断再分发器地址区间的长度
    redist_size: u64,
    // GICv3 中断分发器的基地址
    dist_base: u64,
    // GICv3 中断分发器地址区间的长度
    dist_size: u64,
}
```

（1）**创建 GICv3 中断控制器和 ITS**。通过第三方 kvm-ioctls 库,创建 VGIC 以及 ITS 对应的 KVM 设备。创建设备时,可以直接调用虚拟机句柄 VmFd 的成员方法,在传入的参数中指定需要创建的设备类型。代码如下。

StratoVirt - mini_stratovirt_edu/src/device/gicv3.rs

```
pub fn create_gic_and_its(vm: &Arc < VmFd >, vcpu_count: u64, max_irq: u32) -> Result < Self > {
    ...
    // 创建 GICv3 设备,指定设备类型为 kvm_device_type_KVM_DEV_TYPE_ARM_VGIC_V3
    let mut gic_device = kvm_bindings::kvm_create_device {
        type_: kvm_bindings::kvm_device_type_KVM_DEV_TYPE_ARM_VGIC_V3,
        fd: 0,
        flags: 0,
    };
    // 得到 GICv3 对应的 DeviceFd,后面通过该 Fd 设置 GICv3 设备属性
    let gic_fd = vm
        .create_device(&mut gic_device)
        .map_err(Error::CreateKvmDevice) ;
    ...
    // 创建 ITS 设备,指定设备类型为 kvm_device_type_KVM_DEV_TYPE_ARM_VGIC_ITS
    let mut its_device = kvm_bindings::kvm_create_device {
            type_:kvm_bindings::kvm_device_type_KVM_DEV_TYPE_ARM_VGIC_ITS,
            fd: 0,
            flags: 0,
        };

    let its_fd = vm
            .create_device(&mut its_device)
            .map_err(Error::CreateKvmDevice) ;
}
```

（2）**属性设置与初始化**。设置 KVM 设备属性,包含 VGIC 中断再分发器、ITS 的地址信息以及中断数目等。中断控制器模块使用到的 Group 属性和 Group 下需要设置的属性值如下,读者可以参考 VGIC v3 的 Linux 内核文档[①]和 VGIC ITS 的内核文档[②]。

① KVM_DEV_ARM_VGIC_GRP_ADDR（Group 属性）。它包括:

- KVM_VGIC_V3_ADDR_TYPE_DIST:VGIC 中断分发器的基地址属性（该基地址为虚拟机内部物理地址空间的地址）,必须 64KB 对齐。VGIC 中断分发器的长度固定为 64KB。

- KVM_VGIC_V3_ADDR_TYPE_DIST:VGIC 中断再分发器的基地址属性（该基地址为虚拟机内部物理地址空间的地址）,必须 64KB 对齐。VGIC 中断再分发器的长度固定为 128KB。

- KVM_DEV_ARM_VGIC_GRP_NR_IRQS:中断数目属性。该属性设置 VGIC 设

---

① VGIC r3 的 Linux 内核文档地址:https://www.kernel.org/doc/html/latest/virt/kvm/devices/arm-vgic-v3.html。

② VGIC ITS 内核文档地址:https://www.kernel.org/doc/html/latest/virt/kvm/devices/arm-vgic-its.html。

备实例管理的总中断数目，最大值为 1024。

- KVM_VGIC_ITS_ADDR_TYPE：ITS 的基地址属性，必须 64KB 对齐。ITS 的长度固定为 128KB。

② KVM_DEV_ARM_VGIC_GRP_CTRL（Group 属性）有。它：

KVM_DEV_ARM_VGIC_CTRL_INIT：初始化 VGIC 设备和 ITS 需要设置该寄存器，请求 KVM 初始化 VGIC 设备和 ITS 设备。初始化设备请求，在设备属性设置完成后进行。完成初始化之后，StratoVirt 中断控制器模块的初始化就全部完成。代码如下。

StratoVirt‑mini_stratovirt_edu/src/device/gicv3.rs

```
// StratoVirt 抽象出函数 kvm_device_access 用于设置/读取 VGIC 和 ITS 设备属性
// 以及错误处理
fn kvm_device_access(fd: &DeviceFd, group: u32, attr: u64, addr: u64, write: bool) -> Result<()> {
    let attr = kvm_bindings::kvm_device_attr {
        group,
        attr,
        addr,
        flags: 0,
    };

    if write {
        fd.set_device_attr(&attr)
            .map_err(Error::SetDeviceAttribute)?;
    } else {
        let mut attr = attr;
        fd.get_device_attr(&mut attr)
            .map_err(Error::GetDeviceAttribute)?;
    };
    Ok(())
}
```

2. BootLoader

与 x86_64 不同，AArch64 平台上的低端地址区间提供给设备使用，客户机物理内存起始位置为 1GB，如图 6-13 所示。AArch64 平台的地址空间布局同样定义在内存子模块中。

AArch64 平台的 BootLoader 实现较为简单，主要包括：①将虚拟机内核和 initrd 镜像保存到内存中；② 在虚拟机内存中为设备树预留空间，大小为 64KB。虚拟机内核镜像、initrd 镜像和设备树在内存中的布局如 6-13 所示。其中，设备树和 initrd 镜像存放在内存的结束位置处，内核镜像存放在内存起始位置处。

将虚拟机内核镜像和 initrd 镜像保存到内存中后，将内核起始地址、initrd 地址和设备树存放地址保存在 AArch64BootLoader 结构体中，相关代码如下。

StratoVirt‑mini_stratovirt_edu/src/boot_loader/aarch64/mod.rs

```
pub struct AArch64BootLoader {
    // 内核在客户机物理内存中的地址
```

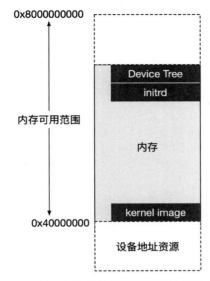

图 6-13　AArch64 架构下虚拟机地址空间布局

```
pub kernel_start: u64,
// initrd 在客户机物理内存中的地址
pub initrd_start: u64,
// initrd 的大小
pub initrd_size: u64,
// 设备树在客户机物理内存中的地址
pub dtb_start: u64,
}
```

3. CPU 模型

AArch64 平台的 CPU 基本结构可以复用 6.4.4 节中的内容，唯一的不同是寄存器数据结构的不同，这里采用了 Rust 中编译宏的编译技巧，将 x86_64 和 AArch64 的寄存器信息封装在不同的结构中，并添加到 CPU 数据结构中的同一成员处中，通过编译宏隔开。使用 #[cfg(target_arch = "x86_64")]，表示仅在 x86_64 的编译环境中编译下一代码块的代码，#[cfg(target_arch = "aarch64")] 则表示在 AArch64 平台需要编译的代码块，这样就可以通过一套代码来支持两个平台的 CPU 模型。

和 x86_64 相同，AArch64 运行内核代码前也需要设置相关 vCPU 寄存器的信息，其作用主要是让 vCPU 可以获取内核和设备树的起始地址信息，这两个值将被设置到 USER_PT_REG_PC 寄存器和 USER_PT_REG_REGS 寄存器的首位。和 x86_64 平台不同的是，Rust 中的第三方 kvm-ioctls 库对 AArch64 平台的支持较差，只提供了最基本的获取寄存器信息和设置寄存器信息的函数。因此 CPU 模块对 AArch64 vCPU 寄存器内容进行了封装，代码如下。

StratoVirt – mini_stratovirt_edu/src/cpu/aarch64/mod.rs

```rust
// 封装 aarch66 平台 Core 寄存器
pub enum Arm64CoreRegs {
    KVM_USER_PT_REGS,
    KVM_SP_EL1,
    KVM_ELR_EL1,
    KVM_SPSR(usize),
    KVM_USER_FPSIMD_STATE,
    USER_PT_REG_REGS(usize),
    USER_PT_REG_SP,
    USER_PT_REG_PC,
    USER_PT_REG_PSTATE,
    USER_FPSIMD_STATE_VREGS(usize),
    USER_FPSIMD_STATE_FPSR,
    USER_FPSIMD_STATE_FPCR,
    USER_FPSIMD_STATE_RES(usize),
}

impl Into < u64 > for Arm64CoreRegs {
    fn into(self)  -> u64 {
        let register_size;
        let regid = match self {
            Arm64CoreRegs::KVM_USER_PT_REGS = > {
                register_size = KVM_REG_SIZE_U64;
                offset_of!(kvm_regs, regs)
            }
            Arm64CoreRegs::KVM_SP_EL1 = > {
                register_size = KVM_REG_SIZE_U64;
                offset_of!(kvm_regs, sp_el1)
            }
            Arm64CoreRegs::KVM_ELR_EL1 = > {
                register_size = KVM_REG_SIZE_U64;
                offset_of!(kvm_regs, elr_el1)
            }
            Arm64CoreRegs::KVM_SPSR(idx) if idx < KVM_NR_SPSR as usize = > {
                register_size = KVM_REG_SIZE_U64;
                offset_of!(kvm_regs, spsr) + idx * 8
            }
            Arm64CoreRegs::KVM_USER_FPSIMD_STATE = > {
                register_size = KVM_REG_SIZE_U64;
                offset_of!(kvm_regs, fp_regs)
            }
            Arm64CoreRegs::USER_PT_REG_REGS(idx) if idx < 31 = > {
                register_size = KVM_REG_SIZE_U64;
                offset_of!(kvm_regs, regs, user_pt_regs, regs) + idx * 8
            }
            Arm64CoreRegs::USER_PT_REG_SP = > {
                register_size = KVM_REG_SIZE_U64;
                offset_of!(kvm_regs, regs, user_pt_regs, sp)
            }
```

```
Arm64CoreRegs::USER_PT_REG_PC => {
    register_size = KVM_REG_SIZE_U64;
    offset_of!(kvm_regs, regs, user_pt_regs, pc)
}
Arm64CoreRegs::USER_PT_REG_PSTATE => {
    register_size = KVM_REG_SIZE_U64;
    offset_of!(kvm_regs, regs, user_pt_regs, pstate)
}
Arm64CoreRegs::USER_FPSIMD_STATE_VREGS(idx) if idx < 32 => {
    register_size = KVM_REG_SIZE_U128;
    offset_of!(kvm_regs, fp_regs, user_fpsimd_state, vregs) + idx * 16
}
Arm64CoreRegs::USER_FPSIMD_STATE_FPSR => {
    register_size = KVM_REG_SIZE_U32;
    offset_of!(kvm_regs, fp_regs, user_fpsimd_state, fpsr)
}
Arm64CoreRegs::USER_FPSIMD_STATE_FPCR => {
    register_size = KVM_REG_SIZE_U32;
    offset_of!(kvm_regs, fp_regs, user_fpsimd_state, fpcr)
}
Arm64CoreRegs::USER_FPSIMD_STATE_RES(idx) if idx < 2 => {
    register_size = 128;
    offset_of!(kvm_regs, fp_regs, user_fpsimd_state, __reserved) + idx * 8
}
_ => panic!("No such Register"),
};

KVM_REG_ARM64 as u64
    | register_size as u64
    | u64::from(KVM_REG_ARM_CORE)
    | (regid / mem::size_of::<u32>()) as u64
    }
}
```

通过封装好的内核寄存器结构,就可以直接调用 VcpuFd 的 set_one_reg 接口获取和设置指定寄存器的值。

除了通过 BootLoader 得到的内核起始位置信息和设备树位置以外,CPU 还需要初始化一些其他内容,用来完成 CPU 基本硬件状态的设置,包括 MPIDR(多处理器亲和寄存器)的初始化等。读者可以通过查看 StratoVirt 项目 mini_stratovirt_edu 分支获取详细信息。

4. 构建设备树

6.4.5 节中提到,在 x86_64 平台上 BootLoader 通过 e820 表将配置的虚拟机内存信息传递给客户机内核,通过 MP 表将处理器和中断控制器信息传递给虚拟机内核,通过命令行传递其他一些必要的配置项。与 x86_64 平台不同的是,AArch64 平台通过设备树将硬件信息(例如内存信息、CPU 信息等)传递给客户机内核。

　　设备树是一种能够描述硬件信息的数据结构[①]，该结构可以转换成字节流传递给操作系统，操作系统可以解析并获得硬件信息，进而执行一系列的初始化动作。设备树，顾名思义，为树状结构，其中存在一系列的节点，每个节点有一系列属性，并且可以存在若干子节点。

　　在 StratoVirt 项目中，设备树的构建直接通过调用 lfdt C 接口完成，因此在编译 StratoVirt Cargo 项目时，需要将用到的库加入 rustc 的链接选项链表中，对应的编译命令为：cargo rustc-link-args＝"-lfdt"。如果仍希望通过执行 cargo build 命令来编译项目，可以将链接选项写到项目默认编译配置。cargo/config 文件中，设置方法可参照 StratoVirt 项目 mini_stratovirt_edu 分支。

　　构建设备树使用到的 C 接口定义在 src/helper/device_tree.rs 中，代码如下。可以看到，这些函数为创建节点的最基本的函数，调用这些函数需要加 Rust 语言中的 unsafe 标志，为了保证设备树模块基本功能函数的安全性和封装性，需要对 C 接口函数进行封装，并达到以下目标：①C 风格的参数类型，封装后应为 Rust 的数据结构；②保证封装函数的功能完整，错误处理严谨，确保在调用 C 接口的作用域内不会发生内存泄漏、越界访问等问题。

　　为构建设备树，需要用到的主要接口包括：①创建空设备树；②添加子节点；③设置节点属性值。读者可按照这些需求自行实现，可参考 StratoVirt 项目 mini_stratovirt_edu 分支中的 src/helper/device_tree.rs 文件。

StratoVirt－mini_stratovirt_edu/src/helper/device_tree.rs

```
extern "C" {
    fn fdt_create(buf: * mut c_void, bufsize: c_int) -> c_int;
    fn fdt_finish_reservemap(fdt: * mut c_void) -> c_int;
    fn fdt_begin_node(fdt: * mut c_void, name: * const c_char) -> c_int;
    fn fdt_end_node(fdt: * mut c_void) -> c_int;
    fn fdt_finish(fdt: * const c_void) -> c_int;
    fn fdt_open_into(fdt: * const c_void, buf: * mut c_void, size: c_int) -> c_int;

    fn fdt_path_offset(fdt: * const c_void, path: * const c_char) -> c_int;
    fn fdt_add_subnode(fdt: * mut c_void, offset: c_int, name: * const c_char) -> c_int;
    fn fdt_setprop(
        fdt: * mut c_void,
        offset: c_int,
        name: * const c_char,
        val: * const c_void,
        len: c_int,
    ) -> c_int;
}
```

　　通常，构建好的设备树数据称为 DTB（Device Tree Blob，设备树容器）。与 DTB 对应

---

　　①　设备树参考地址：https://www.devicetree.org/specifications/。

的是 DTS（Device Tree Source，设备树源），DTS 是文本格式的设备树描述，更加可视化，符合阅读习惯。利用 DTC（device tree compiler，设备树编译器）工具[①]，可以方便地在 DTS、DTB 两种格式之间转换。

在 src/helper/device_tree.rs 文件中，提供了接口函数 dump_dtb，用于将 DTB 保存到指定文件中。在 src/main.rs 中，将构建好的 DTB 数据保存在指定文件中。执行命令 dtc -I dtb -O dts input.dtb-o output.dts，可以得到 DTS 文件。

下面代码展现了 DTB 中的部分节点示例，其中"/"为根节点（有且仅有一个）。除根节点之外，其他节点有且只有一个父节点。节点的命名规则为"node_name@addr"，其中"node_name"为节点名字，addr 为节点 reg 属性对应的值。节点内部包含了若干节点属性和对应的值。作为内存节点的父节点，根节点中定义了 ♯address-cells 和 ♯size-cells，分别代表在子节点的 reg 属性中地址、地址范围长度所占用的下标数目。以内存节点为例，reg 属性描述了节点的地址范围，在< 0x00 0x40000000 0x00 0x20000000 >中，前两个数字代表地址，后两个数字代表地址范围长度。

StratoVirt - mini_stratovirt_edu stratovirt 的部分 DTS

```
/dts - v1/;

/ {
    interrupt - parent = < 0x02 >;
    ♯ size - cells = < 0x02 >;
    ♯ address - cells = < 0x02 >;
    compatible = "linux,dummy - virt";

    memory {
        reg = < 0x00 0x40000000 0x00 0x20000000 >;
        device_type = "memory";
    };

    cpus {
        ♯ size - cells = < 0x00 >;
        ♯ address - cells = < 0x02 >;

        cpu@80000000 {
            reg = < 0x00 0x00 >;
            compatible = "arm,arm - v8";
            device_type = "cpu";
            phandle = < 0x0a >;
        };
    };
};
```

在 src/main.rs 中添加设备树的构建之后，在宿主机上将 PE 格式内核镜像 vmlinux.

[①]　DTC 工具参考地址：https://git.kernel.org/pub/scm/utils/dtc/dtc.git.

bin 和 initrd 文件放在指定目录下（src/main. rs 中指定的目录为/tmp，可修改），运行程序启动内核镜像可以得到如下输出，读者可以从日志中看到内存、中断控制器、串口等的内核日志。

Terminal

```
cargo run
    Finished dev [unoptimized + debuginfo] target(s) in 0.01s
     Running `target/debug/stratovirt`
Start to run linux kernel!
Booting Linux on physical CPU 0x0000000000 [0x481fd010]
Linux version 5.10.0 (root@openeuler – jenkins – slave – arm – 0006) (gcc (GCC) 9.3.1, GNU ld
(GNU Binutils) 2.34) #1 SMP Sat May 8 07:01:32 UTC 2021
Machine model: linux, dummy – virt
efi: UEFI not found.
… // 省略部分
Built 1 zonelists, mobility grouping on.    Total pages: 8184
Kernel command line: console = ttyS0 panic = 1 reboot = k root = /dev/ram rdinit = /bin/sh
… // 省略部分
NR_IRQS: 64, nr_irqs: 64, preallocated irqs: 0
GICv3: 160 SPIs implemented
GICv3: 0 Extended SPIs implemented
GICv3: Distributor has no Range Selector support
GICv3: 16 PPIs implemented
GICv3: CPU0: found redistributor 0 region 0:0x00000000080a0000
ITS [mem 0x08080000 – 0x0809ffff]
ITS@0x0000000008080000: allocated 8192 Devices @44080000 (indirect, esz 8, psz 64K, shr 1)
ITS@0x0000000008080000: allocated 8192 Interrupt Collections @44090000 (flat, esz 8, psz
64K, shr 1)
GICv3: using LPI property table @0x00000000440a0000
GICv3: CPU0: using allocated LPI pending table @0x00000000440b0000
arch_timer: cp15 timer(s) running at 100.00MHz (virt).
clocksource: arch_sys_counter: mask: 0xffffffffffffff max_cycles: 0x171024e7e0, max_idle_ns:
440795205315 ns
sched_clock: 56 bits at 100MHz, resolution 10ns, wraps every 4398046511100ns
Console: colour dummy device 80x25
… // 省略部分
Serial: 8250/16550 driver, 1 ports, IRQ sharing disabled
printk: console [ttyS0] disabled
a000000.uart: ttyS0 at MMIO 0xa000000 (irq = 13, base_baud = 1500000) is a 16550A
printk: console [ttyS0] enabled
… // 省略部分
Freeing unused kernel memory: 832K
Run /bin/sh as init process
/bin/sh: can't access tty; job control turned off
/ #
```

本章小结

——

　　本章主要介绍了从零开始构建虚拟化平台 StratoVirt 的完整流程。首先,简要介绍了 StratoVirt 的使用场景、技术优势以及发展背景;然后介绍了 StratoVirt 的架构设计,主要分为 CPU 子系统、内存子系统、I/O 子系统三部分进行阐述;最后基于硬件虚拟化技术,使用 Rust 语言实现了精简版的 StratoVirt 虚拟化软件,通过 KVM 模型、内存模型、CPU 模型、BootLoader 实现以及串口设备实现了组成虚拟化软件的最小集,可以支持 x86 和鲲鹏双平台的运行。

参 考 文 献

[1]　Popek G J,Goldberg R P. Formal Requirements for Virtualizable Third Generation Architectures [J]. Commun. ACM,1974,17(7): 412-421.

[2]　Strachey C. Time Sharing in Large Fast Computers [C]//The 1st International Conference on Information Processing (IFIP Congress),1959: 336-341.

[3]　Meyer R A,Seawright L H. A Virtual Machine Time-Sharing System. IBM Syst. J. [J],IBM,1970,9 (3): 199-218.

[4]　Bugnion E,Devine S,Rosenblum M. DISCO: Running Commodity Operating Systems on Scalable Multiprocessors [C]//Proceedings of the Sixteenth ACM Symposium on Operating System Principles (SOSP),1997: 143-156.

[5]　Barham P,Dragovic B,Fraser K,et al. Xen and the Art of Virtualization [C]//Proceedings of the 19th ACM Symposium on Operating Systems Principles (SOSP),2003: 164-177.

[6]　Bell C G,Nassi I. Revisiting Scalable Coherent Shared Memory [J]. Computer,2018,51(1): 40-49.

[7]　Zhang J, Ding Z, Chen Y, et al. GiantVM: A Type-Ⅱ Hypervisor Implementing Many-to-one Virtualization [C]//The 16th ACM SIGPLAN/SIGOPS International Conference on Virtual Execution Environments (VEE), 2020: 30-44.

[8]　Zellweger G,Gerber S,Kourtis K,et al. Decoupling Cores,Kernels,and Operating Systems [C]//The 11th USENIX Symposium on Operating Systems Design and Implementation (OSDI),2014: 17-31.

[9]　Li K. IVY: A Shared Virtual Memory System for Parallel Computing [C]//Proceedings of the International Conference on Parallel Processing (ICPP),1988: 94-101.

[10]　Verma A,Pedrosa L,Korupolu M,et al. Large-scale Cluster Management at Google with Borg [C]// Proceedings of the Tenth European Conference on Computer Systems (EuroSys),2015: 18:1-18:17.

[11]　Bugnion E,Nieh J,Tsafrir D. Hardware and Software Support for Virtualization [M]//Synthesis Lectures on Computer Architecture,Morgan & Claypool Publishers,2017.

[12]　Gordon A,Amit N,Har'El N,et al. ELI: Bare-metal Performance for I/O Virtualization [C]// Proceedings of the seventeenth international conference on Architectural Support for Programming Languages and Operating Systems (ASPLOS),2012: 411-422.

[13]　Tu C,Ferdman M,Lee C,et al. A Comprehensive Implementation and Evaluation of Direct Interrupt Delivery [C]//Proceedings of the 11th ACM SIGPLAN/SIGOPS International Conference on Virtual Execution Environments (VEE),2015: 1-15.

[14]　Cheng K,Doddamani S,Chiueh T,et al. Directvisor: Virtualization for Bare-metal Cloud [C]// Proceedings of the 16th ACM SIGPLAN/SIGOPS International Conference on Virtual Execution Environments (VEE),2020: 45-58.

[15]　GandhiJ,Hill M D,Swift M M. Agile Paging: Exceeding the Best of Nested and Shadow Paging[C]. ACM/IEEE 43rd Annual International Symposium on Computer Architecture (ISCA), 2016: 707-718.

[16]　Karakostas V Gandhi J, Ayar F et al. Redundant Memory mappings for Fast Access to Large

Memories[J]. ACM SIGARCH Computer Architecture News,2015：66-78.

[17]　Patel A,Daftedar M,Shalan M,et al. Embedded Hypervisor Xvisor：A Comparative Analysis [C]// 23rd Euromicro International Conference on Parallel, Distributed, and Network-Based Processing (PDP),2015：682-691.

[18]　Li H,Xu X,Ren J,Dong Y. Acrn：A Big Little Hypervisor for Iot Development [C]// Proceedings of the 15th ACM SIGPLAN/SIGOPS International Conference on Virtual Execution Environments (VEE),2015：1-15.

[19]　Tan J,Liang C,Xie H,et al. Virtio-user：A New Versatile Channel for Kernel-Bypass Networks [C]//Proceedings of the 17th Workshop on Kernel-Bypass Networks (KBNets),2017：13-18.

缩略语

缩略语	全称	注释
ACPI	Advanced Configuration and Power Interface	高级配置和电源管理接口
API	Application Program Interface	应用程序编程接口
APIC	Advanced Programmable Interrupt Controller	高级可编程中断控制器
APICv	APIC virtualization	APIC 虚拟化
AS	Address Space	地址空间
ASID	Address Space Identifier	地址空间标识符
BAR	Base Address Registers	基地址寄存器
BIOS	Basic Input Output System	基本输入输出系统
BT	Binary Translation	二进制翻译
CD	Context Descriptor	上下文描述符
COW	Copy-On-Write	写时复制
DLL	Divisor Latch LSB	波特率除数低字节
DLM	Divisor Latch MSB	波特率除数高字节
DMA	Direct Memory Access	直接内存访问
DMAC	DMA Controller	DMA 控制器
DPDK	Data Plane Development Kit	数据平面开发套件
dQEMU	distributed QEMU	分布式 QEMU
DRAM	Dynamic Random Access Memory	动态随机访问存储器
DSM	Distributed Shared Memory	分布式共享内存
EOI	End of Interrupt	中断结束
EPT	Extended Page Table	扩展页表
EPTP	Extended Page Table Entry	扩展页表项
ESR	Exception Syndrome Register	异常综合表征寄存器
FaaS	Function as a Service	函数即服务
FCR	FIFO Control Register	先进先出控制寄存器
FIFO	First In First Out	先进先出
FPGA	Field Programmable Gate Array	现场可编程门阵列
GAW	Guest Address Width	客户机地址宽度
GDB	GNU symbolic Debugger	GNU 符号调试器
GFN	Guest Frame Number	客户机页号
GPA	Guest Physical Address	客户物理地址
gPDE	guest Page Directory Entry	客户机页目录项
GPL	General Public License	通用公共许可证
GPT	Guest Page Table	客户机页表

gPTE	guest Page Table Entry	客户机页表项
GPU	Graphics Processing Unit	图形处理单元
GSI	Global System Interrupt	全局系统中断号
GVA	Guest Virtual Address	客户虚拟地址
HFN	Host Frame Number	宿主机页号
HPA	Host Physical Address	宿主物理地址
HPT	Host Page Table	宿主页表
HVA	Host Virtual Address	宿主虚拟地址
IaaS	Infrastructure as a Service	基础设施即服务
ICT	Information Communications Technology	信息与通信技术
IDT	Interrupt Descriptor Table	中断描述符表
IER	Interrupt Enable Register	中断使能寄存器
IIR	Interrupt Identification Register	中断识别寄存器
IMR	Interrupt Mask Register	中断屏蔽寄存器
Intel SDM	Intel® 64 and IA-32 Architectures Software Developer Manuals	英特尔软件开发者手册
IOAPIC	I/O APIC	输入/输出 APIC
IOMMU	Input-Output Memory Management Unit	输入输出内存管理单元
IOVA	I/O Virtual Address	虚拟 I/O 地址空间
IP	Internet Protocol	网际协议
IPI	Inter-Processor Interrupt	处理器间中断
IRQ	Interrupt Request	中断请求
IRR	Interrupt Request Register	中断请求寄存器
ISA	Instruction Set Architecture	指令集架构
ISO	Interrupt Source Override	中断源覆盖
ISR	Interrupt Service Routine	中断服务例程
ISR	Interrupt Service Register	中断服务寄存器
IT	Information Technology	信息技术
ITS	Interrupt Translation Service	中断翻译服务
iWARP	internet Wide-Area RDMA Protocol	互联网广域 RDMA 协议
KVM	Kernel-Based Virtual Machine	基于内核的虚拟机
L1CD	Level 1 Context Descriptor	第一级上下文描述符
LAPIC	Local APIC	本地 APIC
LCR	Line Control Register	行控制寄存器
LSR	Line Status Register	行状态控制器
MCR	Modem Control Register	调制解调器控制寄存器
MMIO	Memory-Mapped I/O	内存映射 I/O
MMU	Memory Management Unit	内存管理单元
MR	Memory Region	内存区域
MSI	Message Signaled Interrupt	消息告知中断
MSR	Model Specific Register	特殊模块寄存器
MSR	Modem Status Register	调制解调器状态寄存器
NFV	Network Functions Virtualization	网络功能虚拟化

NIC	Network Interface Controller	网络接口控制器
NUMA	Non-Uniform Memory Access	非统一内存访问
OS	Operating System	操作系统
PA	Physical Address	物理地址
PAM	Programmable Attribute Map	可编程属性图
PASID	Process Address Space Identifier	进程地址空间标识符
PC	Personal Computer	个人计算机
PCI	Peripheral Component Interconnect	外设部件互连
PCID	Process Context Identifier	进程上下文标识符
PD	Page Directory	页目录
PDE	Page Directory Entry	页目录项
PDPT	Page Directory Pointer Table	页目录指针表
PFN	Physical Frame Number	物理页号
PGD	Page Global Directory	页全局目录
PIC	Programmable Interrupt Controller	可编程中断控制器
PIO	Port I/O	端口 I/O
PIT	Programmable Interrupt Timer	可编程中断时钟
PMD	Poll Mode Driver	轮询模式驱动
PML4	Page Mapping Level 4	第四级页映射
PRT	Programmable Redirection Table	可编程重定向表
PT	Page Table	页表
PTE	Page Table Entry	页表项
PTW	Page Table Walker	页表爬取器
PV	Para-Virtualization	半虚拟化技术
QEMU	Quick Emulator	快速仿真器
QOM	QEMU Object Model	QEMU 对象模型
RAM	Random Access Memory	随机访问内存
RB	RAM Block	内存块
RBR	Receiver Buffer Register	接受缓存寄存器
RDMA	Remote Direct Memory Access	远程内存直接访问
RISC	Reduced Instruction Set Computing	精简指令集计算机
RoCE	RDMA over Converged Ethernet	基于统合式以太网的 RDMA
ROM	Read-Only Memory	只读内存
RTC	Real Time Clock	实时时钟
RTE	Redirection Table Entry	重定向表项
SMMU	System Memory Management Unit	系统内存管理单元
sPDE	shadow Page Directory Entry	影子页目录项
SPT	Shadow Page Table	影子页表
SRAM	Static Random Access Memory	静态随机访问存储器
SRIOV	Single Root I/O Virtualization	单根 I/O 虚拟化
SSI	Single System Image	单一系统镜像
STE	Stream Table Entry	流表项

SVM	Secure Virtual Machine	安全虚拟机
TCG	Tiny Code Generator	微码生成器
TCP	Transmission Control Protocol	传输控制协议
THR	Transmitter Holding Register	发送保存寄存器
TLB	Translation Lookaside Buffer	翻译后备缓冲器
TSO	Total Store Order	全存储序
TTBRx	Translation Table Base Register x	翻译表基地址寄存器 x
UIO	Userspace I/O	用户空间 I/O
VA	Virtual Address	虚拟地址
vCPU	virtual CPU	虚拟 CPU
VFIO	Virtual Function I/O	虚拟功能 I/O
VFN	Virtual Frame Number	虚拟页号
VGA	Video Graphics Array	显示绘图阵列
vGPU	virtual GPU	虚拟 GPU
VM	Virtual Machine	虚拟机
VMCS	Virtual Machine Control Structure	虚拟机控制结构
VMSA	Virtual Memory System Architecture	虚拟内存系统架构
VMX	Virtual-Machine Extensions	虚拟机扩展
VT	Virtualization Technology	虚拟化技术
VT-d	Virtualization Technology for Direct I/O	直接 I/O 虚拟化技术
VT-x	Virtualization Technology for x86	x86 虚拟化技术